全国优秀教材一等奖

"十二五"普通高等教育本科国家级规划教材　计算机系列教材

普通高等教育"十一五"国家级规划教材　国家精品课程教材

计算机体系结构（第2版）

王志英　张春元　沈立　肖晓强　姜晶菲　编著

清华大学出版社
北京

内 容 简 介

本书参考国内外最经典的教材，重点论述现代大多数计算机体系结构都采用的比较成熟的基本概念、基本原理、基本结构和基本分析方法，并特别强调采用量化的分析方法，主要内容包括计算机体系结构和并行性等基本概念；计算机指令集结构设计中的一些问题；流水线的基本概念和性能分析，向量处理机的结构及特点、关键技术以及性能评价；指令级并行，包括利用软件、硬件技术开发程序中存在的指令间并行性的技术和方法；存储层次，包括 Cache 的基本知识、降低 Cache 失效率的方法、减少 Cache 失效开销的方法以及减少命中时间的方法；输入输出系统，包括外部存储设备、I/O 设备与 CPU 和存储器的连接、廉价磁盘冗余阵列（RAID），I/O 系统性能分析；多处理机，包括多处理机的存储器体系结构、互连网络、同步机制以及同时多线程技术；机群计算机，包括机群的结构、软件模型以及机群的分类，并介绍 4 个典型的机群系统。

本书内容的可读性好，语言简练，深入浅出，通俗易懂。适合作为高等院校计算机科学与技术学科各专业以及自动化、电子工程等相关专业本科生、研究生的教材，也可作为计算机领域工程技术人员的参考书。

图书在版编目（CIP）数据

计算机体系结构/王志英等编著. —2 版. —北京：清华大学出版社，2015（2022.12重印）
（计算机系列教材）
ISBN 978-7-302-40637-2

Ⅰ. ①计… Ⅱ. ①王… Ⅲ. ①计算机体系结构－高等学校－教材 Ⅳ. ①TP303

中国版本图书馆 CIP 数据核字（2015）第 176869 号

责任编辑：张瑞庆 薛 阳
封面设计：常雪影
责任校对：焦丽丽
责任印制：曹婉颖

出版发行：清华大学出版社
网 址：http://www.tup.com.cn, http://www.wqbook.com
地 址：北京清华大学学研大厦 A 座 邮 编：100084
社 总 机：010-83470000 邮 购：010-62786544
投稿与读者服务：010-62776969，c-service@tup.tsinghua.edu.cn
质量反馈：010-62772015，zhiliang@tup.tsinghua.edu.cn
印 装 者：北京国马印刷厂
经 销：全国新华书店
开 本：185mm×260mm 印 张：21.75 字 数：503 千字
版 次：2010 年 10 月第 1 版 2015 年 9 月第 2 版 印 次：2022 年 12 月第 12 次印刷
定 价：59.99 元

产品编号：064792-04

作 者 简 介

王志英，男，1956 年 8 月生，汉族，山西沁县人，1988 年在国防科学技术大学计算机系获博士学位。现任国防科学技术大学计算机学院教授、博士生导师，国家精品课程“计算机体系结构”负责人。1992 年成为国家级突出贡献中青年专家并享受政府特殊津贴，全国高等院校优秀骨干教师，人事部百千万跨世纪优秀人才库一二层次人选，中国计算机学会教育专业委员会主任委员、全国计算机教育研究会副理事长、湖南省计算机学会理事长、教育部高等学校计算机类教学指导分委员会副主任。主要研究方向为计算机系统结构和微处理器设计等。二十多年来作为项目负责人参加的各类项目包括国家自然科学基金、国家 973 重大基础研究、国家 863 高技术研究、型号工程和对外合作等共计二十多项。已获国家科技进步二等奖 1 项，国家教学成果一等奖 1 项，国家教学成果二等奖 1 项，部委级教学成果一等奖 2 项，部委级科技进步一等奖 2 项、二等奖 6 项、三等奖 6 项，部委级自然科学二、三等奖各 1 项，获国家发明专利 25 项，出版专著和教材 8 部，其中《计算机体系结构》获 2002 年全国普通高等学校优秀教材二等奖。

通信地址：湖南长沙国防科学技术大学计算机学院，410073。

E-mail: zywang@nudt.edu.cn。

张春元，男，1963 年生，汉族，黑龙江巴彦人，1996 年在国防科学技术大学计算机系获工学博士学位。现任国防科学技术大学计算机学院教授、博士生导师，国家精品课程“计算机体系结构”主讲人之一。享受国务院政府特殊津贴。现担任中国学位与研究生教育学会信息管理委员会副主任委员、《学位与研究生教育》杂志编辑，长期从事计算机体系结构、计算机应用等专业研究和教学工作。主持国家自然科学基金、国家自然科学基金重点项目、国家 863 高技术研究项目、国家 973 安全重大基础研究项目、国家重点型号项目及企业合作等二十多项，近 5 年发表科研论文五十余篇，出版学术专著 1 部，已获授权专利 10 项。指导博士获全国百篇优秀博士论文提名 1 人。主讲过十多门本科生和研究生课程，参与撰写教材 3 本，其中《计算机体系结构》获 2002 年全国普通高等学校优秀教材二等奖，发表教学研究文章十余篇，主编出版《学位与研究生教育信息管理实践与探索》。获得国家科技进步二等奖 1 项、国家教学成果二等奖 1 项，部委教学成果一等奖 2 项、军队或省部级科技进步一等奖 2 项。

通信地址：湖南长沙国防科学技术大学计算机学院，410073。

E-mail: cyzhang@nudt.edu.cn。

《计算机体系结构（第 2 版）》前言

本书是国家精品课程“计算机体系结构”的指定教材，同时也是高等学校计算机专业本科生及研究生计算机体系结构课程的通用教材。本书重点论述了现代大多数计算机都采用的比较成熟的思想、结构和方法等，同时借鉴了国际上公认的计算机系统结构高水平教材。

计算机体系结构强调从总体结构、系统分析的角度来研究计算机系统，因此本书特别强调从系统层次上学习和了解计算机。通过本书的学习，读者能把在“计算机组成原理”、“数据结构”、“操作系统”、“汇编语言程序设计”等课程中所学的软件、硬件知识有机地结合起来，从而建立起计算机系统的完整概念。

本书除了着重论述体系结构的基本概念、基本原理、基本结构和基本分析方法以外，还特别强调了采用量化的分析方法。这种方法能更具体、实际地分析和设计计算机体系结构。书中用了大量的例题说明如何进行量化分析。在本书中，体系结构的概念用于描述计算机系统设计的技术、方法和理论。主要包括计算机指令系统、计算机组成和计算机硬件实现三个方面。涵盖了处理器和多处理器、存储器、输入输出系统、互连与通信等计算机系统设计的主要内容，同时还涉及性能评价、编译和操作系统技术。

本书可读性好，语言简练，深入浅出，通俗易懂。

作为第 2 版，本书在内容上进行了部分的更新和增加。本书共分 8 章。第 1 章论述计算机体系结构的概念以及体系结构和并行性概念的发展，讨论影响计算机系统设计的成本和价格因素，并介绍定量分析技术基础。第 2 章论述计算机指令集结构设计中的一些问题，包括寻址技术、指令集的功能设计、操作数的类型和大小、指令格式等，并且介绍了 RISC 指令集结构的实例。第 3 章论述流水线的基本概念和性能分析、典型 RISC 流水线、流水线中的相关问题，并对向量处理机的结构及特点、关键技术及性能评价进行讨论。第 4 章讨论指令级并行，论述了利用软件、硬件技术开发程序中存在的指令间并行性的技术和方法，包括指令动态调度、超标量技术、分支处理技术和超长指令字技术等。第 5 章讨论存储层次，论述了 cache 的基本知识、降低 cache 失效率的方法、减少 cache 失效开销的方法以及减少命中时间的方法，并对虚拟存储器进行深入讨论。第 6 章讨论输入输出系统，论述了外部存储设备、I/O 设备与 CPU 和存储器的连接、廉价磁盘冗余阵列 RAID，并讨论 I/O 系统性能分析。第 7 章讨论多处理机，论述了多处理机的存储器体系结构、互连网络（包括片上网络）、同步机制以及同时多线程技术，并讨论了多处理机实例。第 8 章讨论机群计算机，讲述机群的结构、软件模型以及机群的分类，并介绍了 4 个典型的机群系统。

作为教材，使用者可以根据自己的需求，选取相应的内容。全部内容可以安排60～70个教学课时。如果去掉难度较大的第4章“指令级并行”和第8章“机群计算机”的内容，可以安排50个左右的教学课时。

本书由国防科技大学计算机学院王志英教授完成全书的统稿并编写了第7章，张春元教授编写了第1章、第4章和第3章的部分内容，沈立副教授编写了第2章、第8章和第3章的部分内容，肖晓强教授编写了第6章，姜晶菲副教授编写了第5章。

本书有配套的教辅材料，包括《计算机体系结构教学指导与习题解答》(张春元主编)，《计算机体系结构实验》(沈立主编)，PPT讲稿和实验模拟程序等（可以通过清华大学出版社网站下载)。

本书适合作为高等院校计算机科学与技术学科各专业以及自动化、电子工程等相关专业本科生、研究生的教材。

本书直接或间接地引用了许多专家和学者的文献或著作，在此向他们表示衷心的感谢。

由于作者水平有限，书中难免有疏漏和不妥之处，敬请读者批评指正。

作　者

2015年8月于长沙

国防科技大学计算机学院

《计算机体系结构（第2版）》目录

第 1 章　计算机体系结构的基本概念

1.1　计算机体系结构的概念

电子数字计算机（简称计算机）的发展过程是一个典型的现代工业化产品的发展过程，计算机已经不限于学术、技术问题，也超越了工程领域，如今的计算机不仅本身形成了巨大的市场，而且孕育了互联网产业，甚至形成了复杂的文化现象，影响着人类文明发展的进程。在发明内燃机后的几十年中，人类在地球上移动的距离就超过了之前人类在地球上移动距离的总和。而人类发明计算机以来的 70 年，不但数值计算量大幅度超过了此前人类计算量的总和，记录和存储信息的数量、产生信息的数量、通信的数量等都大幅度超过人类曾有的全部记录的总和，并且还在以飞快的速度增长。

计算机系统以拓展人类计算能力为起点，逐步成为人类脑力辅助工具，这个发展过程和人类发明的所有工具一样，是在应用和技术相互促进中进步的。计算机体系结构的技术发展始终围绕有效使用计算机而发展。2000 年以后，计算机和社会的结合更加紧密，借助以计算机为基础的互联网的飞速发展、普及和数字多媒体技术的实用化，博客、微博、虚拟社区、即时通信、朋友圈等层出不穷，各种社交网络和社交媒体使人类交流沟通的方式发生巨变；“百度知道”、“维基百科”等知识类信息服务，改变了人们知识获取的数量、速度和质量；MOOC、公开课使大众更加方便地获得高质量的知识学习；以手机为代表的触控式人机接口，大幅度减少了计算机使用的难度，普及了智能装置的使用；图像、重力、温度、位置（GPS）等多种传感器的微型化和广泛使用，不仅增加了这些智能装置的功能，也使这些智能装置表现出更大的社会影响力，2015 年春节期间全世界的华人都在摇红包，既展示了手机、平板等装置对社会生活的强大影响力，也展示了多种计算相关技术的进展，互联网技术、App 技术、计算机网络、服务软件和数据中心在系统能力和应用需求之间的良好平衡。

这些变化的背后是计算机系统技术的飞跃，多线程技术提升硬件的利用率，计算机系统提供多种多线程工作模式；虚拟机有利于提升系统工作效率，在计算机系统中，从硬件、指令系统、操作系统等多个层次提供对虚拟机的支持，并以此为背景建设了大量的数据中心，提供大规模云服务；计算机编程语言和目标也日趋多样化，在 UNIX/Linux 和 Windows 这些“标准”操作系统的支持下，高级语言替代汇编语言成为计算机的标准语言，如 FORTRAN 语言和 C/C++语言，高级语言保证了计算机的高度抽象，不但使计算机用户编程大大摆脱了计算机硬件细节的困扰，同时也为计算机硬件的发展提供了空间，对于普及计算机应用发挥了极大的作用。近十年来，计算机系统提供了足够的性能，编程工作更加关注应用系统的生产率，系统运行效率放在第二位，产生了大量的解释性、描述性语言，如 Java/JavaScript、C#、Python、Ruby 等，这些语言不但做到与平台无关，而且为了强化语言系统的功能和工程性，大量使用了即时编译（Just-in-Time Compilers）

和运行时系统（Running-Time）。在智能装置上大量出现的 App 应用模式，改变了经典的软件编写、编译、包装、安装、加载的用户过程体验，软件功能更多地以服务形式展现给用户，反映出软件服务（Software as a Service，SaaS）的理念，这种编程模式更加依赖互联网资源，大幅度提升软件生产力，也正在改变计算机软件的生产形态。开源（Open Source）模式的迅速崛起，几乎改变了计算机系统和应用研制的模式，开源技术已经涉及 CPU、硬件系统部件、操作系统、中间件软件和大量的应用，现在的计算机系统设计已经完全不用从加法器逻辑开始起步，可以通过开源技术，获得大量的资源，通过集成已有的开源的智力产品，快速把自己的想法变成现实的产品。集成电路技术的发展，也改变了计算机的形态和技术的渗透力，从 2013 年 11 月开始排名世界第一的巨型机“天河 2”使用“至强 Phi”作为加速器，单个“至强 Phi”的性能为 1.003TFLOPS，已经达到 1997 年 6 月排名世界第一的美国巨型计算机 ASCI Red 的水平，而“至强 Phi”的功耗为 300W，ASCI Red 的功耗达到 850kW，而用于 RFID 电子标签的 CPU 在数十微安培的电流下运行。

本书主要研讨当今计算机市场上现有的主要的计算机系统的体系结构技术，同时，本书最核心的内容是采用定量分析的技术方法，研究、评估和分析计算机体系结构设计技术。

1.1.1 存储程序计算机

在目前得到大多数人认可的历史中，人们最早使用的计算机是 1945 年诞生于美国宾夕法尼亚大学的 ENIAC，用于计算火炮的弹道。1946 年，生于匈牙利的美国数学家冯·诺依曼（John Von Neumann，1903－1957 年）等人在总结当时计算机研究成果的基础上，明确提出了存储程序计算机（Stored-Program Computer），因此又称存储程序计算机为冯·诺依曼结构计算机，它奠定了现代电子数字计算机的结构基础，成为计算机的标准结构。七十多年来，虽然计算机技术一直处于飞速发展和变革之中，但是存储程序计算机的概念和基本结构一直沿用至今，没有发生根本性的变化，是计算机体系结构研究的基础。

存储程序计算机是一种计算机系统设计模型，实现了一种通用图灵机（Universal Turing Machine）。冯·诺依曼描述的计算机由四个部分组成：

（1）运算器，用于完成数值运算；

（2）存储器，用于存储数据和程序；

（3）输入输出设备，用于完成计算机和外部的信息交换；

（4）控制器，根据程序形成控制（指令、命令）序列，完成对数据的运算。

控制器根据程序指令序列，分解形成对计算机四个部分操作的控制信号序列，称为控制流。例如：从存储器某个特定单元取一条指令，把运算器的计算结果送到存储器某个特定单元，启动运算器完成加法运算，等等。在控制流的操作下，计算机的四个部分之间形成数据和指令的传送序列，称为数据/指令流。存储程序计算机四个部分的结构如图 1.1 所示，为了更加直观，图中将输入设备和输出设备分成了两个独立的部件。

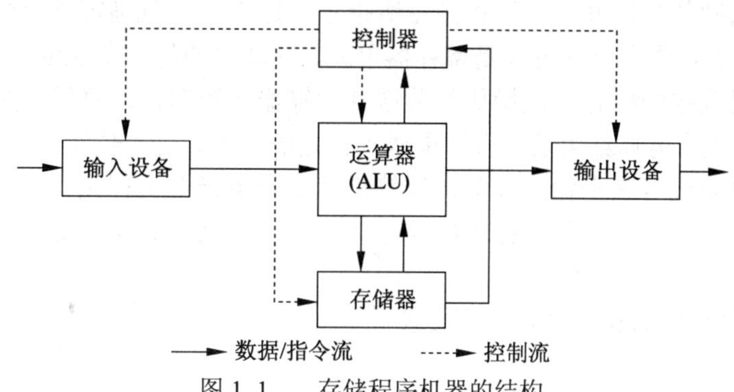

图 1. 1　存储程序机器的结构

存储程序计算机在体系结构上的主要特点如下：

（1）机器以运算器为中心。输入输出设备与存储器之间的数据传送都经过运算器；存储器、输入输出设备的操作以及它们之间的联系都由控制器集中控制。

（2）采用存储程序原理。程序（指令）和数据放在同一存储器中，且没有对两者加以区分。指令和数据一样可以送到运算器进行运算，即由指令组成的程序自身是可以修改的。

（3）存储器是按地址访问的、线性编址的空间。每个单元的位数是相同且固定的，称为存储器编址单位。

（4）控制流由指令流产生。指令在存储器中是按其执行顺序存储的，由指令计数器指明每条指令所在单元的地址。每执行完一条指令，程序计数器一般顺序递增。虽然执行顺序可以根据运算结果改变，但是解题算法仍然是、也只能是顺序型的。

（5）指令由操作码和地址码组成。操作码指明本指令的操作类型，地址码指明操作数和操作结果的地址。操作数的类型（定点、浮点或十进制数）由操作码决定，操作数本身不能判定是何种数据类型。

（6）数据以二进制编码表示，采用二进制运算。它主要面向数值计算和数据处理。

存储程序计算机体系结构的这些特点奠定了现代计算机发展的基础。

存储程序计算机中，程序执行的过程就是对程序指令进行分解，形成控制计算机四个部分工作的控制流，对数据进行加工（运算），周而复始地产生数据/指令流，并最终得到数据结果的过程。计算机对每条指令从取指令到得到结果的工作周期，称为一个机器周期。机器周期可以按照设计者的思路，进一步分解为一系列操作，例如分解为两个部分：指令周期和数据周期，还可以按照访问存储器分解为三个部分：从存储器取指令、从存储器取操作数和将计算结果写回存储器。在本教材中，将一条指令的操作分解为五个部分：取指令、指令译码、指令执行、访问存储部件和写结果，如图 1.2 所示。

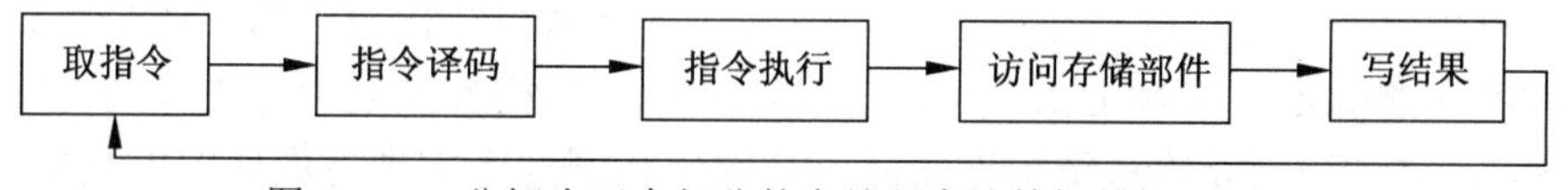

图 1.2　分解为五个部分的存储程序计算机的机器周期

在图 1.2 的机器周期中，第一，计算机从存储器中取出一条指令，第二，对这条指令进行译码，由硬件分解并确定这条指令所指示的操作，同时确定该指令操作对象（操作数）所在的位置，这个位置可以是寄存器单元、存储器的特定单元或者某个输入设备，第三，根据译码确定的位置去取操作数并送到运算器，第四，运算器按照译码确定的操作进行运算，第五，运算结束后，将结果送到指定的位置，这个位置可以是寄存器单元、存储器的特定单元或者某个输出设备，计算机就将一条指令执行完了，并准备执行下一条指令。这就是对一个存储程序计算机的处理器在一个机器周期内安排的操作序列。

1.1.2 计算机体系结构、组成和实现

虽然计算机体系结构（Computer Architecture）的概念目前已被广泛使用，但是这个概念所包含的研究内容一直在发生变化。Architecture 本来用在建筑方面，译为“建筑学、建筑术、建筑样式”等。这个词被引入计算机领域后，最初的译法也各有不同，其包含的主要内容有“系统”、“体系”、“方法”、“结构”、“组织”等，后来趋向译为“体系结构”或“系统结构”。

1964 年 4 月，阿姆道尔（C. M. Amdahl）等在 IBM Journal of Research and Development 杂志上，发表了题为 *Architecture of the IBM System/360* 的文章，首次明确提出了“计算机体系结构”的概念，并且将计算机体系结构定义为：计算机体系结构是程序员所看到的计算机的属性，即概念性结构与功能特性。这就是计算机体系结构概念的经典定义。

所谓程序员所看到的计算机的属性，是程序（机器语言、汇编语言或者编译程序生成系统）设计者为使其所设计（或生成）的程序能在机器上正确运行，必须掌握和遵循的计算机属性，这些属性包含其概念性结构和功能特性两个方面。目前，对于通用寄存器型机器，这些属性主要是指：

（1）数据表示，硬件能直接辨认和处理的数据类型；

（2）寻址规则，包括最小寻址单元、寻址方式及其表示；

（3）寄存器定义，包括各种寄存器的定义、数量和使用方式；

（4）指令系统，包括机器指令的操作类型和格式、指令间的排序和控制机构等；

（5）中断系统，中断的类型和中断响应硬件的功能等；

（6）机器工作状态的定义和切换，如管态和目态等；

（7）存储系统，主存容量、程序员可用的最大存储容量等；

（8）信息保护，包括信息保护方式和硬件对信息保护的支持；

（9）I/O 结构，包括 I/O 连接方式、处理机/存储器与 I/O 设备间数据的传送方式和格式以及 I/O 操作的状态等。

这些属性是计算机系统中由硬件或固件完成的功能，程序员在了解这些属性后才能编出在计算机上正确运行的程序。因此，经典计算机体系结构概念的实质是计算机系统中软硬件界面的确定，也就是指令系统的设计。体系结构界面之上，更多的是软件研究领域关注的功能和内容，体系结构界面之下是硬件和固件等实现方面研究的功能和内容。

随着计算机技术的发展，计算机体系结构所研究的内容不断发生变化和发展。表 1.1 给出了从电子数字计算机产生到现在计算机体系结构研究关注的一些典型内容。

表 1.1 不同年代计算机体系结构研究的一些内容

年　代	一些重要研究内容	典型计算机（处理器）实例
1940 年代	程序控制计算机和存储程序计算机	ENIAC、EDVAC
1960 年代	指令系统	IBM 360 系列机
1960 年代	阵列机和并行处理	ILLIAC IV
1970 年代	流水线、向量处理、微处理器	Cray-1、Intel 4004
1980 年代	RISC、Cache、流水线	MIPS R1000、POWER
1990 年代	指令级并行	MIPS R10000、PowerPC 604
2000 年代	SMP、CMP、SMT、功耗	Intel i7、POWER 8、ARM
2010 年以来	功耗、异构计算、定制计算	NVIDIA GPU、Intel AVX

阿姆道尔提出计算机体系结构概念的 20 世纪 60 年代，指令系统的研究和设计正处在发展时期，是设计计算机系统时必须研究、权衡、取舍的重要内容，会影响系统设计目标的实现和成本，所以他们定义的计算机体系结构概念更多地体现出当时的时代特点。

目前，关于体系结构定义的细节仍有多种不同的说法，其中以斯坦福大学的 J. L. Hennessy 和加州大学伯克利分校的 D. A. Patterson 在他们编写的经典教材 *Computer Architecture: A Quantitative Approach* 中给出的定义最被普遍认可。他们一直认为，计算机体系结构包括计算机系统设计的三个方面：计算机指令系统、计算机组成和计算机硬件，其中，

（1）计算机指令系统：程序员可见的实际指令系统，是计算机系统硬件和软件之间的一个分界面。例如，MIPS 系列微处理器和 80x86 系列微处理器是两个完全不同的指令系统，这两个系列微处理器分别是 RISC 和 CISC 体系结构。

（2）计算机组成（Computer Organization）：又叫微体系结构（Microarchitecture），是计算机系统中各个功能部件及其连接的设计。例如，Intel 的 Nehalem 和 AMD 的 Phenom 拥有相同的 x86 指令系统，但是处理器的组成不同，包括流水线、多核互联、Cache 结构等。

（3）计算机硬件：是指计算机具体的实现（Implementation）技术，包括逻辑设计、集成电路工艺、封装等。同一个系列的计算机一般具有相同的指令系统和组成，但是硬件上存在差别，例如，Intel 的 Nehalem 系列中 i7、i5 和 i3 几乎一样，但是工艺、封装、Cache 容量、主频等不相同。

在维基百科（www.wikipedia.org）英文版中，对计算机体系结构的描述有三个部分。第一部分，体系结构是计算机系统的概念设计和基础结构设计，是计算机中各个部件的总体框架描述、需求功能描述和设计实现，体系结构特别关注 CPU 运行和存储器访问。第二部分，体系结构还是一种对硬件部件进行选择和连接的学问，其研究目标是构造一个满足功能、性能和价格目标的计算机。第三部分，体系结构最少包括以下三个方面的内容：

（1）指令系统，这是机器语言程序员看见的计算机系统的一个抽象，包括指令、字宽、寻址方式、寄存器、地址和数据类型等。

（2）微体系结构，又叫计算机组成，是对计算机系统更加具体和细化的描述，包括系统中各部件的连接、如何协作来完成指令系统的功能。

（3）系统设计，包括计算机系统中的其他硬件部件设计问题，例如：总线和开关等系统互连方式，存储控制器和存储层次，包括DMA在内的CPU和各种部件之间的协同机制，多处理技术等。

维基百科对计算机硬件实现技术进一步分解为以下三个不同层次，并认为这些层次之间的界限也不非常清晰：

（1）逻辑实现，这是一种框图级的设计，通常在寄存器传输级（Register-Transfer Level，RTL）和门级来描述计算机的微体系结构，例如门级的逻辑图。

（2）电路实现，主要集中在基本部件的晶体管级设计，包括门、多路选择器、门闩寄存器等，有些较大的功能模块，例如ALU、Cache等，为了性能优化会进行跨级设计，从逻辑实现级延伸到电路实现级甚至物理实现级。

（3）物理实现，完成物理电路的实现，包括所有电路器件在芯片版图或者印刷电路板（Printed Circuit Board，PCB）上的布局和布线。

可以看出，计算机体系结构概念的核心内容具有一定的稳定性，包括指令系统设计、CPU设计、计算机系统设计和硬件实现等，但是它的研究重点和范围随着基础科学和技术的发展而变化，具有不确定性和与时俱进的特点。

本教材中，体系结构的概念用于描述计算机系统设计的技术、方法和理论，主要包括计算机指令系统、计算机组成和计算机硬件实现三个方面，涵盖处理器和多处理器、存储器、输入输出系统、互联与通信等计算机系统设计的主要内容，同时还涉及性能评价、编译和操作系统的关键技术，并通过定量分析的途径，学习掌握现代计算机体系结构研究的基本方法。

1.1.3 计算机系统中的层次概念

现代计算机系统是由软件和硬/固件组成的十分复杂的系统，图1.3从计算机语言的角度，把计算机系统按功能划分成多级层次结构。

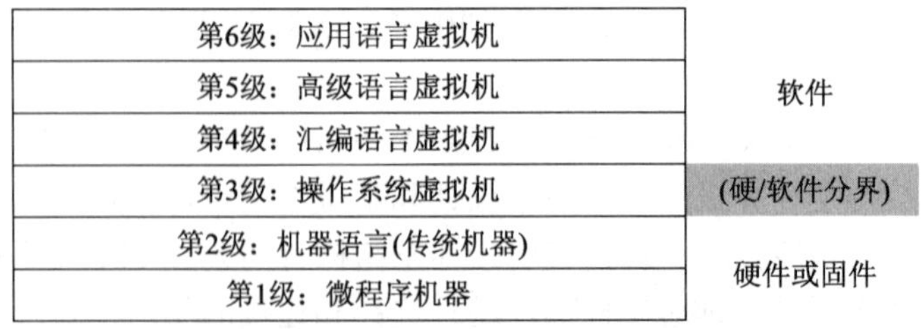

图1.3 计算机系统的多级层次结构

计算机语言可分成一系列的层次（level）或级，最低层语言的功能最简单，最高层语言的功能最强。对于用某一层语言编写程序的程序员来说，无论程序在机器中是如何执行的，只要程序正确，就终能得到预期的结果，似乎有了一种新的机器，这层语言就是这种机器的机器语言，该机器能执行相应层语言写的全部程序。因此计算机系统就可以按语言的功能划分成多级层次结构。每一层以一种不同的语言为特征。这样，可以把现代计算机系统画成如图 1.3 所示的层次结构。图中第 1 级和第 2 级由硬件或固件实现，第 4 级以上基本由软件实现。由软件实现的机器为虚拟机器（Virtual Machine），以区别于由硬件或固件实现的实际机器。

每个计算机语言的层次结构（每种虚拟机）包括三个部分，如图 1.4 所示，定义了一个计算机（虚拟机）的体系结构：

（1）语言，命令的集合，计算机（虚拟机）的指令系统。

（2）执行机制，按照语言的定义执行程序，计算机（虚拟机）的具体实现。

（3）程序，描述应用的语言序列。

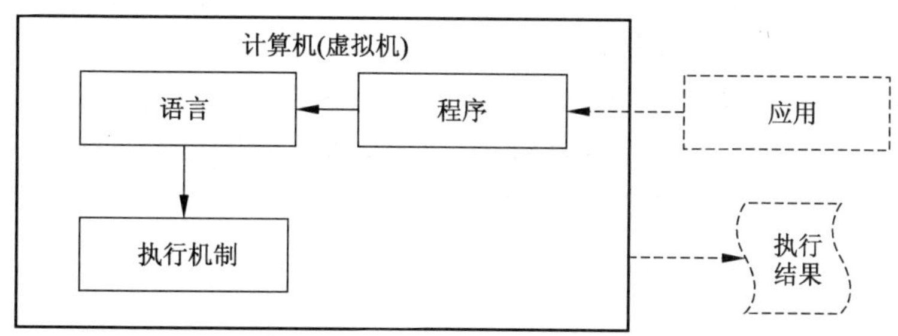

图 1.4 从计算机语言角度看计算机（虚拟机）的体系结构

按照计算机语言看计算机（虚拟机）的角度，对图 1.3 中计算机系统的多级层次结构的每一个层次都可以进行分解。

第 1 级是微程序机器级，这级的机器语言是微指令集，程序员实际上是计算机系统的设计人员，他们为程序描述的实际上是计算机指令集中每一条指令的功能。用微指令编写的微程序一般是直接由硬件解释实现的。

第 2 级是传统机器级。这级的机器语言是该机的指令集，程序员用机器指令集编写的程序可以由微程序进行解释。这个解释程序运行在第 1 级上。由微程序解释指令集又称作仿真（Emulation）。实际上，在第 1 级可以有一个或数个能够在它上面运行的解释程序，每一个解释程序都定义了一种指令集。因此，可以通过仿真在一台机器上实现多种指令集。

计算机系统中也可以没有微程序机器级。在这些计算机系统中是用硬件直接实现传统机器的指令集的，而不必由任何解释程序进行干预。目前广泛使用的 RISC 技术就采用了这样的设计思想，处理器的指令集用硬件直接实现，目的是加快指令执行的速度。

第 3 级是操作系统虚拟机。从操作系统的基本功能来看，一方面它要直接管理传统机器中的软硬件资源，另一方面它又是传统机器的引申。它提供了传统机器所没有的某些基本操作和数据结构，如文件结构与文件管理的基本操作、存储体系和多道程序以及多重处理所用的某些操作、设备管理等，这些基本操作和数据结构往往和指令集一起，以整体形式提供给更高层次的虚拟机使用，称之为系统功能调用和系统参数。

第 4 级是汇编语言虚拟机。这级的机器语言是汇编语言，用汇编语言编写的程序，首先翻译成第 3 级和第 2 级语言，然后再由相应的机器执行。完成汇编语言翻译的程序就叫做汇编程序。

第 4 级上出现了一个重要变化。通常第 1、第 2 和第 3 级是用解释（Interpretation）方法实现的，而第 4 级或更高级则经常是用翻译（Translation）方法实现的。

翻译和解释是语言实现的两种基本技术。它们都是以执行一串 *N* 级指令来实现 *N*+1 级指令的，但两者仍存在着差别：翻译技术是先把 *N*+1 级程序全部变换成 *N* 级程序后，再去执行新产生的 *N* 级程序，在执行过程中 *N*+1 级程序不再被访问。而解释技术是每当一条 *N*+1 级指令被译码后，就直接去执行一串等效的 *N* 级指令，然后再去取下一条 *N*+1 级指令，以此重复进行。在这个过程中不产生翻译出来的程序，因此解释过程是边变换边执行的过程。在实现新的虚拟机器时，这两种技术都被广泛使用。一般来说，解释执行比翻译花的时间多，但存储空间占用较少。

第 5 级是高级语言虚拟机。这级的机器语言就是各种高级语言，目前高级语言已达数百种。高级语言的翻译过程就是编译（Compile），完成翻译的程序就是编译器（Compiler）或编译程序。用高级语言，如 C/C++、Pascal、FORTRAN 等，所编写的程序一般是由编译器翻译到第 4 级或第 3 级上。个别的高级语言也用解释的方法实现，如绝大多数 BASIC 语言系统。

第 6 级是应用语言虚拟机。这一级是为使计算机满足某种用途而专门设计的，因此这一级语言就是各种面向问题的应用语言。可以设计专门用于人工智能、教育、行政管理、计算机设计、网络应用开发等方面的虚拟机，如 Lisp、SQL、Perl、Python，这些虚拟机也是当代计算机应用领域的重要研究课题。应用语言编写的程序一般是由应用程序包翻译到第 5 级上，也有越级翻译到更低一些级别的机器上的。

按照计算机系统的多级层次结构，不同级程序员所看到的计算机具有不同的属性。例如，机器（汇编）语言程序员所看到计算机的主要属性是该机指令集的功能特性；而高级语言虚拟机程序员所看到计算机的主要属性是该机所配置的高级语言所具有的功能特性。显然，不同的计算机系统，从机器语言程序员或汇编语言程序员看，是具有不同的属性的。但是，从高级语言（如 FORTRON、C/C++、Java、Python）程序员看，它们几乎没有什么差别，具有相同的属性。或者说，这些传统机器级所存在的差别是高级语言程序员所“看不见”的，或者说是不需要他们知道的。在计算机技术中，对这种本来存在的事物或属性，但从某种角度看又好像不存在的概念称为透明性（Transparency）。通常，在一个计算机系统中，低层机器的属性往往对高层机器的程序员是透明的，如传统机器级的概念性结构和功能特性，对高级语言程序员来说是透明的，也就是说，FORTRON 程序员难以知道计算机中是否使用了 Cache，使用了几级 Cache，Cache 的容量是多大，从而 Cache 对他们（FORTRON 程序员）是透明的。由此看出，在层次结构的各个级上都有它的体系结构。阿姆道尔提出的经典体系结构是指机器语言级程序员所看见的计算机属性。

1.1.4 系列机和兼容

系列机（Family Machine）是具有相同体系结构，但组成和实现不同的一系列不同型号的计算机系统。IBM 公司在推出 IBM S360 时首次提出了系列机的概念，被认为是计算机发展史上一个重要的里程碑，至今，各计算机厂家仍按系列机研发产品。现代计算机不但系统系列化，其构成部件和软件也系列化，如微处理器（CPU）、硬盘、操作系统、高级语言等。目前计算机领域中产量最大的系列计算机莫过于 IBM PC 及其兼容系列个人计算机（简称 PC）和 Intel 的 x86 系列微处理器。

PC 系列计算机则从 1981 年开始至今，历史悠久、厂家众多、产量庞大，发展的技术路线各异，品种复杂，其中最基本的分类是根据所采用的处理器的类型来进行的。表 1.2 给出了处理器、处理器字宽、I/O 总线和主要操作系统的比较。

表 1.2 PC 系列机典型特性比较

计算机	时间	处理器	位宽	主要 I/O 总线	主要操作系统
PC 和 PC XT	1981	8088	16	PC 总线	DOS
PC AT	1982	80286	16	AT（ISA）	DOS、XENIX
80386 PC	1985	80386	32	ISA/EISA	DOS、Windows 3.0
80486 PC	1989	80486	32	ISA+VL	DOS、Windows 3.1
Pentium PC	1993	Pentium	32	ISA+PCI	DOS、Windows 3.1
Pentium Ⅱ PC	1997	Pentium Ⅱ	32	ISA+PCI+AGP	Windows 95
Pentium Ⅲ PC	1999	Pentium Ⅲ	32	PCI+AGP +USB	Windows 98、2000
Pentium 4 PC	2000	Pentium 4	32	PCI-X+AGP +USB	Windows Me、XP
Core PC	2006	Core	32/64	PCI-E+AGP +USB	Windows XP、Vista
Core PC	2010	Core i7/i5/i3、Atom	32/64	PCI-E+AGP +USB	Windows XP、7
Core	2014	Core i7/i5/i3、Atom	32/64	PCIe+ SATA +USB	Windows 8、Android

从上述系列机的例子可见：一种体系结构可以有多种组织、多种物理实现。系列机具有相同的体系结构，软件可以在系列计算机的各档机器上运行，称这种情况下的各档机器是软件兼容的（Software Compatibility），即同一个软件可以不加修改地运行于体系结构相同的各档机器，而且它们所获得的结果一样，差别只在于有不同的运行时间。系列机从程序设计者看都具有相同的机器属性（体系结构），因此按这个属性实现的编译器和编制的程序能通用于各档机器，这种软件兼容的概念是比较宽泛的，还可以进一步分为二进制级兼容、汇编级兼容、高级语言兼容和数据级兼容等，这里不深入探讨。

长期以来，程序员希望有一个稳定的软件环境，使他们编制出来的程序能够在更加广泛的计算机类型中得到长期的应用，而机器设计人员则希望根据硬件技术和器件技术的发展不断推出新的机器，系列机的出现较好地解决了软件要求环境稳定和硬件、器件技术迅速发展之间的矛盾，对计算机技术的发展起到了重要的推动作用。计算机厂家为了减少市场风险而大量研制兼容产品。把不同厂家生产的具有相同体系结构的计算机称为兼容机（Compatible Machine）。早在 20 世纪 60 年代，就出现了以 Amdahl 公司为代表的接插兼容机（Plug-Compatible Mainframe，PCM）厂家，专门生产在功能上和电气性能上与 IBM 公司相同的主机、配件和设备，它不但可以运行 IBM 公司的软件，而且可以作为 IBM 产品的替换件插入 IBM 系统。由于采用了新的硬件和器件技术，也改善了性能价格比，因而成为 IBM 公司强有力的竞争对手，这种竞争有力地推动了计算机技术和应用的发展。兼容机的出现，极大地推动了计算机各种部件标准的规范化，例如 ISA/EISA、VISA、AGP、MCA、PCI、PCI-E 等系统级总线标准，FPRAM、EDO RAM、RDRAM、WRAM、VRAM、SDRAM（包括 SDR、DDR、DDR2 和 DDR3）等存储器接口标准，RS232、1394、USB、e-ATA 等设备接口标准，这些标准的产生和发展，极大地推进了计算机产品标准化的进程，降低了生产和制造成本，对计算机的普及发挥了根本作用。目前这种技术已经成为计算机系统发展的重要技术之一，有一大批厂家专门生产符合各种标准的设备，这些设备可以在拥有标准接口的各种计算机上使用，大厂商也从这些厂家订购配件用于自己的计算机系统，甚至订购整机贴上自己的商标销售。称这些厂商为独立设备生产厂商或者第三方生产厂商。目前市场上比较流行的组装机器也叫兼容机，就是使用各种标准配件组装成 PC。这种情况又称为硬件兼容（Hardware Compatibility），即在某些 CPU、总线、主板和操作系统中，计算机硬件部件具有兼容性，各种软件可以在这些兼容的硬件部件下正确运行。制定规范标准的同时也产生了各种标准之间的竞争，因为拥有规范或标准的公司在产品竞争中会带来显著的经济优势。

系列机为了保证软件的兼容，要求体系结构不能改变，这种约束无疑又妨碍了计算机体系结构的发展。实际上，系列机的软件兼容还有向上兼容、向下兼容、向前兼容和向后兼容之分。所谓向上（下）兼容指的是按某档机器编制的程序，不加修改地就能运行于比它高（低）档的机器。所谓向前（后）兼容指的是按某个时期投入市场的某种型号机器编制的程序，不加修改地就能运行于在它之前（后）投入市场的机器。图 1.5 说明了这些概念。

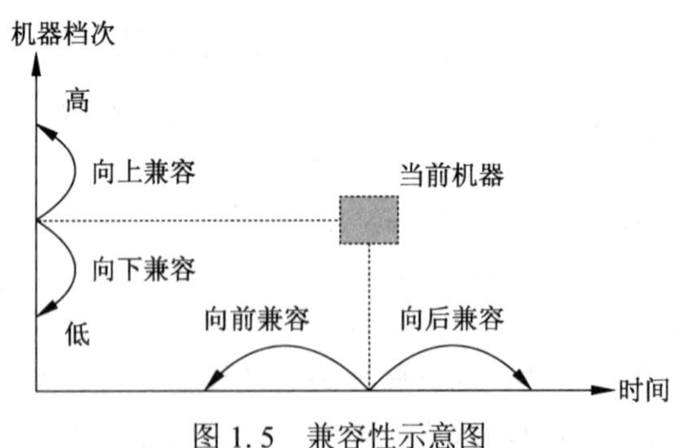

图 1.5　兼容性示意图

为了适应系列机中性能不断提高和应用领域不断扩大的要求，后续各档机器的体系结构也是可以改变的。如增加浮点运算指令以提高速度，或者增加事务处理指令以满足事务处理方面的需要，增加多媒体指令来强化信号处理能力等。但这种改变一定要是原有体系结构的扩充，而不是任意地更改或缩小。这样，对系列机的软件向下和向前兼容可以不作要求，向上兼容在某种情况下也可能做不到（如在低档机器上增加了面向事务处理的指令)，但向后兼容却是肯定要做到的，可以说向后兼容才是软件兼容的根本特征，也是系列机的根本特征。一个系列机的体系结构设计的好坏，是否有生命力，就看其能否在保证向后兼容的前提下，不断地改进其组成和实现。Intel 公司的 x86 系列微处理器在向后兼容方面是非常具有代表性的，从 1979 年的 8086 到 2009 年的 Nehalem（包括 i7、i5 和 i3 三个系列微处理器），由 16 位系统发展到 64 位系统，增加了保护方式指令、多媒体指令和 64 位指令扩展等，但它保持了极好的二进制代码级的向后兼容性。向后兼容虽然削弱了系列机对体系结构发展的约束，但仍然是计算机体系结构发展的一个沉重包袱，例如，Intel 的新一代 64 位 Iantium 体系结构，由于没有解决好对 x86 体系结构的兼容，执行 32 位软件的效率较低，一直不能很好地被市场接受。在 20 世纪 80 年代，具有 RISC 体系结构的微处理器没有历史的包袱，可以大量应用新结构、新技术，使得 RISC 微处理器在技术和市场两个方面都领先传统的 CISC 微处理器。从 20 世纪 90 年代开始，包括 Intel 和 AMD 的传统 CISC 微处理器厂商，吸收 RISC 的技术优势，研制了具有 RISC 核心的 CISC 处理器，既发挥了 x86 传统市场的优势，又发挥了 RISC 的技术优势，使 x86 系统微处理器至今保持了在服务器和台式机领域的市场优势。

1.2 计算机体系结构的发展

一种成功的指令系统（Instruction Set Architecture，ISA），又称为指令集结构，必须能够适应硬件技术、软件技术及应用特性的变化。设计者尤其要注意计算机应用领域、使用方法及实现技术的变化和发展趋势，这样一个新型指令集结构才可能会有数十年的使用寿命，如 IBM AS/400 计算机指令集的核心技术从 1964 年至今一直在使用，而现今广泛使用的 x86 指令集来源于 Intel 公司 1974 年正式上市的 8 位微处理器芯片 8080。为延长采用某种体系结构的计算机使用寿命，该体系结构必须能够适应技术的变化。计算机的设计受两方面因素的影响：一方面是计算机现在和未来的使用方法（软件技术），另一方面是实现技术。体系结构的发展伴随软件、应用和实现技术的发展而变化。

1.2.1 计算机分代、分型与分类

一般认为计算机到目前为止已经发展了 5 代。这 5 代计算机分别具有明显的器件、体系结构技术和软件技术的特征。表 1.3 列出了其中的典型特征。

表 1.3 五代计算机的特征

分代	器件	体系结构技术	软件技术	国外，国内典型机器
第一代（1945—1954）	电子管和继电器	存储程序计算机、程序控制 I/O	机器语言和汇编语言	普林斯顿 ISA、ENIAC、IBM 701，331（901）*
第二代（1955—1964）	晶体管、磁芯、印刷电路	浮点数据表示、寻址技术、中断、I/O 处理机	高级语言和编译、批处理监控系统	Univac LARC、CDC 1604、IBM 7030，441B*

续表

分代	器件	体系结构技术	软件技术	国外，国内典型机器
第三代（1965—1974）	SSI和MSI、多层印刷电路、微程序	流水线、Cache、先行处理、系列计算机	多道程序和分时操作系统	IBM 360/370、CDC 6600/7600、DEC PDP-8，151-IV*
第四代（1974—1990）	LSI和VLSI、半导体存储器	向量处理、分布式存储器	并行与分布处理	Cray-1、IBM 3090、DEC VAX9000，银河-Ⅰ*、银河-Ⅱ*、银河-III*
第五代（1991— ）	微处理器、高密度电路	指令级并行、SMP、MP、MPP、计算机网络	大规模、可扩展并行与分布处理	SGI Jaguar、IBM Roadrunner，天河1A*、天河2*

*国内典型机器均以国防科技大学（军事工程学院）研制的机器为例。

计算机曾经根据价格分为5个档次，包括巨型机（supercomputer）、大型机（mainframe）、中型机、小型机（minicomputer）和微型机（microcomputer）。

概括地分析计算机体系结构的进展可以发现，计算机体系结构的成就不只是表现在巨型、大型机上，而且在中型、小型、微型计算机中也越来越多地被采用，同时还包括技术和性能的“下移”。图1.6给出了计算机系统性能随时间“下移”的示意。

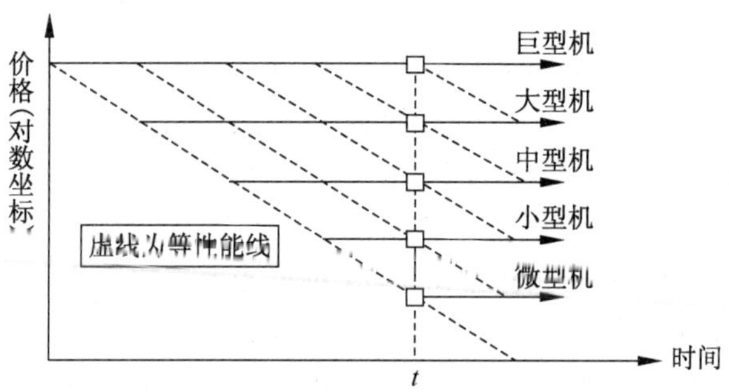

图1.6 计算机性能下移示意图

20世纪60年代出现在大型计算机上的流水线处理技术、Cache技术、虚拟存储器技术、向量处理技术等，目前已经普遍使用在PC上。目前使用的Intel i7处理器，其处理能力达到数十亿次，达到20世纪80年代初期巨型机的性能，i7中多CPU采用的SMP技术也是20世纪80年代甚至90年代高性能高档服务器才采用的技术。从计算机专业教材内容来看，关于流水线处理技术、Cache技术、虚拟存储器技术、向量处理技术等内容，在2000年以前，是计算机体系结构课程讨论的，而目前有很多计算机组成原理教材就包含了这些内容。这就是计算机技术和性能的“下移”对高等学校的教材和教学带来的影响。

根据当前计算机应用市场的现状和价格特征，通常把计算机分为服务器、桌面系统和嵌入式计算三大领域，后面会分析这三大领域的一些重要特征。巨型机目前还是一个非常活跃的领域，对整个计算机技术发展和市场有相当的影响，由于追求的指标和技术的特殊性，现在一般把巨型机看成一个以高性能计算为目标的服务器领域分支。

从上述体系结构进展的情况可以看出，随着器件提供的设计空间的增大，新型体系结构的设计一方面是合理地增加计算机系统中硬件的功能比例，使体系结构为操作系统、高级语言甚至应用软件提供更多更好的支持；另一方面则是通过多种途径提高计算机体系结构中的并行性等级，使得凡是能并行计算和处理的问题都能并行计算和处理，使这种体系结构和组成对算法提供更多更好的支持。但要记住，有生命力的计算机系统所采用的无论是哪种措施，都要在满足应用要求的前提下，使系统具有合理的性能价格比。

1.2.2 软件的发展

软件技术最重要的发展趋势之一就是程序及数据所使用的存储器容量不断增大：程序所需的存储器容量平均每年递增 1.5%～2%，也就是说计算机的地址位以每年 1/2～1 位的速度递增。如此高的增长速度主要由两方面原因造成：一方面是程序的需要，另一方面是 DRAM 技术的发展。DRAM 技术能够不断降低存储器的位成本。对地址空间增长速度估计不足，是一种指令集结构被淘汰最主要的原因。

1. 计算机语言和编译技术

随着计算机系统和应用领域的发展，人们已设计出一系列的计算机语言。从面向机器的语言（如机器语言、汇编语言），到各种高级程序设计语言（如 Java、C/C++、FORTRAN、Python），到各种面向问题的语言或者叫应用语言（如面向数据库查询的 SQL，面向数字系统设计的 VHDL，面向人工智能的 PROLOG 语言）。人们可以根据应用需求，选择或者设计符合自己要求的计算机语言。总体上看，计算机语言是由低级向高级发展的，高级语言的语句相对于低级语言功能更强，更便于应用，但又都以低级语言为基础的。

在过去 30 年里，软件技术的另一重要发展趋势是标准的高级语言广泛使用，在很多应用领域取代了汇编语言，这种变化使编译器更加重要。只有编译器与计算机系统紧密联系，才能够生产出更具竞争力的机器。编译器已成为用户与计算机的主要界面，而 C/C++成为 UNIX（类）/ Linux 操作系统“内嵌”的语言。

作为最主要的用户界面，编译技术正在逐渐增加新的功能，不断提高程序在机器上运行的效率。编译技术的改进既包括传统的优化技术，也包括为适应、完善流水线及存储系统而进行的改进。如何分配编译器与硬件所负担的工作，如何让编译器理解体系结构变化的特点或优化的目标，使改进的处理器能够有效运行，一直是体系结构和编译两个领域中最热门的共同技术话题之一。所以，体系结构研究人员要对编译技术和编译工具非常熟悉。

2. 操作系统

操作系统是计算机资源管理系统，包括 CPU 管理（进程管理）、存储管理和设备管理，同时提供用户界面（用户管理），对于今天的应用，特别是互联网等网络应用，如物联网（the Internet of things）以及目前被广泛关注的人机物网络（Cyber Physical Space，CPS），安全管理成为操作系统关注的技术热点。与应用领域相对应，今天的操作系统包括嵌入式操作系统、桌面操作系统和服务器操作系统。

对操作系统的支持，一直是体系结构研究的重点领域，在计算机体系结构教材中，会发现大量与操作系统有关的功能和内容。体系结构对操作系统提供哪些支持，往往是体系结构和操作系统研究人员共同关注和设计的。表 1.4 给出了各种操作系统对体系结构设计的一些常见要求。

表 1.4　操作系统与计算机系统设计

操作系统类型	当前实例	对计算机系统设计的部分要求
嵌入式系统	WinCE、VxWorks、EPOS、Linux	实时性、低功耗、简单的存储和设备管理
掌上系统	Windows、Android、iOS	触控管理、多传感器、无线网络、安全认证
桌面系统	Windows、Mac OS、Linux	图形处理（用户界面）、完善的设备管理和安全
服务器	UNIX 类、Windows、Linux	可靠性、可扩展性，完善的设备管理和安全

其实不同操作系统对体系结构的要求有较大的差距，在实际使用计算机时，会使用计算机对操作系统兼容性的概念，即某种操作系统可以兼容一些体系结构的计算机，如 Linux 可以兼容包括 x86 处理器在内的很多 RISC 处理器，Windows NT 可以运行在 x86 和 Alpha 两种处理器上，而 Windows 7 则只能运行在 x86 处理器上，Apple 的 OS X 可以运行在 PowerPC 和 x86 两种处理器上，Android 则可以运行在 x86、ARM、MIPS 等多种处理器上。

3．软件工具和中间件

软件工具和中间件对体系结构的影响，更多地体现在对计算机信息处理能力的需求上，包括更快的反应速度、更多的信息存储、更快的网络服务等。一般认为，中间件占用 10%～30%的系统资源，如果计算机性能不够强劲，就不能获得满意的服务。

1.2.3　应用的发展

1971 年的微处理器和 1981 年 PC 的出现以后，计算机的应用领域迅速扩大，同时也出现不断分化的趋势，处理器和计算机系统的设计往往因应用、需求和计算特征的不同而变化。近几年比较明显的趋势是计算机技术和市场分化成为嵌入式计算机、掌上计算机、台式计算机、服务器和数据中心计算机 5 个部分，这 5 个不同领域的应用需求的特点对计算机系统设计的影响巨大。

嵌入式计算机，又称之为嵌入式控制器，其最大的特征是看起来是一台设备，而不是一台计算机，计算机作为控制部件存在于设备之中。从 IC 智能卡、微波炉、移动电话、遥控器、机顶盒（Set-Top Box）到机器人、汽车、飞机、卫星等，嵌入式计算机无所不在。嵌入式计算与解决的应用问题密切相关，需求千差万别，一般而言，嵌入式计算最重要的要求是实时性（Real-Time），也就是在规定的时间内响应请求并给出所需结果。另外的被关注指标还包括价格、功耗、应用成本、体积、工艺等，很多指标是随应用系统要求而变化的。

掌上计算机，一般是指可以方便地实现无线联网、具有强大的多媒体功能、便于随身携带、人机界面非常容易操控的计算机，目前主要有智能手机、平板电脑和电子书等。由于需要随身携带，所以，体积、重量、电池等都有严格限制，同时还应考虑芯片的自然散热等因素，这类计算机的存储容量一般比较小，CPU 和 GPU 的性能远不及台式计算机，但是传感器非常丰富，联网非常方便，显示系统，特别是屏幕触控方面功能强大，还具有一定的扩展能力。现在掌上计算机已经极大地普及，很多人随身携带两个、三个甚至更多个设备，价格也从数百元到数千元不等。

目前还有一个正在兴起的小型化个人信息设备市场，主要有智能手表、电子手环、电子眼镜等，这类设备的很多硬件部件和软件与掌上计算机通用或者关联使用，所以其特征需求大多数与掌上电脑相同。由于应用尚不成熟，这类设备还正在进化中。

台式计算机市场是销售额最大的市场，是对性能价格比要求最为苛刻和敏感的市场，也是技术更新最快的市场，个人计算机（PC）就是这个市场的典型代表。近几年来，各种体系结构的创新技术、规范等一般是在桌面计算市场上先出现，同时这个市场也称为产品的“价格杀手”，由于需求量巨大，竞争激烈，各种新产品在这个市场上的价格会迅速下降，并被更新的产品替代。在台式计算机中，有一类便携的笔记本计算机，是介于掌上计算机和台式计算机之间的一类计算机，笔记本计算机虽然要求低功耗、重量轻（通常 1～4kg）、体积小（大多是笔记本计算机对角线小于 50cm，厚度小于 5cm），类似掌上电脑，但是这类计算机使用的 CPU、操作系统、扩张接口、散热系统、存储系统等，都和台式机相同，所以把笔记本计算机纳入台式计算机中。

服务器市场对计算机的要求是可用性、高流量密度和可扩展性。诸如云服务、WWW 服务、电子邮件、电子商务、电子政务等重要服务，可用性总是第一位的，一旦系统停止工作，不但会影响公众形象、损害网站的信用，而且会造成极大的直接的和一系列间接的经济损失，比如股票交易系统如果宕机 1 小时，损失的金额将是天文数字。因此，设计服务器的首要指标就是其 RSA（Reliable/ Serviceable/ Available）指标。同时，由于服务器主要面向在线应用服务，这类服务大都有发展的需求，因此，服务器不但要考虑服务容量，还要考虑服务容量和有效服务能力的扩展性。

数据中心计算机是由成百上千甚至上万台服务器或者台式机构成的计算机系统，这些计算机通过内部网络连接成一个集群系统，对外往往以单一计算机的形象出现，这种数据中心主要大量存在于互联网上，提供云存储、视频、社交、在线销售、在线游戏、搜索等大数据类型服务。数据中心计算机在 RAS 指标方面和服务器有类似的苛刻要求，以确保服务质量，例如 2014 年 11 月 11 日凌晨，天猫平台第一分钟交易额达到 5451 万，38 分钟 28 秒，交易额冲到了 100 亿元，再比如 2015 年春节微信摇红包，除夕夜摇一摇达到 110 亿次，峰值 1400 万次/秒。与少数几台服务器提供服务不同的是，数据中心计算机由于拥有数量庞大的节点计算机，电能和散热系统消耗庞大，往往在数据中心计算机系统构建中占有很大的比重，某些系统甚至占到 80%。

巨型机可以认为是一种面向浮点计算的数据中心计算机，由于计算算法的协同性要求，巨型机的内部网络比标准网络具有更高的带宽和更低的延迟。天河 2 巨型机采用的 TH Express2 内部网络，节点数据传输速率为 6.36GB/s，在 12 000 节点的情况下延迟仅为 85μs。

表 1.5 列出了这 5 类应用领域计算机的一些典型特性。

表 1.5 嵌入式计算、掌上计算机、台式计算机、服务器和数据中心计算机的一些典型特性

特征	嵌入式计算	掌上计算机	台式计算机	服务器	数据中心计算机
系统价格/美元	10～100 000	100～1000	300～2500	5000～10 000 000	100 000～200 000 000
单片价格/美元	0.01～100	10～100	50～500	200～2000	50～250
2010 年销售量	190 亿片	61 亿片 ARM 核（90%是手机）	3.5 亿台 PC	2000 万台	—
关键指标	成本、功耗、应用特性	成本、功耗、多媒体处理	性能价格比、功耗、图形	可用性、可扩展性、流量	RAS、性价比、流量、性能

1.2.4 相关核心技术产品的发展

现代计算机实现技术的基础核心是以晶体管为基本单元的平面集成电路。1947 年，固体物理学家 William B. Shockley、John Bardeen 和 Walter Brattain 在贝尔电话实验室共同发明了晶体管，并因此分享了 1956 年诺贝尔物理奖；1958 年，Jack Kilby 在德州仪器（TI）公司发明了集成电路理论模型，并因此获得 2000 年诺贝尔物理奖；1959 年，Bob Noyce 在仙童（Fairchild）公司发明了平面集成电路，1961 年开始批量生产。1965 年，时任仙童公司研发实验室主任的摩尔（Gordon Mooer）在 *Electronics* 上撰文，认为集成电路密度大约每两年翻一番，这就是著名的摩尔定律。40 年来，摩尔定律不但印证了集成电路技术的发展，也印证了计算机技术的发展。图 1.7 显示了内存芯片和 Intel 微处理器的发展变化。

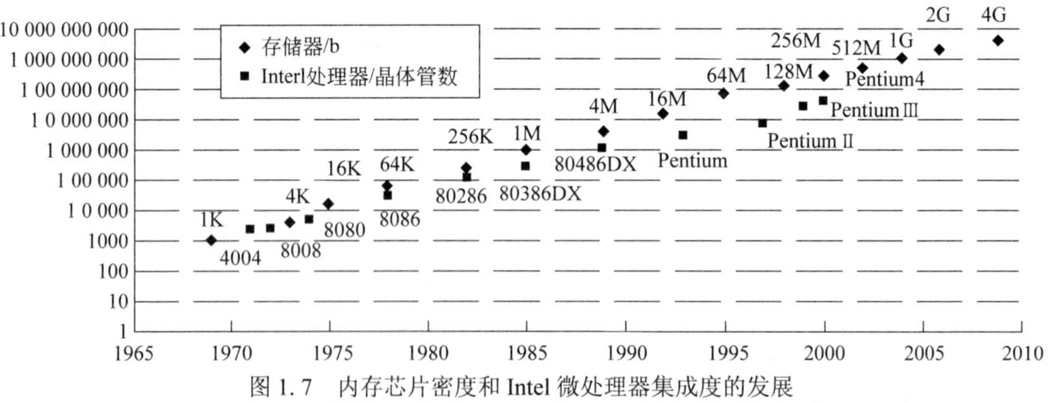

图 1.7 内存芯片密度和 Intel 微处理器集成度的发展

计算机系统的设计者不仅仅需要了解摩尔定律，更需要掌握技术的发展，尤其要注意实现技术日新月异的变化，其中有 4 种实现技术的变化发展极快，而这些技术对于当代计算机的发展发挥着非常关键的作用。

（1）逻辑电路。综合起来看，晶体管密度保持了 35%的年增长率，单芯片上的晶体管数量以每年 40%～55%的速率增长。1998 年以前，集成电路制造中的金属导线技术没有改进，机器时钟频率的增长完全依赖于导线宽度的减少和工作电压的降低。近几年 3D 晶体管技术的成熟，大幅度减少了漏电流，使得集成电路工艺在 2015 年进入 14nm 时代。

（2）半导体 DRAM（动态随机访问存储器）。近年来，DRAM 芯片容量增长率为每年 25%～40%，平均两到三年增加一倍。其实 DRAM 单片容量的年增长率是经常变化的，20 世纪 90 年代约为 60%，2000 年以后变化为 40%，目前进一步放缓到了 25%～40%。这些年来，人们一直在研究开发替代 DRAM 的技术产品，由于材料、工艺、成本和容量问题未能成功。

（3）闪存。这是一种电可改写的非易失性存储器，采用集成电路技术制造，主要替代磁盘，具有速度快、功耗低、非易失、可擦除、重量轻、无机械构件等优点，其位价格高于磁盘、低于 DRAM，2011 年时，闪存的位价格比 DRAM 便宜 15～20 倍。闪存主要用于便携式的装置，如 U 盘、掌上计算机、笔记本计算机等。考虑到运行成本和绿色环保等因素，目前有些数据中心的计算机大量采用闪存替代硬盘。

（4）磁盘。1990 年以前磁盘密度每年增长 30%，每三年翻一番，此后每年密度增长率上升到 60%，1996 年达到 100%。2004 年以来，磁盘密度增长率每年约 40%。磁盘的位价格是闪存的 1/25～1/15，是 DRAM 的 1/500～1/300。由于是机电设备，磁盘存取时间变化较小，在过去 10 年内仅下降 1/3。虽然号称用于替代硬盘的技术层出不穷，包括闪存技术，但是考虑到可靠性、成本、性能、制造等因素，在未来几年内，磁盘作为外部存储器主力的地位不可动摇。

（5）网络。现代计算机网络都是计算机通过通信线路和交换中心设备连接的，因此网络的性能与通信线路和交换设备的性能有关。从性能指标来看，决定网络性能的关键指标有两个：网络带宽和网络延迟。网络延迟受到光速的限制，很难进一步减小，但是，网络带宽一直在突飞猛进，以太网（Ethernet）从 10Mb/s 发展到 100Mb/s 用了约 10 年的时间，再发展到 1000Mb/s（1Gb/s）用了约 5 年的时间，又经过不到 3 年时间，目前 10 000Mb/s（10Gb/s）已经定型，而 Wi-Fi 从 1999 年 11Mb/s 的 802.11a/b 到 2012 年 1Gb/s 的 802.11ac，共计不到 15 年的时间。与 Wi-Fi 几乎同步发展的是手机通信网路，在 20 世纪 90 年代的第一代模拟移动电话仅提供语音服务，而当前的 4G 网络可以提供 100Mb/s 以上的数据通信能力。网络已经成为计算机系统的必然成分，网络系统的性能由交换和传输两部分构成。

通过仔细研究可以发现，以上 5 种技术都是摩尔定律的某种表现形式。这些快速变化发展的技术对微处理器和计算机系统的设计具有很大影响。由于技术和工艺的不断提高，现代微处理一般只有五年左右的使用寿命，甚至在一种产品的生产周期过程中（两年设计，两年生产），像 DRAM 这样的核心技术也在不断变化。设计人员必须经常采用最新技术进行计算机设计，因为最新技术的产品具有最高性价比和性能优势。还有一点值得注意，就是计算机产品的技术和性能的变化是骤变，而非渐变。比如说，DRAM 技术是 3 年提高 4 倍，而不是 18 个月增长 2 倍；以太网的带宽是按照 10 倍增长的。这种技术的跳变导致产品的跳变，从而使得原先不可能完成的技术变得可以实现。比如说当 MOS 技术在 20 世纪 80 年代初达到单芯片集成 25 000～50 000 个晶体管时，单片 32 位微处理器便实现了，在工艺成熟之后，其性价比便飞速提高。这种情况在计算机发展史上有规律可以遵循。

1.2.5 计算机体系结构的发展

存储程序计算机体系结构的这些特点奠定了现代计算机发展的基础。但是，在冯•诺依曼等人提出这种结构时，由于受到当时硬件价格昂贵的限制，故使硬件完成的功能尽量简单，而把更多的功能交由软件完成。随着计算机应用领域的扩大，高级语言和操作系统的出现，这种功能分配的状况引起了越来越多的矛盾，迫使人们不断地对这种体系结构进行改进。

1. 分布的I/O处理能力

存储程序计算机以运算器为中心、所有部件的操作都由控制器集中控制，这一特点带来了慢速输入输出操作占用快速运算器的矛盾。此时的输入输出操作和运算操作只能串行，互相等待，大大影响了运算器效率的发挥。尤其是计算机的应用进入商业领域之后，数据处理要求频繁地进行输入输出操作，上述缺点显得更加突出。

为了克服这一缺点，人们先后提出各种输入输出方式，如图1.8所示，从而引起计算机概念性结构发生了相应的变化。

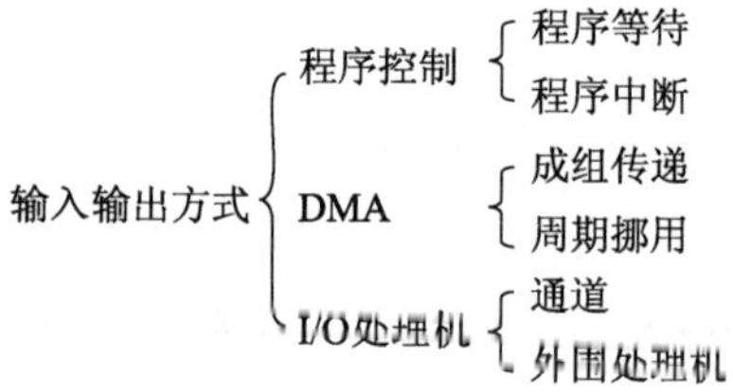

输入输出方式
- 程序控制
  - 程序等待
  - 程序中断
- DMA
  - 成组传递
  - 周期挪用
- I/O处理机
  - 通道
  - 外围处理机

图1.8 各种输入输出方式

在程序等待方式之后，很快出现了程序中断的概念，并将它应用于输入输出操作（如1954年的Univac 1103机）。这时，CPU执行到一条输入输出操作指令后，可以不必等待外部设备回答的状态信息而继续执行后续指令。直到外部设备准备好发送/接收数据，向CPU发出中断请求，CPU响应中断请求后才进行输入输出。这时，计算机结构仍以运算器为中心，但增加了中断接口部件。程序中断概念的引入可以使CPU与外部设备在一定程度上并行工作，提高了计算机的效率，并且可以实现多种外部设备同时工作。中断技术已经成为现代计算机操作系统的技术基础。

随着外部设备种类和数量的增多，使中断次数过于频繁，从而浪费了大量CPU的时间。对于成块（组）地进行传送的输入输出信息，出现了DMA（直接存储器访问）方式。为了实现这种方式，需要在主存和设备之间增加DMA控制器（数据通道），从而形成了以主存为中心的结构。由CPU向DMA控制器寄存器置好初始参数后，仍可继续执行其后续指令。当外设准备好发送或接收数据时，便对CPU发DMA请求，使输入输出设备经数据通道直接与主存成组地交换信息。直到数据通道控制完成这一块数据传送后，才向CPU发结束信号，CPU就可以进行接收或发送数据后的处理工作。

采用DMA方式，每传送完一组数据就要中断CPU一次。如果进一步使该部件能自己控制完成输入输出的大部分工作，从而使CPU进一步摆脱用于管理、控制I/O系统的沉重负担，这就出现了I/O处理机方式。I/O处理机几乎把控制输入输出操作和信息传送的所有功能都从CPU那里接管过来，独立出去了。I/O处理方式有通道方式和外围处理机（I/O 子系统）方式两种。最早采用通道方式的是 IBM 360/370 系统。

当前 I/O 的一种越来越常见的形态是网络化的 I/O 设备。通过网卡、网络（互联网）将计算机和设备连接在一起。由于计算机中的网卡（网络接口控制器）一般采用程序和 DMA 控制，或者采用网络处理器（一种 I/O 处理器），因此，我们目前还不从技术角度对网络 I/O 方式单独分类。

2. 保护的存储器空间

虽然传统存储程序计算机的存储程序原理现在仍为大多数计算机所采用，但是否把指令和数据放在同一存储器中，这一点不同计算机却有不同的考虑。指令和数据存放在同一个存储器中，会带来以下一些好处：指令在执行过程中可以被修改，因而可以编写出灵活的可修改的程序；对于存取指令和数据仅需一套读/写和寻址电路，硬件简单；不必预先区分指令和数据，存储管理软件容易实现；程序和数据可以分配于任何可用空间，从而可更有效地利用存储空间等。然而，在实际应用中也看到：自我修改程序是难以编制、调试和使用的。如果程序出错，进行程序诊断也不容易。程序的修改不利于实现程序的可再入性（Reenterability）和程序的递归调用。在开发指令级并行时还可以看到：程序可修改也不利于重叠和流水方式的操作。因此，现在绝大多数计算机都规定：在执行过程中不准修改程序。这需要通过存储管理硬件的支持，由操作系统来实现。现代操作系统都实现了这种管理。

3. 存储器组织结构的发展

按地址访问的存储器具有结构简单、价格便宜、存取速度快等优点。但是在数据处理时，往往要求查找具有某种内容特点的信息。在随机存储器中，虽然可以通过软件，按一定的算法（顺序查找、对分查找或采用 Hash 技术等）完成查找操作，但由于访问存储器的次数较多而影响了计算机系统的性能。按内容访问的相联存储器（Content Addressed Memory，CAM），把查找、比较的操作交由存储器硬件完成。如果让相联存储器除了完成信息检索任务外，还能进行一些算术逻辑运算，就构成了以相联存储器为核心的相联处理机。为了减少程序运行过程中访问存储器的次数，人们早在 1956 年的 Pegasus 计算机上采用了通用寄存器的概念。它不但把变址寄存器和累加器结合起来使用，提供了多累加器结构，而且使中间结果不必访问存储器。这个概念为现代计算机普遍采用，通用寄存器的数量也由几个增加到十几个或几十个，有些 RISC 处理器中增加到几百个，为了更好的支持多线程与虚拟机技术，目前有些处理器把寄存器数量增加到 1 千个左右。为了进一步减少访问存储器的次数和提高存储系统的速度，人们又提出了在 CPU 和主存之间设置高速缓冲存储器（Cache）。这种技术当初是在大型机上采用的，而现在 PC 也使用了多至十几 MB 的两级或者三级 Cache 存储器。

4. 并行处理技术

传统的存储程序计算机解题算法是顺序型的，即使问题本身可以并行处理，由于程序的执行受程序计数器控制，故只能串行、顺序地执行。因此，如何挖掘传统机器中的并行性，一直是计算机设计者努力的方向。人们通过改进 CPU 的组成，如采用重叠方式，先行控制、多操作部件甚至流水方式把若干条指令的操作重叠起来；或者在体系结构上把本来可并行的计算机的题目使之能并行计算，如对向量的计算就可以用一条向量指令并行地对向量的各个元素进行相同的运算。更进一步，如果把一个作业（程序）划分成能并行执行的多个任务（程序段），把每个任务分配给一个处理机执行，就构成了多机并行处理系统。这种多机并行处理系统由于有很高的并行性，而成为提高计算机系统速度最有潜力的手段之一。

5. 指令集的发展

指令集是传统机器程序员所看到的机器的主要属性。指令仍由操作码和地址码两部分组成，它在两个方面对计算机体系结构设计产生重大影响：一是指令集的功能，二是指令的地址空间和寻址方式。

自 20 世纪 50 年代开始，计算机系统中指令的种类和数量逐渐增加，后来“软件危机”的出现，人们也认为大量功能丰富的由硬件实现的指令，不但可以缓解“软件危机”，而且可以提高计算机系统的性能。到 20 世纪 80 年代，一个指令系统中所含指令的数目可达 300～500 条，称这种计算机为复杂指令集计算机（Complex Instruction Set Computer，CISC）。后来的研究表明，过多和过于复杂的指令难以理解、不好使用，大量指令的实际利用率非常低，同时，由于复杂功能指令的实现复杂，指令译码电路庞大，反而降低了计算机系统的性能。到 1979 年，由 D. A. Patterson 等人提出了精简指令系统计算机（Reduced Instruction Set Computer，RISC）的设想，把指令系统设计成只包含那些使用频率高的少量指令，并提供一些必要的指令以支持操作系统和高级语言。按照这个原则而构成的计算机称为精简指令集计算机（RISC），RISC 的技术思想已经成为当代计算机设计的基础技术之一。2000 年以后，专用指令更多地回归到指令系统，出现了媒体类、数字信号处理类、计算类等多种专用指令子集，例如 Intel 在 x86 指令系统中加入 MMX、SSE 发展到 AVX 子集，同时，经典的 RISC 处理器中也增加了媒体类指令，如 PowerPC 的 AltiVec 信号处理类 SIMD 指令子集，Sun SPARC 的 VIS，MIPS 的 MDMX，这些指令系统的扩张使得 CISC 和 RISC 在指令数量方面的区别变得不清晰。

早期计算机地址码是直接指出操作数地址的（直接寻址），这是一种简单快速的寻址方法。随着计算机存储器容量的扩大，指令中地址码的位数已不能满足整个主存空间寻址的要求，使直接寻址方式受到很大限制。现代计算机指令地址码部件一般给出的是形式地址，而由各种寻址方式，按照规定的算法把形式地址变换成访问主存的有效地址，如变址寻址（1949 年的 EDSAC）、间接寻址（1958 年的 IBM 709）、相对寻址（如 PDP-11）等，由于多道程序的要求，出现了基址寻址（如 IBM 360），为了对虚拟存储器进行管理，出现了页式寻址（1959 年 Atlas）。现代的微型、小型计算机由于指令字长较短，一般都具有多种灵活的寻址方式。多种寻址方式在带来灵活性的同时也带来了设计、生产和使用的复杂性。所以采用 RISC 技术的计算机一般只有常用的几种寻址方式。

1.2.6 并行处理技术的发展

研究计算机体系结构的目的是提高计算机系统的性能。开发计算机系统的并行性，是计算机体系结构的重要研究内容之一。本节首先叙述体系结构中的并行性概念，然后从单机系统和多机系统两个方面对并行性的发展进行归纳，以期认识计算机体系结构中并行性发展的全貌。

1．并行性概念

所谓并行性（Parallelism）是指在同一时刻或是同一时间间隔内完成两种或两种以上性质相同或不相同的工作。只要时间上互相重叠，就存在并行性。严格来讲，把两个或多个事件在同一时刻发生的并行性叫做同时性（Simultaneity）；而把两个或多个事件在同一时间间隔内发生的并行性叫做并发性（Concurrency）。以 n 位并行加法为例，由于存在着进位信号的传播延迟时间，全部 n 位加法结果并不是在同一时刻获得的，因此并不存在同时性，而只存在并发性的关系。如果有 m 个存储器模块能同时进行读出信息，则属于同时性。以后，除非特殊说明，本书不严格区分是哪种并行性。

计算机系统中的并行性有不同的等级。从执行程序的角度看，并行性等级从低到高可分为：

（1）指令内部并行。指令内部的微操作之间的并行，以微操作为调度单位。其实现技术主要是采用硬件。这些研究内容主要涉及计算机的组织和逻辑设计的内容，本教材不系统讨论这方面的问题。

（2）指令级并行（Instruction Level Parallel，ILP）。并行执行两条或多条指令，以基本块中的指令为调度单位。其实现技术需要大量硬件，同时需要得到编译的支持才能够发挥多指令流出的效能。将在教材的第 3 章、第 4 章集中深入讨论有关技术专题。

（3）线程级并行（Thread Level Parallel，TLP）。并发执行多个线程，通常以一个进程内控制派生的多个线程为调度单位。其实现的技术难点在编译技术，同时简洁、高效的硬件支持必不可少，否则严重影响执行效率。作为技术前沿，在教材的第 4 章、第 5 章和第 7 章涉及有关技术问题。

（4）任务级或过程级并行。并行执行两个或多个过程或任务（程序段），以子程序或进程为调度单位。软件、硬件综合的复杂系统，其技术难点在于并行算法、程序设计和硬件高效支持，系统必须提供一些程序设计手段。将在第 7 章研究有关的技术问题。

（5）作业或程序级并行。在多个作业或程序间的并行，以程序或作业为调度单位，其特点与任务级并行相似。第 7 章涉及有关内容。

在单处理机系统中，这种并行性升到某一级别后（如任务、作业级并行），则要通过软件（如操作系统中的进程管理、作业管理）来实现。而在多处理机系统中，由于已有了完成各个任务或作业的处理机，其并行性是由硬件来实现的。因此，实现并行性也有一个软硬件功能分配问题，往往也需要折中考虑。

从处理数据的角度，并行性等级从低到高可以分为：

（1）字串位串。同时只对一个字的一位进行处理。这是最基本的串行处理方式，不存在并行性。

（2）字串位并。同时对一个字的全部位进行处理，不同字之间是串行的。这里已开始出现并行性。

（3）字并位串。同时对许多字的同一位（称位片）进行处理。这种方式有较高的并行性。

（4）全并行。同时对许多字的全部或部分位进行处理。这是最高一级的并行。

在一个计算机系统中，可以采取多种并行性措施。既可以有执行程序方面的并行性，又可以有处理数据方面的并行性。当并行性提高到一定级别则称之为进入并行处理领域。例如，执行程序的并行性达到任务或过程级，或者处理数据的并行性达到字并位串一级，即可认为进入并行处理领域。所以，并行处理（Parallel Processing）是信息处理的一种有效形式。它着重挖掘计算过程中的并行事件，使并行性达到较高的级别。并行处理是硬件、体系结构、软件、算法、语言等多方面综合研究的领域。

1966 年，Michael J. Flynn 依据计算机中同时存在的指令流和数据流的数量，提出了 Flynn 分类法（Flynn's Taxonomy）。Flynn 分类法按照指令的数据的关系，将计算机从并行处理的角度划分为以下 4 类模型：

（1）单指令流单数据流（Single Instruction Single Data stream，SISD）。指令和数据都不存在并行，完全串行执行，早期简单的单处理器计算机都是这样工作的。

（2）单指令流多数据流（Single Instruction Multiple Data streams，SIMD）。一个指令流同时对多个（组）数据进行相同的操作。典型机器包括阵列机（Array Processor）和图形处理器（GPU）。

（3）多指令流单数据流（Multiple Instruction Single Data stream，MISD）。多个指令流在一个数据流上进行操作。这种情况并不常见，多处理器容错结构的计算机系统可以算是一种，这种容错结构一般用在可靠性和实时性要求都非常高的环境中。

（4）多指令流多数据流（Multiple Instruction Multiple Data streams，MIMD）。多个独立的处理器在不同的数据上执行不同的指令，这是非常常见的并行处理模型。

图 1.9 给出了 Flynn 分类法的 4 种概念模型的形象说明。在 MISD 和 MIMD 模型中，多条指令之间是有某种联系的，一般为同一个程序派生出来的多个质量流。

Flynn 分类的概念在目前的体系结构研究中使用较多，特别是 SIMD 和 MIMD 两种并行计算模型是现在并行计算的主要模型，同时，Flynn 分类还产生一些延伸的概念：按照程序进行分类，可以形成单程序多数据流（SPMD）和多程序多数据流（MPMD）。按照线程（Thread）进行分类，就有单线程多数据流（STMD）和多线程多数据流（MTMD），等等。

2．提高并行性的技术途径

计算机系统中提高并行性的措施多种多样，但就其思想而言，都可纳入下列三种途径。

（1）时间重叠（Time-Interleaving）：在并行性概念中引入时间因素，即多个处理过

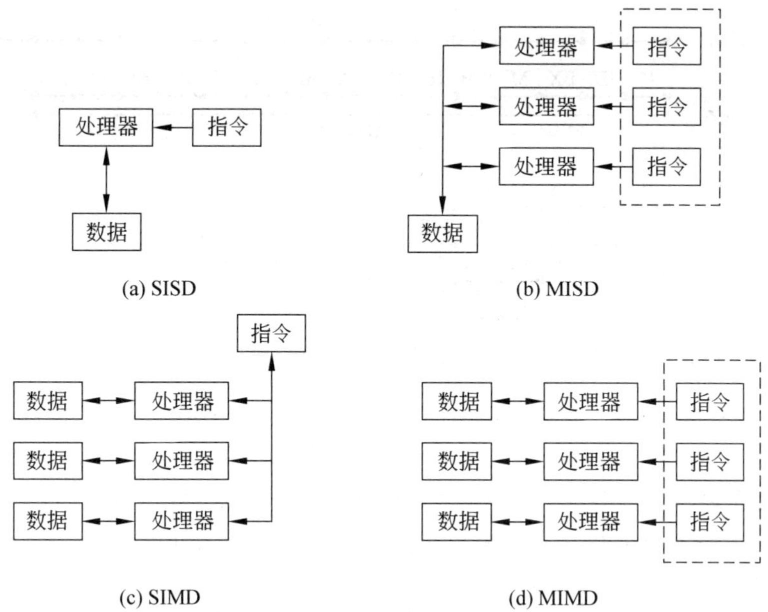

图 1.9 Flynn 分类法的 4 种概念模型

程在时间上相互错开，轮流重叠地使用同一套硬件设备的各个部分，以加快硬件周转而赢得速度。时间重叠原则上不要求重复的硬件设备。流水线技术是时间重叠的典型实例。

（2）资源重复（Resource-Replication）：在并行性概念中引入空间因素，是根据“以数量取胜”的原则，通过重复地设置资源，尤其是硬件资源，以大幅度提高计算机系统的性能。随着硬件价格的降低，这种方式在单处理机广泛采用，而多处理机本身就是资源重复的结果。

（3）资源共享（Resource-Sharing）：这是一种软件方法，它使多个任务按一定的时间顺序轮流使用同一套硬件设备。例如多道程序、分时系统就是遵循资源共享这一途径产生的。资源共享既降低了成本，又提高了计算机系统中设备的利用率。网络打印技术就是一种分布系统中资源共享的典型实例。

先看一看单机系统中并行性的发展。在发展高性能单处理机过程中，起着主导作用的是时间重叠这个途径。实现时间重叠的基础是部件功能专用化（Functional Specialization）。就是说把一件工作按功能分割为若干相互联系的部分，把每一部分指定给专门的部件完成；然后按时间重叠原则把各部分执行过程在时间上重叠起来，使所有部件依次分工完成一组同样的工作。例如将执行指令的过程分解为取指令、指令译码、指令执行、访问存储部件和写结果 5 个步骤，如图 1.2 所示，每个步骤使用专门化的部件，就需要以下 5 个专用部件，即取指令部件（IF）、指令译码部件（ID）、指令执行部件（EX）、访问存储器部件（M）和写结果部件（WB）。把它们的工作按某种时间重叠关系重叠起来，构成计算机中央处理机的指令执行流水线（或称为指令流水线），使得在处理机内部能同时处理多条指令，从而提高处理机的速度，参见图 1.10。这种流水化处理技术开发了计算机系统中的指令级并行。

在单处理机中，资源重复运用已经普遍起来。不论是在非流水线处理机（如 CDC-

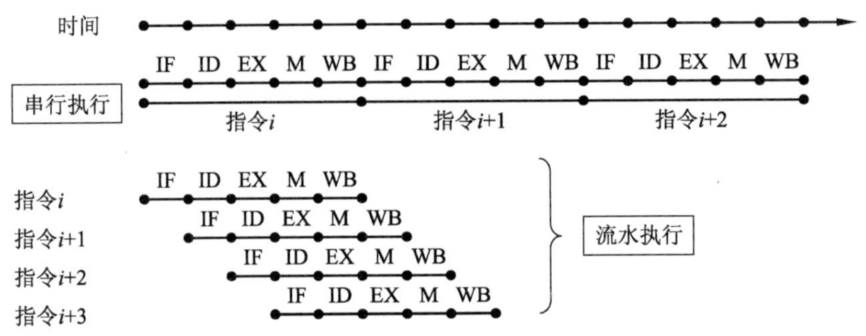

图 1.10　指令的串行执行和分解成 5 个步骤的指令流水执行

6600)，还是在流水线处理机（如 IBM 360/91）中，多操作部件和多体存储器都是成功应用的结构形式。在多操作部件处理机中，通用部件被分解成专门部件（如加/减法部件、乘法部件、逻辑运算部件等）。一条指令所需的操作部件只要没有被占用，就可以开始执行，这就是指令级并行。进一步，可以重复设置多个相同的处理单元，在同一个控制器指挥下，按照同一条指令的要求，对向量的各元素同时进行操作。这就是所谓的并行处理机。它在指令内部实现了对数据处理的全并行，从而把单处理机的并行性又提高一步，进入了并行处理领域。并行处理机本身还是单处理机。如果再进一步提高其并行性，使其达到任务级并行，则每个处理单元都必须是独立处理机，这就进入多处理机领域。如果进一步提高其并行性，使其达到任务级并行，则每个处理单元都必须有自己的控制器，能独立地解释和执行指令，成为一台独立完整的处理机，这就进入了多处理机范畴。这种多处理机系统称为对称型（Symmetrical）或同构型多处理机系统（Homogeneous Multiprocessor System）。它们由多个同类型，至少同等功能的处理机组成，同时地处理同一作业中能并行执行的多个任务。

资源共享的概念，在单处理机系统中实质上是用单处理机模拟多处理机的功能，形成所谓虚拟机的概念的。比如分时系统，在多终端的情况，每个终端上的用户感到好像自己有一台处理机一样。远程终端的出现，改变了计算机系统地理上和逻辑上“集中”的局面，开始向“分布”方向发展。当计算机之间互相连接，分工合作时，则进入了多机系统，这种多机系统称为分布处理系统（Distributed Processing System）。

下面看一看多机系统中并行性的发展。多机系统也遵循着时间重叠、资源重复和资源共享的技术途径，向着三种不同的多处理机方向发展。但在采取的技术措施上与单机系统稍有差别。

为了反映多机系统的各机器之间物理连接的紧密程度和交互作用能力的强弱，引进耦合度的概念。多机系统的耦合度，可以分为最低耦合，松散耦合，紧密耦合系统等几类。

（1）最低耦合（Least Coupled System）是耦合度最低的系统。除通过某种中间存储介质之外，各计算机之间没有物理连接，也无共享的联机硬件资源。

（2）松散耦合（Loosely Coupled System）或间接耦合系统（Indirectly Coupled System），一般是通过通道或通信线路实现计算机间互连，共享某些外围设备（例如磁盘、磁带等）的，机间的相互作用是在文件或数据集一级进行的。松散耦合系统常表现为两种形式：一种是多台计算机和共享的外围设备连接，不同机器之间实现功能上的分工（功能专用化），机器处理的结构以文件或数据集的形式送到共享的外围设备，供其他机器继续处理。另一种是计算机网，通过通信线路连接，以求得更大范围内的资源共享。

（3）紧密耦合系统（Tightly Coupled System）或直接耦合系统（Directly Coupled System），一般是指机间物理连接的频带较高，它们往往通过总线或高速开关实现互连，可以共享主存。由于具有较高的信息传输率，从而为快速并行处理一个作业或多个任务创造了条件。

在单机系统中，要做到时间重叠必须有多个专用功能部件，即把某些功能分离开由专门部件去完成。而在多处理机中是将处理功能分散给各专用处理机完成，即功能专用化。各处理机之间按照时间重叠原理工作。早期，是把一些辅助性功能由主机分离出来，交给一些较小的专用计算机完成，如输入输出功能的分离，导致了通道和专用外围处理机的发展。它们之间往往采取松散耦合方式，形成各种松散耦合系统。这种趋势发展下去，许多主要功能如数组运算、高级语言编译、数据库管理等，也逐渐分离出来，交由专用处理机完成，机间的耦合程序也逐渐加强，发展成异构的多处理机系统。

最早的多机系统并不是为了提高速度，而是为了在关键性的工作中保证系统的可靠性。通过设置多台相同类型的计算机，使系统工作的可靠性在处理机一级得到提高。各种不同的容错多处理机系统方案，对机间互联网络的要求是不同的，但正确和可靠性是最起码的要求。如果提高对互联网络的要求，使其具有一定的灵活性、可靠性和可重构性，则发展成一种可重构系统（Reconfigurable System）。在这种系统中，平时几台计算机都正常工作，像一般的多处理机系统一样。但到故障阶段，就要使系统重新组织，降低档次继续运行，直到故障排除为止。随着硬件价格的降低，现在人们更多地是通过多处理机的并行处理，提高整个系统的速度。这时，对机间互联网络的性能提出了更高的要求。高带宽、低延迟、低开销的机间互联网络，是高效实现程序段或任务一级并行处理的前提条件。为了使并行处理的任务能在处理机之间随机地进行调度，就必须使各个处理机具有同等的功能，成为同构型多处理机。表 1.6 对上述三种多处理机进行了简单的比较和总结。由表可以看出，分布式系统与其他两类多处理机系统在概念上是存在交叉的。无论是单机系统还是多机系统，它们都是按不同的技术途径向三种不同类型的多处理机发展的。

表 1.6　三种类型的多处理机比较

项　目	同构型多处理机	异构型多处理机	分布处理系统
目的	提高系统性能 （可靠性、速度）	提高系统使用效率	兼顾效率与性能
技术途径	资源重复 （机间互联）	时间重叠 （功能专用化）	资源共享 （网络化）
组成	同类型 （同等功能）	不同类型 （不同功能）	不限制
分工方式	任务分布	功能分布	硬件、软件、数据等 各种资源分布

续表

项　　目	同构型多处理机	异构型多处理机	分布处理系统
工作方式	一个作业由多机协同并行地完成	一个作业由多机协同串行地完成	一个作业由一台处理机完成，必要时才请求它机协作
控制形式	常采用浮动控制方式	采用专用控制方式	分布控制方式
耦合度	紧密耦合	紧密、松散耦合	松散、紧密耦合
对互联网络的要求	快速性、灵活性、可重构性	专用性	快速、灵活、简单、通用

有关多处理机系统的技术问题，将在第7章中讨论。

3．并行计算的应用需求

应用需求永远是计算机系统创新的动力。当前许多领域的发展已经依赖于计算，特别是高性能计算，而并行计算则是满足这些永无止境计算能力要求的几乎唯一可行的出路。在科学理论领域，包括物理学、化学、数学、材料科学、生物学、天文学、地球科学等，在工程技术领域，包括石油、化工、汽车、航空、航天、制药、气象、能源、基因等，对并行计算都有着无尽的期待。同样，科学计算结果的处理，如可视化技术，计算量也是巨大的。另外一个重要领域就是娱乐业，1995年的“玩具总动员”（*Toy Story*）开创了全计算机动画电影的先河，2010年的“阿凡达”（*Avatar*）则把计算量巨大的3D视频带到了人们的生活中，当今的电影制作中，数字特效已经成为几乎每部电影制作都不可缺少的团队。与此同时，越来越精细、逼真的计算机游戏，极大地促进了计算机图形学、高档CPU、高性能GPU甚至影响了计算机系统的发展。

目前人们已经看到的需要EFLOPS（ExaFLOPS，每秒10^{18}次的浮点运算）甚至ZFLOPS（ZettaFLOPS，每秒10^{21}次的浮点运算）计算能力和EB存储能力的应用领域包括：重大机械问题、全球气象变化、基因/蛋白质功能、湍流、机械动力学、洋流、量子色动力学、复杂巨系统建模、深层空间大数据和AI问题等。所以，对并行技术的研究还将继续深入下去，以满足人类在了解自然和持续发展的过程中对计算能力的需求。

1.2.7　体系结构技术的挑战

对计算机体系结构设计人员的技术挑战来自制造工艺、软件和应用等多个方面，也包括经济问题。

首先是集成电路生产制造的挑战。集成电路制造中的重要技术指标之一是特征尺寸（Feature Size），在现有集成电路制造工艺中，它是指集成电路上一个晶体管的尺寸或者x和y两个维度上的最大制造线宽。集成电路中单个晶体管的性能与特征尺寸的减少呈线性关系，这也是为什么人们不惜成本减少特征尺寸的原因之一。1971年的Intel 4004微处理器采用的集成电路特征尺寸为10μm，而2015年初Intel发布的i7 Broadwell已经达到14nm，并且10nm以下的工艺已经进入研发阶段，2015年7月IBM公布了7nm工艺的测试片（Test Chip）。

表 1.7 给出了 Intel 公司一些微处理器的部分工艺参数。

表 1.7 Intel 公司部分微处理器的部分工艺参数

型号	发布日期	特征尺寸	集成度/晶体管	工作频率	基片面积/mm^2
4004	1971	10μm	2300	108KHz	13.5
8008	1972	10μm	3500	200kHz	15.2
8080	1974	6μm	6000	2MHz	20.0
8086/8088	1978	3μm	29 000	5MHz	28.6
80286	1982	1.5μm	134 000	6MHz	68.7
80386DX	1985	1.5μm	275 000	16MHz	104
80486DX	1989	1.0μm	1 200 000	25/33MHz	163
Pentium	1993	0.8μm	3 100 000	60/66MHz	264
Pentium Pro	1995	0.35μm	5 500 000	150MHz	310
Pentium Ⅱ	1997	0.35μm	7 500 000	233MHz	209
Pentium Ⅲ	1999	0.18μm	28 000 000	500MHz	140
Pentium Ⅲ	2000.1	0.18μm	—	1.0GHz	—
Pentium 4	2001.1	130nm	55 000 000	2.6GHz	131
Pentium 4 HT	2003.9	90nm	125 000 000	3.40GHz	112
Core 2 Duo E6700	2006.8	65nm	291 000 000	2.66GHz	143
Core i7-940	2008.1	45nm	781 000 000	3.16GHz	107
Core i7-2600	2011.1	32nm	—	3.8GHz	—
Core i7-3820QM	2012.4	22nm	—	3.70GHz	—
Core i7-5650U	2015.1	14nm	—	3.2GHz	—

随着特征尺寸的减小，挑战越来越多。第一，导致集成电路连线的相对长度增加，单位长度阻抗也增大，更高的电路工作主频需要更大的电流来驱动电平的翻转和信号变化的传递，这主要是一个电容快速充放电的过程；第二，电路密度增加，导致芯片单位面积功率（功率密度）上升，2003 年 Pentium 4 已经超过 0.5W/mm^2，而直径 100mm 的 1000W 电炉的功率密度大约 0.13W/mm^2；第三，集成电路在减小特征尺寸的同时，也在减少电路各层的厚度，从而降低了工作电压，虽然降低工作电压可以有效减少功率，可是同时也减弱了电路抗干扰的能力；第四，目前已经不容忽视的一个严重问题是随着特征尺寸的下降，晶体管各个电极之间的绝缘层性能急剧下降，电极之间漏电流的问题日益突出，在深亚微米达到 0.18μm 的特征尺寸时，漏电流不但接近工作的有效电流，使得信号更加难以区分，而且极大地增加了电路的总功耗和单位面积的功耗，在 45nm 以后，Intel 采用了高 K 和 3D 的 FinFET 集成电路制造工艺，大幅度减少漏流，使得目前 14nm 工艺可以很有效地工作，目前预测现有工艺还可以发展使用 10 年；第五，由于现代微处理器中的部件成千上万，而这些部件并不都是同时工作的，这就需要在设计中合理分配电力使用，对于不工作的部件暂时减低工作性能或者暂停工作，以减少系统的功耗。到 2003 年，Pentium 4 的功率已经突破 100W，事实上，如果这些问题得不到很好的解决，计算机系统的散热成本将是普通用户无法承受的，而笔记本电脑、PDA 等移动计算设备也不可能支持如此高的功耗。由于功耗和芯片工作频率的关系，为了保障芯片工

作的稳定性和系统工作的有效性，近十年来Intel微处理器的频率始终保持在2～4GHz，某些型号甚至工作在2GHz以下，芯片功率控制在数十瓦，移动型号甚至可以控制在数瓦。第六，是经济问题，制造集成电路投入巨大，65nm生产线要投入25亿～30亿美元，32nm提升到50亿～70亿美元，22nm要投入超过100亿美元，这就造成非经济实力雄厚，难以投资集成电路生产厂。

在设计上，将面临微处理器芯片正确性验证、复杂性成倍上升的问题。在Pentium年代，Intel公司的浮点故障导致公司几乎动用了一年收入的三分之一才解决。目前的微处理器达到上亿只晶体管，如此复杂的系统，其正确性验证一直是悬而未决的难题。在IA-32体系结构下，每一代处理器在芯片预验证阶段面临的错误数量都是前一代产品的3～4倍，这主要是处理器微体系结构复杂性不断提高造成的，预测技术、前瞻技术、多处理器内核、多线程技术等的引入都提高了处理器的复杂性。芯片预验证阶段所进行的错误分析和修改都是人员密集型的工作，现在复杂芯片设计团队的人员数量迅速扩大，意味着人们之间交流失误造成的错误概率也在迅速增加。这一状况如果得不到改变，处理器的稳定性就无法保证。实际情况表明，一款45nm芯片总研发成本要6千万美元，研发32nm芯片要7千万美元，28nm芯片要投入1亿美元以上的研发成本，如此巨大的投入和技术商业风险，成为芯片研发中令人望而却步的屏障。

从经济性角度看，摩尔定律的发展存在极大的经济问题。从技术角度看问题和从经济角度看问题往往是不同的。工程技术人员总是希望摩尔定律可以持续下去，并为之做出种种努力。

由于目前所有的计算机还是在冯·诺依曼体系结构的框架之下，中央处理器和存储器、I/O设备之间的速度存在越来越大的差距，严重影响了处理器性能的发挥。为了克服这个性能瓶颈，计算机系统设计人员采用了多种技术，在后面的章节中将进一步讨论。

当代体系结构技术需要软件特别是编译技术的支持才能发挥效率。通过研究人员的努力，创新的体系结构技术不断出现，前瞻、多线程、流水线、路径缓冲、向量部件、SIDM加速、GPU异构计算，等等，软件人员面临的最难克服的困难是不知道如何发挥如此众多的体系结构技术的性能，这已经成为制约计算机性能发挥的一道屏障。

同样，应用领域程序员难以紧跟计算机系统编程环境的频繁变化。从20世纪70年代到现在，对应用程序编写有巨大影响的并行计算机体系结构技术主要有向量、多处理器、MPP、异构计算、集群技术等，每一种结构都导致应用程序做大量的修改、优化和调试工作，并行计算本身就是对程序员智力的挑战，而结构的变化，更加重了应用程序员的负担。

1.3 计算机系统设计和分析

1.3.1 成本与价格

1. 计算机系统的成本和价格

首先，组装一台作为图形工作站使用的较高档配置PC，观察一下硬件各部件价格的分布，表 1.8 列出了价格细节，其中一些部件的选择还有更改调整的余地。但是，在大多数配置中，显示器系统在总成本中都占有较大的比重，在面向图形应用的工作站中更是如此，本配置中显卡加显示器的价格达到总价格的 41.4%。

表 1.8 一台 PC 图形工作站及其各个部件的价格分布

配件	品牌/型号	价格*/元	总价格中的比例
处理器	Intel 酷睿 i7 5820K（盒）	2999	15.1%
散热器	安钛克 KuHLER H2O 650	339	1.7%
主板	华硕 X99-A	2999	15.1%
显示卡	七彩虹 iGame980-4GD5	4099	20.7%
显示器	戴尔 UltraSharp U2713HM	4099	20.7%
内存	DDR4 2666 4GB 4 条	1999	10.1%
硬盘 1	三星 850EVO 系列 250GB SDD 固态硬盘	799	4.0%
硬盘 2	希捷 2TB ST2000DM001	500	2.5%
键盘	雷蛇 终极版 2014	799	4.0%
鼠标	罗技 G502	499	2.5%
机箱	安钛克 P280	399	2.0%
电源	鑫谷 RP PLUS650	299	1.5%
总价		19 829	

* 此价格为 2015 年 3 月的媒体报价。

众所周知，组装计算机的价格，尤其是部件的价格，是经常变化的，但是从总体看，价格变化的趋势是不断下降的。计算机的价格是与成本紧密相关的，影响价格的因素通常就是那些影响成本的因素，成本会影响计算机中部件的选择。价格与成本是不同的概念。部件的成本会限制设计，但成本并不代表用户必须付出的价格，成本在变成实际价格之前会出现一系列的变化，系统设计者必须清楚设计方案对最终的销售价格的影响。一般情况下，成本的变化反映到价格上将放大 3～4 倍。价格上扬时计算机销售势头就不好，产量就会下降，成本就会增大，并导致价格进一步增长。因此小小的成本变化会对产品的市场产生很大的影响。

构成价格的各因素可以通过占成本或价格的百分比来表示。价格与成本的差别也因销售市场的不同而不同。

简单地说，商品的标价（价格）由这样一些因素构成：原料成本、直接成本、毛利和折扣。

原料成本是指一件产品中所有部件的采购成本总和。它是价格中最明显的部分，也是对计算机系统设计影响最明显的部分。

直接成本是指与一件产品生产直接相关的成本，包括劳务成本、采购成本（如运输、包装费用）、零头（剩余的零头）及产品质量成本（如人员培训、生产过程管理等）。直接成本通常是在部件成本上增加 10%～30%。

毛利是公司开支的一部分，这一部分开支是无法由一件产品直接支付的，它必须均摊到每一件产品中去。毛利主要包括：公司的研发费用、市场建立费用、销售费用、生产设备维护费用、房租、贷款利息、税后利润和所得税等。原料成本、直接成本和毛利相加，就得到平均销售价格。毛利一般占到平均销售价格的 10%～45%，具体情况取决于产品的独立性。导致低端 PC 产品制造商具有较低毛利的几个主要原因是：首先，由于产品的标准化，它们的研发费用较低。其次，它们采取非直接销售方式（通过邮购，电话订购或零售店），所以其销售成本较低。最后，因为这一类产品缺乏独特性，竞争激烈导致低价格和低利润，因而毛利也较低。

标价与平均销售价格并不一样，原因之一是公司提供了批发价格折扣，产品通过零售店进行销售，零售商亦需获得利润。

正如人们所见到的，价格随竞争程度的变化而变化。公司在销售产品时可能无法取得所期望的毛利。在更坏的情况下，价格猛跌而导致无法取得利润。一家公司争夺市场分额的方法就是降低价格，从而提高产品的竞争力，如果产量增加则成本就会减小，就有可能维持其利润。它们之间的关系是极其复杂的，这里不可能深入分析。

在美国，大部分公司只将收入的 4%（商用 PC）～12%（高端服务器）用于研发。这一百分比将不会轻易随时间变化。

图 1.11 通过 PC 产品的成本和价格的分布，对上述概念进行了形象的说明。关于成本及成本/性能的问题是很复杂的，计算机系统的设计往往也不是单一目标。一种极端是巨型计算机设计，为达到高性能而不考虑成本；另一种极端是低成本机器，为达到低成本就需要牺牲一些性能，低端的 PC 就属于这一类。位于这两种极端之间的就是性能/成本设计，设计者需取得性能与成本之间的平衡。绝大部分工作站、服务器等制造商就属于这一类。在过去的几十年中，计算机尺寸变小，因此低成本设计和成本/性能设计就显得日益重要，即使是巨型计算机制造商也发觉成本问题已日益重要。

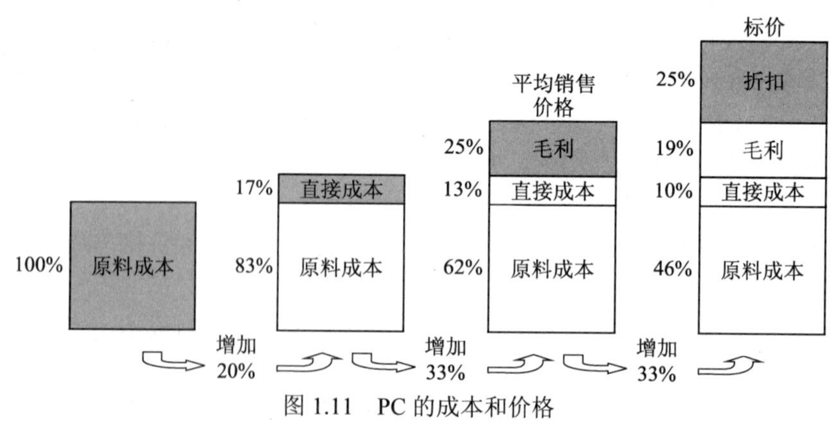

图 1.11　PC 的成本和价格

2. 时间因素

对计算机系统成本产生影响的主要因素有时间、产量、商品化等因素。

对成本产生最直接影响的是时间。即使实现技术没有变动，计算机系统的制造成本也会不断下降。随着时间的推移，生产工艺会日渐稳定，产品的成品率会不断提高。产品的成本与成品率成反比。规划产品生产周期时，成本随时间变化是非常关键的因素，这也是工业化生产的一个重要特点。不难理解，产品的成品率翻一番，成本将下降到一半。

产量是决定产品成本的第二个关键因素。第一，产量的增加会加速工艺的稳定；第二，产量增加就提高了生产效率，降低了成本；第三，产量增加还可降低每台单机必须加入的开发费用，从而使得单机成本下降。统计结论是：无论是集成电路芯片、印刷电路板或系统，如果产量翻一番，那么成本就会减少 10%。

商品化也是影响产品成本的重要因素，但更重要的是它影响产品的价格。所谓商品就是指市场上销售的批量化的产品，例如 DRAM、磁盘、显示器、键盘等。商品化包括建立市场和销售渠道的过程，如广告、代理、维修等。

综合产品价格变化的各个因素，最终反映到产品价格随时间变化的特性，就是价格随时间下降的趋势。这种变化的趋势与人类学习知识时候的记忆曲线非常相似，因此人们称之为价格的学习曲线（Learning Curve）。虽然各种产品都有类似的价格变化曲线，但是不同产品的变化速度是不同的，图 1.12 为存储器价格变化的学习曲线，其他产品具有类似的曲线。

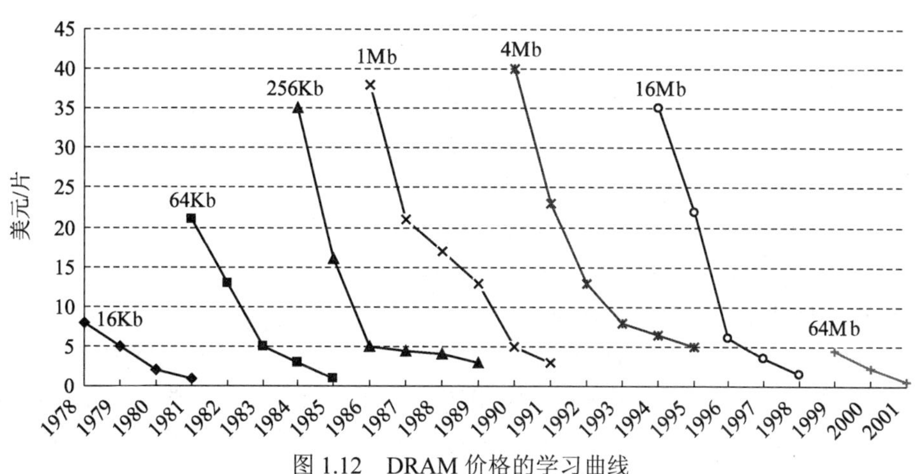

图 1.12　DRAM 价格的学习曲线

1.3.2　基准测试程序

既然性能与测试程序的执行时间相关，那么用什么程序作测试呢？如果用户仅仅使用计算机完成某种特定的应用，那么这组应用程序就是评估计算机系统性能的最佳测试程序。用户通过比较在不同系统中这组应用程序的响应时间，就可以知道计算机的性能。然而，这种情况实际上比较少见。大部分人必须依靠其他测试程序，以获得机器的性能。目前常用的测试程序可以分为 5 类，下面按测试可靠性由高至低的顺序列出。

（1）实际应用程序：这是最可靠的方法。即使用户对计算机性能测试一窍不通，通过运行实际应用程序，用户也可以清楚地知道计算机的性能。实际应用程序是随应用而变化的，如 C 编译器，进行文本处理软件 TeX（UNIX）、MS Word（Windows、Mac OS）、

WPS（DOS、Windows、Linux）等，进行 CAD 设计的工具 Spice、AutoCAD，进行图片处理的 PhotoShop（Windows、Mac OS）等。用户自己的应用系统也属于这一类程序，如 MIS 系统、工业控制系统等。使用实际应用程序可能会引发另外一个问题：由于操作系统或者编译器的变化，导致实际应用程序不能够在测试系统中正常运行，这也就是通常所说的软件（程序）可移植性问题，引起这类问题的主要原因是由于实际应用软件和机器之间的相关性，也就是一些软件功能依赖于特定的硬件系统，如图形系统、交互设备、专用设备、特殊设备等。

（2）修正的（或者脚本化）应用程序：很多情况下，通过修正实际应用程序的部分代码或者通过脚本描述来模拟实际应用，再用它们构成测试程序。之所以这样处理程序，通常是基于以下几点考虑：一是解决程序的可迁移性问题，这一点前面已经说明了；二是为了回避程序的一些次要特性，如交互时人的因素，更加突出程序受到的特定因素的影响；三是简化一些程序的复杂性，降低测试的复杂程度，减少测试开销。

（3）核心测试程序：由从真实程序中提取的较短但很关键的代码构成。Livermore Loops 及 LINPACK 是其中使用比较广泛的例子。这些代码的执行时间直接影响到程序总的响应时间。用户不会直接使用核心测试程序，因为它的功能仅仅是用来测试计算机性能。核心测试程序可以根据需要评价机器的各种性能，从而解释在运行真实程序时机器性能不同的原因。

（4）小测试程序：小测试程序通常是指代码在几十行到 100 行的具有一些特定目的的测试程序。用户可以随时编写一些这样的程序来测试系统的各种功能，并产生用户已预知的输出结果，如皇后问题、迷宫问题、快速排序、求素数、计算 π 等，当然也编写一些测试特定指标的小测试程序，如通过频繁显示模式转换测试显示特征、通过大量小文件的建立/读/写/删除等测试磁盘的速度等，这类流行的测试程序都具有短小、易输入、通用等特点，最适于作一些基本测试。

（5）合成测试程序：设计合成测试程序的基本思想与设计核心测试程序是相同的，但是合成测试程序面向大量应用程序中操作和数据的统计特征。首先对大量应用程序中的操作进行统计，得到各种操作比例，再按这个比例人造出测试程序。Whetstone 与 Dhrystone 是最流行的合成测试程序。在操作类型和操作数类型两个方面，合成测试程序试图与大量程序中的比例保持一致。用户不会自己产生合成测试程序，因为其中没有任何用户能够使用的代码。合成测试程序与实际应用相差更远，核心程序起码是从真实程序中提取出来的，而合成测试程序则完全是人为制造出来的。

要在竞争激烈的计算机市场中生存和发展，就必须努力提高计算机产品的性价比。所以，每家计算机系统设计公司都投入大量的人力、物力资源研究各种通用的测试程序，并针对测试结果，从硬件和软件两个方面对系统设计进行修改和优化，以提高他们的计算机系统的总体测试性能。但是，通用计算机系统一般不针对某一个特定的真实程序进行设计或性能优化，因为这样做不但难度大，而且成本会增加。为了提高测试的公正性，通用测试程序往往由非商业性组织或者第三方厂商提供。通用测试程序在使用时也有明确的要求，如系统配置、数据精度、编译优化等，以期获得的测试结果具有良好的可比性。

目前有一种日渐普及的测试程序产生方法，就是选择一组各个方面有代表性的测试程序，组成一个通用测试程序集合。这种测试程序集合称为测试程序组件（Benchmark Suites），它的最大优点是避免了独立测试程序存在的片面性，尽可能全面地测试了一个计算机系统的性能。

目前在评价计算机系统设计时最常见的测试程序组件是基于 UNIX 的 SPEC，它诞生于 20 世纪 80 年代，当时主要用于测试各种使用 UNIX 的工作站，其主要版本包括 SPEC89、SPEC92、SPEC95、SPEC2000 和 SPEC2006 等。本教材的很多测试数据都是基于 SPEC 的，研究计算机体系结构的很多技术文章中使用的测试结果也是基于 SPEC 的。

事务处理（Transaction-Processing，TP）测试程序主要测试在线事务处理（On-Line Transaction Processing，OLTP）系统的性能，其核心内容是数据库访问和相关的信息决策能力。20 世纪 80 年代，相关工程技术人员成立了一个称为 TPC（Transaction Processing Council）的独立组织，1985 年发布了第一个 TPC 测试程序 TPC-A，并先后发布多个修改版本并补充了 4 个不同的测试程序，构成 TPC 测试程序组件。

LINPACK 是线性系统软件包(Linear System Package) 的缩写，始于 1974 年。LINPACK 现在在国际上已经成为最流行的测试计算机系统浮点性能的程序。LINPACK 测试包括三类：Linpack100、Linpack1000 和 HPL。Linpack100 求解规模为 100 阶的稠密线性代数方程组，它只允许采用编译优化选项进行优化，不得更改代码，甚至代码中的注释也不得修改。Linpack1000 要求求解规模为 1000 阶的线性代数方程组，达到指定的精度要求，可以在不改变计算量的前提下在算法和代码上做优化。HPL 即 High Performance Linpack，也叫高度并行计算基准测试，它对数组大小 N 没有限制，求解问题的规模可以改变，除基本算法（计算量）不可改变外，可以采用其他任何优化方法。HPL 测试运行规模可以很大，因此现在使用较多的测试标准为 HPL，当然阶次 N 也是 LINPACK 测试必须指明的参数。世界著名的巨型机排名 TOP500 就采用 LINPACK 作为测试程序。2010 年 11 月，“天河 1A”巨型机以 LINPACK 实测值 2566TFLOPS 的成绩，成为我国首次排名 TOP500 世界第一的计算机系统。2013 年 11 月，“天河 2”巨型机以 LINPACK 实测值 33.86PFLOPS 的成绩，再次成为排名 TOP500 世界第一的计算机系统，至 2015 年 7 月，“天河 2”一直保持着计算能力世界第一的位置。

由于微软的 Windows 系列操作系统目前仍然是台式机的主力，所以有很完整的测试程序，下面列举一些常用的软件。

（1）整机类测试软件。

Lavalys EVEREST 是一个测试软硬件系统信息的工具，它可以详细地显示出 PC 每一软件提高电脑性能各方面的信息。支持上千种（3400+）主板和上百种（360+）显卡，支持对并口、串口、USB 设备的检测，支持对各式各样的处理器和内存的侦测。

SiSoft Sandra Pro 更侧重于系统分析与评测，它有超过 30 种测试项目，主要包括 CPU、Drives、CD-ROM/DVD、Memory、SCSI、APM/ACPI、鼠标、键盘、网络、主板、打印机等。

（2）稳定性测试软件。

Super Pi/SuperE。Super Pi 是一款用来计算圆周率 π/自然指数 e 的软件，但它更多地被用于测试 CPU 速度和系统的稳定性。由于运行圆周率计算时需要大量的系统资源，且 CPU 一直处于高负荷运行。性能上，运算所需要的时间越短越好；稳定性上，以没有出现任何错误为判断依据。

Prime95。Prime95 也是利用不停计算函数来达到测试系统稳定性的目的的，只不过它计算的是梅森质数。Prime95 的测试非常苛刻，即使能在 Super Pi 中顺利通过百万次测试的 CPU 和系统，也不一定能通过 Prime95 测试 1 分钟。

Pass Mark Burn In Test Professional 是系统可靠性和稳定性测试工具，它通过对 CPU、硬盘、声卡、显卡（2D/3D）、打印机、内存、串口、网络、磁带机、并口以及计算机系统与其他外围设备的持久运行，来测试系统是否稳定，可以说非常全面。

（3）部件测试软件。

CPU 测试：WCPUID、CPU-Z、Intel 官方 CPU 检测软件（Intel Processor Identification Utility）。

内存测试：MemTest、Memtest86+。

显卡性能和 DirectX 的性能测试：3DMark11。

还有硬盘测试、光驱测试、显卡测试、显示器测试、电源测试、笔记本电池测试等软件。Windows 环境下的测试软件在互联网上比较容易获得。

1.3.3 量化设计的基本原则

大家已知道如何定义、量度和比较计算机系统的性能，下面讨论计算机体系结构设计和分析中最经常使用的三条基本原则和方法。

1．大概率事件优先原则

大概率事件优先原则是计算机体系结构设计中最重要和最常用的原则。这个原则的基本思想是：对于大概率事件（最常见的事件），赋予它优先的处理权和资源使用权，以获得全局的最优结果。也就是"好钢用在刀刃上"，以达到事半功倍的效果。

在进行计算机设计时，如果需要权衡，就必须侧重于常见事件，使最常发生事件（大概率事件）优先。此原则也适用于资源分配，着重改进大概率事件性能，能够明显提高计算机性能。另外，大概率事件通常比小概率事件简单，而且容易使之更快完成。例如，CPU 在进行加法运算时，运算结果无溢出为大概率事件，而溢出为小概率事件。因此就应该针对无溢出情况进行 CPU 优化设计，加快无溢出时的加法计算速度。虽然发生溢出时机器速度可能会减慢，但由于溢出事件发生概率很小，所以总体上机器性能还是提高了。

在这本书中将经常看到该原则的应用。重要的是，要能够确定什么是大概率事件，同时要说明针对该事件进行的改进将如何提高机器的性能。

2. Amdahl 定律

Amdahl 定律既可以用来确定系统中对性能限制最大的部件，也可以用来计算通过改进某些部件所获得的系统性能的提高。Amdahl 定律指出：加快某部件执行速度所获得的系统性能加速比，受限于该部件在系统中所占的重要性。

首先，Amdahl 定律定义了加速比这个概念。假设对机器进行某种改进，那么机器系统的加速比就是

$$\text{系统加速比} = \frac{\text{系统性能}_{\text{改进后}}}{\text{系统性能}_{\text{改进前}}}$$

或者

$$\text{系统加速比} = \frac{\text{总执行时间}_{\text{改进前}}}{\text{总执行时间}_{\text{改进后}}}$$

系统加速比告诉人们改进后的机器比改进前快多少。Amdahl 定律使我们能够快速得出改进所获得的效益。系统加速比依赖于两个因素：

（1）可改进部分在原系统计算时间中所占的比例。例如，一个需运行 60s 的程序中有 20s 的运算可以加速，那么该比例就是 20/60。这个值用“可改进比例”表示，它总是小于等于 1 的。

（2）该部分改进以后的性能提高。例如，系统改进后执行程序，其中可改进部分花费 2s 的时间，而改进前该部分需花费 5s，则性能提高为 5/2。用“部件加速比”表示性能提高比，一般情况下它是大于 1 的。

部件改进后，系统的总执行时间等于不可改进部分的执行时间加上可改进部分改进后的执行时间，即

$$\text{总执行时间}_{\text{改进后}} = (1-\text{可改进比例}) \times \text{总执行时间}_{\text{改进前}} + \frac{\text{可改进比例} \times \text{总执行时间}_{\text{改进前}}}{\text{部件加速比}}$$

$$= \text{总执行时间}_{\text{改进前}} \times \left[(1-\text{可改进比例}) + \frac{\text{可改进比例}}{\text{部件加速比}}\right]$$

系统加速比为改进前与改进后总执行时间之比，为

$$\text{系统加速比} = \frac{\text{总执行时间}_{\text{改进前}}}{\text{总执行时间}_{\text{改进后}}} = \frac{1}{(1-\text{可改进比例}) + \dfrac{\text{可改进比例}}{\text{部件加速比}}}$$

实际上，Amdahl 定律还表达了一种性能增加的递减规则：如果仅仅对计算机中的一部分做性能改进，则改进越多，系统获得的效果越小。Amdahl 定律的一个重要推论是：如果只针对整个任务的一部分进行优化，那么所获得的加速比不大于 1/(1−可改进比例)。

从另外一个侧面来看，Amdahl 定律告诉人们如何衡量一个“好”的计算机系统：具有高性价比的计算机系统是一个带宽平衡的系统，而不是看它使用的某些部件的性能。

3．程序的局部性原理

程序的局部性原理是指：程序总是趋向于使用最近使用过的数据和指令，也就是说程序执行时所访问的存储器地址分布不是随机的，而是相对簇聚的；这种簇聚包括指令和数据两部分。程序局部性包括程序的时间局部性和程序的空间局部性。程序的时间局部性是指：程序即将用到的信息很可能就是目前正在使用的信息。程序的空间局部性是指：程序即将用到的信息很可能与目前正在使用的信息在空间上相邻或者临近。

程序的局部性原理是计算机体系结构设计的基础之一。在很多地方，尤其在处理那些与存储相关的问题时，要使用这个原理。

4．CPU 的性能

为了衡量 CPU 的性能，可以将程序执行的时间进行分解。首先，将计算机系统中与实现技术和工艺有关的因素提取出来。这个因素就是计算机工作的时钟频率，单位是 MHz 或者 GHz；其次，可以测量执行程序使用的总时钟周期数。通过这两个参数就可以知道程序执行的 CPU 时间：

$$\text{CPU 时间} = \text{总时钟周期数} / \text{时钟频率}$$

这两个参数没有反映程序本身的特性。还需考虑程序执行过程中所处理的指令数，记为 IC。这样可以获得一个与计算机体系结构有关的参数，即“指令时钟数”（Cycles Per Instruction，CPI）。

$$\text{CPI} = \text{总时钟周期数} / \text{IC}$$

程序执行的 CPU 时间就可以写成

$$\text{总 CPU 时间} = \text{CPI} \times \text{IC} / \text{时钟频率}$$

这个公式通常称为 CPU 性能公式。它的三个参数反映了与体系结构相关的三种技术。

（1）时钟频率：反映了计算机实现技术、生产工艺和计算机组织。

（2）CPI：反映了计算机实现技术、计算机指令集的结构和计算机组织。

（3）IC：反映了计算机指令集的结构和编译技术。

通过改进计算机系统设计，可以相应提高这三个参数的指标，从而提高计算机系统的性能。从目前的情况来看，提高某一个参数指标，不会明显地影响其他两个指标。这对于综合运用各种技术改进计算机系统的性能是非常有益的。

下面对 CPU 性能公式进行进一步细化。假设计算机系统有 n 种指令，其中第 i 种指令的处理时间为 CPI_i，在程序中第 i 种指令出现的次数为 IC_i，则程序执行时间为

$$\text{CPU 时间} = \sum(\text{CPI}_i \times \text{IC}_i) / \text{时钟频率}$$

这个公式同时还反映了计算机系统中每条指令的性能。将上面两个公式合并起来，得到

$$\text{CPI} = \sum(\text{CPI}_i \times \text{IC}_i) / \text{IC} = \sum(\text{CPI}_i \times \text{IC}_i / \text{IC})$$

其中（IC_i / IC）反映了第 i 种指令在程序中所占的比例。上面这些公式均称为 CPU 性能公式。

CPI 的测量比较困难，因为它依赖于处理器组织的细节，如指令流。设计者经常采用指令的平均 CPI 值，该值是通过测量流水线和 Cache，然后计算得出的。

与 Amdahl 定律相比，CPU 性能公式的最大优点是它可以独立涉及计算机 CPU 性能的各个要素。为使用 CPU 性能评价公式以求得 CPU 性能，需要对公式中各独立部分的性能进行测量。开发和使用测量工具，分析测量结果，然后通过权衡各个因素对系统性能的影响，对设计进行修改，是计算机体系结构设计的主要工作。读者会在以后的内容中看到，这些公式中的各个部分是如何一步一步测量，然后修改设计，从而使系统性能提高的。

例 1.1 假设考虑条件分支指令的两种不同设计方法如下。

（1）CPU_A：通过比较指令设置条件码，然后测试条件码进行分支。

（2）CPU_B：在分支指令中包括比较过程。

在两种 CPU 中，条件分支指令都占用 2 个时钟周期而所有其他指令占用 1 个时钟周期，对于 CPU_A，执行的指令中分支指令占 20%；由于每个分支指令之前都需要有比较指令，因此比较指令也占 20%。由于 CPU_A 在分支时不需要比较，因此假设它的时钟周期时间比 CPU_B 快 1.25 倍。哪一个 CPU 更快？如果 CPU_A 的时钟周期时间仅仅比 CPU_B 快 1.1 倍，哪一个 CPU 更快呢？

解：不考虑所有系统问题，所以可用 CPU 性能公式。占用 2 个时钟周期的分支指令占总指令的 20%，剩下的指令占用 1 个时钟周期。所以

$$CPI_A = 0.2 \times 2 + 0.80 \times 1 = 1.2$$

则 CPU 性能为

$$\text{总 CPU 时间}_A = IC \times 1.2 \times \text{时钟周期}_A$$

根据假设，有

$$\text{时钟周期}_B = 1.25 \times \text{时钟周期}_A$$

在 CPU_B 中没有独立的比较指令，所以 CPU_B 的程序量为 CPU_A 的 80%，分支指令的比例为

$$20\%/80\% = 25\%$$

这些分支指令占用 2 个时钟周期，而剩下的 75%的指令占用 1 个时钟周期，因此，

$$CPI_B = 0.25 \times 2 + 0.75 \times 1 = 1.25$$

因为 CPU_B 不执行比较，故

$$IC_B = 0.8 \times IC_A$$

因此 CPU_B 性能为

$$\begin{aligned}\text{总 CPU 时间}_B &= IC_B \times CPI_B \times \text{时钟周期}_B \\ &= 0.8 \times IC_A \times 1.25 \times (1.25 \times \text{时钟周期}_A) \\ &= 1.25 \times IC_A \times \text{时钟周期}_A\end{aligned}$$

在这些假设之下，尽管 CPU_B 执行指令条数较少，CPU_A 因为有着更短的时钟周期，所以比 CPU_B 快。

如果 CPU_A 的时钟周期时间仅仅比 CPU_B 快 1.1 倍，则

$$\text{时钟周期}_B = 1.10 \times \text{时钟周期}_A$$

CPU_B 的性能为

$$\begin{aligned} \text{总 CPU 时间}_B &= IC_B \times CPI_B \times \text{时钟周期}_B \\ &= 0.8 \times IC_A \times 1.25 \times (1.10 \times \text{时钟周期}_A) \\ &= 1.10 \times IC_A \times \text{时钟周期}_A \end{aligned}$$

因此 CPU_B 由于执行更少指令条数，比 CPU_A 运行更快。

1.4 基本的可靠性模型

从经验来看，目前的计算机都具有很高的可靠性，更换计算机，通常是用户为了获得更好的使用体验，并不是因为计算机出现了不可修复的故障。但是，随着计算机的使用越来越多，系统越来越复杂，信息系统越来越重要，可靠性越来越受关注。第一是集成电路制造的特征尺寸已经达到 14nm，并且很快进入 10nm 以下，集成在一块芯片上的元件越来越多，芯片使用环境更加复杂，元件失效或者芯片失效的可能性就会增加。第二是社会信息化的发展，使得集成电路在产品和社会活动中大量出现，出现故障的可能性也会增加。第三是各种装置存在越来越多的信息交换，信息传送信道中的很多因素，如电磁干扰、热噪音、收发接口等，都会导致信号变形，从而出现故障。第四是复杂电子装置本身就具有成千上万的电子元器件，甚至上百万，例如天河 2 号计算机，其运算部件就包括 3.2 万个 Ivy Bridge 处理器芯片和 4.8 万个 Xeon Phi 处理器芯片，虽然每个元件的可靠性很高，但是如此巨大数量的元器件构成系统的可靠性会大幅度下降。本节讨论一些在体系结构研究中经常遇到的关于计算机系统可靠性的基础知识。

1.4.1 可靠性的基本概念

电子元器件及其构造的系统的可靠性采用概率模型来描述。一个系统（元件、部件、模块、子系统等）的可靠性是指从它开始使用（运行）的时刻（$t0=0$）到时刻 t（$t > t0$）这段时间内正常工作的概率 $R(t)$。作为函数，$R(t)$具有这么几个特征：

$$R(0)=1$$

$$R(\infty)=0$$

$R(t)$是时间变量 t 的减函数。

下面建立一个最基本的可靠性模型。从实际情况出发，在这个模型中，不仅仅考虑系统出现故障，而且会考虑系统修复并再次投入使用的因素。从系统提供服务的角度看，系统有两个状态：可用状态和故障状态。系统在这两个状态之间是可以互相转换的，其中从可用状态转换到故障状态的过程称为失效（Failures），从故障状态转换到可用状态称为恢复（Restoration）。这个模型如图 1.13 所示。

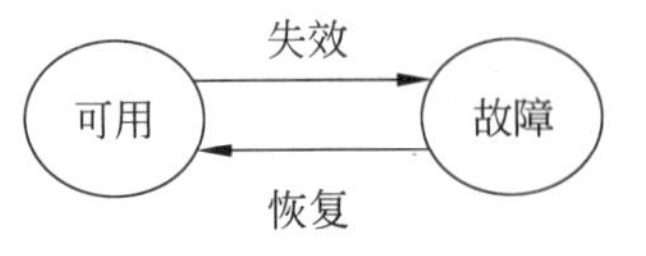

图 1.13　系统可靠性模型的状态和转换

在实际产品的量化指标中，经常使用一组以时间为基础的指标。

平均无故障时间（Mean Time To Failure，MTTF），一般以小时为单位，是用于量度系统可以正常提供服务的量化指标。平均修复时间（Mean Time To Repair，MTTR），一般也是以小时为单位的，这段时间里面系统不可以提供正常服务，是用于量度系统中断服务的量化指标。和这两个指标相关的另外一个概念叫平均故障时间（Mean Time Between Failure，MTBF），是衡量两次故障之间时间的量化指标。显然有：

$$\text{MTBF} = \text{MTTF} + \text{MTTR}$$

由于电子元器件的 MTTF >> MTTR，所以，MTBF 和 MTTF 的数值非常接近，人们经常互换使用这两个概念。

就 MTTF 或者 MTBF 而言，FIT（Failure In Time）是电子元器件中一个更加常用的可靠性概念。FIT 定义为 10 亿（10^9）小时中系统的故障次数。所以，如果一个部件的 MTTF 为 1 百万（10^6）小时，这个部件的可靠性大约就在 1000FIT。目前使用的电子部件可靠性都在数百至数十万 FIT。

一般用系统可用性（Availability）这个概念，而不是可靠性，来量度实际系统。系统可用性是指系统可以正常服务的时间比率：

$$A = \frac{\text{MTTF}}{\text{MTBF}} = \frac{\text{MTTF}}{\text{MTTF} + \text{MTTR}} = \frac{\text{MTTF}}{\text{MTTF} + \text{MTTR}} \times 100\,\%$$

系统可用性可以使用小数和百分比两种形式表示，一般使用百分比更多。由于电子元器件的 MTTF >> MTTR，电子系统的可用性一般都很高，通常在 90%以上。

1.4.2 多部件系统的可靠性

人们面对的实际问题，一般是在单个部件或器件可靠性指标已知的情况下，分析一个多部件或器件构成系统的可靠性。本节就最常见的情况，分析若干多部件系统可靠性问题。

分析多部件系统的可靠性时，一般不考虑有两个或者更多部件同时损坏的情况，即假设两个以上部件同时损坏概率远小于单部件损坏的概率。

例 1.2 一个由硬盘构成的 PC 外部存储系统包括两个部分：一块 MTTF 为 30 000 小时的 ATA 硬盘，一套 MTTF 为 300 000 小时的 ATA 控制器。请计算这个外存系统的 MTTF。

解：

硬盘每小时出错的次数为 1/30 000；

控制器每小时出错的次数为 1/300 000。

对于外存系统，无论硬盘还是控制器出错，都会导致外存故障，所以，外存每小时出错次数为

$$\frac{1}{30\,000} + \frac{1}{300\,000} = \frac{11}{300\,000} = \frac{36\,300}{1\,000\,000\,000}$$

因此，外存的 MTTF = 300 000÷11 = 272 727（小时），或者 36 300FIT。

按每年 8760 小时计算，约 3.1 年，也就是这个外存系统大约 3 年会出现一次故障。

从例 1.2 发现，如果构成系统各个部件的 MTTF 相差很大，系统的可用性就由 MTTF 最低的部件决定，从这个角度出发，如果要提高系统可用性，就需要提升可用性差的部

件的可用性，比如采用磁盘镜像技术，也就是用两个一模一样的磁盘，同时工作，如果一个磁盘出现故障，另一个正常工作，则系统正常工作。只有两个磁盘同时故障，外存才出现故障。而每个小时中两个磁盘同时故障的次数是

$$\frac{1}{30\,000}\times\frac{1}{30\,000}=\frac{1}{900\,000\,000}$$

硬盘部分的 MTTF 就大幅度提升了，从而外存系统的可用性得到提高。两个磁盘镜像工作，就是采用磁盘整列的概念，在后续章节中会继续研讨这个问题。下面把这个镜像磁盘的外存系统实现后，看看系统的可用性有哪些变化。

例 1.3 在例 1.2 的外存系统中，增加一个完全相同的 ATA 硬盘，构成硬盘镜像，同时增加两根 ATA 电缆，电缆的 MTTF 为 1 000 000 小时，再计算外存系统的 MTTF。

解：

首先，把电缆和硬盘构成一个部件，它们一个小时的故障数为

$$\frac{1}{30\,000}+\frac{1}{1\,000\,000}=\frac{103}{3\,000\,000}$$

第二，两个镜像盘每小时同时出现故障的次数为

$$\frac{103}{3\,000\,000}\times\frac{103}{3\,000\,000}=\frac{10409}{9\,000\,000\,000\,000}$$

第三，加上磁盘控制器后，每小时的故障数为

$$10409/9\,000\,000\,000\,000 + 1/300\,000 = 30\,010\,409/9\,000\,000\,000\,000$$

可以算出外存系统的 MTTF = 299 896 小时，或者 3334FIT，比单个磁盘的 MTTF 提高了一个数量级。

本节所讨论的可靠性模型虽然非常简单，但是可以指导人们在做计算机体系结构研究时，对系统可靠性问题进行基本的评估，这种评估对于复杂计算机系统设计，如巨型机、数据中心计算机等，具有重要的意义。另外，除了非常特殊的情况，大多数计算机系统仅仅需要一个大致可信的可靠性或者可用性指标，以帮助使用者更好地使用、维护、更新、改造和升级现有系统。

计算机系统的可靠性问题是一个非常复杂的问题，无论在产业界还是学术界都还在进行广泛深入的研究。对于计算机系统而言，除了由电子元器件构成的硬件有可靠性问题，软件同样也有可靠性问题，这里就不做深入研讨了。

1.5 小结

本章主要内容是讨论计算机体系结构的基本概念。

首先，在计算机系统层次结构概念的基础上，讲述了经典计算机体系结构概念，并进一步讨论了计算机组成和计算机实现技术，在此基础上，可以更好地理解现代计算机体系结构所研究的范围和内容。

通过存储程序计算机，了解了计算机的分代和分型，研究了计算机应用需求和实现技术等方面的发展对计算机体系结构发展的促进作用，总结了计算机体系结构的生命

周期。

本章简要讨论了影响体系结构设计的成本和价格因素，这些概念会加深读者对计算机体系结构技术的理解。

促进现代计算机发展的重要手段之一就是对计算机系统中采用的技术进行定量分析。本章讨论了一些对计算机系统性能进行定量分析的技术、方法、参数和指标等，并给出了贯穿全书的一些指导计算机体系结构设计的基本原则。

通过并行性技术提高计算机系统性能是体系结构研究的主要内容之一。本章介绍了并行性技术的基本概念，这些概念是学习计算机体系结构的基础。

计算机系统的可靠性问题也是计算机体系结构关注的重要问题。本章介绍了基本的可靠性概念，并对多部件系统可靠性进行了初步讨论。

习题 1

1. 解释下列术语。

层次结构	翻译	解释	体系结构
透明性	系列机	软件兼容	兼容机
计算机组成	计算机实现	存储程序计算机	并行性
时间重叠	资源重复	资源共享	同构型多处理机
异构型多处理机	最低耦合	松散耦合	紧密耦合
响应时间	测试程序	测试程序组件	大概率事件优先
系统加速比	Amdahl 定律	程序的局部性原理	CPI
原料成本	直接成本	毛利	折扣
标价	可靠性	FIT	平均无故障时间
平均修复时间	平均故障时间		

2. 假设有一个计算机系统分为 4 级，每一级指令都比它下面一级指令在功能上强 M 倍，即一条 $r+1$ 级指令能够完成 M 条 r 指令的工作，且一条 $r+1$ 级指令需要 N 条 r 级指令解释。对于一段在第一级执行时间为 K 的程序，在第二、第三、第四级上的一段等效程序需要执行多少时间？

3. 传统的存储程序计算机的主要特征是什么？存在的主要问题是什么？目前的计算机系统是如何改进的？

4. 一台 400MHz 的计算机执行标准测试程序，程序中指令类型、执行数量和平均时钟周期数如下：

指令类型	指令执行数量	平均时钟周期数
整数	45 000	1
数据传送	75 000	2
浮点	8000	4
分支	1500	2

求该计算机的有效 CPI、MIPS 和程序执行时间。

5. 假设在某程序的执行过程中，浮点操作时间占整个执行时间的 10%，现希望对浮点操作加速。

（1）设对浮点操作的加速比为 S_f。画出程序总加速比 Sp 和 S_f之间的关系曲线。

（2）请问程序的最大加速比可达多少？

6. 如果某一计算任务用向量化方式求解比用标量方式求解要快 20 倍，定义可用向量方式求解部分所花费的时间占总时间的百分比为可向量化百分比。

（1）请写出加速比与可向量化百分比之间的关系表达式。

（2）画出二者之间的关系曲线。

7. 计算机系统中有三个部件可以改进，这三个部件的部件加速比如下：

部件加速比 $_1$=30

部件加速比 $_2$=20

部件加速比 $_3$=10

（1）如果部件 1 和部件 2 的可改进比例均为 30%，那么当部件 3 的可改进比例为多少时，系统加速比才可以达到 10？

（2）如果三个部件的可改进比例分别为 30%、30%和 20%，三个部件同时改进，那么系统中不可加速部分的执行时间在总执行时间中占的比例是多少？

（3）如果相对某个测试程序三个部件的可改进比例分别为 20%、20%和 70%，要达到最好的改进效果，仅对一个部件改进时，要选择那个部件？如果允许改进两个部件，又如何选择？

8. 假设某应用程序中有 4 类操作，通过改进，各操作获得不同的性能提高，具体数据参数如下表：

操作类型	程序中的数量 /百万条指令	改进前的执行时间 /周期	改进后的执行时间 /周期
操作 1	10	2	1
操作 2	30	20	15
操作 3	35	10	3
操作 4	15	4	1

（1）改进后，各类操作的加速比分别是多少？

（2）各类操作单独改进后，程序获得的加速比分别是多少？

（3）4 类操作均改进后，整个程序的加速比是多少？

9. 数据中心由成百上千甚至数万台节点计算机构成，通过多种技术，在故障节点数不超过一定数量时，系统提供的服务都可以得到保障。

（1）假设某数据中心有 10 000 个节点计算机，每个节点的 MTTF 为 50 天，只要故障节点计算机数不超过 3000 个，中心就可以正常服务，请计算数据中心的 MTTF。

（2）如果要使中心的 MTTF 增加一倍的时间，请给出解决方案。

第2章 指令系统

2.1 指令系统结构的分类

首先，需要说明的是，这里所说的“指令系统结构”是指指令系统的结构（Instruction Set Architecture）。

CPU 中用来存放操作数的存储单元主要有三种：堆栈、累加器和通用寄存器组。据此，可以把指令系统的结构分为堆栈型结构、累加器型结构和通用寄存器型结构。在通用寄存器型结构中，根据操作数来源的不同，又可以进一步分为寄存器-存储器型结构（RM 结构）和寄存器-寄存器型结构（RR 结构）。RM 结构的操作数可以来自存储器，而 RR 型结构的操作数都来自通用寄存器组。由于在 RR 结构中，只有 Load 指令和 Store 指令能够访问存储器，所以也称之为 Load-Store 结构。

对于不同类型的结构，指令系统中操作数的位置、个数，以及操作数的给出方式（显式或隐式）是不同的。显式给出是用指令字中的操作数字段给出，隐式给出则是使用事先约定好的单元。在堆栈型结构中，操作数都是隐式的，即堆栈的栈顶和次栈顶中的数据，运算后结果写入栈顶。在这种结构中，只能通过 push/pop 指令访问存储器。在累加器型结构中，一个操作数是隐式的，即累加器；另一个操作数则是显式给出的，是一个存储器单元。运算结果被送回累加器。在通用寄存器型结构中，所有操作数都是显式给出的，它们或者都是来自通用寄存器组，或者是有一个操作数来自存储器。运算结果写入通用寄存器组。

表 2.1 是表达式 Z=X+Y 在 4 种类型的指令系统结构上的代码，这里假设 X、Y、Z 均保存在存储器单元中，并且不能破坏 X 和 Y 的数值。

表 2.1 Z=X+Y 在 4 种指令系统结构上的代码

堆 栈 型	累 加 器 型	通用寄存器型	
		RM 型	RR 型
push X push Y add pop Z	load X add Y store Z	load R1, X add R1, Y store R1, Z	load R1, X load R2, Y add R3, R1, R2 store R3, Z

堆栈型和累加器型计算机的优点是指令字比较短，程序占用的空间比较小。但是，它们都有着难以克服的缺点。在堆栈型机器中，不能随机地访问堆栈，难以生成有效的代码，而且对栈顶的访问是个瓶颈。而在累加器型的机器中，由于只有一个中间结果暂存器（累加器），所以需要频繁地访问存储器。

虽然早期的大多数计算机都采用堆栈型结构或累加器结构的指令系统，但是自 1980

年以后，大多数计算机都采用了通用寄存器结构。通用寄存器结构在灵活性和提高性能方面有明显的优势，主要体现在：

（1）寄存器的访问速度比存储器快很多。

（2）对编译器而言，能更加容易、有效地分配和使用寄存器。在表达式求值方面，通用寄存器型结构具有更大的灵活性和更高的效率。例如，在一台通用寄存器型结构的机器上求表达式（A*B）–（C*D）–（E*F）的值时，其中的乘法运算可以按任意次序进行，操作数的存放也更加灵活，对流水处理也更合适，因而更高效。但是在堆栈型机器上，该表达式的求值必须按从左到右的顺序进行，对操作数的存放也有较多的限制。

由于通用寄存器型结构是现代指令系统的主流，所以本书后面主要针对这种类型的结构进行讨论。

从编译器设计者的角度来看，总是希望 CPU 内部的所有寄存器都是平等的、通用的。但许多以往的计算机都不是这样的，它们将这些寄存器中的相当一部分用作专用寄存器，导致了通用寄存器数量的减少。如果通用寄存器的数量太少，即使将变量分配到寄存器中，也可能不会带来多少好处。因此，现代计算机中寄存器的个数已越来越多。

还可以根据 ALU 指令的操作数的两个特征来对通用寄存器结构进行进一步的细分。一个是 ALU 指令的操作数个数。对于有三个操作数的指令来说，它包含两个源操作数和一个目的操作数；而对于只有两个操作数的指令来说，其中一个操作数既作为源操作数，又作为目的操作数。另一个特征是 ALU 指令中存储器操作数的个数，它可以是 0～3 中的某一个值，为 0 表示没有存储器操作数。

基于上述 ALU 指令的两个特性及其组合，可以得到 5 种组合类型，如表 2.2 所示。

表 2.2　ALU 指令中操作数个数和存储器操作数个数的典型组合

ALU 指令中存储器操作数的个数	ALU 指令中操作数的最大个数	结构类型	机器实例
0	3	RR	MIPS，SPARC，Alpha, PowerPC，ARM
1	2	RM	IBM 360/370, Intel 80x86, Motorola 68000
	3	RM	IBM 360/370
2	2	MM	VAX
3	3	MM	VAX

表 2.2 将通用寄存器型结构进一步细分为三种类型：寄存器-寄存器型（RR 型）、寄存器-存储器型（RM 型）和存储器-存储器型（MM 型）。这三种通用寄存器型结构的优缺点如表 2.3 所示。表中（*m*，*n*）表示指令的 *n* 个操作数中有 *m* 个存储器操作数。当然，这里的优缺点是相对而言的，而且与所采用的编译器及实现策略有关。

一般来说，指令格式和指令字长越单一，编译器的工作就越简单，因为编译器所能做的选择变少了。如果指令系统的指令格式和指令字长具有多样性，则可以有效地减少目标代码所占的空间。但是，这种多样性也可能会增加编译器和 CPU 实现的难度。另外，CPU 中寄存器的个数也会影响指令的字长。

表 2.3 常见的三种通用寄存器型指令系统结构的优缺点

指令系统结构类型	优 点	缺 点
寄存器-寄存器型（0，3）	指令字长固定，指令结构简洁，是一种简单的代码生成模型，各种指令的执行时钟周期数相近	与指令中含存储器操作数的指令系统结构相比，指令条数多，目标代码不够紧凑，因而程序占用的空间比较大
寄存器-存储器型（1，2）	可以在 ALU 指令中直接对存储器操作数进行引用，而不必先用 Load 指令进行加载，容易对指令进行编码，目标代码比较紧凑	由于有一个操作数的内容将被破坏，所以指令中的两个操作数不对称。在一条指令中同时对寄存器操作数和存储器操作数进行编码，有可能限制指令所能够表示的寄存器个数。指令的执行时钟周期因操作数的来源（寄存器或存储器）不同而差别比较大
存储器-存储器型（2，2）或（3，3）	目标代码最紧凑，不需要设置寄存器来保存变量	指令字长变化很大，特别是三个操作数指令。而且每条指令完成的工作也差别很大。对存储器的频繁访问会使存储器成为瓶颈。这种类型的指令系统现在已经不用了

从以上的分析可以看到，通用寄存器型结构比堆栈型结构和累加器型结构更具优势。在通用寄存器型结构中，存储器-存储器型在现代机器中已不再采用，而寄存器-寄存器型因其简洁性和两个源操作数的对称性而备受青睐。特别是在第 3 章中将看到，寄存器-寄存器型结构对于实现流水处理也将更为方便。

2.2 寻址方式

寻址方式（Addressing Mode）是指指令系统中产生所要访问的数据地址的方法。一般来说，寻址方式可以指明指令中的操作数是一个立即数、一个寄存器操作数或者是一个存储器操作数。对于存储器操作数来说，由寻址方式确定的存储器地址称为有效地址（Effective Address）。

表 2.4 列出了一些操作数寻址方式。在该表以及本书后面的章节中，采用类 C 语言作为描述硬件操作的标记。左箭头←表示赋值操作，Mem 表示存储器，Regs 表示寄存器组，方括号表示内容，如 Mem[ ]表示存储器的内容，Regs[ ]表示寄存器的内容。这样，Mem[Regs[R1]]指的就是寄存器 R1 中的内容作为地址的存储器单元中的内容。

表 2.4 一些操作数寻址方式

寻址方式	指令实例	含 义
寄存器寻址	ADD R1, R2	Regs[R1]←Regs[R1]+Regs[R2]
立即数寻址	ADD R3, #6	Regs[R3]←Regs[R3]+6
偏移寻址	ADD R3, 120(R2)	Regs[R3]←Regs[R3]+Mem[120+Regs[R2]]
寄存器间接寻址	ADD R4, (R2)	Regs[R4]←Regs[R4]+Mem[Regs[R2]]

续表

寻址方式	指令实例	含义
索引寻址	ADD R4, (R2+R3)	Regs[R4]←Regs[R4]+Mem[Regs[R2]+Regs[R3]]
直接寻址或绝对寻址	ADD R4, (1010)	Regs[R4]←Regs[R4]+Mem[1010]
存储器间接寻址	ADD R2, @(R4)	Regs[R2]←Regs[R2]+Mem[Mem[Regs[R4]]]
自增寻址	ADD R1, (R2)+	Regs[R1]←Regs[R1]+Mem[Regs[R2]] Regs[R2]←Regs[R2]+d
自减寻址	ADD R1, (R2)–	Regs[R2]←Regs[R2]–d Regs[R1]←Regs[R1]+Mem[Regs[R2]]
缩放寻址	ADD R1, 80(R2)[R3]	Regs[R1]←Regs[R1]+Mem[80+ Regs[R2]+Regs[R3]*d]

说明：*d* 为地址增量。

表 2.4 中没有包括 PC 相对寻址。PC 相对寻址是一种以程序计数器（PC）作为参考点的寻址方式，主要用于在转移指令中指定目标指令的地址。本书将在第 2.6.6 节讨论这些指令。另外，在表 2.4 的自增/自减寻址方式和缩放寻址方式中，用变量 *d* 来指明被访问的数据项的大小（如 4 个字节或 8 个字节等）。只有当所要访问的数据元素在存储器中是相邻存放时，这三种寻址方式才有意义。

采用多种寻址方式可以显著地减少程序的指令条数，但同时也可能增加计算机的实现复杂度以及指令的平均执行时钟周期数（Cycles Per Instruction，CPI）。所以，有必要对各种寻址方式的使用情况进行统计分析，以确定应采用什么样的寻址方式。

图 2.1 是在 VAX 及其上运行 gcc、Spice 和 Tex 基准程序，并对各种寻址方式的使用情况进行统计的结果。这里只给出使用频度超过1%的寻址方式。之所以选择在已过时了的 VAX 结构上进行测试，是因为它的寻址方式最多。

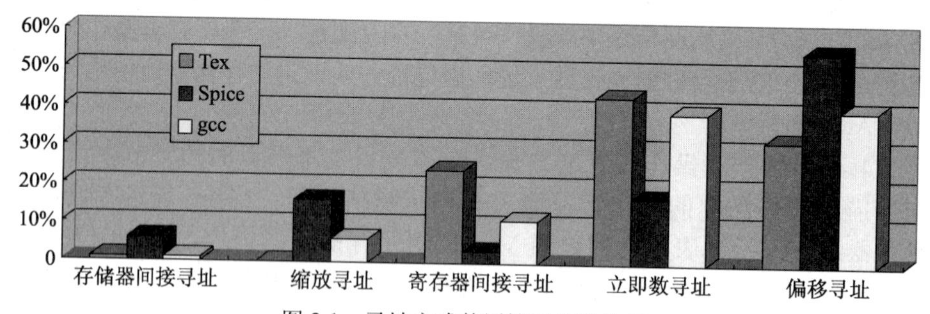

图 2.1　寻址方式使用情况统计结果

从图 2.1 中可以看出，立即数寻址方式和偏移寻址方式的使用频度最高。立即数寻址方式主要用于 ALU 指令、比较指令和用于给寄存器装入常数等。对指令系统的结构设计而言，首先要确定是所有的指令还是只有部分指令具有立即数寻址方式。表 2.5 是在与图 2.1 相同的机器和程序的条件下统计的立即数寻址方式的使用频度。表中的数据表明，大约 1/4 的 Load 指令和 ALU 指令采用了立即数寻址方式。

表 2.5 一些操作数寻址方式

指令类型	使用频度	
	整型平均	浮点平均
Load 指令	23%	22%
ALU 指令	25%	19%
所有指令	21%	16%

表示寻址方式的方法有两种：一种是隐含在指令的操作码中；另一种是在指令中设置专门的寻址字段，用以直接指出寻址方式。这两种方法在不同的机器上都被采用。相比而言，设置寻址字段的方法更加灵活，操作码短，但需要设置专门的寻址方式字段，而且操作码和寻址方式字段合起来所需要的总位数可能会比隐含方法的总位数多。

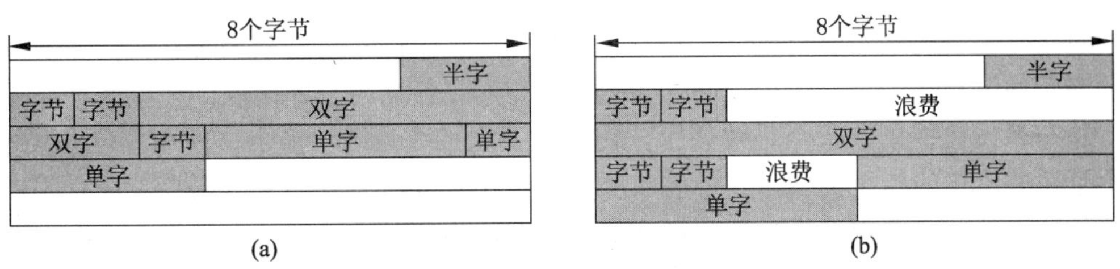

图 2.2 各种宽度信息的存储

在寻址方式中，关于物理地址空间的信息存放是一个需要注意的问题。通常一台机器会同时存放宽度不同的信息。如何在存储器中存放这些不同宽度的信息？下面以 IBM 370 为例进行讨论。IBM 370 中的信息有字节、半字（双字节）、单字（4 字节）和双字（8 字节）等宽度。主存宽度为 8 个字节。采用按字节编址，各类信息都是用该信息的首字节地址来寻址的。如果允许它们任意存储，就很可能出现一个信息跨存储字边界而存储于两个存储单元中的情况，如图 2.2（a）所示。在这种情况下，读出该信息需要花费两个存储周期，这显然是不可接受的。为了避免出现这个问题，可以要求宽度不超过主存宽度的信息必须存放在一个存储字内，不能跨边界。为了实现这一点，就必须做到：信息在主存中存放的起始地址必须是该信息宽度（字节数）的整数倍，即满足以下条件。

字节信息的起始地址为：×…××××

半字信息的起始地址为：×…×××0

单字信息的起始地址为：×…××00

双字信息的起始地址为：×…×000

这就是信息存储的整数边界概念。图 2.2（b）是图 2.2（a）中的信息按整数边界存储后的情况。从图中可以看出，按整数边界存储，可能会导致存储空间的浪费，所以这是在访问速度和占用的空间之间进行权衡。为了保证访问速度，现在的计算机一般都是按整数边界存储信息的。

2.3 指令系统的设计和优化

2.3.1 指令系统设计的基本原则

指令系统是传统机器语言程序设计者所看到的计算机的主要属性，是软硬件的主要界面。它在很大程度上决定了计算机具有的基本功能。指令系统的设计包括指令功能的设计和指令格式的设计。在进行指令系统的设计时，首先应考虑所要实现的基本功能（操作），确定哪些基本功能应该由硬件实现，哪些功能由软件实现。

在确定哪些基本功能用硬件来实现时，主要考虑的因素有三个：速度、成本、灵活性。用硬件实现的特点是速度快、成本高、灵活性差，用软件实现的特点是速度慢、价格便宜、灵活性好。按照第 1 章中所介绍的“以经常性事件为重点”的原则，一般选择出现频度高的基本功能用硬件来实现。

对指令系统的基本要求是：完整性、规整性、正交性、高效率和兼容性。

完整性是指在一个有限可用的存储空间内，对于任何可解的问题，在编制计算程序时，指令系统所提供的指令足够使用。完整性要求指令系统功能全、使用方便。表 2.6 列出了一些常用的指令类型，其中前 4 类属于通用计算机系统的基本指令。所有的指令系统结构一般都会对前三种类型的操作提供相应的指令。在“系统”类指令方面，不同指令系统结构的支持程度会有较大的差异，但有一点是共同的，即必须对基本的系统功能调用提供一些指令。对于最后 4 种类型的操作而言，不同指令系统结构的支持大不相同，有的根本不提供任何指令支持，而有的则可能提供许多专用指令。例如，对于浮点操作类型来说，几乎所有面向浮点运算应用的计算机都提供了浮点指令。十进制和字符串指令在有的计算机中是以基本操作的形式出现的（如在 VAX 和 IBM 360 中），有的则是在编译时由编译器变换成由更简单的指令构成的代码段来实现的。

表 2.6 指令系统结构中操作的分类

操 作 类 型	实 例
算术和逻辑运算	整数的算术和逻辑操作：加、减、乘、除、与、或等
数据传输	Load，Store
控制	分支、跳转、过程调用和返回、自陷等
系统	操作系统调用、虚拟存储器管理等
浮点	浮点操作：加、减、乘、除、比较等
十进制	十进制加、十进制乘、十进制到字符串的转换等
字符串	字符串移动、字符串比较、字符串搜索等
图形	像素操作、压缩/解压操作等

规整性主要包括对称性和均匀性。对称性是指所有与指令系统相关的存储单元的使用、操作码的设置等都是对称的。例如，在存储单元的使用上，所有通用寄存器都要同等对待。在操作码的设置上，如果设置了 A-B 的指令，就应该也设置 B-A 的指令。均匀

性是指对于各种不同的操作数类型、字长和数据存储单元，指令的设置都要同等对待。例如，如果某机器有 5 种数据表示，4 种字长，两种存储单元，则要设置 5×4×2=40 种同一操作的指令（如加法指令）。不过，这样做太复杂，也不太现实。所以一般是实现有限的规整性。例如，把上述加法指令的种类减少到 10 种以内。

正交性是指在指令中各个不同含义的字段，如操作数类型、数据类型、寻址方式字段等，在编码时应互不相关、相互独立。

高效率是指指令的执行速度快、使用频度高。在 RISC 结构中，大多数指令都能在一个节拍内完成（流水），而且只设置使用频度高的指令。

兼容性主要是要实现向后兼容，指令系统可以增加新指令，但不能删除指令或更改指令的功能。

在设计系统时，有两种截然不同的设计策略，因而产生了两类不同的计算机系统，CISC 和 RISC。CISC 是增强指令功能，把越来越多的功能交由硬件来实现，指令的数量也是越来越多。RISC 是尽可能地把指令系统简化，不仅指令的条数少，而且指令的功能也比较简单。

2.3.2 控制指令

控制指令是用来改变控制流的。为便于论述，下面约定：当指令是无条件改变控制流时，称之为跳转指令；而当控制指令是有条件改变控制流时，则称之为分支指令。

能够改变控制流的指令有 4 种：分支（branch）、跳转（jump）、过程调用（call）和过程返回（return）。这 4 种指令的使用频度如表 2.7 所示，其中的百分比是指它们占控制指令总数的百分比。这些结果是在一台 Load-Store 型指令系统结构的计算机上执行基准程序 SPEC CPU 2000 得出的。

表 2.7 控制指令的使用频度

指 令 类 型	使 用 频 度	
	整 型 平 均	浮 点 平 均
调用/返回	19%	8%
跳转	6%	10%
分支	75%	82%

从该表可以看出，改变控制流的大部分指令都是分支指令（条件转移）。因此，如何表示分支条件就显得非常重要。现在常用的三种表示分支条件的方法及其优缺点如表 2.8 所示。

表 2.8 表示分支条件的主要方法及其优缺点

名 称	检测分支条件的方法	优 点	缺 点
条件码（CC）	检测由 ALU 操作设置的一些特殊的位（即 CC）	可以自由设置分支条件	条件码是增设的状态。而且它限制了指令的执行顺序，因为它们要保证条件码能顺利地传送给分支指令

续表

名　　称	检测分支条件的方法	优　点	缺　点
条件寄存器	比较指令把比较结果放入任何一个寄存器，检测时就检测该寄存器	简单	占用一个寄存器
比较与分支	比较操作是分支指令的一部分，通常这种比较是受到一定限制的	用一条指令（而不是两条）就能实现分支	当采用流水方式时，该指令的操作可能太多，在一拍内做不完

在控制指令中，必须给出转移的目标地址。在绝大多数情况下，指令中都会显式地给出目标地址。但过程返回指令是个例外，因为在编译的时候，还不知道其返回地址。指定转移目标地址最常用的方法是在指令中提供一个偏移量，由该偏移量和程序计数器（PC）的值相加而得出目标地址。这种寻址方式叫做 PC 相对寻址。采用 PC 相对寻址有许多优点，这是因为转移目标地址通常是离当前指令很近，用相对于当前 PC 值的偏移量来确定目标地址，可以有效减少表示该目标地址所需要的位数。而且，采用 PC 相对寻址，可以使代码被装载到主存的任意位置执行。这一特性叫做“位置无关”（Position Independence），它能够减少程序连接的工作量。而且，即使对于在执行过程中进行动态连接的程序来说，也是有用的。

当控制指令采用 PC 相对寻址方式来确定其转移目标地址时，需要知道偏移量大小的分布情况，以便确定偏移量字段的长度。有模拟结果表明，采用 4～8 位的偏移量字段（以指令字为单位）就能表示大多数控制指令的转移目标地址了。

对于过程调用和返回而言，除了要改变控制流之外，可能还要保存机器状态。至少也得保存返回地址，一般是放在专用的链接寄存器或堆栈中。过去有些指令系统结构提供了专门的保存机制来保存许多寄存器的内容，而现在较新的指令系统结构则要求编译器生成 Load 和 Store 指令来保存或恢复寄存器的结构。

2.3.3　指令操作码的优化

指令一般由两部分组成：操作码和地址码。指令格式的设计就是确定指令字的编码方式，包括操作码字段和地址码字段的编码和表示方式。指令格式不仅对编译器形成的代码长度有影响，而且对处理器的实现也有影响，因为处理器要能快速地对它进行译码，以便知道是什么操作以及如何找到其操作数。

指令格式的优化是指如何用最短的位数来表示指令的操作信息和地址信息。

1．等长扩展码

在早期的计算机上，为了便于分级译码，一般都采用等长扩展码，如 4-8-12 位等。4-8-12 的扩展方法有许多种，例如 15/15/15 法和 8/64/512 法。15/15/15 法是在 4 位的 16 个码点中，用 15 个表示最常用的 15 种指令，剩下的一个码点用于扩展到下一个 4 位，而第二个 4 位的 16 个码点也是按相同的方法分配的，即 15 个用于表示指令，一个用于扩展到第 3 个 4 位，如图 2.3（a）所示。

8/64/512 法是用头 4 位的 0×××表示最常用的 8 种指令，接着，操作码扩展成两个 4 位，其中的 1×××0×××的 64 个码点表示 64 种指令，而后再扩展成3个4位，用 1×××1×××0×××的 512 个码点表示 512 种指令，如图 2.3（b）所示。

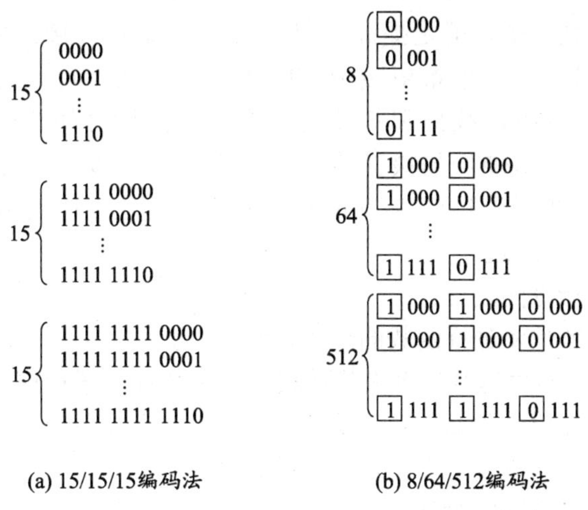

图 2.3　15/15/15 编码法和 8/64/512 编码法

选用哪种编码方法取决于指令使用频度 p_i 的分析。若在前 15 种指令中 p_i 的值都比较大，但在后 30 种指令中急剧减少，则应选择 15/15/15 法；若 p_i 的值在前 8 种指令中较大，之后的 64 种指令的 p_i 值也不太低，则应选择 8/64/512 法。衡量标准是看哪种编码方法能使平均码长最短。当然不是说就只有 15/15/15 和 8/64/512 两种扩展方法，按扩展标识不同，还有其他许多种扩展方案。

不难看出，扩展操作码必须遵守短码不能是长码的前缀的规则，扩展操作码的编码不唯一，平均码长也不唯一。因此，需要对各扩展方案进行比较，以便找出一种平均码长尽可能短、码长种类个数不能过多、便于优化实现的方案。

2. 定长操作码

随着存储器空间的日益加大，为了保证操作码的译码速度、减少译码的复杂度，现在许多计算机都采用了固定长度的操作码，所有指令的操作码都是统一的长度（如 8 位）。特别是 RISC 结构的计算机更是如此。这是以程序的存储空间为代价来换取硬件实现上的好处的。

2.4 指令系统的发展和改进

2.4.1 沿 CISC 方向发展和改进指令系统

指令数量多、功能多样是 CISC 指令系统的一大特点。除了包含基本指令外，往往还提供了很多功能很强的指令。指令条数往往多达 200～300 条，甚至更多。可以从三个方面对 CISC 指令系统进行改进：面向目标程序增强指令功能，面向高级语言的优化实现来改进指令系统，以及面向操作系统的优化实现改进指令系统。

1．面向目标程序增强指令功能

面向目标程序增强指令功能是提高计算机系统性能最直接的办法。人们不仅希望减少程序的执行时间，而且也希望减少程序所占的空间。可以对大量的目标程序及其执行情况进行统计分析，找出那些使用频度高、执行时间长的指令或指令串。对于使用频度高的指令，用硬件加快其执行；对于使用频度高的指令串，用一条新的指令来替代。这不但能减少目标程序的执行时间，而且也能有效缩短程序的长度。可以从以下几个方面来改进。

（1）增强运算型指令的功能。

在科学计算中，经常要进行函数的计算，例如，求平方根、三角函数、指数运算等。为此，可以设置专门的函数运算指令来代替相应的函数计算子程序。在有些应用程序中，经常需要进行多项式计算，那么就可以考虑设置多项式计算指令。在事务处理应用中，经常有十进制运算，可以设置一套十进制运算指令。

（2）增强数据传送指令的功能。

数据传送（存和取）指令在程序中占有较高的比例。在 IBM 公司对 IBM 360 运行典型程序的统计数据中，数据传送指令所占的比例约为 37%。因此，设计好数据传送指令对于提高计算机系统的性能是至关重要的。

设置成组传送数据的指令是对向量和矩阵运算的有力支持。例如，在 IBM 370 中，不仅设置了把一个数据块从通用寄存器组传送到主存储器（或相反）的指令，而且还设置了把一个数据块（字节数不超过 256）从主存储器的一个地方传送到另一个地方的指令。

（3）增强程序控制指令的功能。

CISC 计算机中一般都设置了多种程序控制指令，包括转移指令和子程序控制指令等，例如，VAX-11/780 机器有 29 种转移指令，包括“无条件转移”指令、“跳转”指令、15 种条件转移型指令、6 种按位转移型指令等。这些程序控制指令给编程人员提供了丰富的选择。

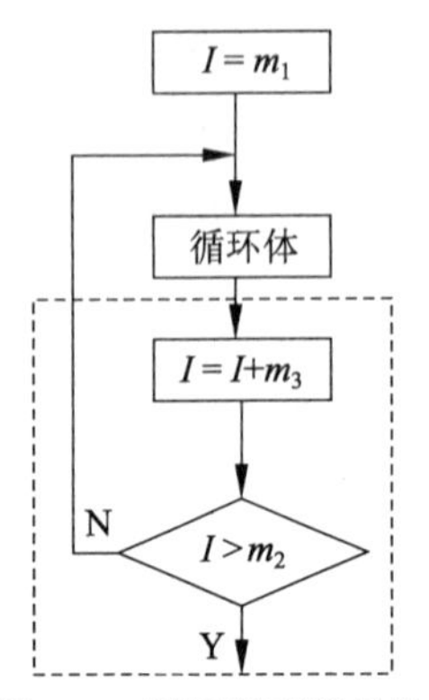

图 2.4 循环程序的结构

循环一般在程序中占有相当大的比例，所以应该在指令上对其提供专门的支持。一般循环程序的结构如图 2.4 所示。图中虚线框内的为循环控制部分，它通常要用三条指令来完成：一条加法指令、一条比较指令和一条分支指令。程序中许多循环的循环体往往很短，统计结果表明，循环体中只有一条语句的情况约占 40%，有 1～3 条语句的情况约占 70%。因此循环控制指令在整个循环程序中占据了相当大的比例。

为了支持循环程序的快速执行、减少循环程序目标代码的长度，可以设置循环控制指令。例如，在 IBM 370 中，专门设置了一条“大于转移”指令。仅一条这种指令就可以完成图 2.4 中虚线框内的功能。

虽然从上述三个方面来改进目标程序有可能获得较好的结果，但增加了硬件的成本和复杂度。只有对于频繁使用的子程序或指令串，用较强功能的指令取而代之才合适。

2．面向高级语言的优化实现来改进指令系统

大多数高级语言与一般的机器语言的语义差距非常大，这一方面导致编译器比较复杂，另一方面编译器所生成的目标代码也难以达到很好的优化。因此，改进指令系统，增加对高级语言和编译器的支持，缩小语义差距，就能提高计算机系统的性能。

针对高级语言中使用频度高、执行时间长的语句，应该增强有关指令的功能，加快这些指令的执行速度，或者增设专门的指令，以达到提高执行速度和减少目标程序长度的目的。例如，有统计结果表明，一元赋值语句在高级语言程序中所占的比例最大，在 FORTRAN 程序中的使用频度是 31%。由于一元赋值语句是由数据传送指令来实现的，因此减少数据传送指令的执行时间是对高级语言的有力支持。

另外，统计结果还表明，条件转移（If）和无条件转移（Goto）语句所占的比例也比较高，达到了 20%以上，所以增强转移指令的功能，增加转移指令的种类是必要的。

再者，增强系统结构的规整性，减少系统结构中的各种例外情况，也是对高级语言和编译器的有力支持。

指令系统经过上述扩充后，对高级语言的优化实现提供了有力的支持，机器语言和高级语言的语义差距缩小了许多。这样的计算机称为面向高级语言的计算机。

虽然在 20 世纪 70 年代有些人研究了间接执行高级语言（把高级语言作为汇编语言）和直接执行高级语言的机器。但因为这是一种比较激进的方法，它对计算机产业的发展并没有多大的影响。后来人们认识到，采用“比较简单的系统结构+软件”的做法能够在较低成本和复杂度的前提下，提供更高的性能和灵活性。

3．面向操作系统的优化实现改进指令系统

操作系统与系统结构是密切相关的。系统结构必须对操作系统的实现提供专门的指令。尽管这些指令的使用频度比较低，但如果没有它们的支持，操作系统将无法实现。所以有些指令是必不可少的。指令系统对操作系统的支持主要有：

（1）处理机工作状态和访问方式的切换。

（2）进程的管理和切换。

（3）存储管理和信息保护。

（4）进程的同步与互斥，信号灯的管理等。

支持操作系统的有些指令属于特权指令，一般用户程序不能使用。

2.4.2 沿 RISC 方向发展和改进指令系统

在 20 世纪 70 年代后期，人们已经感到日趋复杂的指令系统不仅不易实现，而且还有可能降低系统的性能和效率。从 1979 年开始，美国加州大学 Berkeley 分校以 Patterson

为代表的研究小组对指令系统结构的合理性进行了深入研究，他们的研究结果表明，CISC 指令集结构存在以下问题：

（1）各种指令的使用频度相差悬殊，许多指令很少用到。据统计，只有 20%的指令使用频度比较高，占运行时间的 80%。而其余 80%的指令只在 20%的运行时间内才会用到，而且使用频度高的指令也是最简单的指令。

（2）指令系统庞大，指令条数很多，许多指令的功能很复杂。这使得控制器硬件变得非常复杂，所导致的问题如下。

① 占用了大量的芯片面积（如占用 CPU 芯片总面积的一半以上），给 VLSI 设计造成很大的困难。

② 不仅增加了研制时间和成本，而且还容易造成设计错误。

（3）许多指令由于操作繁杂，其 CPI 值比较大（一般 CISC 机器指令的 CPI 都在 4 以上，有些在 10 以上），执行速度慢。采用这些复杂指令有可能使整个程序的执行时间反而增加。

（4）由于指令功能复杂，规整性不好，不利于采用流水技术来提高性能。

表 2.9 是对在 Intel 80x86 上执行整型程序进行统计的结果。表中所列的 10 种简单指令占据了所有执行指令的 95%。因此，人们不禁会问，花了那么多的硬件去实现那么多很少使用的指令，值得吗？Patterson 等人在进行了深入的研究后，提出了 RISC 指令集结构的设计思想。这是一种与 CISC 的设计策略完全不同的设计思想，它能克服上述 CISC 的缺点。RISC 是近代计算机系统结构发展史中的一个里程碑。

表 2.9 Intel 80x86 最常用的 10 条指令

执行频度排序	80x86 指令	指令执行频度（占执行指令总数的百分比）
1	Load	22%
2	条件分支	20%
3	比较	16%
4	Store	12%
5	加	8%
6	与	6%
7	减	5%
8	寄存器-寄存器间数据移动	4%
9	调用子程序	1%
10	返回	1%
合计		95%

设计 RISC 机器一般应当遵循以下原则：

（1）指令条数少，指令功能简单。在确定指令系统时，只选取使用频度很高的指令，在此基础上补充一些最有用的指令（如支持操作系统和高级语言实现的指令）。

（2）采用简单而又统一的指令格式，并减少寻址方式。指令字长都为 32 位或 64 位。

（3）指令的执行在单周期内完成（采用流水线技术后）。

（4）采用 Load-Store 结构。即只有 Load 和 Store 指令才能访问存储器，其他指令的操作都是在寄存器之间进行的。

（5）大多数指令都采用硬连线逻辑来实现。

（6）强调优化编译器的作用，为高级语言程序生成优化的代码。

（7）充分利用流水技术来提高性能。

1981 年，Patterson 等人研制成功了 32 位的 RISC Ⅰ微处理器。RISC Ⅰ中只有 31 条指令，指令字长都是 32 位，共有 78 个通用寄存器，时钟频率为 8MHz。控制部分所占的芯片面积只有 6%，而当时最先进的商品化微处理器 MC68000 和 Z8000 分别为 50% 和 53%。RISC Ⅰ的性能是 MC68000 和 Z8000 的 3～4 倍。1983 年他们又研制出了 RISC Ⅱ，指令条数为 39 条，通用寄存器个数为 138，时钟频率为 12MHz。

除 RISC Ⅱ外，早期的 RISC 还包括 IBM 的 801 和美国斯坦福大学的 MIPS。IBM 的研究工作早在 1975 年就开始了，是最早开始的，却是最晚才公开的。801 实际上只是个实验性的项目。斯坦福大学的 Hennessy 及其同事们于 1981 年发表了他们的 MIPS 计算机。这三台 RISC 有许多共同点。例如，它们都采用 Load-Store 结构和固定 32 位的指令字长，它们都强调采用高效的流水线。

在上述研究工作的基础上，自 1986 年起，计算机工业界开始发布基于 RISC 技术的微处理器。Berkeley 的 RISC Ⅱ后来发展成 Sun 公司的 SPARC 系列微处理器，Stanford 大学的 MIPS 后来发展成了 MIPS Rxxx 系列微处理器，IBM 则是在其 801 的基础上设计了新的系统结构，推出了 IBM RT-PC 以及后来的 RS6000。

2.5 操作数的类型和大小

计算机系统所能处理的数据类型很多，例如，图、表、树、阵列、队列、链表、堆栈、向量、字符串、整数、字符等。在设计计算机系统结构时，需要研究在这些数据类型中，哪些用硬件实现，哪些用软件实现，并对于要用硬件实现的数据类型，研究它们的实现方法。

数据表示（Data Representation）是指计算机硬件能够直接识别、指令系统可以直接调用的数据类型。它一般是所有数据类型中最常用、相对比较简单、用硬件实现比较容易的几种，如定点数（整数）、逻辑数（布尔数）、浮点数（实数）、字符、字符串等。当然，有些机器的数据表示复杂一些，除上面这些外，还设置有十进制、向量、堆栈等数据表示。

数据结构（Data Structure）则不同，它是指由软件进行处理和实现的各种数据类型。数据结构研究的是这些数据类型的逻辑结构与物理结构之间的关系，并给出相应的算法。一般来说，除了数据表示之外的所有数据类型都是数据结构要研究的内容。

如何确定数据表示是系统结构设计者要解决的难题之一。从原理上讲，计算机只要有了最简单的数据表示（如定点数），就可以通过软件的方法实现各种复杂的数据类型，但是这样会大大降低系统的性能和效率。在另一极端，如果把复杂的数据类型都包含在数据表示之中，系统所花费的硬件成本就会很高。如果这些复杂的数据表示很少用到，那么这样做就很不合理。因此，确定数据表示实际上也是个软硬件取舍折中的问题。

表示操作数类型的方法有两种：

（1）由指令中的操作码指定操作数的类型。这是最常用的方法。绝大多数机器都采用了这种方法。由于在操作码中指出，所以即使是同一种运算，对于不同的操作数类型也要设置不同的指令。例如，整数加、浮点加、无符号数加等。

（2）给数据加上标识（tag），由数据本身给出操作数类型。这就是带标识符的数据表示。硬件通过识别这些标识符就能得知操作数的类型，并进行相应的操作。

带标识符的数据表示有很多优点，例如，能简化指令系统，可由硬件自动实现一致性检查和类型转换，缩小了机器语言与高级语言的语义差距，简化编译器等。但由于需要在程序执行过程中动态检测标识符，动态开销比较大，所以采用这种方案的机器很少见。

在本书中，操作数的大小是指操作数的位数或字节数。一般来说，主要的大小有字节（8 位）、半字（16 位）、字（32 位）、双字（64 位）。字符一般用 ASCII 表示，为一个字节大小。整数则几乎都是用二进制补码表示的，其大小可以是字节、半字或单字。浮点操作数可以分为单精度浮点数（单字）和双精度浮点数（双字）。20 世纪 80 年代以前，大多数计算机厂家都一直采用各自的浮点操作数表示方法，但后来几乎所有的计算机都采用 IEEE 754 标准。

面向商业应用，可以设置十进制数据表示。这种数据表示一般称为“压缩十进制”或“二进制编码十进制”（Binary Coded Decimal，BCD）。它用 4 位二进制编码表示数字 0～9，并将两个十进制数字合并到一个字节中存储。如果将十进制数直接用字符串来表示，就叫做“非压缩十进制”。在这种机器中，一般会提供在压缩十进制数和非压缩十进制数之间进行相互转换的操作。

在指令系统结构设计中，知道对各种类型操作数的访问频度是很重要的，这对于确定需要对哪些类型的操作数提供高效的支持很有帮助。表 2.10 中列出了对于 SPEC 基准程序来说，对字节、半字、单字和双字 4 种操作数的访问分布情况。从该表可以看出，基准程序对单字和双字的数据访问具有较高的频度，所以选择操作数的大小为 32 位比较合适。

表 2.10　不同操作数大小的访问频度

操作数大小	访问频度	
	整型平均	浮点平均
字节	7%	0
半字	19%	0
单字	74%	31%
双字	0	69%

从上面的分析可知，一台 32 位的计算机应该支持 8、16、32 位整型操作数以及 32 位和 64 位的 IEEE 754 标准的浮点操作数。

至此，已经对计算机指令系统结构设计的基本知识进行了比较全面的讨论，下面介绍一个指令系统结构实例。

2.6 MIPS 指令系统结构

为了进一步加深对指令系统结构设计的理解，下面讨论 MIPS 指令系统结构。之所以选择 MIPS，是因为它不仅是一种典型的 RISC 结构，而且比较简单，易于理解和学习。本书后面各章中使用的例子几乎都是基于该指令系统结构的。

1981 年，美国斯坦福大学的 Hennessy 及其同事们发表了 MIPS 计算机。后来，在此基础上形成了 MIPS 系列微处理器。到目前为止，已经出现了许多版本的 MIPS。下面将介绍 MIPS64 的一个子集，并将它简称为 MIPS。感兴趣的读者可以从 MIPS 公司的网站（http://www.mips.com/products/architectures/mips32/index.cfm#specifications）获得有关其指令集更详细的信息。

2.6.1 MIPS 的寄存器

MIPS 有 32 个 64 位通用寄存器：R0，R1，…，R31。它们被简称为 GPRs（General-Purpose Register），有时也被称为整数寄存器。R0 的内容永远是 0。此外，还有 32 个 32 位单精度浮点寄存器：F0，F1，…，F31，它们被简称为 FPRs（Floating-Point Registers）。它们既可以用来存储 32 个单精度浮点数（32 位），也可以用来存储 16 个双精度浮点数（64 位）。当存放双精度浮点数时，用 F0，F2，…，F30 访问。对应地，MIPS 提供了单精度和双精度（32 位和 64 位）操作的指令，还提供了在 FPRs 和 GPRs 之间传送数据的指令。

另外，MIPS 还有一些特殊寄存器，如浮点状态寄存器。它们可以与通用寄存器交换数据。浮点状态寄存器用来保存有关浮点操作结果的信息。

2.6.2 MIPS 的数据表示

MIPS 支持下面的数据表示。

（1）整数：字节（8 位），半字（16 位）和字（32 位）。

（2）浮点数：单精度浮点数（32 位）和双精度浮点数（64 位）。

之所以设置半字操作数类型，是因为在类似于 C 语言的高级语言中有这种数据类型，而且在操作系统等程序中也有，这些程序很重视数据所占空间的大小。设置单精度浮点操作数也是基于类似的原因的。

MIPS64 的操作是针对 32 位整数以及 32 位或 64 位浮点数进行的。字节或者半字类型的整数装入 32 位通用寄存器时，将通过零扩展或者符号位扩展填充该寄存器的剩余部分。数据装入寄存器后，将按照 32 位整数的方式进行运算。

2.6.3 MIPS 的数据寻址方式

MIPS 的数据寻址方式只有立即数寻址和偏移量寻址两种，立即数字段和偏移量字段都是 16 位的。特别地，偏移量为 0 的偏移量寻址就是寄存器间接寻址，R0（其值永远为 0）作为基址寄存器的偏移量寻址就是 16 位绝对寻址。这样实际就有了 4 种寻址方式。

MIPS 的寻址方式是编码到操作码中的。

MIPS 的存储器是按字节寻址的，地址为 32 位。由于 MIPS 是 Load-Store 结构的，GPRs 和 FPRs 与存储器之间的数据传送都是通过 Load 和 Store 指令来完成的。与 GPRs 有关的存储器访问可以是字节、半字或字。与 FPRs 有关的存储器访问可以是单精度浮点数或双精度浮点数。所有存储器访问都必须是边界对齐的。

2.6.4 MIPS 的指令格式

MIPS 的寻址方式是编码到操作码中的。为了使处理器更容易进行流水实现和译码，MIPS 的所有指令都是 32 位的，其格式如图 2.5 所示。这些指令的格式很简单，其中操作码占 6 位。MIPS 按不同类型的指令设置不同的格式，共有三种格式，它们分别对应于 I 类指令、R 类指令以及 J 类指令。在这三种格式中，同名字段的位置固定不变。

图 2.5 MIPS 的指令格式

1. I 类指令

这类指令包含所有的 Load 和 Store 指令、寄存器-立即数型 ALU 指令、分支指令、寄存器跳转指令、寄存器间接跳转指令，其格式如图 2.5（a）所示，其中的立即数字段为 16 位，用作参与 ALU 运算的立即数或表征存储器地址的偏移量。

（1）Load 指令。

访存有效地址为 Regs[rs]+immediate，从存储器取来的数据放入寄存器 rt。这里 Regs[rs]表示通用寄存器 rs 的内容，immediate 表示立即数的值。下同，不再赘述。

（2）Store 指令。

访存有效地址为 Regs[s]+immediate，要存入存储器的数据放在寄存器 rt 中。

（3）寄存器-立即数型 ALU 指令。

Regs[rt]←Regs[rs] op immediate

（4）分支指令。

转移目标地址为 Regs[rs]+immediate，rt 不被使用。

（5）寄存器跳转、寄存器跳转并链接。

转移目标地址为 Regs[rs]。

2．R 类指令

R 类指令包括寄存器-寄存器型 ALU 指令、专用寄存器读/写指令、move 指令等。这里只介绍寄存器-寄存器型 ALU 指令的语义：

Regs[rd]←Regs[rs] func Regs[rt]，其中 func 为具体的运算操作编码。

3．J 类指令

这类指令包括跳转指令、跳转并链接指令、自陷指令、异常返回指令。对于这些指令，指令字的低 26 位是偏移量，与 NPC（Next PC）值相加形成跳转的地址。

2.6.5 MIPS 的操作

MIPS 指令可分为 4 大类：Load 和 Store、ALU 操作、分支与跳转、浮点操作。

除了 R0 外，所有通用寄存器与浮点寄存器都可以进行 Load 或 Store。表 2.11 给出了 Load 和 Store 指令的一些具体例子。单精度浮点数占用一个完整的浮点寄存器，双精度浮点数占用相邻的两个浮点寄存器，单精度与双精度之间的转换必须显式地进行。浮点数的格式遵循 IEEE 754 标准。

表 2.11 MIPS 的 Load 和 Store 指令的例子

指令举例	指令名称	含义
LD R2, 20(R3)	装入双字	Regs[R2]$\leftarrow_{64}$Mem[20+Regs[R3]]
LW R2, 40(R3)	装入字	Regs[R2]$\leftarrow_{64}$ $(\text{Mem}[40+\text{Regs}[R3]]_0)^{32}$## Mem[40+Regs[R3]]
LB R2, 30(R3)	装入字节	Regs[R2]$\leftarrow_{64}$ $(\text{Mem}[30+\text{Regs}[R3]]_0)^{56}$## Mem[30+Regs[R3]]
LBU R2, 40(R3)	装入无符号字节	Regs[R2]$\leftarrow_{64}0^{56}$## Mem[40+Regs[R3]]
LH R2, 30(R3)	装入半字	Regs[R2]$\leftarrow_{64}$$(\text{Mem}[30+\text{Regs}[R3]]_0)^{48}$## Mem[30+Regs[R3]]## Mem[31+Regs[R3]]
L.S F2, 60(R4)	装入单精度浮点数	Regs[F2]$\leftarrow_{64}$Mem[60+Regs[R4]]##0^{32}
L.D F2, 40(R3)	装入双精度浮点数	Regs[F2]$\leftarrow_{64}$Mem[40+Regs[R3]]
SD F4, 300(R5)	保存双字	Mem[300+Regs[R5]]$\leftarrow_{64}$Regs[F4]
SW R4, 300(R5)	保存字	Mem[300+Regs[R5]]$\leftarrow_{32}$Regs[R4]
S.S F2, 40(R2)	保存单精度浮点数	Mem[40+Regs[R2]]$\leftarrow_{32}$$\text{Regs}[F2]_{0..31}$
SH R5, 502(R4)	保存半字	Mem[502+Regs[R5]]$\leftarrow_{16}$$\text{Regs}[R5]_{48..63}$

说明：要求内存的值必须是边界对齐的。

各符号的含义如下：

（1）$x \leftarrow_n y$ 表示从 y 传送 n 位到 x。

（2）下标表示字段中具体的位，指令和数据左边为最高位（即第 0 位）。下标可以是一个数字，也可以是一个范围。例如，Regs[R4]_0 表示寄存器 R4 的符号位，$\text{Regs[R4]}_{56..63}$ 表示 R4 的最低字节。

（3）Mem 表示主存，按字节寻址，可以传输任意个字节。

（4）上标表示对字段进行复制的次数。例如，0^{32} 表示一个 32 位长的全 0 字段。

（5）符号##用于两个字段的拼接，并且可以出现在数据传送的任何一边。

下面举个例子。假设 R6 和 R8 是 64 位的寄存器，则

$$\text{Regs[R8]}_{32..63} \leftarrow_{32} (\text{Mem[Regs[R6]]}_0)^{24} \text{\#\# Mem[Regs[R6]]}$$

表示的意义是，以 R6 的内容作为地址访问存储器，得到的字节数据符号扩展为 32 位后存入寄存器 R8 的低 32 位，R8 的高 32 位（即 $\text{Regs[R8]}_{0..31}$）不变。

MIPS 中所有的 ALU 指令都是寄存器-寄存器型（RR 型）或寄存器-立即数型的。运算操作包括算术和逻辑操作，即加、减、与或、异或和移位等。表 2.12 中给出了一些例子。所有这些指令都支持立即数寻址模式，参与运算的立即数是由指令中的 immediate 字段（低 16 位）经符号扩展后生成的。

表 2.12　MIPS 中 ALU 指令的例子

指令举例	指令名称	含　义
DADDU R1, R2, R3	无符号加	Regs[R1]←Regs[R2]+Regs[R3]
DADDU R4, R5, #6	加无符号立即数	Regs[R1]←Regs[R2]+6
LUI R1, #4	把立即数装入一个字的高 16 位	Regs[R2]←0^{32}##4##0^{16}
DSLL R1, R2, #5	逻辑左移	Regs[R1]←Regs[R2]<<5
DSLT R1, R2, R3	置小于	if (Regs[R2]< Regs[R3]) Regs[R1]←1 else Regs[R1]←0

R0 的值永远是 0，它可以用来合成一些常用的操作，例如：

```
DADDIU R1, R0, #100 //给寄存器 R1 装入常数 100
```

又如

```
DADD R1, R0, R2      //把寄存器 R2 中的数据传送到寄存器 R1
```

2.6.6 MIPS 的控制指令

在 MIPS 中，控制流的改变是由一组跳转或一组分支指令来实现的，表 2.13 给出了几种典型的 MIPS 跳转和分支指令。跳转是无条件转移，而分支则都是条件转移。根据跳转指令确定目标地址的方式不同以及跳转时是否链接，可以把跳转指令分为 4 种。确定目标地址的方式有两种：一种是把指令中的 26 位偏移量左移 2 位（因为指令字长都是 4 个字节）后，替换程序计数器的低 28 位；另外一种是由指令中指定的一个寄存器来给

出转移目标地址，即间接跳转。简单跳转很简单，就是把目标地址送入程序计数器。而跳转并链接（为了实现过程调用）则要比简单跳转多一个操作：把返回地址（即顺序下一条指令的地址）放入寄存器 R31。

表 2.13 典型的 MIPS 控制指令

指 令 举 例	指 令 名 称	含 义
J name	跳转	$PC_{36..63}$←name
JAL name	跳转并链接	Regs[31]←PC+4; PC←name $((PC+4)-2^{27})\leqslant name<((PC+4)+2^{27})$
JALR R3	寄存器跳转并链接	Regs[31]←PC+4; PC←Regs[R3]
JR R5	寄存器跳转	PC←Regs[R5]
BEQZ R4, name	等于零时分支	if (Regs[R4]= =0) PC←name; $((PC+4)-2^{17})\leqslant name<((PC+4)+2^{17})$
BNE R3, R4, name	不相等时分支	if (Regs[R3]!=Regs[R4]) PC←name; $((PC+4)-2^{17})\leqslant name<((PC+4)+2^{17})$
MOVZ R1, R2, R3	等于零时移动	if (Regs[R3]= =0) Regs[R1]←Regs[R2]

所有的分支指令都是条件转移。分支条件由指令确定。例如，可能是测试某个寄存器的值是否为零。该寄存器可以是一个数据，也可以是前面一条比较指令的结果。MIPS 提供了一组比较指令，用于比较两个寄存器的值。例如，“置小于”指令（SLT），如果第一个寄存器中的值小于第二个寄存器中的值，则该比较指令在目标寄存器中放置一个 1（代表真），否则将放置一个 0（代表假）。类似的指令还有“置等于”（SEQ）、“置不等于”（SNE）等。这些比较指令还有一套与立即数进行比较的形式。

有的分支指令可以直接判断寄存器内容是否为负，或者比较两个寄存器是否相等。

分支的目标地址由 16 位带符号偏移量左移两位后和 NPC 相加的结果来决定。另外，还有一条浮点条件分支指令，该指令通过测试浮点状态寄存器来决定是否进行分支。

2.6.7 MIPS 的浮点操作

浮点指令对浮点寄存器中的数据进行操作，并由操作码指出操作数是单精度（SP）还是双精度（DP）的。在指令助忆符中，用后缀 S 表示操作数是单精度浮点数，用后缀 D 表示是双精度浮点数。例如，MOVS 和 MOVD 分别是把一个单精度浮点寄存器（MOVS）或一个双精度浮点寄存器（MOVD）中的值复制到另一个同类型的寄存器中，MFC1 和 MTC1 是在一个单精度浮点寄存器和一个整数寄存器之间传送数据的。另外，MIPS 还设置了在整数与浮点之间进行相互转换的指令。

浮点操作数包括加、减、乘、除，分别设有单精度和双精度指令。例如，加法指令 ADDD（双精度）和 ADDS（单精度），减法指令 SUBD 和 SUBS 等。浮点数比较指令会根据比较结果设置浮点状态寄存器中的某一位，以便于后面的分支指令 BC1T（若真则分支）或 BC1F（若假则分支）测试该位，以决定是否进行分支。

2.7 小结

指令系统是计算机系统最重要的软硬件界面之一，它的结构和格式对于计算机系统的性能具有非常重要的影响。指令系统结构的分类取决于 CPU 中用来存放操作数的存储单元类型，通常可分为堆栈型、累加器型以及通用寄存器型三种。当前的绝大多数指令系统都属于最后一种类型，但由于其 ALU 指令操作数来源不同，又可进一步被划分为寄存器-存储器型结构和寄存器-寄存器型结构两类。

CISC 和 RISC 是当前指令系统设计的两种截然不同的思想。前者强调指令功能的多样化，因而指令数量很多，格式复杂。后者则正好相反，采用简单而统一的指令格式，指令条数少，功能简单。在体系结构设计者和研究者间有关这两种思想之间的争论一度非常激烈，但随着计算机系统的不断发展，它们之间的界限已经逐渐模糊。MIPS 是一种典型的 RISC 指令系统，体现了 RISC 的基本思想。

在设计指令系统时，除了必须满足完整性、规整性、正交性和兼容性等功能性要求外，还必须考虑高效率问题。对指令字格式进行优化是提高指令系统效率的主要手段，在进行优化时必须考虑操作码、操作数的类型和大小等各方面的因素。

习题 2

1. 解释下列名词。

堆栈型机器	累加器型机器	通用寄存器型机器	寻址方式
信息存储的整数边界	指令系统的完整性	指令系统的规整性	数据表示
指令系统的正交性	PC 相对寻址		

2. 区别不同指令系统结构的主要因素是什么？根据这个主要因素可将指令系统结构分为哪三类？

3. 通用寄存器型指令系统结构在灵活性和提高性能方面的优势主要体现在哪几个方面？

4. 常见的三种通用寄存器型机器的优缺点各有哪些？

5. 计算机指令系统设计所涉及的内容有哪些？

6. 简述指令系统结构中采用多种寻址方式的优缺点。

7. 表示寻址方式的主要方法有哪些？简述这些方法的优缺点。

8. 指令系统的规整性主要包括哪两个方面？简述其含义。

9. 通常有哪几种指令格式？简述其适用范围。

10. 简述操作数的类型及其相应的表示方法。

11. 数据结构和机器的数据表示之间是什么关系？确定和引入数据表示的基本原则是什么？

12. 根据 CPU 性能公式简述 RISC 指令集结构计算机和 CISC 指令集结构计算机的性能特点。

13．从当前的计算机技术观点来看，CISC 结构有什么缺点？

14．就指令格式、寻址方式和每条指令的周期数（CPI）等方面，试比较 RISC 和 CISC 处理机的指令系统结构。

15．某机的指令字长为 16 位，设有单地址指令和二地址指令。若每个地址字段均为 6 位，且两地址指令有 A 条，问单地址指令最多可以有多少条？

16．某处理机的指令系统要求有三地址指令 4 条、单地址指令 255 条、零地址指令 16 条。设指令字长为 12 位，每个地址码长度为 3 位。问能否用扩展编码为其操作码编码？如果要求单地址指令为 254 条，能否对其操作码扩展编码？说明理由。

17．一台模型机共有 7 条指令，各指令的使用频度分别为 35%（I1），25%（I2），20%（I3），10%（I4），5%（I5），3%（I6），2%（I7），有 8 个通用寄存器和 2 个变址寄存器。若要求设计 8 位长的寄存器-寄存器型指令 3 条，16 位长的寄存器-存储器型变址寻址指令 4 条，变址范围为-127～+127，请设计指令格式，并给出指令各字段的长度和操作码编码。

18．某处理机的指令字长为 16 位，有二地址指令、单地址指令和零地址指令三类，每个地址字段的长度均为 16 位。

（1）如果二地址指令有 15 条，单地址指令和零地址指令的条数基本相等，那么单地址指令和零地址指令各有多少条？为三类指令分配操作码。

（2）如果指令系统要求这三类指令条数的比例为 1:9:9，那么这三类指令各有多少条？为三类指令分配操作码。

第 3 章　流水线技术

在计算机体系结构设计中，为了提高执行部件的处理速度，经常在部件中采用流水线技术，这是一种性价比较高的方法。本章首先论述流水线的基本概念、流水线的分类、流水线的性能计算方法；然后基于 MIPS 指令集结构的流水实现，对流水线中的相关问题进行深入讨论，并给出一种流水线处理器实例；最后，讨论流水线技术在向量处理机中的应用。

3.1　流水线概述

3.1.1　流水线的基本概念

每当谈起“流水线”，人们就可能会将其和生产车间的产品生产流水线联系起来。的确，计算机技术中的“流水线”概念也正是由此得来的。为了对计算机技术中的流水线概念有明确的认识，首先看看产品生产流水线的作用。

假设某产品的生产需要 4 道工序，该产品生产车间以前只有 1 个工人，只有 1 套生产该产品的机器。该工人工作 8 小时，可以生产 120 件产品（即每 4 分钟生产 1 件）。现车间主任希望将该产品的日产量提高到 480 件，那么他如何能够实现其目标呢？一种办法是再聘请 3 名工人，同时再购买 3 套生产该产品的机器。让 4 名工人同时工作 8 小时，可以达到期望的日产量目标。

但是这种方法需要购买 3 套机器，其费用已经超出了车间主任现在的经济承受能力。这时车间工程师提出了一套技术改造方案：产品生产采用流水线生产方式，将原来的机器按照 4 道工序重新进行改造组合，将 4 道生产工序分离开来，使得每道工序的生产时间一样，均为 1 分钟；同时车间再聘请 3 名工人，让每个工人负责该产品生产的一道工序，每完成一道工序，就将半成品传给下一道工序的工人，由他去完成别的产品生产工序，直至生产出完整的产品。如此连续作业，工作 8 小时（如图 3.1 所示）。

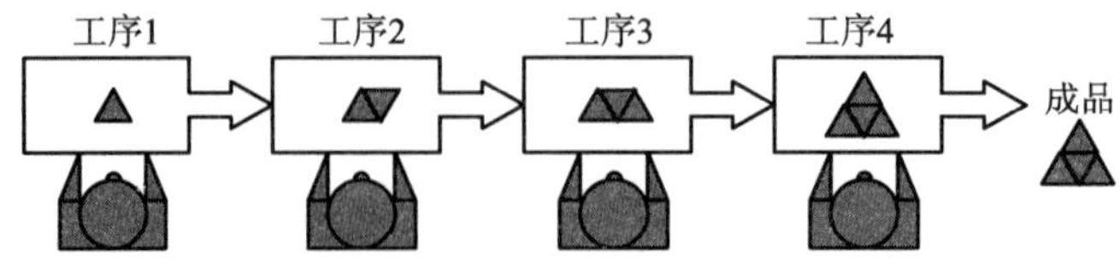

图 3.1　车间产品生产流水线示意图

主任采纳了车间工程师的意见，并照此办法，在没有花钱购置机器的情况下，就达到了所期望的日产量目标。那么这种节省开销的方案是如何满足车间主任要求的呢？

实际上，可以用图 3.2 来表示 4 个工人的生产过程，其中每个箭头表示工人们生产出一件成品。从图中可以看出，每个工人连续工作 8 小时，实际上是重复了 480 次（每分钟一次）他所负责的工序，而第 1 件成品生产出来到第 477 件成品生产出来之间，所有工人均是在并行地完成自己所负责的工作，从而使得在第一件成品生产出来之后，每隔 1 分钟就生产出来一件成品。按 8 小时计算，整个车间的日产量是 480 件。

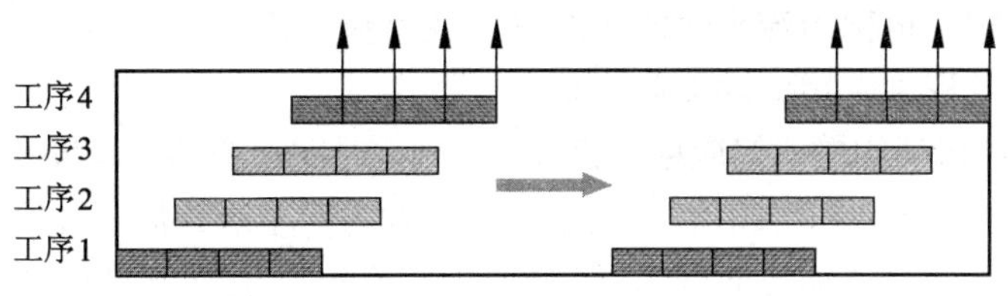

图 3.2　流水线生产过程的抽象描述

这是一种“流水”工作方式，它的主要特点在于：每件产品还是要经过 4 道工序处理，单件产品的加工时间并没有改变，但是它将各个工人的操作时间重叠在一起，使得每件产品的产出时间从表面上看是从原来的 4 分钟缩减到 1 分钟，提高了产品的产出率。另外，它和第一种方案相比，明显节省了生产设备投入，的确是一种性能价格比非常好的方案。

可以将上述思想引入计算机技术中来。比如，可以将一条指令的解释过程分解成“分析”与“执行”两个子过程。每个子过程分别在指令分析器和执行部件这两个独立的部件上实现（如图 3.3 所示）。所以，不必等待上一条指令的“分析”和“执行”子过程完成后，才送入下一条指令。指令分析器在完成上一条指令的“分析”子过程，并将结果送入执行部件去实现“执行”子过程的同时，就可开始接收下一条指令，并开始新的“分析”子过程。假设“分析”时间和“执行”时间相等，均为 Δt_1，则从执行一条指令的全过程来看，每条指令的执行需要 $T=2\Delta t_1$ 才能完成。而从机器的输出端来看，都是每隔 Δt_1 时间就能给出一条指令的执行结果，处理机的速度提高了一倍。

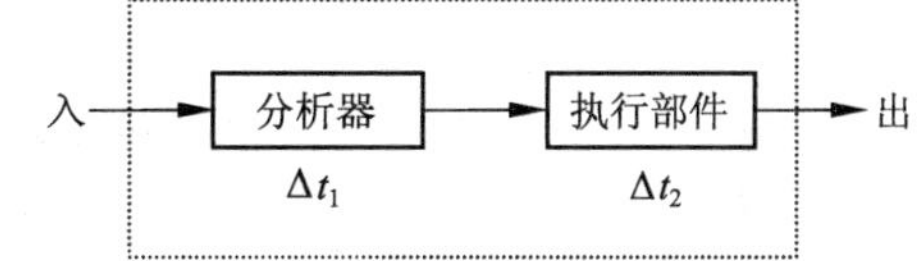

图 3.3　指令执行的简化结构

也可以将这种思想用于提高其他执行部件的速度上，同样可以收到明显的加速效果。例如，对于浮点加法器而言，可以把浮点加法的全过程分解成求阶差、对阶、尾数相加和规格化 4 个子过程，让每个子过程都在各自独立的部件上完成，假设各部件完成相应工作（以后称为段）所需的时间都为 Δt_2。如图 3.4（a）所示，当连续进行 4 次加法时，在第一个 Δt_2 时，第一次加法在求阶差段；第二个 Δt_2 时，第一次加法在对阶段，第二次加法则进入求阶差段；第三个 Δt_2 时，第一次加法在尾数相加段，第二次加法在对阶段，第三次加法则在求阶差段……由此可见，虽然每个加法操作所需时间都是 $T=4\Delta t_2$，但从加法器的输出端来看，却是每隔一个 Δt_2 给出一个加法结果。这样，速度提高了 3 倍。

由于这些工作方式与上述车间生产流水线概念类似，因此，人们将上述浮点加法器称为浮点加法流水线。

流水线技术，是指将一个重复的时序过程，分解成为若干个子过程，而每一个子过程都可有效地在其专用功能段上与其他子过程同时执行。

描述流水线的工作，常采用时（间）空（间）图的方法。图 3.4（b）是浮点加法流水线的时空图，其横坐标表示时间，纵坐标代表流水线的各段，图中的数字代表各次加法在流水线中流动的过程。由此可看出，流水线技术具有以下特点：

（1）流水过程由多个相联系的子过程组成，每个过程称为流水线的“级”或“段”。一条流水线的段数，也称为流水线的“深度”或“流水深度”。

（2）每个子过程由专用的功能段实现。

（3）各个功能段所需的时间应尽量相等，否则，时间长的功能段将成为流水线的瓶颈，会造成流水线的“堵塞”和“断流”，这个时间一般为一个时钟周期（拍）或机器周期。

（4）流水线需要有“通过时间”（第一个任务流出结果所需的时间），在此之后流水过程才进入稳定工作状态，每一个时钟周期（拍）流出一个结果。

（5）流水技术适合大量重复的时序过程，只有在输入端能连续地提供任务的，流水线的效率才能充分发挥。

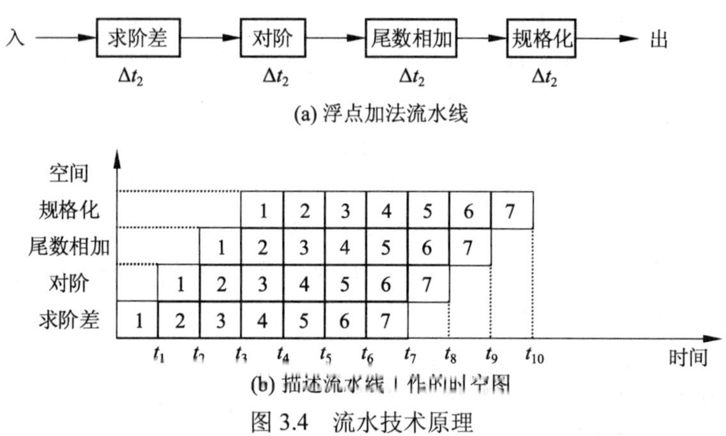

(a) 浮点加法流水线

(b) 描述流水线工作的时空图

图 3.4　流水技术原理

3.1.2　流水线的分类

流水线可从不同的角度进行分类，一般来说流水线可以分为以下几种类型。

1．单功能流水线和多功能流水线

这是按照流水线所完成的功能来分类的。单功能流水线（Unifunction Pipelines），是指只能完成一种固定功能的流水线，如前面介绍的浮点加法流水线。要完成多种功能，可采用多个单功能流水线。如 Cray-1 有 12 个单功能流水线，YH-1 有 18 个单功能流水线。

多功能流水线（Multifunction Pipelines），是指流水线的各段可以进行不同的连接，从而使流水线在不同的时间，或者在同一时间完成不同的功能。美国 TI 公司 ASC 处理机的运算器就采用了多功能流水线，如图 3.5（a）所示。它由 8 段组成，当要进行浮点加减法运算时，各段的连接如图 3.5（b）所示；当要进行定点乘法运算时，各段的连接如图 3.5（c）所示。

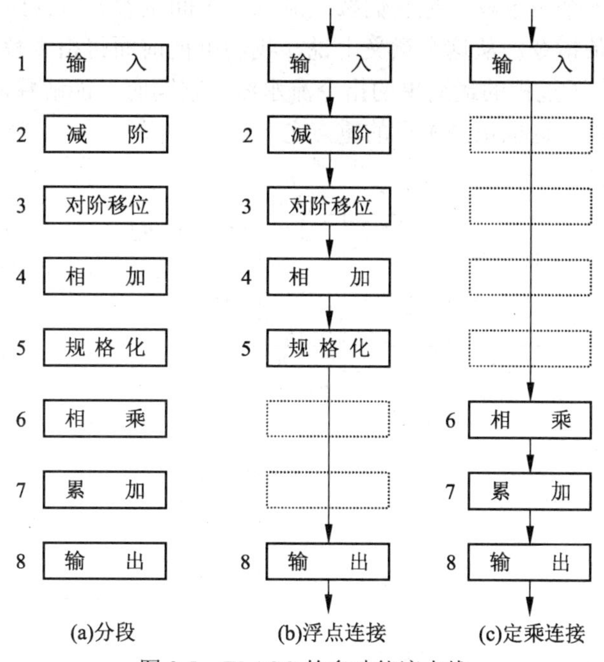

图 3.5 TI ASC 的多功能流水线

2．静态流水线和动态流水线

这是按照同一时间内各段之间的连接方式来分类的。静态流水线（Static Pipelines），是指在同一时间内，流水线的各段只能按同一种功能的连接方式工作。例如，上述 ASC 的 8 段只能或者都按浮点加、减运算连接方式工作，或者都按定点相乘运算连接方式工作，不能在同一时间有的段在进行浮点加、减运算，而有的段又在进行定点乘运算。因此，在静态流水线中，只有当输入的是一串相同的运算操作时，流水的效率才能得以发挥。如果流水线输入的是一串不同运算相间的操作，例如是浮加、定乘、浮加、定乘……的一串操作，则这种静态流水线的效率会降到和顺序处理方式一样。

动态流水线（Dynamic Pipelines），是指在同一时间内，当某些段正在实现某种运算（如定点乘）时，另一些段却在实现另一种运算（如浮点加）。这样，就不是非得相同运算的一串操作才能流水处理。显然，这对提高流水线的效率很有好处，然而，却会使流水线的控制变得很复杂。目前，绝大多数的流水线是静态流水线。图 3.6 给出了静态和动态流水线的时空图，可以很清楚地看出它们工作方式的不同。

3．部件级、处理机级及处理机间流水线

这是按照流水的级别来进行分类的。部件级流水线，又叫运算操作流水线（Arithmetic Pipelines），它是把处理机的算术逻辑部件分段，以便为各种数据类型进行流水操作，在前面已经论述了其相应的实例。

处理机级流水线，又叫指令流水线（Instruction Pipelines），它是把解释指令的过程按照流水方式处理。因为处理机要处理的主要时序过程就是解释指令的过程，这个过程当然也可分解为若干个子过程。把它们按照流水（时间重叠）方式组织起来，就能使处理机重叠地解释多条指令。从这个意义上说，我们可把前面将指令解释过程分解为“分析”与“执行”两个子过程的最简单的指令流水线，它同时只能解释两条指令。3.2 节将详细介绍指令流水线，这也正是本章的重点之一。

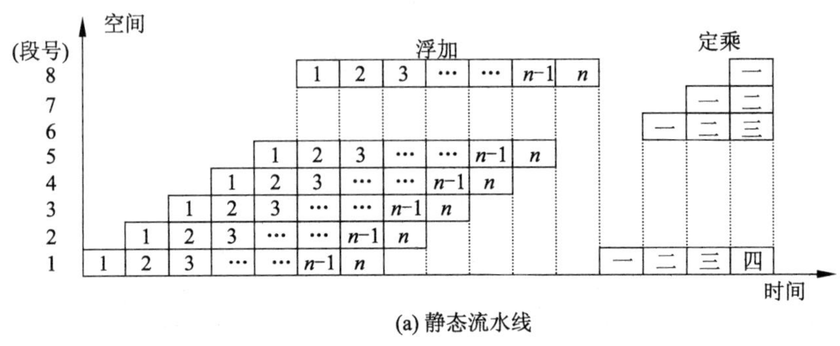

(a) 静态流水线

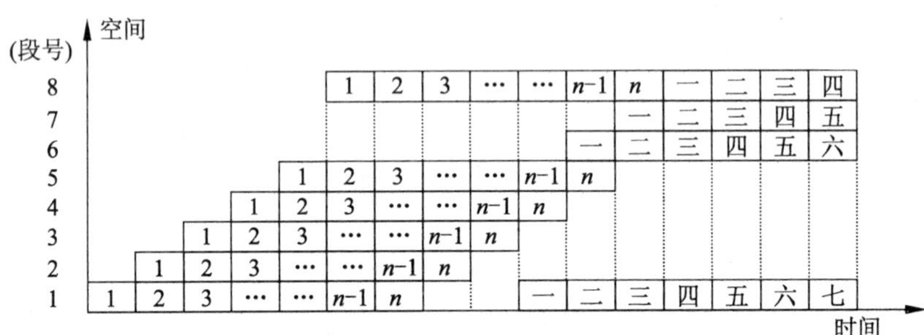

(b) 动态流水线

图 3.6　静、动态流水线时空图

处理机间流水线，又叫宏流水线（Macro Pipelines），由两个以上的处理机串行地对同一数据流进行处理，每个处理机完成一项任务。如图 3.7 所示，第一个处理机对输入的数据流完成任务 1 的处理，其结果存入存储器中。它又被第二个处理机取出进行任务 2 的处理，以此类推。这一般属于异构型多处理机系统，它对提高各处理机的效率有很大的作用。

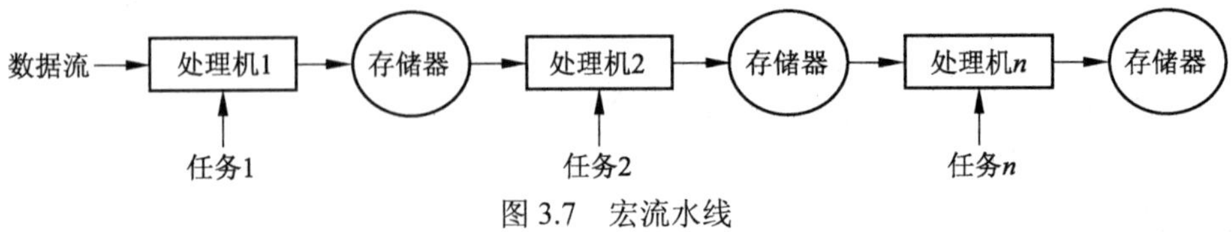

图 3.7　宏流水线

4．标量流水处理机和向量流水处理机

这是按照数据表示来进行分类的。标量流水处理机（Scalar Pipelining Processor），是指处理机不具有向量数据表示，仅对标量数据进行流水处理，如 IBM 360/91，Amdahl 470V/6 等。而向量流水处理机（Vector Pipelining Processor），是指处理机具有向量数据表示，并通过向量指令对向量的各元素进行处理。所以，向量处理机是向量数据表示和

流水技术的结合，如 TIASC、STAR-100、CYBER-205、CRAY-1、YH-1 等。关于它们的结构和特点，也是本章论述的重点之一。

5．线性流水线和非线性流水线

这是按照流水线中是否有反馈回路来进行分类的。线性流水线（Linear Pipelines），是指流水线的各段串行连接，没有反馈回路。而非线性流水线（Nonlinear Pipelines），是指流水线中除有串行连接的通路外，还有反馈回路。图 3.8 就是一个非线性流水线，虽然它由 4 段 S_1～S_4 组成，但由于有反馈回路，从输入到输出可能要依次流过 S_1、S_2、S_3、S_4、S_2、S_3、S_4、S_3 各段（图中⊗代表多路开关）。在一次流水过程中，有的段要被多次使用。非线性流水线常用于递归（recurrence）或组成多功能流水线。在非线性流水线中，一个重要的问题是确定什么时候向流水线引进新的输入，从而使新输入的数据和先前操作的反馈数据在流水线中不产生冲突，此即流水线的调度问题。

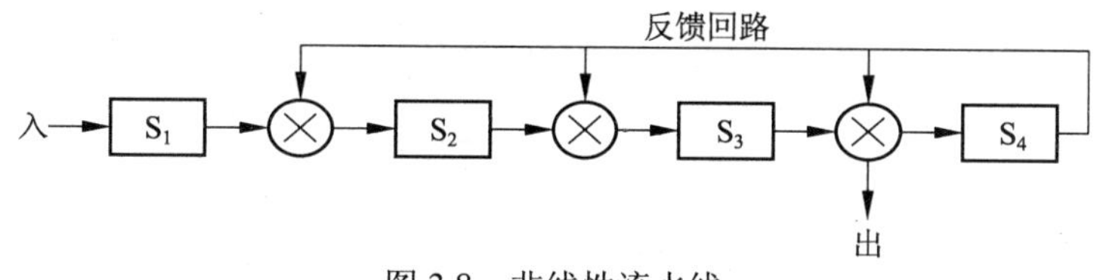

图 3.8　非线性流水线

此外，还可按照输出端任务流出顺序与输入端流入的任务顺序是否相同，将流水线分为顺序流动流水线和异步流动流水线（或称为无序流水线、错序流水线、乱序流水线），这里就不再赘述。下面将以 MIPS 指令流水线为例来论述流水线技术。

3.2　MIPS 的基本流水线

3.2.1　MIPS 的一种简单实现

在第 2 章中，论述了 MIPS 这种 Load/Store 型指令集结构，为了说明如何流水实现 MIPS 指令集结构，下面首先论述在不流水的情况下，是如何实现 MIPS 的。图 3.9 给出了实现 MIPS 指令的一种简单数据通路。可以看出，可以在以下 5 个时钟周期内实现一条 MIPS 指令。

1．取指令周期

其操作为：根据 PC 值从存储器中取出指令，并将指令送入指令寄存器（IR）；PC 值增加 4，指向顺序的下一条指令，并将下一条指令的地址放入临时寄存器 NPC 中。即：

IR←Mem[PC]

NPC←PC+4

2．指令译码/读寄存器周期

其操作为：进行指令译码，读 IR 寄存器（指令寄存器），并将读出结果放入两个临时寄存器 A 和 B 中。同时对 IR 寄存器中内容的低 16 位进行符号扩展，然后将符号扩展之后的 32 位立即值保存在临时寄存器 Imm 中，即

$A \leftarrow Regs[IR_{6..10}]$

$B \leftarrow Regs[IR_{11..15}]$

$Imm \leftarrow ((IR_{16})^{16}\#\#IR_{16..31})$

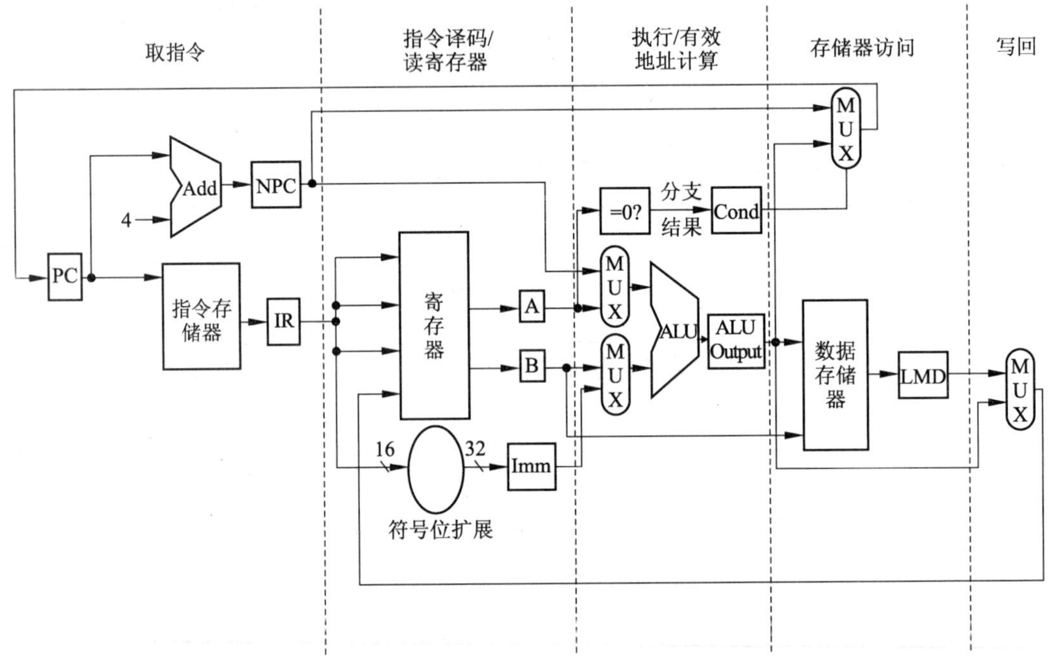

图 3.9　实现 MIPS 指令的一种简单数据通路

指令的译码操作和读寄存器操作是并行进行的，因为在 MIPS 指令格式中，操作码在固定位置，从而为这种并行提供了可能，这种技术也称为“固定字段译码”（Fixed-Field Decoding）技术。值得注意的是，在上述过程中，可能读出了一些在后面周期中并不会使用到的寄存器内容，但是这并不会影响指令执行的正确性。相反，却可以有效地降低问题的复杂性。

另外，由于立即值在 MIPS 指令格式中处于固定位置，所以这里也对其进行符号扩展，以便在下一个周期能使用它。当然，根据指令的不同，也许在后面的周期中并不会用到这个立即值，但无论如何，提前形成立即值总是有益无害的。

3．执行/有效地址计算周期

在前一个周期已经准备好了指令要处理的操作数之后，就开始执行/有效地址计算周期。根据指令的不同，可以将该周期的操作分为以下几种类型：

（1）存储器访问。

当指令为存储器访问指令时，该周期的操作为：ALU 将操作数相加形成有效地址，并将结果放入临时寄存器 ALUOutput 中，即

ALUOutput←A + Imm

（2）寄存器-寄存器 ALU 操作。

当指令为寄存器-寄存器 ALU 操作指令时，该周期的操作为：ALU 根据操作码指出的功能对临时寄存器 A 和 B 中的值进行处理，并将结果送入临时寄存器 ALUOutput 中，即

ALUOutput←A op B

（3）寄存器-立即值 ALU 操作。

当指令为寄存器-立即值 ALU 指令时，该周期的操作为：ALU 根据操作码指出的功能对临时寄存器 A 和 Imm 中的值进行处理，并将结果送入临时寄存器 ALUOutput 中，即

ALUOutput←A op Imm

（4）分支操作。

当指令为分支指令时，该周期的操作为：ALU 将临时寄存器 NPC 和 Imm 中的值相加，得到分支的目标地址。同时，对在前一个周期读入寄存器 A 的值进行检查，决定分支是否成功，即

ALUOutput←NPC+Imm;

Cond←(A op 0)

op 由分支操作码决定。比如，op 对 BEQZ 指令来说就是“= =”。

上面将有效地址计算周期和执行周期合并为一个时钟周期，这是由 MIPS 指令集结构本身的特点所决定的，因为在 MIPS 指令集结构中，没有任何指令需要同时计算数据的存储器地址、计算分支指令的目标地址并对数据进行处理。另外，上面 4 种操作类型中没有包含各种形式的跳转操作，它们和分支操作十分相似，这里就不再赘述。

4. 存储器访问/分支完成周期

在该周期处理的 MIPS 指令仅仅有 Load、Store 和分支三种，下面分别讨论它们在该周期内所完成的操作。

（1）存储器访问操作。

存储器访问操作包含了 Load 和 Store 两种类型的操作。如果指令是 Load 指令，就将临时寄存器 ALUOutput 中的值作为访存地址，从存储器中读出相应的数据，并放入临时寄存器 LMD 中；如果指令是 Store 指令，就将临时寄存器 B 中的值按照临时寄存器 ALUOutput 所指明的地址写入存储器，即

LMD←Mem[ALUOutput] 或者 Mem[ALUOutput]←B

（2）分支操作。

如果分支条件寄存器中的内容为真，表明分支转移成功，选择临时寄存器 ALUOutput 中的值作为分支目标地址，并将其放入 PC 中。否则，它将临时寄存器 NPC 中的值送入 PC 中，作为下一条指令地址，即

if (Cond) PC←ALUOutput else PC←NPC

5. 写回周期

不同的指令在写回周期完成的工作也不一样，这里按以下指令类型对写回周期所要

完成的工作进行说明。

（1）寄存器-寄存器型 ALU 指令。

$Regs[IR_{16..20}] \leftarrow ALUOutput$

（2）寄存器-立即值型 ALU 指令。

$Regs[IR_{11..15}] \leftarrow ALUOutput$

（3）Load 指令。

$Regs[IR_{11..15}] \leftarrow LMD$

上述指令均是将结果写入寄存器文件。无论结果是来自于存储器系统（临时寄存器 LMD 中的内容），还是来自于 ALU 的计算结果（临时寄存器 ALUOutput 中的内容），都由操作码决定将其送入目标寄存器相应的字段中。

从图 3.9 中可以看出，分支指令需要 4 个时钟周期完成，其他指令需要 5 个时钟周期完成。假设分支指令数占指令总数（也称混合指令数）的 12%，则其 CPI 是 4.88 个时钟周期。由此可见，上述实现无论是从性能方面，还是从减少硬件开销方面，还称不上是一种优化实现。

由于 ALU 指令在 MEM 周期不做任何工作，所以可以在 MEM 周期就完成 ALU 指令，这并不影响执行部件的时钟速度，但是可以降低 CPI。假设 ALU 指令数占混合指令条数的 44%，则 CPI 可达 4.44，这种改进所带来的加速比为 4.88/4.44=1.1。

如果还要降低 CPI，就有可能会延长时钟周期时间，因为在每个时钟周期中可能需要完成更多的工作，因此时钟周期和 CPI 之间也存在着折中关系，这种折中取舍需建立在对系统仔细分析的基础之上。

为此，可以考虑一种降低 CPI 的极限情况，那就是用单周期实现来代替上述多周期实现，即每条指令在一个较长的时钟周期内完成。这时机器的 CPI 是 1，但是其时钟周期时间却是上述多周期实现的时钟周期的 5 倍，所以从单条指令的执行时间上看，并没有多少改善。虽然在单周期实现中，由于每条指令必须通过所有功能单元，可以在实现中省去一些临时寄存器，但是在实际中一般并不采用单周期实现方法，其主要原因有二：一是对多数机器而言，单周期实现并不是非常有效的。不同的指令所需完成的操作大不一样，因而不同指令实现所需要的时钟周期时间也大不一样。二是从 3.1.1 节的产品生产流水线实例中可以看出，基于单周期实现提高程序的执行速度需要重复设置指令执行功能部件，而基于多周期实现提高程序的执行速度则可以采用流水技术共享指令执行功能部件中的功能单元。

另外，在上述多周期实现中，除了可以优化 CPI 外，还可以省去一些冗余的硬件。比如，上述实现中有两个 ALU，一个进行 PC 值的增加，一个进行有效地址计算和 ALU 运算，由于两个 ALU 的操作并不在同一个时钟周期内进行，所以可以将其合并在一起，并通过增加多路器的方法由多种操作共享。同样，指令和数据也可以保存在同一个存储器中。

3.2.2 基本的 MIPS 流水线

在上述 MIPS 多周期实现的基础上，可以将每一个时钟周期看做流水线的一个时钟周期，使图 3.9 中的数据通路成为一条指令流水线。硬件每个时钟周期初始化一条新的指令，并执行 5 条不同指令中的某一部分。可以用时空图的另外一种形式将该流水线描述为如图 3.10 所示的流水过程。从图 3.10 可以看出，每条指令仍然需要 5 个时钟周期完成，但是指令执行的吞吐量却有很大的提高。

指令编号	时钟周期								
	1	2	3	4	5	6	7	8	9
指令 i	IF	ID	EX	MEM	WB				
指令 i+1		IF	ID	EX	MEM	WB			
指令 i+2			IF	ID	EX	MEM	WB		
指令 i+3				IF	ID	EX	MEM	WB	
指令 i+4					IF	ID	EX	MEM	WB

图 3.10　一种简单的 MIPS 流水线

从图 3.10 可以看出，上述 MIPS 流水线十分简单，但是要使得 MIPS 指令的各种组合能够在上述流水线中真正流水起来，充分发挥流水线的效率，并不是一件很容易的事情，还有许多问题有待解决。

为使得多条指令能够在流水线中重叠执行，首先必须保证在指令重叠时，不存在任何流水线资源冲突问题，也就是确保流水线的各段不会在同一个时钟周期内使用相同的数据通路资源。图 3.11 从使用流水线资源的角度描述了上述流水线的流水过程，从中可以看到，在同一个时钟周期内每条指令所使用的功能单元都不同，所以多条指令的重叠执行“基本上”没有资源冲突。

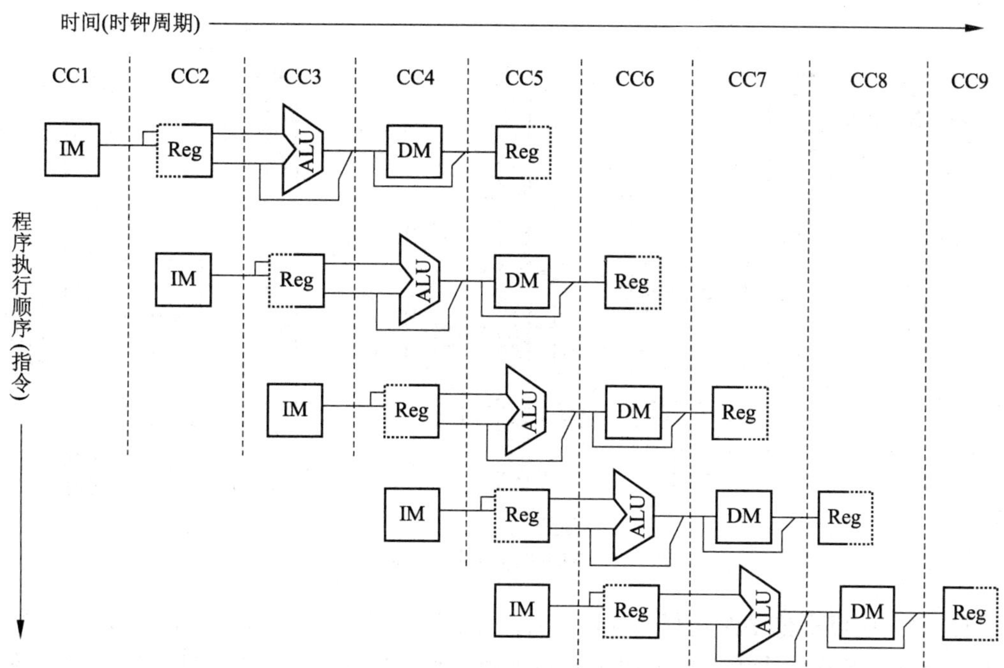

图 3.11　流水线被认为是随时间移动的数据通路序列

图 3.11 将指令存储器（IM）和数据存储器（DM）分隔开，避免了取指令操作和访问数据操作之间存在访问存储器冲突。值得注意的是，如果流水线的时钟周期和非流水实现的一样，那么流水线的存储器带宽必须是非流水实现的 5 倍，这是为获取较高性能所必须付出的开销之一。

另外，从图 3.11 还可以看到，流水线中的 ID 段和 WB 段都要使用寄存器文件：在 ID 段对寄存器文件进行读操作，在 WB 段对寄存器文件进行写操作。那么，如果读操作和写操作都是对同一寄存器进行的，又将如何？3.3.2 节将对这个问题进行深入讨论。

其次，在图 3.11 中没有考虑 PC 的问题。流水线为了能够在每个时钟周期启动一条新的指令，它就必须能够在每个时钟周期完成 PC 值的增长操作，并保存增长后的 PC 值。对上述 MIPS 流水线来说，这些操作必须在 IF 段完成，以便为取下一条指令做好准备。

当流水线执行分支指令时，则会出现新的问题。分支指令可能会改变 PC 的值，但是它只有在 MEM 段结束时才能完成改变 PC 值的操作。所以针对这个问题，需要重新组织上述流水线的数据通路，争取在 IF 段中完成改变 PC 值的操作，这里引出了一个如何处理分支指令的问题，本书将在后面详细论述、分析和讨论这一问题。

通过上面的讨论可以看到，在 MIPS 基本流水线中，每个时钟周期都要用到其所有的流水段，一个流水段中的所有操作必须在一个时钟周期内完成。特别是要使数据通路完全流水，就必须保证从一个流水段传输到下个流水段的数据都被保存在寄存器文件中。为此，对图 3.9 中的多周期实现数据通路进行了一定的改进，改进后的流水线数据通路如图 3.12 所示。

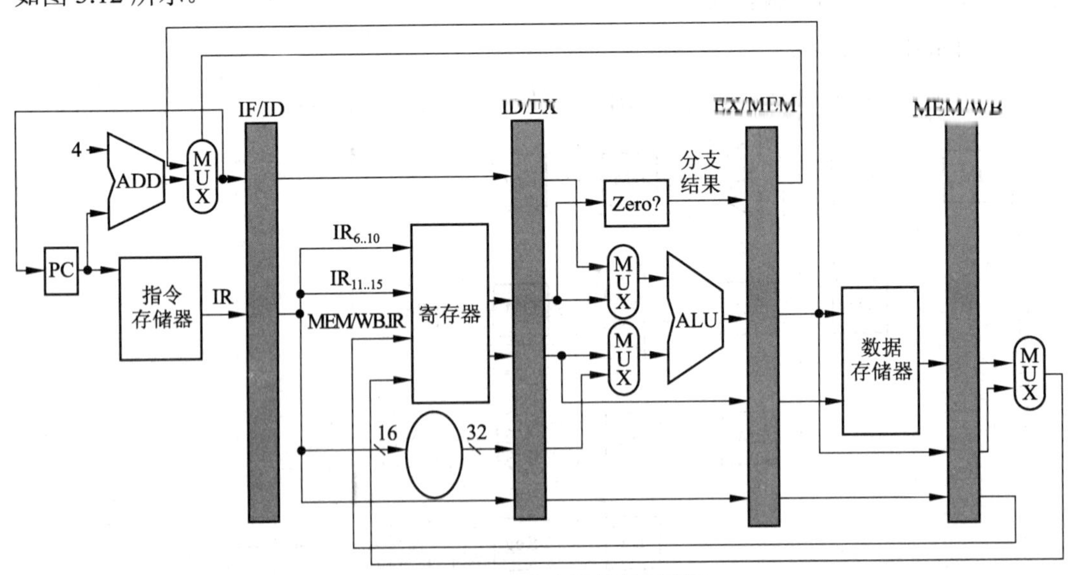

图 3.12 MIPS 流水线的数据通路

图 3.9 中的 PC 值多路选择器在图 3.12 中已经被移到了 IF 段，这样就可以保证对 PC 值的写操作只会在一个流水段内出现，否则当分支转移成功的时候，流水线中的两条指令都会试图在不同的流水段写 PC 值，从而导致发生写冲突。

值得注意的是，如果在流水过程中仅使用之前非流水数据通路中的一些寄存器，那么当这些寄存器中保存的临时值还在为流水线中某条指令所用时，就可能会被流水线中其他的指令所重写，从而导致错误的执行结果。所以，在图 3.12 中的每个流水段之间设置了一些流水线寄存器文件。流水线寄存器文件保存着从一个流水段传送到下一个流水段的所有数据和控制信息。随着流水过程的进行，这些数据和控制信息从一个流水线寄存器文件复制到下一个流水线寄存器文件，直到不再需要为止。

寄存器文件由它们相连的流水段的名称来标记。当一条指令流水执行时，在各个时钟周期之间用来保存临时值的所有寄存器都包含在相应的寄存器文件中，每个寄存器被看做相应寄存器文件的一个域，也称这些寄存器为流水线寄存器。比如，IF/ID 寄存器文件就是连接流水线 IF 段和 ID 段的寄存器文件，指令寄存器 IR 是 IF/ID 寄存器文件的一个域，被记为 IF/ID.IR。

在 MIPS 流水线中，每个流水段所完成的操作如表 3.1 所示。

表 3.1 MIPS 流水线的每个流水段的操作

流水段	任何指令类型		
IF	IF/ID.IR←Mem[PC]; IF/ID.NPC,PC←(if EX/MEM.cond {EX/MEM.NPC} else {PC+4});		
ID	ID/EX.A←Regs[IF/ID.$IR_{6..10}$]; ID/EX.B←Regs[IF/ID.$IR_{11..15}$]; ID/EX.NPC←IF/ID.NPC;ID/EX.IR←IF/ID.IR; ID/EX.Imm←$(IR_{16})^{16}$##$IR_{16..31}$;		
	ALU 指令	Load/Store 指令	分支指令
EX	EX/MEM.IR←ID/EX.IR; EX/MEM.ALUoutput← ID/EX.A op ID/EX.B 或 EX/MEM.ALUoutput← ID/EX.A op ID/EX.Imm; EX/MEM.cond←0;	EX/MEM.IR←ID/EX.IR; EX/MEM.ALUoutput← ID/EX.A + ID/EX.Imm;	EX/MEM.ALUoutput← ID/EX.NPC + ID/EX.Imm; EX/MEM.cond←0 (ID/EX.A op 0);
MEM	MEM/WB.IR←EX/MEM.IR; MEM/WB.ALUoutput← EX/MEM.ALUoutput;	MEM/WB.IR←EX/MEM.IR; MEM/WB.LMD← Mem[EX/MEM.ALUoutput]; 或 Mem[EX/MEM.ALUoutput]← EX/MEM.B;	
WB	Regs[MEM/WB.$IR_{16..20}$]← MEM/WB.ALUoutput; 或 Regs[MEM/WB.$IR_{11..15}$]← MEM/WB.ALUoutput;	Regs[MEM/WB.$IR_{11..15}$]← MEM/WB.LMD;	

为了控制该基本的 MIPS 流水线，还需要确定如何控制图 3.12 中的 4 个多路器。ALU 输入端的两个多路器根据 ID/EX 寄存器的 IR 域所表示的指令类型来控制。其中，上面一个 ALU 多路器的输入由当前指令是否为分支指令确定，下面一个多路器的输入由当前

指令是寄存器-寄存器型 ALU 指令或是其他类型的指令来控制。IF 段的多路器选择增长以后的 PC 值或者 EX/MEM.NPC 的值（分支的目标地址）作为下一条指令的地址，该多路器由 EX/MEM.Cond 域来控制。第 4 个多路器由在 WB 段的指令是 Load 指令还是 ALU 指令来控制。

3.2.3 流水线性能分析

1. 吞吐率

吞吐率（Throughput Rate）是衡量流水线速度的重要指标。它是指在单位时间内流水线所完成的任务数或输出结果的数量。

（1）最大吞吐率 TP_{max}。

这是指流水线在连续流动达到稳定状态后所得到的吞吐率。如果流水线各段时间 Δt 相等，即 $\Delta t_i=\Delta t_0$，如图 3.13 所示，则有

$$TP_{max}=\frac{1}{\Delta t_0} \tag{3-1}$$

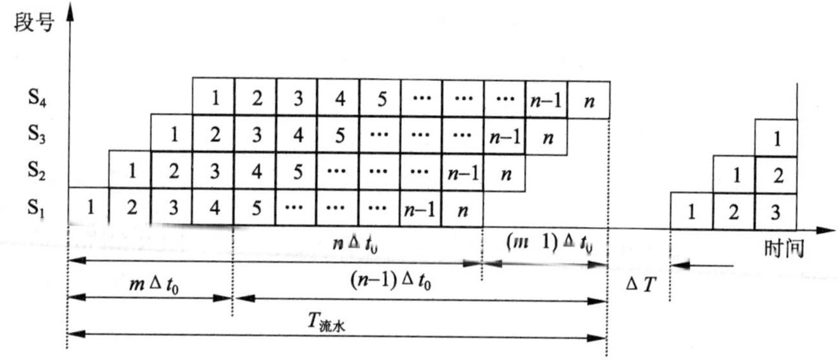

图 3.13 各段时间相等的流水线的时空图

若流水线各段时间不等，如图 3.14（a）所示的 4 段流水线中，$\Delta t_2=3\Delta t_1=3\Delta t_3=3\Delta t_4=3\Delta t_0$，其时空图如图 3.14（b）所示，则有

$$TP_{max}=\frac{1}{\max\{\Delta t_i\}}=\frac{1}{3\Delta t_0} \tag{3-2}$$

即最大吞吐率取决于流水线中最慢的一段所需的时间，这段就成了流水线的瓶颈。为了解决瓶颈，可以将瓶颈段再细分。对于如图 3.14（a）所示的流水线，其瓶颈在 S_2 段，故将 S_2 分成三段 $S_{2\text{-}1}$，$S_{2\text{-}2}$，$S_{2\text{-}3}$，每段时间都为Δt_0，如图 3.15（a）所示。然而，当瓶颈段不能再细分时，可采用如图 3.15（b）所示的办法。重复设置瓶颈段，使其并行工作，其时空图如图 3.15（c）所示。这时，最大吞吐率仍然能达到 $1/\Delta t_0$。但是，在并行段之间的任务分配和同步都比较复杂。

基于上述流水线性能分析可知，对于指令流水线而言，流水线增加了指令的吞吐率，但是它并不会真正减少一条指令总的执行时间。实际上，由于流水线控制等而带来的额外开销，反而会使每条指令的执行时间都稍微有所增加。指令吞吐率的提高意味着即使

单条指令执行并没有变快，但是程序运行更快些，程序总执行时间也将会有效减少。

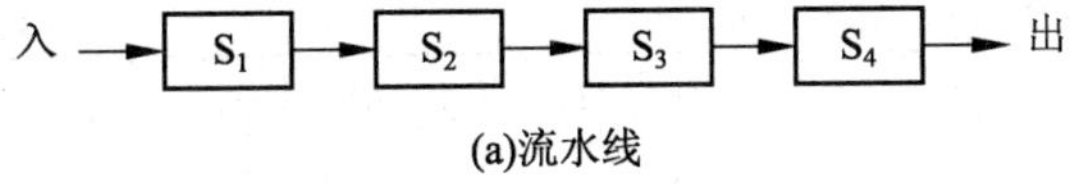

(a)流水线

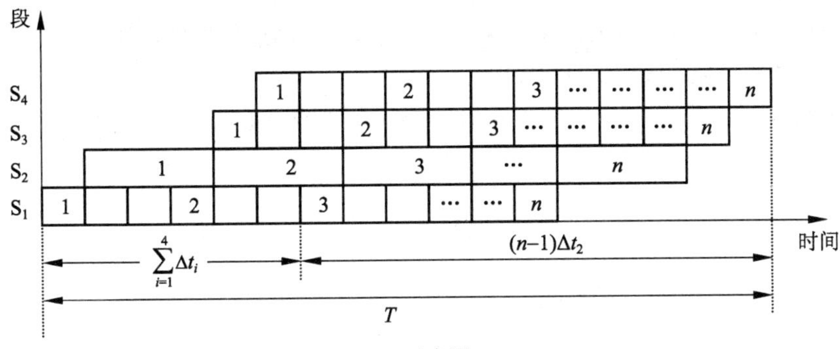

(b)时空图

图 3.14 各段时间不等的流水线及其时空图

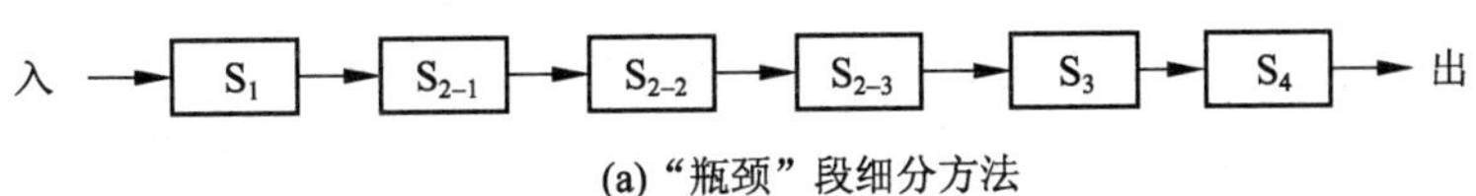

(a) “瓶颈”段细分方法

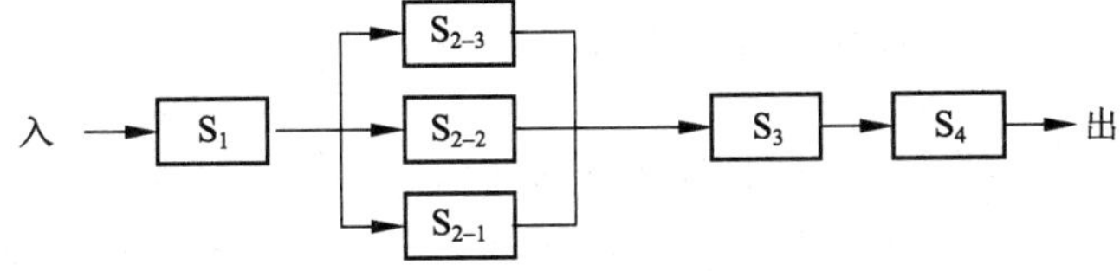

(b) “瓶颈”段重复设置方法

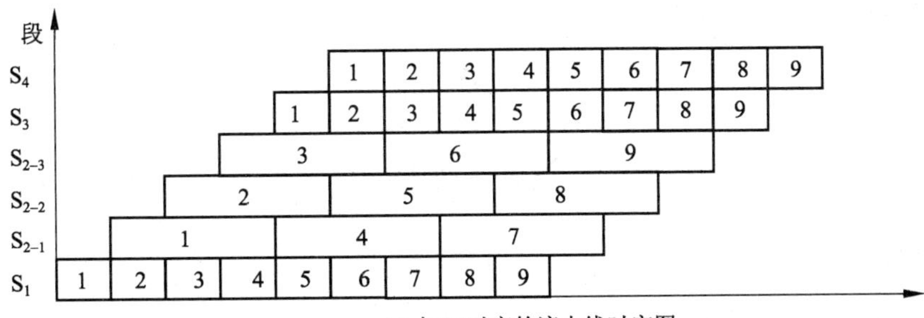

(c) 与(b)对应的流水线时空图

图 3.15 提高流水线吞吐率的方法

最大吞吐率一般是机器说明书中给出的值。但实际上由于流水线有通过时间，输入的任务可能跟不上流水的需要，或者程序中分支和相关等问题的影响，使得流水线的实际吞吐率小于最大吞吐率。

（2）实际吞吐率。

设流水线由 m 段组成，完成 n 个任务的实际吞吐率可计算如下：

如果各段时间相等，则可参照图 3.13，完成 n 个任务所需的时间为

$$T_{流水}=m\Delta t_0+(n-1)\Delta t_0 \tag{3-3}$$

所以，实际吞吐率为

$$\mathrm{TP}=\frac{n}{T_{\text{流水}}}=\frac{n}{m\Delta t_0+(n-1)\Delta t_0}=\frac{1}{\left(1+\dfrac{m-1}{n}\right)\Delta t_0}=\frac{\mathrm{TP}_{\max}}{1+\dfrac{m-1}{n}} \tag{3-4}$$

由此看出：实际吞吐率小于最大吞吐率，它除了与Δt_0有关外，还与段数 m、任务数 n 有关，只有当 $n \gg m$ 时，其 $\mathrm{TP} \approx \mathrm{TP}_{\max}$。

如果各段时间不等，则可参照图 3.14，完成 n 个任务的实际吞吐率为

$$\mathrm{TP}=\frac{n}{\sum_{i=1}^{m}\Delta t_i+(n-1)\ \Delta t_j} \tag{3-5}$$

式中Δt_j为最慢一段所需的时间。

2. 加速比

流水线的加速比（Speedup Ratio）是指 m 段流水线的速度与等功能的非流水线的速度之比。对于连续完成 n 个任务来讲，如果流水线各段时间相等，则所需时间如式（3-3）所示。在等效的非流水线上所需的时间为 $T_0=nm\Delta t_0$，故加速比 S 为

$$S=\frac{T_0}{T_{\text{流水}}}=\frac{nm\Delta t_0}{m\Delta t_0+(n-1)\ \Delta t_0}=\frac{nm}{m+n-1}=\frac{m}{1+\dfrac{m-1}{n}} \tag{3-6}$$

可以看出：当 $n \gg m$ 时，$S \to m$，即线性流水线各段时间相等时，其最大加速比等于流水线的段数。从这个意义上看，流水线的段数越多越好，但这会给流水线的设计带来许多问题，后面将对此进行详细论述。

如果各段时间不等，则有

$$S=\frac{n\sum_{i=1}^{m}\Delta t_i}{\sum_{i=1}^{m}\Delta t_i+(n-1)\ \Delta t_j} \tag{3-7}$$

3. 效率

效率（efficiency）是指流水线的设备利用率。由于流水线有通过时间（第一个任务输入后到其完成的时间）和排空时间（最后一个任务输入后到完成的时间），所以，在连续完成 n 个任务的时间内，每段都不是在满负荷地工作。

如果各段时间相等，则从图 3.13 可看出，各段的效率 e_i 是相等的，都等于 e_0，即

$$e_0=e_1=e_2=\cdots=e_m=\frac{n\Delta t_0}{T_{\text{流水}}} \tag{3-8}$$

所以整个流水线的效率为

$$E=\frac{e_1+e_2+\cdots+e_m}{m}=\frac{me_0}{m}=\frac{mn\Delta t_0}{mT_{\text{流水}}} \tag{3-9}$$

上式的分母 $mT_{流水}$，是时空图中 m 个段和 T 流水时间所围成的总面积；而分子 $mn\Delta t_0$ 是时空图中 n 个任务实际占用的面积。所以，从时空图上看，效率就是 n 个任务占用的时空区和 m 个段总的时空区之比，即效率含有时间和空间两个方面的因素。因为

$$E=\frac{n\Delta t_0}{T_{流水}}=\frac{n}{m+n-1}=\frac{1}{1+\frac{m-1}{n}} \tag{3-10}$$

所以，当 $n \gg m$ 时，$E \approx 1$。这个结论和上面分析吞吐率及加速比的结论是一致的。比较式（3-6）和式（3-10）可以得出

$$E=\frac{S}{m} \qquad 或 \qquad S=mE \tag{3-11}$$

可以看出，效率是实际加速比（S）和最大加速比（m）之比。只有当 E=1 时，才有 S=m，实际加速比才能达到最大。比较式（3-4）和式（3-10）可以得出

$$E=\mathrm{TP}\Delta t_0 \qquad 或 \qquad \mathrm{TP}=\frac{E}{\Delta t_0} \tag{3-12}$$

即当 Δt_0 不变时，流水线的效率和吞吐率成正比。这就是说，为提高效率所采取的措施，对提高吞吐率也有好处。

如果流水线各段时间不等，此时各段的效率不等。参照图 3.14 可以得出

$$E=\frac{n个任务占用的时空区}{m个段总的时空区}=\frac{n\sum_{i=1}^{m}\Delta t_i}{m\left[\sum_{i=1}^{m}\Delta t_i+(n-1)\Delta t_j\right]} \tag{3-13}$$

比较式（3-5）和式（3-13），可以得出

$$E=\mathrm{TP}\frac{\sum_{i=1}^{m}\Delta t_i}{m} \qquad 或 \qquad \mathrm{TP}=E\frac{m}{\sum_{i=1}^{m}\Delta t_i} \tag{3-14}$$

由于除了最慢的段以外，其他段都出现较多的空白区，整个流水线的效率 E 是较低的。而这时，$m\Big/\sum_{i=1}^{m}\Delta t_i$ 值也是小于 1 的，所以对吞吐率的影响是较严重的。因此，像图 3.15 所采用的提高吞吐率的两种办法，都是由于能减少时空图中的空白区而提高效率的。

对于非线性流水线和多功能流水线，也可仿照上述对线性流水线的性能分析方法，在正确画出时空图的基础上，分析其吞吐率和效率等。上述性能指标为从各个角度分析流水线的性能提供了依据。

4．流水线性能分析举例

例 3.1 设在如图 3.6（a）所示的静态流水线上计算 $\sum_{i=1}^{4}A_iB_i$，流水线的输出可以直

接返回输入端或暂存于相应的流水线寄存器中，试计算其吞吐率和效率。

解：首先，应选择适合于流水线工作的算法。对于本题，应先计算 A_1B_1、A_2B_2、A_3B_3 和 A_4B_4；再计算 $A_1B_1+A_2B_2$ 及 $A_3B_3+A_4B_4$；然后求总的累加结果。

其次，画出完成该计算的时空图，如图 3.16 所示，在该图的下面，给出输入、输出的变化，图中阴影部分表示该段在工作。

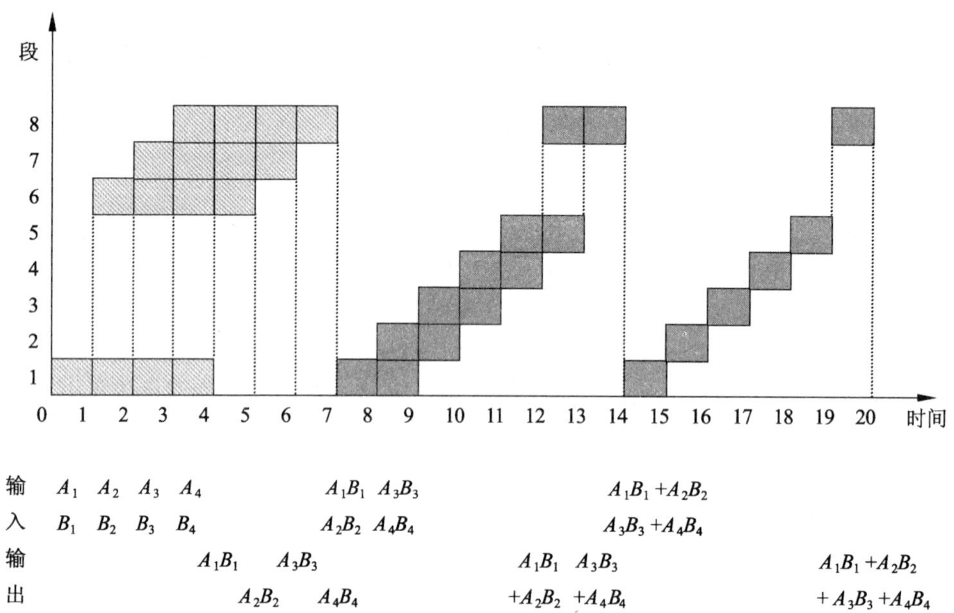

图 3.16 完成乘加运算的多功能静态流水线

由图可见，它在 20 个 Δt 时间内，给出 7 个结果，所以吞吐率为

$$TP=7/(20\Delta t)$$

如果不用流水线，由于一次求积需 $4\Delta t$，一次求和需 $6\Delta t$，则产生上述 7 个结果共需（$4\times4+3\times6$）$\Delta t=34\Delta t$，所以加速比为

$$S=(34\Delta t)/(20\Delta t)=1.7$$

该流水线的效率可由阴影区和 8 个段总时空区的比值求得

$$E=(4\times4+3\times6)/(8\times20)\approx0.21$$

由此看出：在求解此问题时，该流水线的效率不高。主要原因是，静态多功能流水线在对某种功能进行流水处理时，总有一段处在空闲状态；在进行功能切换时，增加了前一种功能的排空时间和后一种功能的通过时间；此外，还需要把输出回传到输入（相关）。因此，不是每拍都有数据输入的。由此看出，流水线最适合于解输入与输出之间无任何联系与相关的一串相同运算。

例 3.2 假设前面 MIPS 非流水线实现的时钟周期时间为 10ns，ALU 和分支操作需要 4 个时钟周期，访问存储器操作需 5 个时钟周期，上述操作在程序中出现的相对频率分别是 40%、20%和 40%。在基本的 MIPS 流水线中，假设由于时钟扭曲和寄存器建立延迟等原因，流水线要在其时钟周期时间上附加 1ns 的额外开销。现忽略任何其他延迟因素的影响，请问：相对于非流水实现而言，基本的 MIPS 流水线执行指令的加速比是多少？

解：当非流水执行指令时，指令的平均执行时间为

$$\begin{aligned}TPI_{非流水}&=10ns\times((40\%+20\%)\times4+40\%\times5)\\&=10ns\times4.4\\&=44(ns)\end{aligned}$$

在流水实现中，指令执行的平均时间是最慢一段的执行时间加上额外开销，即

$$TPI_{流水}=10+1=11(ns)$$

所以基本的 MIPS 流水线执行指令的加速比为

$$\begin{aligned}S&=\frac{TPI_{非流水}}{TPI_{流水}}\\&=\frac{44ns}{11ns}=4\end{aligned}$$

例 3.3 在 MIPS 的非流水实现和基本流水线中，5 个功能单元所需要的执行时间分别是 10ns、8ns、10ns、10ns 和 7ns。现假设流水线机器的时钟周期时间要附加 1ns 的额外开销，求相对于非流水实现指令而言，基本的 MIPS 流水线的加速比是多少？

解：因为非流水机器以单时钟周期方式执行所有指令，每条指令执行的平均时间就是机器的时钟周期，而时钟周期等于指令在执行过程中每一步的执行时间之和：

$$\begin{aligned}TPI_{非流水}&=10+8+10+10+7\\&=45(ns)\end{aligned}$$

在流水实现中，指令的平均执行时间是最慢一段的时间加上额外开销，即

$$TPI_{流水}=10+1=11(ns)$$

这是平均指令执行时间。所以流水线的加速比为

$$\begin{aligned}S&=\frac{TPI_{非流水}}{TPI_{流水}}\\&=\frac{45ns}{11ns}=4.1\end{aligned}$$

从例 3.2 和例 3.3 可以看出，流水线的性能受限于最慢一级流水段的操作时间，流水段的操作时间不平衡限制了流水线的性能。

另外，流水线的额外开销对其性能也有较大影响，这些额外开销主要来自于流水线寄存器的延迟和时钟扭曲。流水线寄存器或锁存器具有一定的建立时间和传输延迟，这些延迟加长了流水线的时钟周期时间。

前面曾谈到增加流水线的段数可以提高流水线的性能，但是流水线段数的增加受限于这些额外开销，因为增加流水线的段数意味着每段时钟周期减小，一旦流水线的时钟周期降低到和额外开销一样小的时候，流水线就没有任何作用了，这时在流水线的一个时钟周期内根本没有多少时间来完成流水段所规定的操作。

正是由于这些额外开销对流水线的性能有较大的影响，所以设计者必须选择高性能的寄存器作为流水线寄存器。Earle 锁存器（1965 年由 J. G. Earle 发明）的以下特点使其

成为流水线寄存器的一种较好的选择。

（1）它对时钟扭曲不敏感；通过锁存器的延迟是一个常数，一般是两级门的延迟，从而避免了数据通过锁存器时可能产生的时钟扭曲。

（2）在锁存器中可以执行两级逻辑运算，而不会增加锁存器的延迟时间。从而可以隐藏锁存器产生的额外开销。

实际上，在例 3.1 中，已经看到流水线完成任务之间如果存在依赖关系，将对流水线的性能产生较大的影响。对指令流水线来说，也是如此。如果流水线中的每条指令都相互独立，可以充分发挥上述 MIPS 基本流水线的性能。但在实际中，流水线中流动的指令极有可能会相互依赖，即它们之间存在着相关关系，那么在这种情况下又如何提高流水线的性能呢？这也是本书后面要着重讨论的问题。

3.3 流水线中的相关

一般来说，流水线中的相关主要分为以下三种类型。

（1）结构相关：当指令在同步重叠执行过程中，硬件资源满足不了指令重叠执行的要求，发生资源冲突时将产生“结构相关”。

（2）数据相关：当一条指令需要用到前面指令的执行结果，而这些指令均在流水线中重叠执行时，就可能引起“数据相关”。

（3）控制相关：当流水线遇到分支指令和其他能够改变 PC 值的指令时就会发生“控制相关”。

旦流水线中出现相关，必然会给指令在流水线中顺利执行带来许多问题，如果不能很好地解决相关问题，轻则影响流水线的性能，重则导致错误的执行结果。消除相关的基本方法是让流水线暂停执行某些指令，而继续执行其他一些指令。

在本章中解决相关问题的一些方法中，我们约定：当一条指令被暂停时，在该暂停指令之后发出的所有指令都要被暂停，而在该暂停指令之前发出的指令则可继续进行，在暂停期间，流水线不会取新的指令。本节将针对上述三种类型的相关进行讨论。

3.3.1 流水线的结构相关

如果某些指令组合在流水线中重叠执行时，产生资源冲突，那么称该流水线有结构相关。为了能够在流水线中顺利执行指令的所有可能组合，而不发生结构相关，通常需要采用流水化功能单元的方法或资源重复的方法。

许多流水线机器都是将数据和指令保存在同一存储器中。如果在某个时钟周期内，流水线既要完成某条指令对数据的存储器访问操作，又要完成取指令的操作，那么将会发生存储器访问冲突问题（如图 3.17 所示），产生结构相关。为了解决这个问题，可以让流水线完成前一条指令对数据的存储器访问时，暂停取后一条指令的操作（如图 3.18 所示）。该周期称为流水线的一个暂停周期。暂停周期一般也被称为“流水线气泡”，或简称为“气泡”。从图 3.18 可以看出，在流水线中插入暂停周期可以消除这种结构相关。

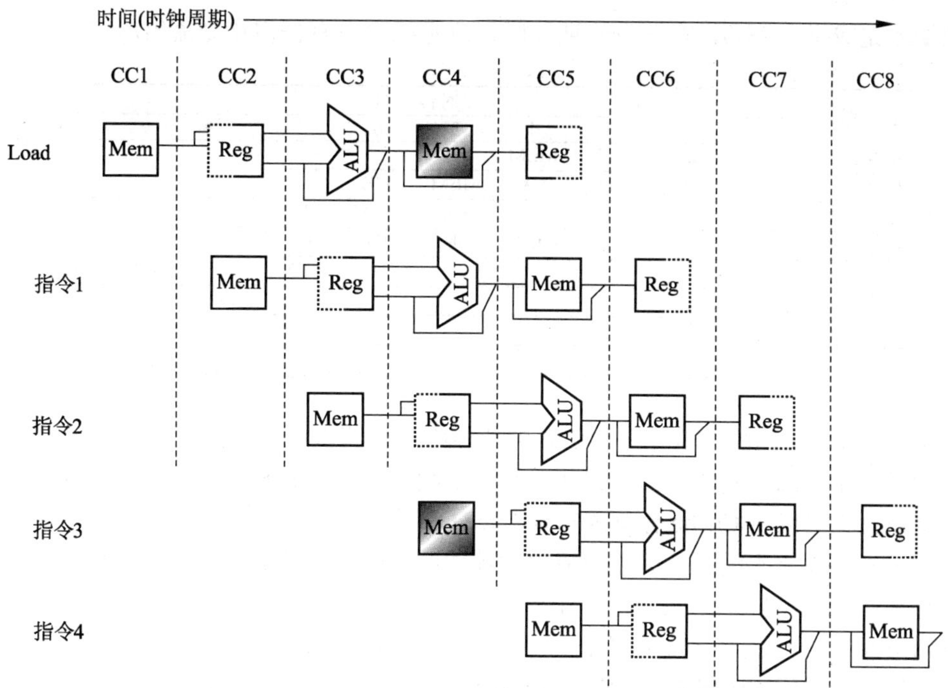

图 3.17 由于存储器访问冲突而带来的流水线结构相关

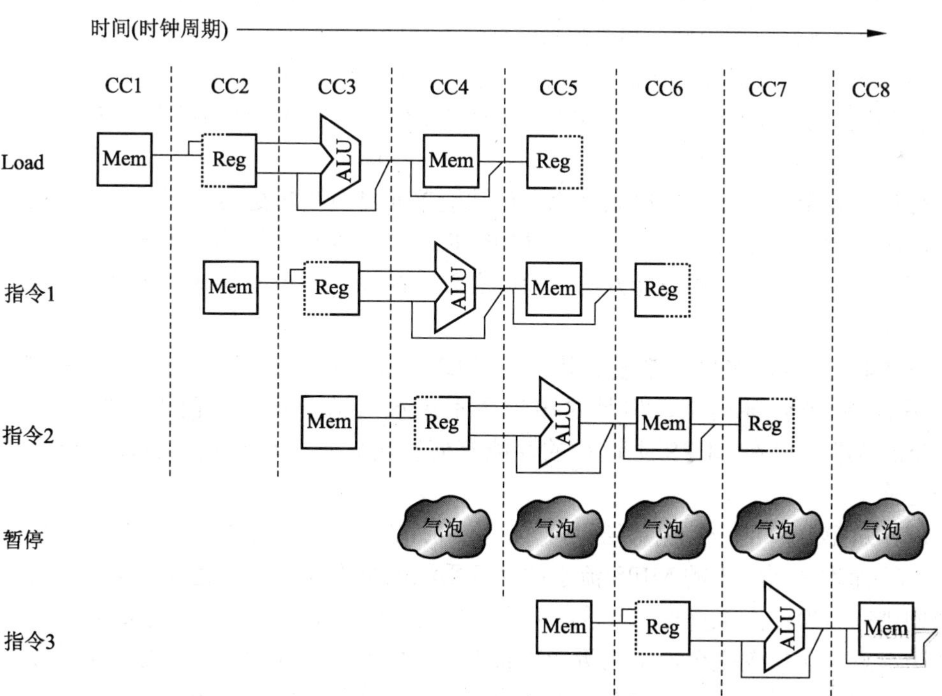

图 3.18 为消除结构相关而插入的流水线气泡

也可以用如图 3.19 所示的时空图来表示上述暂停情况。在图 3.19 中，将暂停周期标记为 stall，并将指令 i+3 的取指令操作右移一个时钟周期。所以，流水线要到第 9 个时

钟周期才完成指令 $i+3$，在时钟周期 8 时，流水线中没有任何指令流出。

指令编号	时钟周期									
	1	2	3	4	5	6	7	8	9	10
指令 *i*	IF	ID	EX	MEM	WB					
指令 *i*+1		IF	ID	EX	MEM	WB				
指令 *i*+2			IF	ID	EX	MEM	WB			
指令 *i*+3				stall	IF	ID	EX	MEM	WB	
指令 *i*+4						IF	ID	EX	MEM	WB
指令 *i*+5							IF	ID	EX	MEM
指令 *i*+6								IF	ID	EX

图 3.19　由于消除结构相关引入暂停的流水线时空图

由上可知，为消除结构相关而引入的暂停将影响流水线的性能。为了避免结构相关，可以考虑采用资源重复的方法。比如，在流水线机器中设置相互独立的指令存储器和数据存储器；也可以将 Cache 分割成指令 Cache 和数据 Cache。

假设不考虑流水线其他因素对流水线性能的影响，显然如果流水线机器没有结构相关，那么其 CPI 也较小。然而，为什么有时流水线设计者却允许结构相关的存在呢？主要有两个原因：一是为了减少硬件开销；二是为了减少功能单元的延迟。

如果为了避免结构相关，而将流水线中的所有功能单元完全流水化，或者设置足够的硬件资源，那么所带来的硬件开销必定很大。例如，对流水线机器而言，如果要在每个时钟周期内，能够支持取指令操作和对数据的存储器访问操作同时进行，而又不发生结构相关，那么存储总线的带宽必须要加倍。同样，一个完全流水的浮点乘法器需要许多逻辑门。假如在流水线中结构相关并不是经常发生的，那么就不值得为了避免结构相关而增加大量硬件开销。

另外，完全可以设计出比完全流水化功能单元具有更短延迟时间的非流水化和不完全流水化的功能单元，如 CDC 7600 和 MIPS R2010 的浮点功能单元就选择了具有较短延迟，而不是完全流水化的设计方法。除此之外，减少功能单元的延迟会给流水线性能带来许多其他好处。

例 3.4　当前许多机器都没有将浮点功能单元完全流水，比如在 MIPS 实现中，浮点乘需要 5 个时钟周期，但是对该指令不流水。请分析由此而引起的结构相关对 mdljdp2 基准程序在 MIPS 上运行的性能有何影响？为简单起见，假设浮点乘法服从均匀分布。

解：从第 2 章的一些测量结果可知，在 mdljdp2 基准程序中，浮点乘法出现的频率是 14%。而本章所给出的 MIPS 流水线处理乘法的频率最高能够达到 20%，即每 5 个时钟周期进行一次浮点乘操作。当浮点乘法不是成群地聚集在一起，而是服从均匀分布时，这表明浮点乘法指令完全流水化所能够获得的性能好处可能很低。最好的情况是，浮点乘法操作和其他操作重叠，没有一点性能损失；最坏的情况是，所有的浮点乘法指令聚集在一起，并且 14%的指令需要 5 个时钟周期。因而，如果流水线基本的 CPI 是 1，那么在这种情况下由于流水线暂停所带来的 CPI 增量是 0.56。

3.3.2 流水线的数据相关

1. 数据相关简介

当指令在流水线中重叠执行时，流水线有可能改变指令读/写操作数的顺序，使得读/写操作顺序不同于它们非流水实现的顺序，这将导致数据相关。首先考虑下列指令在流水线中的执行情况：

```
ADD    R1,    R2,    R3
SUB    R4,    R1,    R5
AND    R6,    R1,    R7
OR     R8,    R1,    R9
XOR    R10,   R1,    R11
```

ADD 指令后的所有指令都要用到 ADD 指令的计算结果，如图 3.20 所示，ADD 指令在 WB 段才将计算结果写入寄存器 R1 中，但是 SUB 指令在其 ID 段就要从寄存器 R1 中读取该计算结果，这种情况就叫做“数据相关”。除非有措施防止这一情况出现，否则 SUB 指令读到的是错误的值。所以，为了保证上述指令序列的正确执行，流水线只好暂停 ADD 指令之后的所有指令，直到 ADD 指令将计算结果写入寄存器 R1 之后，再启动 ADD 指令之后的指令继续执行。

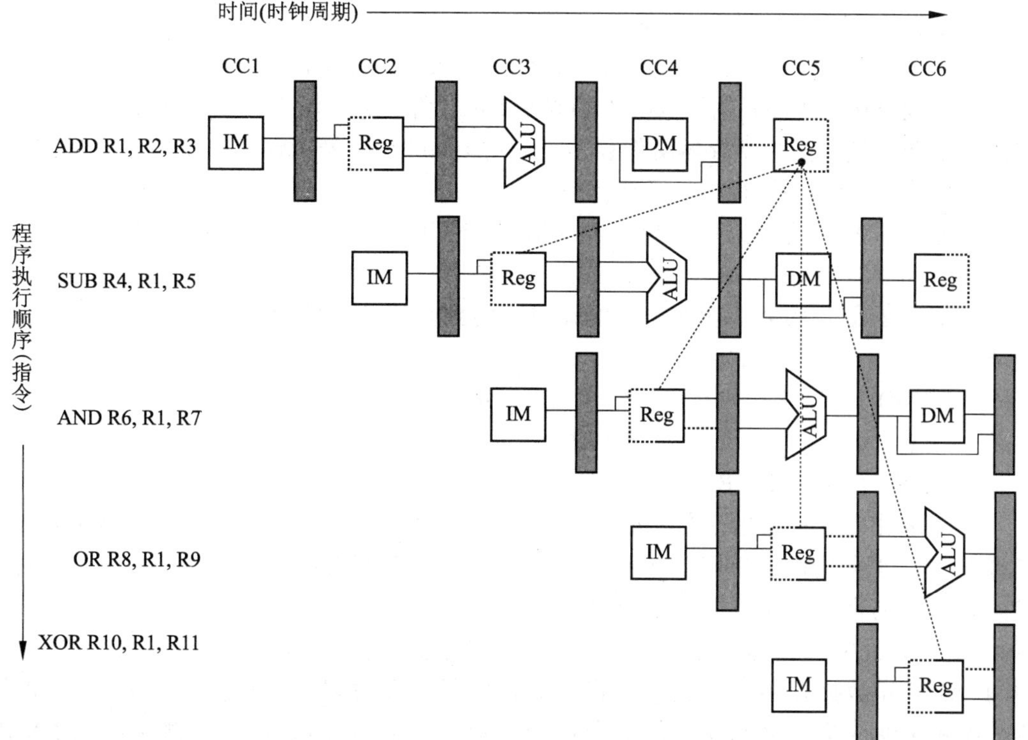

图 3.20 流水线的数据相关

从图 3.20 还可以看到，AND 指令同样也将受到这种相关关系的影响。ADD 指令只有到第 5 个时钟周期末尾才能结束对寄存器 R1 的写操作，所以 AND 指令在第 4 个时钟周期从寄存器 R1 中读出的值也是错误的。而 XOR 指令则可以正常操作，因为它是在第 6 个时钟周期读寄存器 R1 的内容。

另外，利用 MIPS 流水线的一种简单技术，可以使流水线顺利执行 OR 指令。这种技术就是：在 MIPS 流水线中，约定在时钟周期的后半部分进行寄存器文件的读操作，而在时钟周期的前半部分进行寄存器文件的写操作。在本章的图中，将寄存器文件的边框适当地画成虚线来表示这种技术。

2．通过定向技术减少数据相关带来的暂停

图 3.20 中的数据相关问题可以采用一种称为定向（也称为旁路或短路）的简单技术来解决。定向技术的主要思想是：在某条指令（如图 3.20 中的 ADD 指令）产生一个计算结果之前，其他指令（如图 3.20 中的 SUB 和 AND 指令）并不真正需要该计算结果，如果能够将该计算结果从其产生的地方（寄存器文件 EX/MEM）直接送到其他指令需要它的地方（ALU 的输入寄存器），那么就可以避免暂停。基于这种考虑，定向技术的要点可以归纳为：

（1）寄存器文件 EX/MEM 中的 ALU 的运算结果总是回送到 ALU 的输入寄存器。

（2）当定向硬件检测到前一个 ALU 运算结果的写入寄存器就是当前 ALU 操作的源寄存器，那么控制逻辑将前一个 ALU 运算结果定向到 ALU 的输入端，后一个 ALU 操作就不必从源寄存器中读取操作数。

图 3.20 还表明，流水线中的指令所需要的定向结果可能并不仅仅是前一条指令的计算结果，而且还有可能是前面与其不相邻指令的计算结果，图 3.21 是采用了定向技术的流水线数据通路，其中寄存器文件和功能单元之间的虚线表示定向路径。上述指令序列可以在图 3.21 中顺利执行，而无须暂停。

上述定向技术可以推广到更一般的情况，可以将一个结果直接传送到所有需要它的功能单元。也就是说，一个结果不仅可以从某一功能单元的输出定向到其自身的输入，而且，还可以从某一功能单元的输出定向到其他功能单元的输入。考虑以下指令序列：

```
ADD    R1,        R2,       R3
LW     R4,        0（R1）
SW     12（R1），  R4
```

不难看出，这三条指令之间都存在数据相关关系。为了消除由于这些数据相关而带来的暂停，可以采用如图 3.22 所示的定向技术，将寄存器 R1 的值定向到 ALU 和数据存储器输入，将寄存器 R4 的值定向到数据存储器的输入。

在 MIPS 中，任何流水线寄存器到任何功能单元的输入都可能需要定向路径。由于 ALU 和数据存储器均要接收操作数，所以需要设置从寄存器文件 EX/MEM 和 MEM/WB 到这两个单元输入的定向路径。除此之外，MIPS 的零检测单元在 EX 周期完成分支条件检测操作，当然也需要设置到该单元的定向路径。在后面的有关内容中，将进一步说明 MIPS 流水线所有必需的定向路径，并讨论对这些定向路径的控制方法。

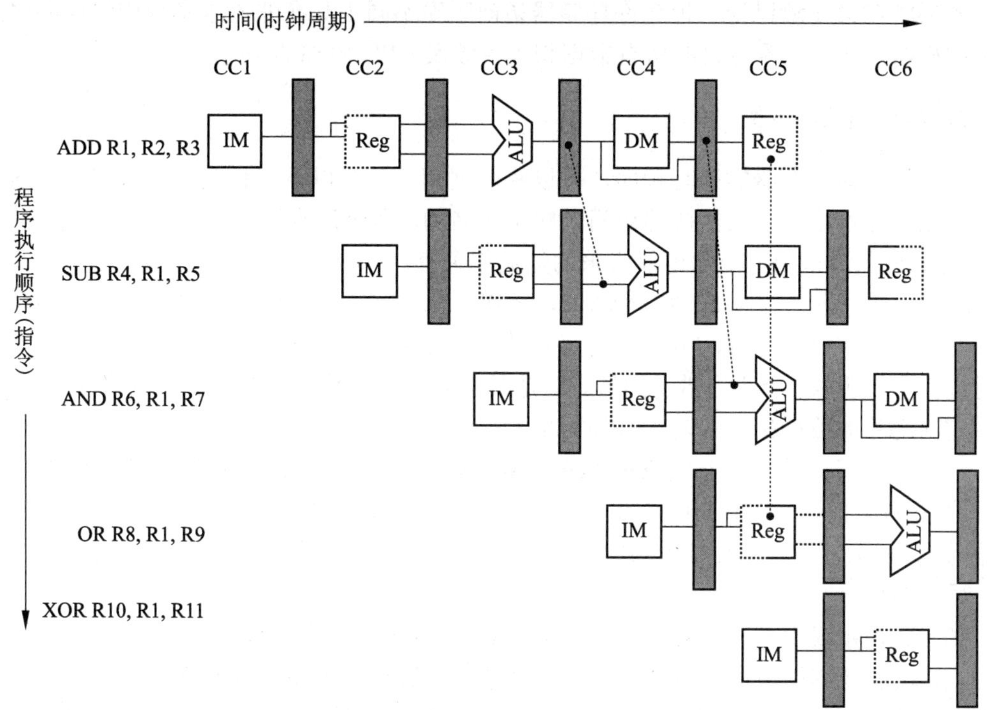

图 3.21 采用定向技术的流水线数据通路

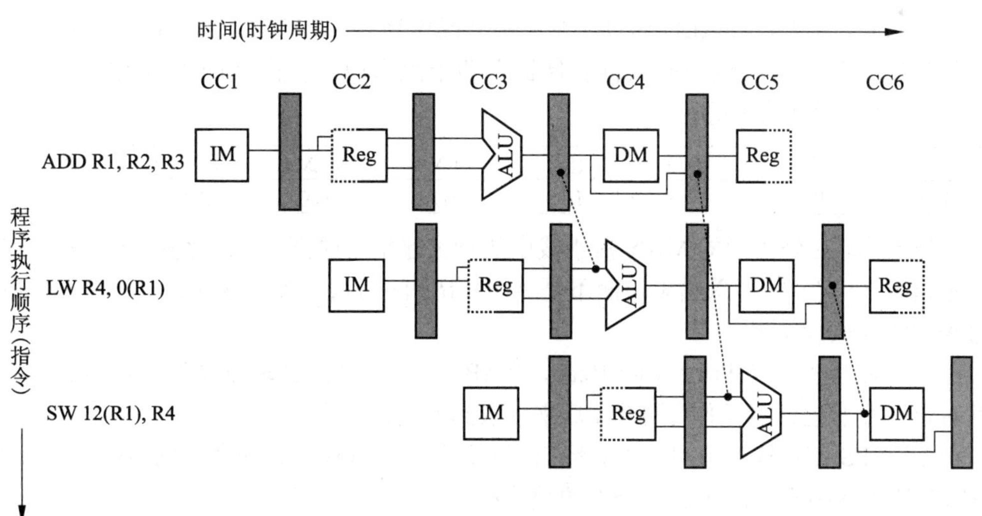

图 3.22 到数据存储器和 ALU 单元的定向路径

前面的一些数据相关的实例均是有关寄存器操作数的，但是数据相关也有可能发生在一对指令对存储器同一单元进行读写的时候。比如，如果 MIPS 流水线允许某条指令访问 Cache 失效时，继续向前流水该指令之后的指令，那么可能会引起存储器访问顺序的混乱。所以，MIPS 流水线规定：当某条指令访问 Cache 失效时，暂停该指令之后的所有指令，以保证访问存储器的正确顺序。

本书将在第 4 章讨论一种允许存储器访问顺序不同于其在非流水实现中访问顺序的流水线机器，而这一章讨论的所有数据相关仅涉及 CPU 内部的寄存器。

3．数据相关的分类

根据指令对寄存器的读写顺序，可以将数据相关分为以下三种类型。习惯上，这些相关是根据流水线所必须保持的访问顺序来命名的。考虑流水线中的两条指令 *i* 和 *j*，且 *i* 在 *j* 之前进入流水线，由此可能带来的数据相关有：

（1）写后读相关（Read After Write，RAW）。*j* 的执行要用到 *i* 的计算结果，但是当其在流水线中重叠执行时，*j* 可能在 *i* 写入其计算结果之前就先行对保存该结果的寄存器进行读操作，所以 *j* 会读到错误的值。这是最常见的一种数据相关，图 3.21 和图 3.22 中采用定向消除的数据相关就属于这种类型。

（2）写后写相关（Write After Write，WAW）。*j* 和 *i* 的目的操作数一样，但是当其在流水线中重叠执行时，*j* 可能在 *i* 写入其计算结果之前就先行对保存该结果的寄存器进行写操作，从而导致写入顺序错误，在目的寄存器中留下的是 *i* 写入的值，而不是 *j* 写入的值。

如果在流水线中不只一个段可以完成写操作，或者当流水线暂停某条指令时，允许该指令之后的指令继续前进，就可能会产生这种类型的数据相关。由于 MIPS 流水线只在 WB 段写寄存器，所以在 MIPS 流水线中执行的指令一般不会发生这种类型的数据相关。

如果对 MIPS 流水线做以下的一些改变，在 MIPS 流水线中执行的指令就有可能发生 WAW 相关。首先，将 ALU 运算结果的写回操作移到 MEM 段完成，因为这时计算结果已经有效；其次，假设访问数据存储器占两个流水段。下面是两条指令在修改后的 MIPS 流水线中执行的情况：

LW　R1，0（R2）	IF	ID	EX	MEM1	MEM2	WB
ADD R1，R2，R3		IF	ID	EX	WB	

可以看出，在修改后的 MIPS 流水线中执行上述指令序列后，寄存器 R1 中的内容是第一条指令（LW）的写入结果，而不是 ADD 指令的写入结果。这就是由于 WAW 相关所带来的错误执行结果。

（3）读后写相关（Write After Read，WAR）。*j* 可能在 *i* 读取某个源寄存器的内容之前就对该寄存器进行写操作，导致 *i* 后来读取到的值是错误的。

由于 MIPS 流水线在 ID 段完成所有的读操作，在 WB 段完成所有的写操作。所以，在 MIPS 流水线中不会产生这种类型的数据相关。

基于上面修改后的 MIPS 流水线，考察下面两条指令的执行情况：

SW　R2，0（R5）	IF	ID	EX	MEM1	MEM2	WB
ADD R2，R3，R4		IF	ID	EX	WB	

如果 SW 指令在 MEM2 段的后半部分读取寄存器 R2 的值，ADD 指令在 WB 段的

前半部分将计算结果写回寄存器 R2，SW 将读取错误的值，将 ADD 指令的计算结果写入存储器中。

值得注意的是，在读后读（Read After Read，RAR）的情况下，不存在数据相关问题。

4. 需要暂停的数据相关

前面讨论了如何利用定向技术消除由于数据相关带来的暂停。但是，并不是所有数据相关带来的暂停都可以通过定向技术消除的。考虑以下指令序列：

```
LW     R1,    0（R2）
SUB    R4,    R1,    R5
AND    R6,    R1,    R7
OR     R8,    R1,    R9
```

在图 3.23 中给出了该指令序列在流水线中执行时所需要的定向路径。可以看出，LW 指令要到第 4 个时钟周期末尾才能够从存储器中读出数据，而 SUB 指令在第 4 个时钟周期开始就需要这一数据。显然，简单的定向并不能解决该数据相关问题。

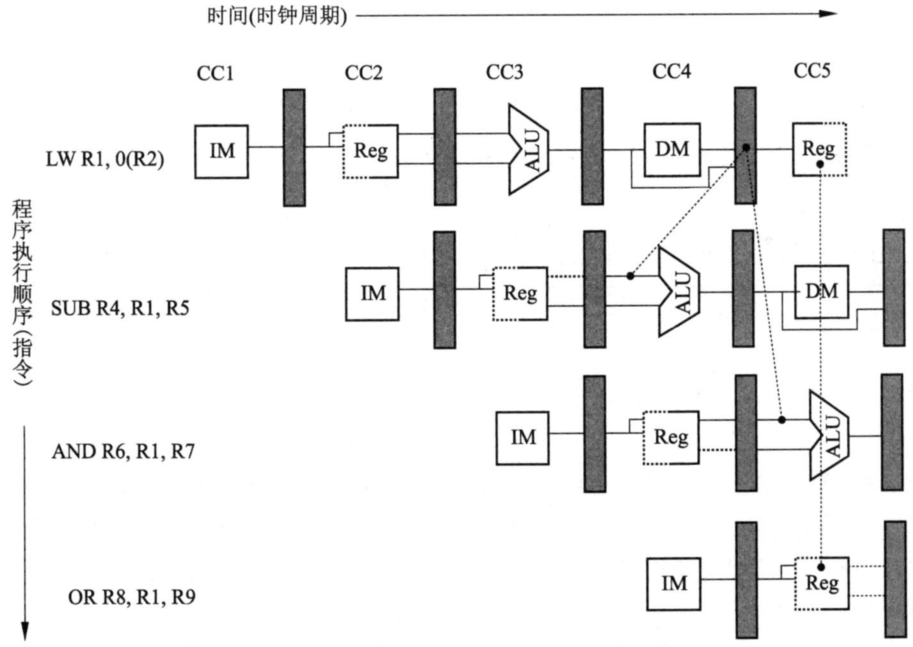

图 3.23　LW 指令不能将结果定向到 SUB 指令

为了保证流水线正确执行上述指令序列，可以设置一个称为“流水线锁”（Pipeline Interlock）的功能部件。一旦流水线锁检测到上述数据相关，流水线暂停执行 LW 指令之后的所有指令，直到能够通过定向解决该数据相关为止（如图 3.24 所示）。

从图 3.24 可以看出，流水线锁在流水线中插入了暂停和气泡。由于气泡的插入，使得上述指令序列的执行时间增加了一个时钟周期。在这种情况下，暂停的时钟周期数称为“载入延迟”。流水线在第 4 个时钟周期没有启动任何指令，在第 6 个时钟周期没有流出执行完毕的指令。图 3.25 是加入暂停前后的流水线时空图。

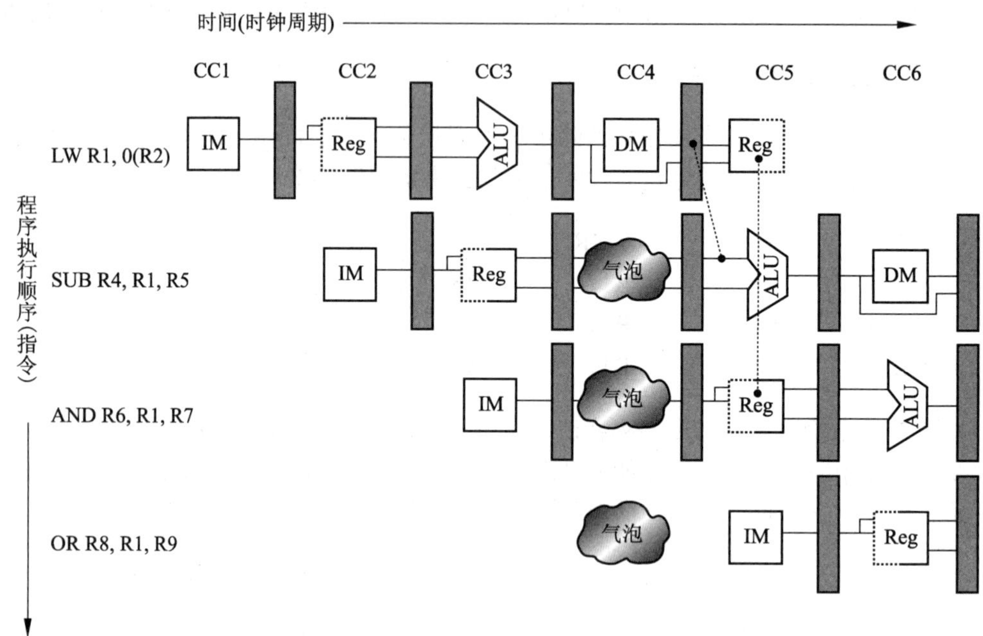

图 3.24 流水线锁插入暂停后的流水线数据通路

LW R1，0（R2）	IF	ID	EX	MEM	WB			
SUB R4，R1，R5		IF	ID	EX	MEM	WB		
AND R6，R1，R7			IF	ID	EX	MEM	WB	
OR R8，R1，R9				IF	ID	EX	MEM	WB

LW R1，0（R2）	IF	ID	EX	MEM	WB				
SUB R4，R1，R5		IF	ID	**stall**	EX	MEM	WB		
AND R6，R1，R7			IF	**stall**	ID	EX	MEM	WB	
OR R8，R1，R9				**stall**	IF	ID	EX	MEM	WB

图 3.25 由于数据相关插入暂停前后的流水线时空图

例 3.5 假设某指令序列中 20%的指令是 Load 指令，并且紧跟在 Load 指令之后的半数指令需要使用到载入的结果，如果这种数据相关将产生一个时钟周期的延迟，理想流水线（没有任何延迟，CPI 为 1）的指令执行速度是这种真实流水线的几倍？

解：可以利用 CPI 作为衡量标准。对于真实的流水线而言，由于 Load 指令之后的半数指令需要暂停，所以这些被暂停指令的 CPI 是 2。又知 Load 指令占全部指令的 20%，所以真实流水线的实际 CPI 为（$0.9\times1+0.1\times2$）$=1.1$，这表示理想流水线的指令执行速度是其执行速度的 1.1 倍。

下面讨论如何利用编译器技术来减少这种必需的暂停，然后论述如何在流水线中实现数据相关检测和定向。

5. 对数据相关的编译器调度方法

流水线常常会遇到许多种类型的暂停。比如，采用典型的代码生成方法对 $A=B+C$ 这种常用的表达式进行处理，可以得到如图 3.26 所示的指令序列。从图 3.26 可以看出，在 ADD 指令的流水过程中必须插入一个暂停时钟周期，以保证变量 C 的读入值有效。既然定向无法消除指令序列中所包含的这种暂停，那么是否让编译器在进行代码生成时就消除这些潜在的暂停呢？

LW R1，B	IF	ID	EX	MEM	WB				
LW R1，C		IF	ID	EX	MEM	WB			
ADD R3，R1，R2			IF	ID	**stall**	EX	MEM	WB	
SW A，R3				IF	**stall**	ID	EX	MEM	WB

图 3.26 $A=B+C$ 的 MIPS 代码序列及其流水线实现时空图表示

实际上，编译器的确可以通过重新组织代码顺序来消除这种暂停。通常称这种重新组织代码顺序消除暂停的技术为“流水线调度”（Pipeline Scheduling）或“指令调度”（Instruction Scheduling）。

例 3.6 请为下列表达式生成没有暂停的 MIPS 代码序列。假设载入延迟为一个时钟周期。

$$a = b - c;$$
$$d = e - f;$$

解：调度前后的指令序列如表 3.2 所示。可以看出，两条 ALU 指令（ADD Ra,Rb,Rc）和 SUB（Rd,Re,Rf）分别和两条 Load 指令（LW Rc,c）和（LW Rf,f）之间存在数据相关。为了保证流水线正确执行调度前的指令序列，必须在指令执行过程中插入两个时钟周期的暂停。但是考察调度后的指令序列，不难发现，由于流水线允许定向，就不必在指令执行过程中插入任何暂停周期。

表 3.2 调度前后的代码序列

调度前代码		调度后代码		
LW	Rb,b	LW	Rb,b	
LW	Rc,c	LW	Rc,c	
ADD	Ra,Rb,Rc	LW	Re,e	//交换指令，避免暂停 ADD 指令
SW	a,Ra	ADD	Ra,Rb,Rc	
LW	Re,e	LW	Rf,f	
LW	Rf,f	SW	a,Ra	//Load/Store 交换，避免暂停 SUB 指令
SUB	Rd,Re,Rf	SUB	Rd,Re,Rf	
SW	d,Rd	SW	d,Rd	

6. 对 MIPS 流水线控制的实现

让一条指令从流水线的指令译码段（ID）移动到执行段（EX）的过程通常称为指令发射（Instruction Issue），而经过了该过程的指令为已发射的（issued）指令。

对于 MIPS 流水线而言，所有的数据相关均可以在流水线的 ID 段检测到，如果存在数据相关，指令在其发射之前就会被暂停。这样，就可以在 ID 段决定需要什么样的定向，然后设置相应的控制。在流水线中较早地检测到相关，可以降低实现流水线的硬件复杂度，因为这样不必在流水过程中被迫将一条已经改变了机器状态的指令挂起。另外一种方法是，在使用一个操作数的时钟周期开始（MIPS 流水线的 EX 和 MEM 段的开始）检测相关，确定必需的定向。

为了说明这两种方法的不同，下面将以 Load 指令所引起的 RAW 相关为例，论述如何通过在 ID 段的检测来实现流水线锁，其中可以在 EX 段实现到 ALU 输入的定向。表 3.3 列出了流水线相关检测硬件可以检测到的各种相关情况。

表 3.3　流水线相关检测硬件可以检测到的各种相关情况

相关情况	指令序列范例	动　作

没有相关	LW R1,45(R2)
	ADD R5,R6,R7
	SUB R8,R6,R7
	OR R9,R6,R7
		因为紧跟着的三条指令和 R1 之间没有相关，所以不需要暂停 LW 指令之后的指令

需要暂停的相关	LW R1,45(R2)
	ADD R5,R1,R7
	SUB R8,R6,R7
	OR R9,R6,R7
		比较器检测 ADD 指令中寄存器 R1 的使用情况，并在 ADD 指令开始 EX 周期之前暂停 ADD 指令（同时也暂停了 SUB 指令和 OR 指令）

通过定向消除的相关	LW R1,45(R2)
	ADD R5,R6,R7
	SUB R8,R1,R7
	OR R9,R6,R7
		比较器检测 SUB 指令中寄存器 R1 的使用情况，并在 SUB 指令的 EX 周期开始时将载入的结果定向到 ALU

按顺序访问的相关	LW R1,45(R2)
	ADD R5,R6,R7
	SUB R8,R6,R7
	OR R9,R1,R7
		不需要任何动作，因为 OR 指令在 ID 段的后半个周期读寄存器 R1，LW 指令已经在 WB 段的前半个周期将载入数据写入了寄存器 R1

现在来看看如何实现流水线锁。如果某条指令和 Load 指令有一个 RAW 相关，该指令处于 ID 段，Load 指令处于 EX 段。可以用表 3.4 来描述此时所有可能的相关情况。

表 3.4　指令在 ID 段为检测是否需启动流水线锁而进行的三种比较

ID/EX 的操作码域（$ID/EX.IR_{0..5}$）	IF/ID 的操作码域（$IF/ID.IR_{0..5}$）	匹配操作数域
Load	寄存器-寄存器 ALU	$ID/EX.IR_{11..15}=IF/ID.IR_{6..10}$
Load	寄存器-寄存器 ALU	$ID/EX.IR_{11..15}=IF/ID.IR_{11..15}$
Load	Load、Store、ALU 立即值或分支	$ID/EX.IR_{11..15}=IF/ID.IR_{6..10}$

一旦硬件检测到上述 RAW 相关，流水线锁必须在流水线中插入暂停周期，使正处于 IF 和 ID 段的指令不再前进。如同在 3.2 节中所说的，在流水线寄存器文件中附带了所有的控制信息，所以，当硬件检测到一个相关，只需将 ID/EX 流水线寄存器组中的控制寄存器改为全 0 即可，全 0 表示不进行任何操作。另外，还必须暂停向前传送 IF/ID 寄存器组的内容，使得流水线能够保持被暂停的指令。

对定向而言，虽然可能要考虑许多情况，但是定向逻辑的实现方法是类似的。实现定向逻辑的关键是，流水线寄存器不仅包含了被定向的数据，而且包含了目标和源寄存器域。从上面的讨论可知，所有定向都是从 ALU 或数据存储器的输出到 ALU、数据存储器或 0 检测单元的输入的定向，可以分别将 EX/MEM 和 MEM/WB 段的寄存器 IR 同 ID/EX 和 EX/MEM 段中的寄存器 IR 相比较，决定是否需要定向，从而实现必需的定向控制。比如，当定向目标是 EX 段的 ALU 输入时，定向硬件需要进行的一些比较和定向操作如表 3.5 所示。

表 3.5 定向目标是 ALU 输入时所需进行的比较和定向操作

包含定向源的流水线寄存器	定向源相应指令的操作码	包含定向目标的流水线寄存器	定向目标相应指令的操作码	定向的目标	比较操作（如果相等就定向）
EX/MEM	R-R ALU	ID/EX	R-R ALU、ALU 立即值、Load、Store、分支	ALU 上面的输入	$EX/MEM.IR_{16..20}=ID/EX.IR_{6..10}$
EX/MEM	R-R ALU	ID/EX	R-R 类型的 ALU	ALU 下面的输入	$EX/MEM.IR_{16..20}=ID/EX.IR_{11..15}$
MEM/WB	R-R ALU	ID/EX	R-R ALU、ALU 立即值、Load、Store、分支	ALU 上面的输入	$MEM/WB.IR_{16..20}=ID/EX.IR_{6..10}$
MEM/WB	R-R ALU	ID/EX	R-R ALU	ALU 下面的输入	$MEM/WB.IR_{16..20}=ID/EX.IR_{11..15}$
EX/MEM	ALU 立即值	ID/EX	R-R ALU、ALU 立即值、Load、Store、分支	ALU 上面的输入	$EX/MEM.IR_{11..15}=ID/EX.IR_{6..10}$
EX/MEM	ALU 立即值	ID/EX	R-R ALU	ALU 下面的输入	$EX/MEM.IR_{11..15}=ID/EX.IR_{11..15}$
MEM/WB	ALU 立即值	ID/EX	R-R ALU、ALU 立即值、Load、Store、分支	ALU 上面的输入	$MEM/WB.IR_{11..15}=ID/EX.IR_{6..10}$
MEM/WB	ALU 立即值	ID/EX	R-R ALU	ALU 下面的输入	$MEM/WB.IR_{11..15}=ID/EX.IR_{11..15}$
MEM/WB	Load	ID/EX	R-R ALU、ALU 立即值、Load、Store、分支	ALU 上面的输入	$MEM/WB.IR_{11..15}=ID/EX.IR_{6..10}$
MEM/WB	Load	ID/EX	R-R ALU	ALU 下面的输入	$MEM/WB.IR_{11..15}=ID/EX.IR_{11..15}$

定向的控制硬件除了需要用比较器和组合逻辑来确定什么时候打开哪一条定向路径之外，还需要在 ALU 输入端采用具有多个输入的多路器，并增加相应的定向路径连接通路。改进图 3.12 中的相关硬件，可以得到如图 3.27 所示的定向路径，图中的虚线表示流

水线增设的定向路径。

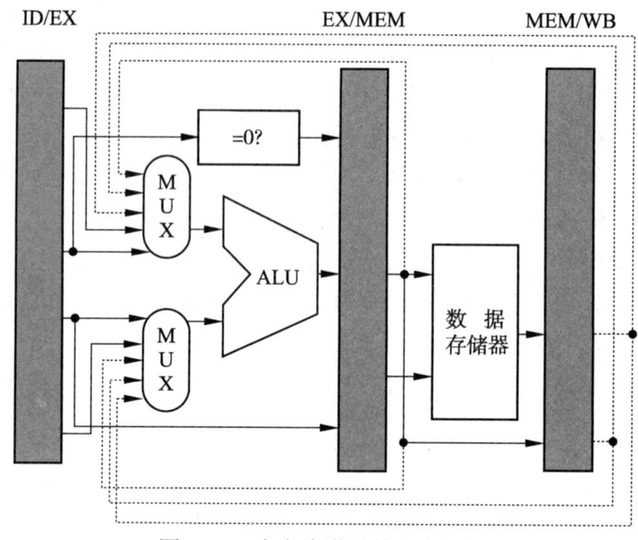

图 3.27 流水线增设的定向路径

3.3.3 流水线的控制相关

在 MIPS 流水线上执行分支指令时，PC 值有两种可能的变化情况。一种是 PC 值发生改变（为分支转移的目标地址）；另一种是 PC 值保持正常（等于其当前值加 4）。如果一条分支指令将 PC 值改变为分支转移的目标地址，那么称分支转移“成功”；如果分支转移条件不成立，PC 值保持正常，称分支转移“失败”。

处理分支指令最简单的方法是：一旦在流水线中检测到某条指令是分支指令，就暂停执行该分支指令之后的所有指令，直到分支指令到达流水线的 MEM 段，确定了新的 PC 值为止。当然不希望流水线还没有确定某条指令是分支指令之前就暂停执行指令，所以对分支指令而言，当流水线完成其译码操作（ID 段）之后才会暂停执行其后继指令。

根据上述处理分支指令的方法，可以得到如图 3.28 所示的流水线时空图。从图中可以看出，在流水线中插入了两个暂停周期，当分支指令在 MEM 段确定新的 PC 值后，流水线作废分支直接后继指令的 IF 周期（相当于一个暂停周期），按照新的有效 PC 值取指令。显然，分支指令给流水线带来了三个时钟周期的暂停。

分支指令	IF	ID	EX	MEM	WB					
分支后继指令		**IF**	**stall**	**stall**	IF	ID	EX	MEM	WB	
分支后继指令+1						IF	ID	EX	MEM	WB
分支后继指令+2							IF	ID	EX	MEM
分支后继指令+3								IF	ID	EX
分支后继指令+4									IF	ID
分支后继指令+5										IF

图 3.28 简单处理分支指令的方法及其流水线时空图

在暂停周期中，可以通过设置IF/ID寄存器文件的IR域为0（noop操作）来实现上述暂停。读者可能已经注意到：如果图3.28中的分支指令是失败的，那么重复分支直接后继指令的IF周期就毫无必要，因为流水线实际上已经取出了正确的指令。后面将充分利用这一事实来改善流水线处理分支指令的性能。

如前所述，如果流水线处理每条分支指令，都要暂停三个时钟周期，这必然会给流水线的性能带来相当大的损失。比如，假设分支指令在目标代码中出现的频率是30%，流水线理想的CPI为1，那么具有上述暂停的流水线只能达到理想加速比的一半，所以降低分支损失对充分发挥流水线的效率十分关键。

减少流水线处理分支指令时的暂停时钟周期数有以下两种途径：

（1）在流水线中尽早判断出分支转移是否成功。

（2）尽早计算出分支转移成功时的PC值（即分支的目标地址）。

为了优化处理分支指令，在流水线中应该同时采用上述两条途径，缺一不可。即使知道分支转移的目标地址，而不知道分支转移是否成功对减少暂停是徒劳的；知道分支转移是否成功，而不知道分支转移的目标地址，同样对降低分支损失毫无帮助。下面来看看如何基于这些思想，从硬件上改进MIPS流水线，达到降低分支损失的目的。

在MIPS流水线中，分支指令（BEQZ和BNEZ）需要测试分支条件寄存器的值是否为0，所以，可以把测试分支条件寄存器的操作移到ID段完成，从而使得在ID周期末就完成分支转移成功与否的检测。

另外，由于要尽早计算出两个PC值（分支转移成功和失败时的PC值），也可以将计算分支目标地址的操作移到ID段完成。为此，需要在ID段增设一个加法器（注意，为了避免结构相关，不能用EX段的ALU功能部件来计算分支转移目标地址）。图3.29是对MIPS流水线进行上述改进后的流水线数据通路。容易看出，基于上述改进后的流水线数据通路，处理分支指令只需要一个时钟周期的暂停。表3.6列出了在改进后的流水线数据通路上处理分支指令的一些操作。

表3.6 改进后流水线的分支操作

流水段	分支指令操作
IF	IF/ID.IR ← Mem[PC]; IF/ID.NPC,PC ← (if ID/EX.cond {ID/EX.NPC} else {PC+4});
ID	ID/EX.A ← Regs[IF/ID.$IR_{6..10}$]; ID/EX.B ← Regs[IF/ID.$IR_{11..15}$]; ID/EX.NPC ← IF/ID.NPC + $(IR_{16})^{16}$ ## $IR_{16..31}$; ID/EX.IR ← IF/ID.IR; ID/EX.cond ← (Regs[IF/ID.$IR_{6..10}$] op 0); ID/EX.Imm ← $(IR_{16})^{16}$ ## $IR_{16..31}$;
EX	
MEM	
WB	

对某些机器的流水线而言，由于检测分支条件和计算分支转移目标地址需要更长的时间，所以处理分支指令所带来的控制相关可能需要更多的时钟周期。一般来说，流水线越深，处理分支指令所带来的控制相关所需要的时钟周期数就越多。

在讨论各种减少分支损失的方法之前，首先来看看程序中分支的行为特点。

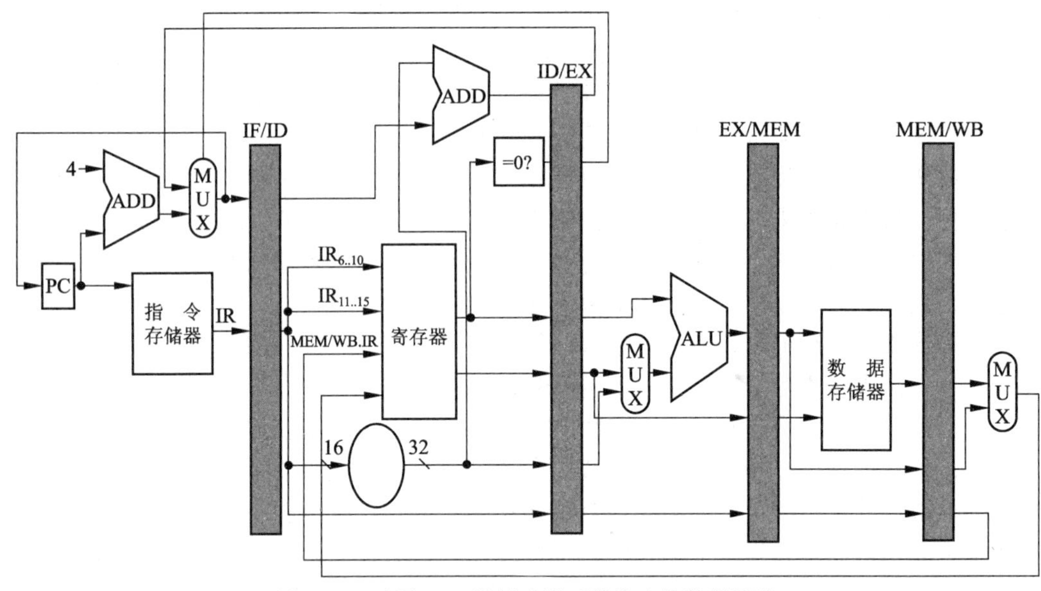

图 3.29　对图 3.12 进行改进后的流水线数据通路

1. 程序中分支的行为特点

既然分支指令对流水线的性能有非常大的影响，所以对程序中分支行为特点的研究，有助于总结分支指令的行为规律，从中获取一些减少流水线性能损失的思想和依据。基于 SPEC 基准程序集测量各种能够改变 PC 值的指令的执行频率，可以得到如图 3.30 所示的统计结果。

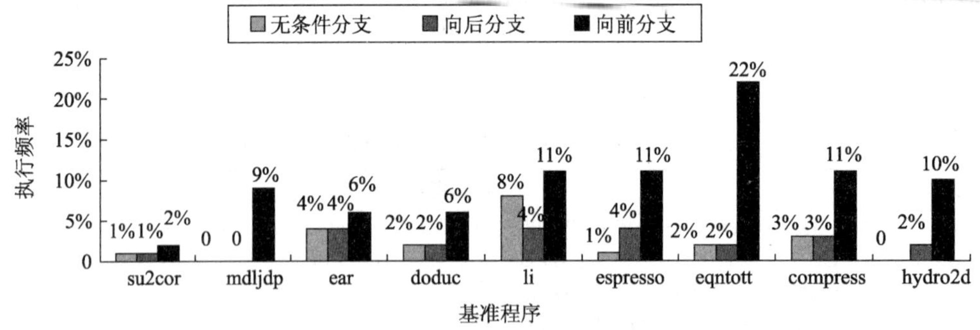

图 3.30　各种能够改变 PC 值的指令的执行频率

需要说明的是，图中的“无条件分支”类型包括无条件分支指令、跳转指令、过程调用和返回指令。从图 3.30 可以看出，整型基准程序的条件分支指令执行频率为 14%～16%，而无条件分支指令的执行频率却非常低（li 基准程序的无条件分支指令的执行频率比较高，主要是因为 li 基准程序包含大量的过程调用）；对于浮点基准程序而言，其条件分支指令的执行频率为 3%～12%，但是从整体来看，其条件分支和无条件分支指令的执行频率都要比整型基准程序的低。另外，向前（forward）分支指令执行频率是向后（backward）分支指令执行频率的 1～3 倍。

除此之外，条件分支是否成功对流水线的性能也有较大影响。图3.31是用SPEC基准程序对条件分支成功的概率进行测量统计的结果。从图中可以看出，平均大约有67%的条件分支指令都是成功的。

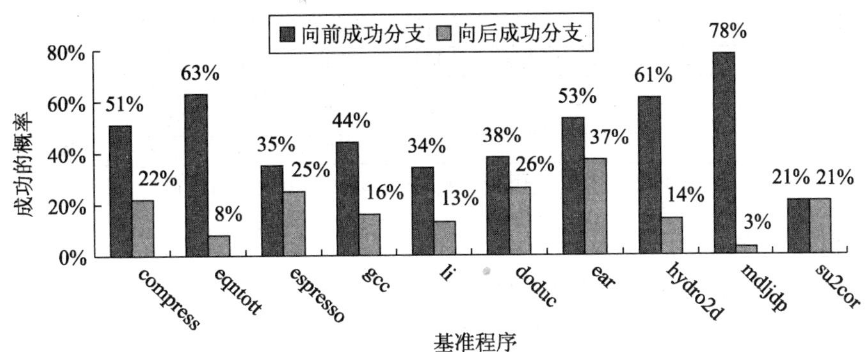

图3.31　条件分支指令分支转移成功的概率

结合图3.30和图3.31的统计结果，可以估算出：向前条件分支指令分支转移成功的概率约为60%，向后条件分支指令分支转移成功的概率约为85%。向后条件分支指令分支转移成功的概率比向前条件分支指令的高。由于向后条件分支指令一般和程序中的循环相对应，所以它具有较高的分支转移成功概率，这对降低流水线损失是非常有利的。

2. 降低流水线分支损失的方法

降低流水线分支损失的方法有许多种。前面论述了改进流水线硬件减少流水线暂停周期的方法。这里主要从编译技术的角度，论述4种降低流水线分支损失的简单方法。首先需要说明的是，这些方法对分支转移成功与否进行的预测都是静态的，并在整个程序的执行过程中保持这种预测结论，即要么总是认为分支转移成功，要么总是认为分支转移失败。

（1）“冻结”或“排空”流水线的方法。

在流水线中，处理分支最简单的方法是“冻结”（freeze）或“排空”（flush）流水线，保持或清除流水线在分支指令之后读入的任何指令，直到知道分支指令的目标地址以及分支转移是否成功为止。这种方法的优点在于其对硬件和软件的要求都十分简单，本书前面采用的就是这种方法，这里也就不再赘述。

（2）“预测分支失败”方法。

如果流水线采用预测分支“失败”的方法处理分支指令，那么当流水线译码到一条分支指令时，流水线继续取指令，并允许该分支指令后的指令继续在流水线中流动。当流水线确定分支转移成功与否以及分支的目标地址之后，如果分支转移成功，流水线必须将在分支指令之后取出的所有指令转化为空操作，并在分支的目标地址处重新取出有效的指令；如果分支转移失败，那么可以将分支指令看做一条普通指令，流水线正常流动，无须将在分支指令之后取出的所有指令转化为空操作。

流水线采用“预测分支失败”方法处理分支指令的时空图如图3.32所示。

失败的分支指令	IF	ID	EX	MEM	WB				
指令 $i+1$		IF	ID	EX	MEM	WB			
指令 $i+2$			IF	ID	EX	MEM	WB		
指令 $i+3$				IF	ID	EX	MEM	WB	
指令 $i+4$					IF	ID	EX	MEM	WB

成功的分支指令	IF	ID	EX	MEM	WB				
指令 $i+1$		IF	**idle**	**idle**	**idle**	**idle**			
分支目标			IF	ID	EX	MEM	WB		
分支目标+1				IF	ID	EX	MEM	WB	
分支目标+2					IF	ID	EX	MEM	WB

图 3.32　基于“预测分支失败”方法的流水线时空图

（3）“预测分支成功”方法。

另一种降低流水线分支损失的方法便是“预测分支成功”，一旦流水线译码到一条指令是分支指令，且完成了分支目标地址的计算，就假设分支转移成功，并开始在分支目标地址处取指令执行。

对 MIPS 流水线而言，因为在知道分支转移成功与否之前，无法知道分支目标地址（0 检测和计算分支目标地址均在 ID 段完成），所以这种方法对降低 MIPS 流水线分支损失没有任何好处。而在某些流水线中，特别是那些具有隐含设置条件码或具有比较分支指令的流水线机器中，在确定分支转移成功与否之前，便可以知道分支的目标地址，这时采用这种方法便可以降低这些流水线的分支损失。

（4）“延迟分支”方法。

为降低流水线分支损失而采用的第 4 种方法就是“延迟分支”（Delayed Branch）方法，其主要思想是从逻辑上“延长”分支指令的执行时间。延迟长度为 n 的分支指令的执行顺序是：

分支指令
顺序后继指令 1
……
顺序后继指令 n
如果分支成功，分支目标处指令

所有顺序后继指令都处于“分支延迟槽”（Branch-Delay Slots）中，无论分支成功与否，流水线都会执行这些指令。具有一个分支延迟槽的 MIPS 流水线的时空图如图 3.33 所示。

失败的分支指令	IF	ID	EX	MEM	WB				
延迟分支指令($i+1$)		IF	ID	EX	MEM	WB			
指令 $i+2$			IF	ID	EX	MEM	WB		
指令 $i+3$				IF	ID	EX	MEM	WB	
指令 $i+4$					IF	ID	EX	MEM	WB

成功的分支指令	IF	ID	EX	MEM	WB				
延迟分支指令 ($j+1$)		IF	ID	EX	MEM	WB			
分支目标指令 j			IF	ID	EX	MEM	WB		
分支目标指令 $j+1$				IF	ID	EX	MEM	WB	
分支目标指令 $j+2$					IF	ID	EX	MEM	WB

图 3.33　基于“延迟分支”方法的流水线时空图

从该图可以看出，基于“延迟分支”方法，无论分支成功与否，其流水线时空图所描述的流水线的行为是类似的，流水线中均没有插入暂停周期，从而极大地降低了流水线分支损失。也可以看出，实际上是处于分支延迟槽中的指令“掩盖”了流水线原来所必须插入的暂停周期。那么将什么指令放入分支延迟槽中呢？

选择放入分支延迟槽中的指令必须遵循有效和有用两个原则，这也是一种指令调度技术。三种调度分支延迟指令的常用方法如图 3.34 所示，表 3.7 说明了这三种指令调度方法的特点及其局限性。

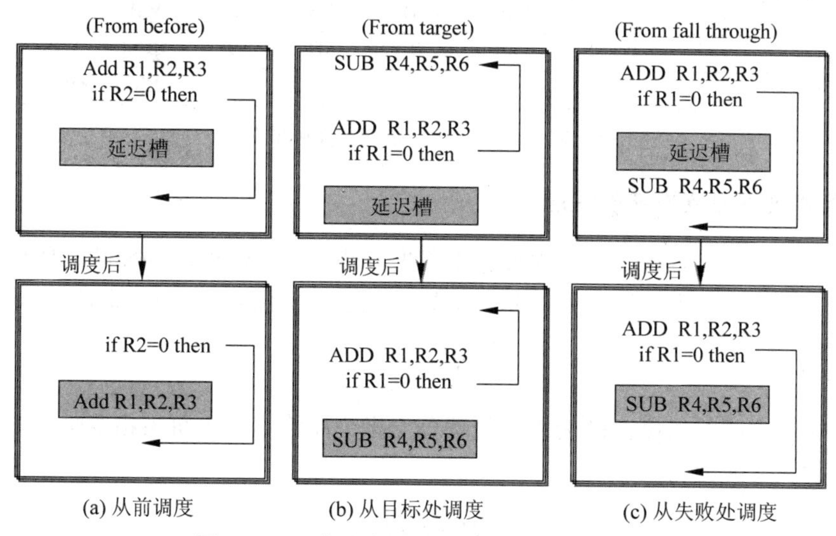

图 3.34 调度分支延迟指令的三种常用方法

表 3.7 调度分支延迟指令的三种常用方法的特点及其局限性

调度策略	对调度的要求	对流水线性能改善的影响
从前调度	分支必须不依赖于被调度的指令	总是可以有效提高流水线性能
从目标处调度	如果分支转移失败，必须保证被调度的指令对程序的执行没有影响，可能需要复制被调度指令	分支转移成功时，可以提高流水线性能。但由于复制指令，可能加大程序空间
从失败处调度	如果分支转移成功，必须保证被调度的指令对程序的执行没有影响	分支转移失败时，可以提高流水线性能

从图 3.34 和表 3.7 可以看出，调度延迟分支指令的方法可以降低流水线分支损失，但是它受限于被调度进入分支延迟槽中的指令，以及编译器预测分支转移是否成功的能力。

为了提高编译器填充分支延迟槽的能力，许多流水线机器引入了“取消”(cancelling) 或“作废”(nullifying) 分支。对取消分支而言，分支指令包含了预测的分支方向，当实际分支方向和事先所预测的一样，执行分支延迟槽中的指令，流水线正常工作；当实际分支方向和事先所预测的不同，就将分支延迟槽中的指令转化成一个空操作。图 3.35 给出了取消分支在分支转移成功和失败两种情况下的行为。

失败的分支指令	IF	ID	EX	MEM	WB				
分支延迟指令(i+1)		IF	ID	**idle**	**idle**	**idle**			
指令 i+2			IF	ID	EX	MEM	WB		
指令 i+3				IF	ID	EX	MEM	WB	
指令 i+4					IF	ID	EX	MEM	WB

成功的分支指令	IF	ID	EX	MEM	WB				
分支延迟指令(i+1)		IF	ID	EX	MEM	WB			
分支目标			IF	ID	EX	MEM	WB		
分支目标+1				IF	ID	EX	MEM	WB	
分支目标+2					IF	ID	EX	MEM	WB

图 3.35　取消分支的行为依赖于实际的分支方向

3．各种处理分支方法的性能

现在来看看上述各种减少流水线分支损失方法对流水线性能的影响。假设流水线理想的 CPI 为 1，那么具有分支损失的流水线加速比可以用式（3-15）来计算。

$$S=\frac{D}{1+C} \tag{3-15}$$

其中，D 为流水线的深度；C 为由于处理分支指令而给程序中每条指令带来的平均暂停时钟周期数。又因为

$$C=f\times P_{分支} \tag{3-16}$$

其中，f 为程序中分支指令出现的频率；$P_{分支}$ 为处理分支指令，流水线所需要暂停的平均时钟周期数，也即平均分支损失。根据式（3-15）和式（3-16）可得

$$S=\frac{D}{1+f\times P_{分支}} \tag{3-17}$$

式（3-17）中分支指令出现频率和平均分支损失既来源于无条件分支，也来源于条件分支，但是后者占主要部分。根据 MIPS 的一些测量统计结果，可以得到如表 3.8 所示的各种方法降低分支损失的效果（假设 MIPS 的理想 CPI 是 1）。

表 3.8　各种减少分支损失方法的效果

调 度 方 法	每条条件分支指令的分支损失		每条无条件分支指令的损失	每条分支指令的平均分支损失		具有分支暂停的有效 CPI	
	整型平均	浮点平均		整型平均	浮点平均	整型平均	浮点平均
暂停流水线	1.00	1.00	1.00	1.00	1.00	1.17	1.15
预测分支成功	1.00	1.00	1.00	1.00	1.00	1.17	1.15
预测分支失败	0.62	0.70	1.00	0.69	0.74	1.12	1.11
延迟分支	0.25	0.35	0.00	0.21	0.30	1.04	1.04

3.4 流水线计算机实例分析（MIPS R4000）

3.4.1 MIPS R4000 整型流水线

R4000 处理器是一种流水线处理器，它所实现的 MIPS-3 指令集是一种和 MIPS 类似的 64 位指令集。但是和 MIPS 流水线不同，R4000 的流水线特别考虑了流水线分阶段完成访问存储器的操作。

R4000 的 8 段流水线结构如图 3.36 所示。其 8 个流水段的功能分别为：IF 段是取指令的前半部分操作，主要完成选择 PC 值和访问指令 Cache 的初始化工作；IS 段是取指令的后半部分操作，主要完成访问指令 Cache 的操作；RF 段完成译码、取寄存器和相关检测操作，并检测指令 Cache 命中情况；EX 段为执行段，包括计算有效地址、ALU 操作、计算分支目标地址和检测分支条件；DF 段完成取数据操作，是访问数据 Cache 的前半部分；DS 段为访问数据 Cache 的后半部分；TC 段完成 Cache 标记检测，以确定访问数据 Cache 是否命中；WB 段写回读入的数据或寄存器-寄存器操作的结果。

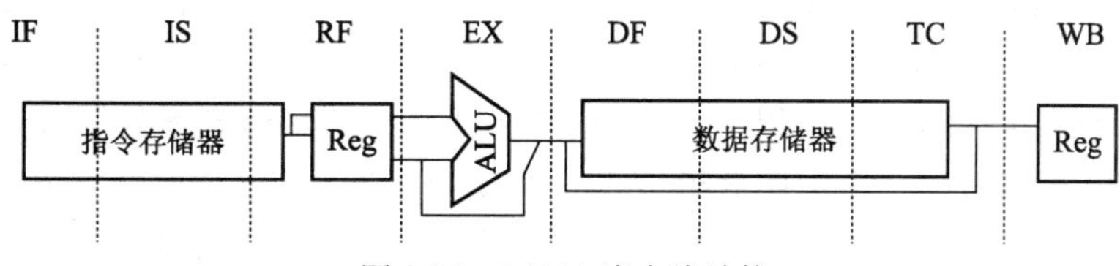

图 3.36 R4000 流水线结构

由于 R4000 的流水线段数较多，所以其时钟速率可达 100～200MHz，有时将这种类型的流水称作“超流水”（superpipelining）。

指令序列在该流水线中重叠执行的情况，如图 3.37 所示。值得注意的是，尽管访问指令存储器和数据存储器在流水线中占据多个流水周期，但是这些访问存储器的操作是

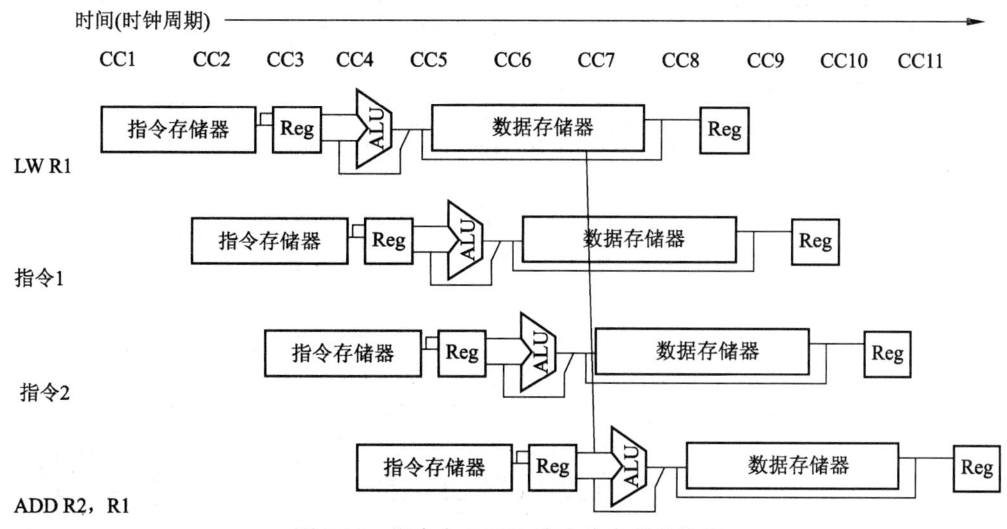

图 3.37 指令在 R4000 流水线中重叠执行

全流水的，所以 R4000 流水线可以在每个时钟周期启动一条新的指令。

从图 3.37 可以看出，由于从存储器中读入的数据在 DS 段的末尾才会有效，所以其载入延迟是 2 个时钟周期，由此可见 R4000 的流水线具有较长的载入和分支延迟。另外，考虑如图 3.38 所示的实例，可以看出，由于紧跟 Load 指令之后的指令要使用 Load 指令从存储器中读出的数据，为了保证 ADD 指令能够使用正确的载入数据，必须在流水线中插入两个暂停周期，并采用定向技术将读出的数据直接定向到 ADD 指令的 ALU 输入端。对于 SUB 指令来说，也需定向 Load 指令读出数据，而 OR 指令则可直接从寄存器 R1 中读取所需要的值。

指令序列	时钟周期								
	1	2	3	4	5	6	7	8	9
LW R1	IF	IS	RF	EX	DF	DS	TC	WB	
ADD R2，R1		IF	IS	RF	**stall**	**stall**	EX	DF	DS
SUB R3，R1			IF	IS	**stall**	**stall**	RF	EX	DF
OR　R4，R1				IF	**stall**	**stall**	IS	RF	EX

图 3.38　指令序列在 R4000 流水线中的执行时空图

因此，对 R4000 的流水线来说，定向是十分重要的。实际上，其流水线的定向路径比 MIPS 流水线的要多，在 R4000 的流水线中，到 ALU 输入有 4 个定向源：EX/DF、DF/DS、DS/TC 和 TC/WB，所以其对定向的控制也要比 MIPS 流水线的复杂得多。

从图 3.39 可以看出，由于在 R4000 的流水线中，在 EX 段完成分支条件的计算，所以其基本的分支延迟是三个时钟周期。为了降低分支延迟损失，MIPS 结构采用了单周期延迟分支技术，并且延迟分支调度是基于预测失败策略（从失败处调度策略）的。图 3.40 为基于这种技术的 R4000 流水线对分支指令处理的时空图。

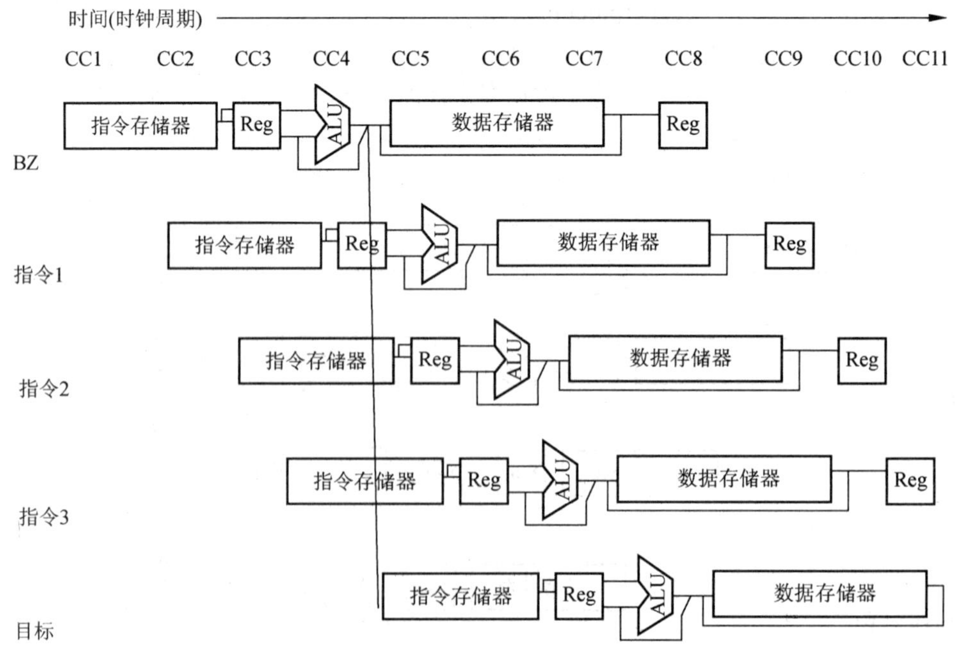

图 3.39　R4000 流水线的基本分支延迟为三个时钟周期

指令序列	时钟周期								
	1	2	3	4	5	6	7	8	9
分支指令	IF	IS	RF	EX	DF	DS	TC	WB	
延迟槽		IF	IS	RF	EX	DF	DS	TC	WB
暂停			**stall**	**stall**	**stall**	**stall**	**stall**	**stall**	**stall**
暂停				**stall**	**stall**	**stall**	**stall**	**stall**	**stall**
分支目标					IF	IS	RF	EX	DF

指令序列	时钟周期								
	1	2	3	4	5	6	7	8	9
分支指令	IF	IS	RF	EX	DF	DS	TC	WB	
延迟槽（分支指令+1）		IF	IS	RF	EX	DF	DS	TC	WB
分支指令+2			IF	IS	RF	EX	DF	DS	TC
分支指令+3				IF	IS	RF	EX	DF	DS

图 3.40　基于单周期延迟分支方法 R4000 流水线处理分支指令的时空图

3.4.2　MIPS R4000 浮点流水线

R4000 的浮点部件由一个浮点除法器、一个浮点乘法器和一个浮点加法器组成，其浮点功能部件流水线可以认为是由表 3.9 中所列出的 8 个不同的段组成的。

表 3.9　R4000 浮点流水线中 8 个流水段

流　水　段	功 能 部 件	描　　述
A	浮点加法器	尾数加流水段
D	浮点除法器	除法流水段
E	浮点乘法器	例外测试段
M	浮点乘法器	乘法器第一个流水段
N	浮点乘法器	乘法器第二个流水段
R	浮点加法器	舍入段
S	浮点加法器	操作数移位段
U		展开浮点数

R4000 的浮点流水线是一种多功能非线性流水线，不同的指令对该流水线不同段的使用情况也不尽相同，顺序也互不相同。有的指令可能要多次使用同一流水段，有的指令可能根本不会用到某些流水段。表 3.10 列出了最常用的双精度浮点操作指令在该流水线中的延迟时钟周期数、初始化时钟周期间隔，及其所使用的流水段。

表 3.10　双精度浮点操作指令延迟、初始化间隔和流水段的使用情况

浮 点 指 令	延　　迟	初始化间隔	使用的流水段
加、减	4	3	U,S+A,A+R,R+S
乘	8	4	U,E+M,M,M,M,N,N+A,R
除	36	35	U,A,R,D^{28},D+A,D+R,D+A,D+R,A,R
求平方根	112	111	U,E,$(A+R)^{108}$,A,R
取反	2	1	U,S
求绝对值	2	1	U,S
浮点比较	3	2	U,A,R

表 3.10 中的＋表示在一个时钟周期内要用到相应的两个流水段，而流水段标记的上标表示该流水段要重复使用的次数。根据表 3.10，也可以确定发射不同的浮点操作指令是否会引起流水线暂停，如果浮点操作指令在流水线中出现了流水段冲突，那么就必须在流水线中插入暂停周期，以消除这种相关。

3.4.3 MIPS R4000 流水线的性能分析

对 R4000 流水线而言，主要有以下 4 个方面的因素可能会引起在流水线中插入暂停周期。

（1）载入暂停：将使用载入结果的指令从 Load 指令开始向后推迟 1～2 个时钟周期。

（2）分支暂停：每个成功分支，以及排空或取消分支延迟槽所需的 2 个暂停时钟周期。

（3）浮点结果暂停：由于浮点操作数的 RAW 相关造成的暂停。

（4）浮点结构性暂停：由于浮点流水线的功能单元冲突限制指令发射而带来的暂停。

在 R4000 流水线上运行 SPEC92 的 10 个基准程序，考察上述 4 个因素引起的暂停对流水线 CPI 的影响，可以得到如表 3.11 所示的结果。

表 3.11　暂停对 R4000 流水线 CPI 的影响

基准程序	流水线 CPI	载入暂停时钟周期数	分支暂停时钟周期数	浮点结果暂停时钟周期数	浮点结构性暂停时钟周期数
compress	1.20	0.14	0.06	0.00	0.00
eqntott	1.88	0.27	0.61	0.00	0.00
espresso	1.42	0.07	0.35	0.00	0.00
gcc	1.56	0.13	0.43	0.00	0.00
li	1.64	0.18	0.46	0.00	0.00
整数平均	1.54	0.16	0.38	0.00	0.00
doduc	2.84	0.01	0.22	1.39	0.22
mdljdp2	2.66	0.01	0.31	1.20	0.15
ear	2.17	0.00	0.46	0.59	0.12
hydro2d	2.53	0.00	0.62	0.75	0.17
su2cor	2.18	0.02	0.07	0.84	0.26
浮点平均	2.48	0.01	0.33	0.95	0.18
总平均	2.00	0.10	0.36	0.46	0.09

根据上述测试统计结果，可以看出 R4000 流水线的分支延迟比 MIPS 流水线的要长，特别是对于整型程序而言，由于分支指令执行频率较高，所以 R4000 流水线处理分支指令所需的时钟周期数也较多。

另外，还可以看到由于 R4000 浮点流水线受浮点指令发射时间间隔，以及浮点功能部件冲突的限制，使得浮点指令延迟对流水线 CPI 有很大影响，所以对 R4000 流水线来说，降低浮点操作延迟是提高其性能的基础。

前面主要是结合 MIPS 流水线阐述了流水线的基本原理、基本结构、相关、流水线设计中的若干问题和一些关键技术。这些思想和技术对向量处理机也是适用的，但向量处理机还有它自己的特点。为了能更深入地认识这些特点，下面对向量处理机做一简要介绍。

3.5 向量处理机

从对标量流水线处理机的分析中知道，如果输入流水线中的指令既无数据相关，也无控制相关和结构相关，则流水线就有可能装满，从而流水线可以获得很高的效率和吞吐率。而在科学计算中，往往有大量不相关的数据进行同一种运算，这正好适合流水线的特点。因此，就出现了设有向量数据表示和相应向量指令的向量流水线处理机。由于这种机器能较好地发挥流水线技术的特性，因此可以达到较高的速度（一般可达亿次/秒的数量级）。一般也称向量流水处理机为向量处理机（Vector Processor）。

本节首先介绍向量处理方式及其对处理机结构的要求；然后以 CRAY-1 为例，介绍向量处理机的结构及其特点，以及向量处理中的一些关键技术。

3.5.1 向量处理方式和向量处理机

这里举一个简单的例子来说明向量处理方式。例如，以下是用 FORTRAN 语言写的一个循环程序：

```
      DO  10    i=1,N
  10   d[i]=a[i]*(b[i]+c[i])
```

对此可以有以下几种处理方式。

1．水平处理方式

水平（横向）处理方式也就是逐个求 $d[i]$的方式，为此，先计算：$d[1]=a[1]*(b[1]+c[1])$；再计算：$d[2]=a[2]*(b[2]+c[2])$；……；最后计算：$d[N]=a[N]*(b[N]+c[N])$。一般的计算机就是采用这种方式组成循环程序进行处理的。在每次循环中，至少要用到以下几条机器指令：

```
…
ki=bi+ci
di=ki*ai
…
BE（等于“0”分支成功）
```

上面程序计算共需 N 次循环，其中 $N-1$ 次分支成功，在每次循环中有一次数据相关。如果用静态流水线，要进行两次乘和加的功能转换，所以共出现 N 次数据相关和 $2N$ 次功能切换。因此，这种水平处理方式不适合对向量进行流水处理。

实际上，可以认为 $\boldsymbol{A}$、$\boldsymbol{B}$、$\boldsymbol{C}$、$\boldsymbol{D}$ 是长度为 N 的向量。$\boldsymbol{A}=(a_1a_2\cdots a_N)$，$\boldsymbol{B}=(b_1b_2\cdots b_N)$，$\boldsymbol{C}=(c_1c_2\cdots c_N)$，$\boldsymbol{D}=(d_1d_2\cdots d_N)$。因此，上述 DO 循环可以写成以下向量运算的形式：

$$\boldsymbol{D}=\boldsymbol{A}*(\boldsymbol{B}+\boldsymbol{C})$$

基于该向量表示形式，可以有下面两种处理方式。

2．垂直处理方式

垂直（纵向）处理方式是将整个向量按相同的运算处理完之后，再去执行别的运算。对于上式，则有

$$\boldsymbol{K}=\boldsymbol{B}+\boldsymbol{C}$$
$$\boldsymbol{D}=\boldsymbol{K}*\boldsymbol{A}$$

可以看出，仅用了两条向量指令，且处理过程中没有出现分支指令，每条向量指令内无相关，两条向量指令间仅有一次数据相关。如果仍用静态多功能流水线，也只需 1 次功能切换，所以这种处理方式适合于对向量进行流水处理。

下面分析这种处理方式对处理机结构的要求。由于向量长度 N 是不受限制的，无论 N 有多大，相同的运算都用一条向量指令完成。因此，向量运算指令的源向量和目的向量都是存放在存储器内的，使这种处理机流水线运算部件的输入、输出端都直接（或经向量数据缓冲器）与存储器相连，从而构成存储器-存储器型操作的运算流水线，其结构如图 3.41 所示。CDC 公司的 STAR-100、CYBER-205 等中央处理机都采用这种结构。

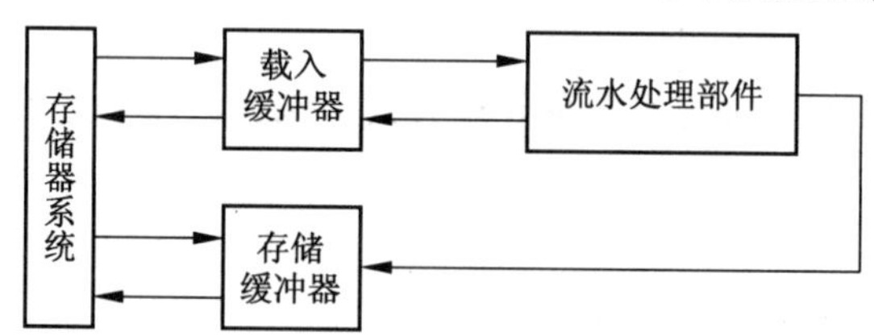

图 3.41　存储器-存储器型操作的运算流水线

这种结构要求极大地提高了存储系统和流水处理机之间的通信带宽，使得在流水线的输入端能每拍从存储器取得一对元素，并能向存储器写回一个结果，这样才能保证流水线的平稳流动。

3．分组处理方式

分组（纵横）处理方式是把长度为 N 的向量，分成若干组，每组长度为 $\boldsymbol{n}$，组内按纵向方式处理，依次处理各组，若

$$N=sn+r$$

其中，r 为余数，也作为一组处理，则共有 s+1 组，其运算过程为：先算第 1 组；再算第 2 组；……；最后算第 s+1 组。

为了减少循环的影响，每组内各用两条向量指令，各组内仅有一次向量指令的数据相关。如果也用静态多功能流水线，则各组需两次功能切换，比水平处理方式要少。所以，这种处理方式也适合于对向量进行流水处理。

这种处理方式对向量长度 N 的大小也不限制，但是，每一组的长度最大不准超过 $\boldsymbol{n}$。因此，可设置长度为 $\boldsymbol{n}$ 的向量寄存器，使得每组向量运算的源向量和目的向量都在向量寄存器中，运算流水线的输入、输出端都与向量寄存器相连，从而构成寄存器-寄存器型操作的运算流水线，如图 3.42 所示。不少机器如 CRAY-1，YH-1 的中央处理机都采用这种结构。

这种结构要求有容量足够大的向量寄存器组。它们不但能存放源向量，而且能保留中间结果，从而大大减少了访问存储器的次数；此外，可降低对存储器带宽的要求，也可减少因存储器访问冲突而引起的等待时间，从而提高处理速度。

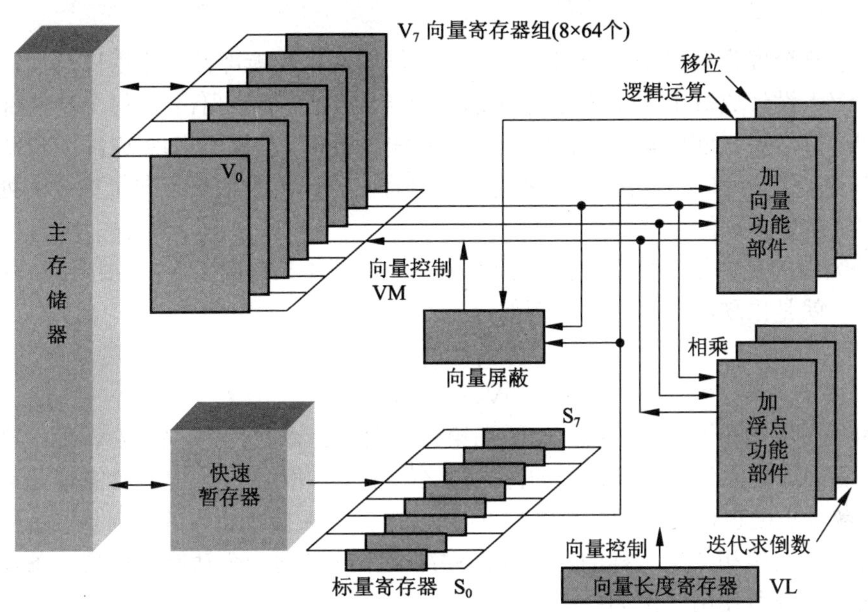

图 3.42 寄存器-寄存器型操作的运算流水线（CRAY-1 简图）

最后讨论一下向量处理机的速度评价方法。在标量处理机中，执行一条运算指令，一般可以得到一个运算结果。因此，通常用每秒执行多少指令（Million Instructions Per Second，MIPS）来衡量机器的运算速度。而向量处理机则完全不同，执行一条向量指令往往可以取得几十个或更多的运算结果。显然，再用上述指标来衡量机器速度就不合适了。在科学计算中，常常用每秒取得多少个浮点运算结果表示机器速度，以 MFLOPS（Million of Floating Point Per Second）作为测量单位。必须注意，这一指标不能直接和标量处理机中所用的 MIPS 相比。因为计算机执行的指令，除运算指令外，还有更多的服务性指令（如 Load、Store、测试、分支等）。在每秒执行多少条指令的速度指标中，是把这些服务性指令都考虑在内的；而在每秒取得多少个浮点运算结果的速度指标中，则不考虑这些指令。

一般认为，在标量计算机中，执行一次浮点运算需要 2～5 条指令，平均需 3 条指令。因此，如果要把这两种速度指标放在一起比较的话，那么就应该把 MFLOPS 乘以一个系数（如 3），得出相应的 MIPS。

另一种评定计算机速度的方法是比较法。选择一台其速度指标得到公认的机器作为标准机，给定一些典型的基准程序，分别在标准机和被测机上求解。然后，按照所记录的解题时间比例，评定被测机的速度指标。

3.5.2 向量处理机实例分析

20 世纪 70 年代中期问世的 CRAY-1 向量机是向量处理机的典型代表，其向量流水处理部件简图如图 3.42 所示。可为向量运算使用的功能部件有：整数加、逻辑运算、移位、浮点加、浮点乘、浮点迭代求倒数。它们都是流水处理部件，且 6 个部件可并行工作。向量寄存器组的容量为 512 个字，分成 8 块。每个 V_i 块可存元素个数达 64 的一个向量。

为了能充分发挥向量寄存器组和可并行工作的 6 个功能部件的作用以及加快向量处理，CRAY-1 设计成每个 V_i 块都有单独总线可连到 6 个功能部件，而每个功能部件也各自都有把运算结果送回向量寄存器组的输出总线。这样，只要不出现 V_i 冲突和功能部件冲突，各个 V_i 之间和各个功能部件之间都能并行工作，大大加快了向量指令的处理，这是 CRAY-1 向量处理的显著特点。

V_i 冲突指的是并行工作的各向量指令的源向量或结果向量的 V_i 有相同的。除了相关情况之外，就是出现源向量冲突，例如：

$$V_4 = V_1 + V_2$$
$$V_5 = V_1 \wedge V_3$$

这两条向量指令不能同时执行，需在第一条向量指令执行完，释放 V_1 后，第二条指令才能执行。这是因为这两条指令的源向量之一虽然都取自 V_1，但两者的首元素下标可能不同，向量长度也可能不同，难以由 V_1 同时提供两条指令所需的源向量。这种冲突和前面所讨论的结构相关是一样的。功能部件冲突指的是同一个功能部件被一条以上的并行工作向量指令所使用。例如：

$$V_4 = V_2 * V_3$$
$$V_5 = V_1 * V_6$$

这两条向量指令都需用到浮点相乘部件，那就需在第一条指令执行完毕，功能部件释放后，第二条指令才能执行。

CRAY-1 有如图 3.43 所示的 4 种向量指令。第一种，每拍从 V_i、V_j 块顺序取得一对元素送入功能部件。各种功能部件执行的时钟周期数不同，其输出也是每拍送进 V_k 块一个结果元素。元素对的个数由 V_L（向量长度）寄存器指明。向量屏蔽寄存器（V_M）为 64 位，每位对应 V 的一个元素。在向量合并或测试时，由 V_M 控制对哪些元素进行合并和测试。一条指令至多只能处理 64 对元素（对应每块的容量）。若向量的长度大于 64，需用向量循环程序将其分段，各段中向量元素个数要小于等于 64，然后以段为单位从存储器中调入并进行处理。第二种和第一种的差别只在于它的一个操作数取自标量寄存器 S_i。大多数向量指令都属于这两种。由于它们不是由存储器，而是由向量寄存器取得操作数的，所以流水速度很高，CRAY-1 的时钟周期时间为 12.5ns（一拍）。第三、第四种是控制存储器与 V 向量块之间的数据传送，Load、Store 一个字（元素）需用 6 拍。

CRAY-1 向量处理的另一个显著特点是，只要不出现功能部件冲突和源向量冲突，通过链接结构可使相关的向量指令也能并行处理。例如，对上述向量运算 $\boldsymbol{D}=\boldsymbol{A}*(\boldsymbol{B}+\boldsymbol{C})$，若 $N \leqslant 64$，向量为浮点数，则在 $\boldsymbol{B}$、$\boldsymbol{C}$ 取到 V_0、V_1 后，就可用以下三条向量指令求解：

（1）$V_3 \leftarrow$ 存储器（访存，载入 $\boldsymbol{A}$）

（2）$V_2 \leftarrow V_0 + V_1$（浮点加）

（3）$V_4 \leftarrow V_2 * V_3$（浮点乘，存 $\boldsymbol{D}$）

第一、第二条指令无任何冲突，可以并行执行。第三条指令与第一、第二条指令之间存在数据相关，不能并行执行，但是如果能够将第一、第二条指令的结果元素直接链接到第三条指令所用的功能部件，那么第三条指令就能与第一、第二条指令并行执行，其链接过程如图 3.44 所示。

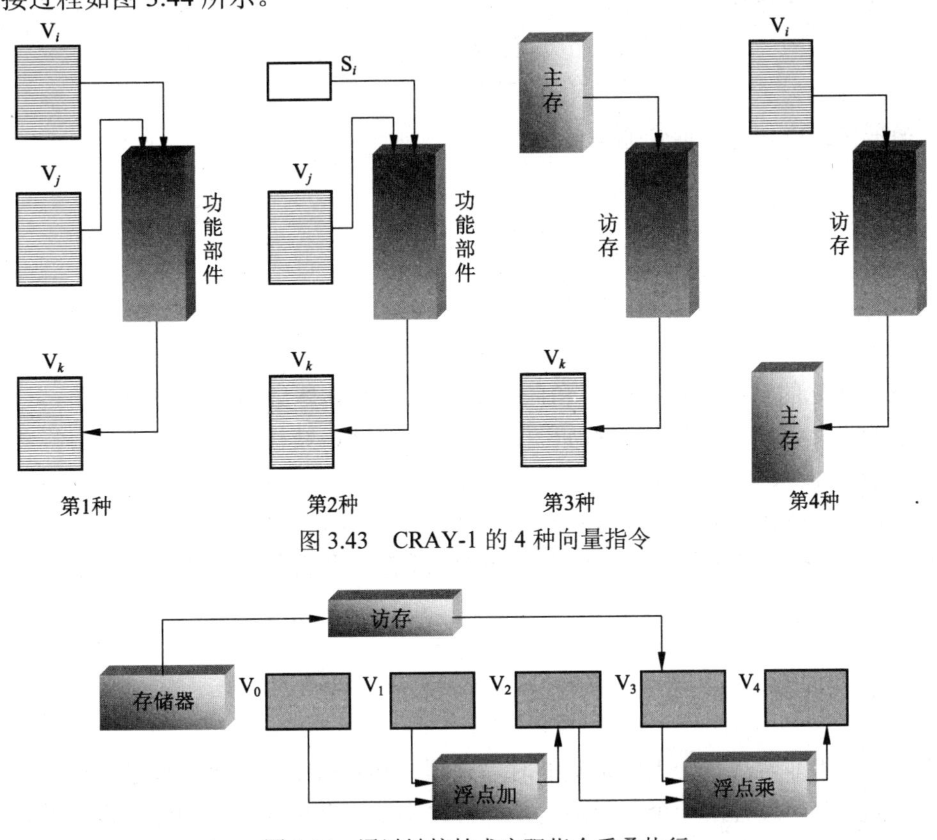

图 3.43　CRAY-1 的 4 种向量指令

图 3.44　通过链接技术实现指令重叠执行

由此可见，链接特性实质上是把流水线“定向”的思想引入向量执行过程的结果。

CRAY-1 在把元素送往功能部件及把结果存入 V_i 时都需一拍。由于第一、第二条指令之间没有任何冲突，可以同时执行，而“访存”拍数正好与“浮加”的一样，因此，从访存开始，直至把第一个结果元素存入 V_4，所需拍数（也称为链接流水线的流水时间）为

1（送）+6（访存）+1（入）+1（送）+7（浮乘）+1（入）=17（拍）

此后，就是每拍取得一个结果元素存入 V_4。显然，这比第一、第二条指令全执行完，所有元素全进入 V_2、V_3 后，才开始执行第三条指令要快得多。

通过这种链接技术使得 CRAY-1 流水线能灵活组织，从而更能发挥流水技术的效能。

CRAY-1 的向量指令还可做到“源 V”和“结果 V”是同一个，这种向量递归操作和前述的链接特性对于实现诸如求向量点积等是很有好处的。

上面结合 CRAY-1 介绍了向量流水机器的结构特点。然而，要使软件能充分发挥硬件所提供的这些特点却是很不容易的，它必然要对语言结构和编译程序提出新的要求。例如，它希望高级语言能增设向量运算符（如向量加、向量乘等），不然，程序设计者在

编制高级语言程序时，要把向量运算通过 DO LOOP 实现，而编译程序反过来却又要把 DO LOOP 型语句变换成向量型的机器语言去执行。例如

$$C=A+B$$

的向量运算，程序设计者是用

```
          DO 20 I=1, N
20        C(I)=A(I)+B(I)
```

实现，但编译程序却又要把它编译成

```
VECT_BEGIN
A, B, C=VECTOR(1…N)
C=A+B
VECT_END
```

去执行。

另外，优化的目标程序必然要和向量流水机器的具体结构特点密切相关，这会使编译程序的设计复杂化。例如，对如图 3.5 所示的 ASC 结构，那就要求把目标程序中的相加指令和相乘指令分别集中在一起，以减少流水线功能切换所费时间。然而，CRAY-1 却无此要求，因为它有独立的能并行执行的相乘、相加功能部件。但是，它却要求编译程序能充分发挥多功能部件和上述链接能力所能提供的多条向量指令可并行执行的特点。

3.6 小结

流水线技术非常适合于大量重复的时序过程，其实质是把一个处理过程分解为若干个子过程，每个子过程由一个专门的功能部件来实现，并依靠这些功能部件的并行工作来提高处理速度（吞吐率）。可以从不同的角度和观点对流水线进行分类，如流水线所完成的功能、连接方式、数据表示、反馈回路、任务流入和流出的顺序，以及使用流水技术的计算机系统的等级。

衡量流水线性能的主要指标有吞吐率、加速比和效率。本章介绍的 5 级 MIPS 流水线的性能也可以根据这三项指标进行评价。在该流水线上执行每条指令仍然需要 5 个时钟周期，但是指令执行的吞吐率却有很大提高。

如果流水线中的每条指令都相互独立，可以充分发挥流水线的性能。但在实际中，流水线中流动的指令极有可能会相互依赖，即它们之间存在着相关关系。指令相关包括数据相关、结构相关和控制相关三类，可以通过硬件技术（如定向）或软件技术（如编译调度）解决。无法消除的指令相关将导致流水线性能的降低。

本章介绍的 MIPS 流水线在每个时钟周期最多只能得到一个结果，即使能够很好地消除由于指令相关引起的流水线暂停，也只能使 IPC 接近 1。为了获得更高的 IPC，需要借助第 4 章介绍的指令级并行开发技术。

在科学计算等数据密集型应用中，往往会对大量不相关的数据进行同一种运算，正

好适合于流水线的特点。因此，就出现了设有向量数据表示和相应向量指令的向量流水线处理机。通过对向量机的典型代表 CRAY-1 的分析可以看出提高向量机性能的一些设计方法，如链接技术等。

习题 3

1．解释下列名词。

流水线技术	通过时间	排空时间	定向技术
部件级流水线	指令流水线	系统级流水线	单功能流水线
多功能流水线	静态流水线	动态流水线	线性流水线
非线性流水线	顺序流水线	乱序流水线	吞吐率
流水线加速比	流水线的效率	相关	数据相关
控制相关	结构相关	写后读相关	写后写相关
读后写相关			

2．简述流水线技术的特点。

3．简述通过软件（编译器）来减少分支延迟的三种方法。这些方法的特点是什么？

4．简述延迟分支方法中的三种调度策略的优缺点。

5．在一条单流水线多操作部件的处理机上执行下面的程序，取指令、指令译码各需要一个时钟周期，MOVE、ADD 和 MUL 操作各需要 2 个、3 个和 4 个时钟周期。每个操作都在第一个时钟周期从通用寄存器中读操作数，在最后一个时钟周期把运算结果写到通用寄存器中。

```
K:          MOVE R1, R0          ;R1← (R0)
K+1:        MUL R0, R2, R1       ;R0← (R2) * (R1)
K+2:        ADD R0, R3, R2       ;R0← (R3) + (R2)
```

画出指令执行的流水线时空图，并计算执行完三条指令共使用了多少个时钟周期。

第 4 章　指令级并行

4.1　指令级并行的概念

大家已经知道，当指令之间不存在相关时，它们在流水线中是可以重叠起来并行执行的。这种指令序列中存在的潜在并行性称为指令级并行（Instruction-Level Parallelism，ILP）。本章研究如何通过各种可能的技术，获得更多的指令级并行性，这些技术可以划分为硬件技术和软件技术。这里强调指出，虽然采用硬件技术或者软件技术都可以提高指令级并行性的程度，但是必须要硬件技术和软件技术互相配合，才能够最大限度地挖掘出程序中存在的指令级并行。

流水线处理器的实际 CPI（平均每条指令使用的周期数）等于理想流水线的 CPI 加上各类停顿引起的周期数的总和：

$$\text{CPI}_{\text{流水线}} = \text{CPI}_{\text{理想}} + \text{停顿}_{\text{结构相关}} + \text{停顿}_{\text{先写后读}} + \text{停顿}_{\text{先读后写}} + \text{停顿}_{\text{写后写}} + \text{停顿}_{\text{控制相关}}$$

流水线的理想 CPI 是流水线的最大流量；结构相关停顿是由于两条指令使用同一个功能部件而导致的；控制相关停顿是由于指令流的改变（如分支指令）而导致的；先写后读（RAW）停顿、先读后写（WAR）停顿和写后写（WAW）停顿是由数据相关造成的。减少其中的任何一种停顿，都可以有效地减少 CPI，从而提高流水线的性能。表 4.1 列出了要研究的技术以及它们所克服的停顿。

表 4.1　本章要研究的技术以及它们所克服的停顿

技　　术	主要克服的停顿	相关章节
基本流水线调度	数据先写后读相关停顿	4.1
循环展开	控制相关停顿	4.1
寄存器换名	数据写后写相关和先读后写相关停顿	4.1
指令动态调度（记分牌和 Tomasulo 算法）	各种数据相关停顿	4.2
动态分支预测	控制相关停顿	4.3
前瞻（Speculation）	所有数据/控制相关停顿	4.3
多指令流出（超标量和超长指令字）	提高理想 CPI	4.4

研究表明，一个基本程序块（一段除了入口和出口以外不包含其他分支的线性代码段）中指令之间存在的并行性并不充分，因为程序平均每 6～7 条指令就会有一个分支，仅仅在基本块内部开发指令级并行，其并行度将小于 6 或 7，因此必须在多个基本块之间开发指令级的并行性。目前最常见也是最基本的方法，是开发循环体中存在的并行性。循环体中指令之间的并行性称为循环级并行性，这是指令级并行研究的重点之一。在开发循环级并行的各种技术中，最基本的技术有指令调度（Scheduling）技术、循环展开

（Loop Unrolling）技术和换名（Renaming）技术。

循环展开是展开循环体若干次，将循环级并行性转化为指令级并行的技术。这个过程既可以通过编译器静态完成，也可以通过硬件动态进行。开发循环级并行性的另外一个重要技术是向量处理技术。具有向量处理指令的典型机器是向量计算机，有关向量处理和向量计算机的内容本章不作讨论。与前面一致，本章中的分支指令就是指条件转移指令。

4.1.1 循环展开调度的基本方法

要保证流水线的效率，必须保持流水线长时间充满。通过开发无关指令序列，使它们重叠执行，可以使流水线长时间地充满。所谓指令调度就是通过改变指令在程序中的位置，将相关指令之间的距离加大到不小于指令执行延迟的时钟数，这样就可以将相关指令转化为无关指令。指令调度是循环展开的技术基础。

编译器在完成这种指令调度时，受限于以下两个特性：一是程序固有的指令级并行性；二是流水线功能部件的执行延迟。本章中使用的浮点流水线的延迟如表 4.2 所示。

表 4.2　本章使用的浮点流水线的延迟

产生结果指令	使用结果指令	延迟时钟周期数
浮点计算	另外的浮点计算	3
浮点计算	浮点数据存操作（SD）	2
浮点数据取操作（LD）	浮点计算	1
浮点数据取操作（LD）	浮点数据存操作（SD）	0

需要说明的是，由于数据取操作的结果可以毫无停顿地通过相关专用通路机制（定向通道或旁路机制）传送到数据存部件，所以延迟为 0。本章如果不加特别说明，整数流水线采用 3.3.3 节给出的经过改进的标准 MIPS 整数流水线，分支指令的分支条件检测调整到 ID 段，因此，如果分支指令使用上一条指令的结果作为分支条件，将要等待 1 节拍，同时分支指令有 1 个节拍的分支延迟槽。当然，如果采用 3.2.2 节中的流水线，分支指令的分支条件检测在 EX 段进行，则当分支指令使用上一条指令的结果作为分支条件时，无须等待，但是分支指令后面就会有 2 个时钟周期的分支延迟。其他整数运算操作没有延迟。

下面通过一个实例对循环展开技术进行研究和性能分析。

例 4.1　对于下面的源代码，转换成 MIPS 汇编语言，在不进行指令调度和进行指令调度两种情况下，分析代码一次循环的执行时间。

```
for (i=1; i<=1000; i++)
    x[i] = x[i] + s;
```

解： 对于这一段循环，可以看出，每一遍循环之间是不存在相关的，所以多遍循环可以同时执行而不会导致结果的错误。

按照编译技术，首先给变量分配寄存器：整数寄存器 R1 用作循环计数器，初值为向量中最高端地址元素的地址，浮点寄存器 F2 用于保存常数 *S*。为简单起见，假定最低端元素的地址为 8。下面将程序转换成 MIPS 汇编语言程序。

```
Loop:   LD      F0,0(R1)     ;F0 中为向量元素
        ADDD    F4,F0,F2     ;加常数
        SD      0(R1),F4     ;保存结果
        SUBI    R1,R1,#8     ;修改指针，向下偏移 8 个字节
        BNEZ    R1,Loop      ;循环控制
```

不进行指令调度的情况下，根据表 4.2 给出的浮点流水线中指令执行的延迟，以上程序执行的实际时钟情况如下：

```
                             指令流出时钟
Loop:   LD      F0,0(R1)         1
        (空转)                   2
        ADDD    F4,F0,F2         3
        (空转)                   4
        (空转)                   5
        SD      0(R1),F4         6
        SUBI    R1,R1,#8         7
        (空转)                   8
        BNEZ    R1,Loop          9
        (空转)                   10
```

可以看出，每完成一个元素的操作需要 10 个时钟周期，其中有 5 个是空转周期。在对上述程序进行指令调度以后，程序的执行情况如下：

```
                             指令流出时钟
Loop:   LD      F0,0(R1)         1
        SUBI    R1,R1,#8         2
        ADDD    F4,F0,F2         3
        (空转)                   4
        BNEZ    R1,Loop          5
        SD      8(R1),F4         6
```

最后是将保存结果的指令 SD 放在分支指令的分支延迟槽中。由于修改地址偏移量的 SUBI 指令被调度到 SD 指令之前，所以在执行 SD 指令时需要对存储器地址偏移量进行调整。

经过指令调度，一个元素的操作时间从 10 个时钟周期减少到 6 个时钟周期，其中 5 个周期是有指令执行的，只剩下 1 个空转周期。

这个例子中的指令调度是完全可以由编译器完成的。编译器首先在指令 LD 和指令 ADDD 之间的空转周期中调入后续指令序列中无关的指令，这种“调动”可能导致一些指令中操作数地址的偏移量发生变化。一个“聪明”的编译器可以找出指令块中的无关指令，对它们进行位置调整，再根据调整的结果，对其中发生变化的位置信息（地址）进行修改，如例子中需要将保存结果的指令（SD）中目标操作数地址的偏移量由 0 变为 8。

进一步分析上面的例子，可以发现虽然完成对一个元素操作的执行时间从 10 个时钟周期减少到 6 个时钟周期，但是其中只有 LD、ADDD 和 SD 这三条指令是需要的有效操作，占用 3 个时钟周期，而 SUBI、空转和 BENZ 这三个时钟周期都是为了控制循环和解决数据相关等待而附加的，因此整个执行过程中有效操作的比例并不高。要减少这种附加的循环控制开销在程序执行时间中所占的比率，一个简单的办法就是运用循环展开技术。循环展开就是通过多次复制循环体并相应调整展开后的指令和循环结束条件，来相对增加有效操作时间与循环控制操作时间的比重。这种技术同时也给编译器进行指令调度带来了更大的空间。通过下面的例子，可以看到循环展开技术的特点。

例 4.2 将例 4.1 中的循环展开成 3 次得到 4 个循环体，再对展开后的指令序列在不调度和调度两种情况下，分析代码的性能。假定 *R*1 的初值为 32 的倍数，即循环次数为 4 的倍数。

解 由于假定 *R*1 的初值为 32 的倍数，即循环次数为 4 的倍数，因此在展开成 4 个循环体后，循环结束后没有剩余尚未执行的操作，因此无须在循环体后面增加补偿代码。

首先分配寄存器，考虑展开后的循环体内不重复使用寄存器。F0、F4 已经用于展开后的第一个循环体，F2 用于保存常数，F6 和 F8 用于展开后的第二个循环体，F10 和 F12 用于第三个循环体，F14 和 F16 用于第四个循环体。展开后没有调度的代码如下：

```
                                    指令流出时钟
Loop:LD       F0,0(R1)              1
     (空转)                          2
     ADDD     F4,F0,F2              3
     (空转)                          4
     (空转)                          5
     SD       0(R1),F4              6
     LD       F6,-8(R1)             7
     (空转)                          8
     ADDD     F8,F6,F2              9
     (空转)                          10
     (空转)                          11
     SD       -8(R1),F8             12
     LD       F10,-16(R1)           13
     (空转)                          14
     ADDD     F12,F10,F2            15
     (空转)                          16
     (空转)                          17
     SD       -16(R1),F12           18
     LD       F14,-24(R1)           19
     (空转)                          20
     ADDD     F16,F14,F2            21
     (空转)                          22
     (空转)                          23
     SD       -24(R1),F16           24
```

```
SUBI    R1,R1,#32         25
（空转）                   26
BNEZ    R1,Loop           27
（空转）                   28
```

这个循环每遍共使用了28个时钟周期，有4个循环体，完成4个元素的操作，平均每个元素使用28/4=7个时钟周期。与原始循环的每个元素需要10个时钟周期相比较，节省的时间主要是从减少循环控制的开销中获得的。在整个展开后的循环中，实际指令只有14条，其他13个周期都是空转，可见效率并不高。下面对指令序列进行优化调度，以减少空转周期：

```
                                    指令流出时钟
Loop:   LD      F0,0(R1)                 1
        LD      F6,-8(R1)                2
        LD      F10,-16(R1)              3
        LD      F14,-24(R1)              4
        ADDD    F4,F0,F2                 5
        ADDD    F8,F6,F2                 6
        ADDD    F12,F10,F2               7
        ADDD    F16,F14,F2               8
        SD      0(R1),F4                 9
        SD      -8(R1),F8                10
        SUBI    R1,R1,#32                12
        SD      16(R1),F12               11
        BNEZ    R1,Loop                  13
        SD      8(R1),F16                14
```

这个循环由于没有数据相关引起的空转等待，因此整个循环仅仅使用了14个时钟周期，平均每个元素的操作使用14/4=3.5个时钟周期。

从上述例子中可以知道，循环展开和指令调度可以有效地提高循环级并行性。仔细分析代码结构和执行过程，可以发现这种循环级并行性的提高实际是通过实现指令级并行来达到的。

不难理解，这个过程可以使用编译器来完成，以后会看到，这个过程也可以通过硬件来完成。

从上述例子中还可以看出，循环展开和指令调度时要注意以下几个方面：

（1）保证正确性。在循环展开和调度过程中尤其要注意两个地方的正确性，一是循环控制，二是操作数偏移量的修改。

（2）注意有效性。只有找到不同循环体之间的无关性，才能够有效地使用循环展开。

（3）使用不同的寄存器。如果使用相同的寄存器，或者使用较少数量的寄存器，就可能导致新的冲突。

（4）尽可能减少循环控制中的测试指令和分支指令。

（5）注意对存储器数据的相关性分析。对于存储器取指令（Load）和存储器存指令（Store），需要确定它们中哪些地址是相同的，这种分析对于跨循环的访存指令尤其重要。

（6）注意新的相关性。由于展开前不同次的循环在展开后都到了同一次循环中，因此可能带来新的相关性。

实现循环展开的关键是分析清楚代码中指令的相关性，然后通过指令调度来消除相关。这也是本章研究的内容。

4.1.2 相关性

研究程序代码中的相关性，不但有助于指令的调度，而且可以明确代码固有的并行性和可以获得的并行性。存在相关的两条指令，不但不能改变它们的顺序，同时这两条指令执行也可能会引起问题。但是，相关是否导致流水线的空转，还与流水线的组织与结构有关，理解和处理这两点之间的关系是开发指令级并行的关键。

程序中的相关主要有以下三种：数据相关（Data Dependence）、名相关和控制相关。

1. 数据相关

对于指令 i 和指令 j，如果

（1）指令 j 使用指令 i 产生的结果，或者

（2）指令 j 与指令 k 数据相关，指令 k 与指令 i 数据相关，则指令 j 与指令 i 数据相关。

其中第（2）个条件表明，数据相关具有传递性。数据相关是两条指令之间存在一个先写后读相关链，这种相关链应该贯穿整个程序，是程序的内在特征，也就是说数据相关是程序相关性中最本质的相关之一。但是这种相关链是导致流水线停顿的原因之一，因为相关的两条指令是不能够完全重叠执行的。

保证数据相关的指令之间的执行顺序关系，消除相关指令的重叠执行，硬件可以采用互锁（Interlock）机制，也就是一旦硬件检测到某条指令与前面正在流水线中执行的指令存在数据相关，则停止本指令的执行，插入空转周期，一直到前面指令执行的结果可以使用为止，这个过程就是指令流水线产生了停顿。这个功能也可以使用编译器通过指令调度来完成：编译器在相关处插入足够数量的空操作指令（等效于空转周期），保证当前指令不会错误地使用一个尚未产生的数据，此种情况下，编译器必须精确了解处理器的结构和指令执行的过程，否则编译的结果是不能够正确工作的。

如果定义指令的相关距离（Distance）为两条指令之间的指令条数，则分析数据相关的主要工作是：

（1）确定指令的相关性，找到所有可能产生停顿的地方。

（2）确定必须严格遵守的数据的计算顺序。

（3）确定指令的最大相关距离，确定程序中可能的最大并行性。

实际上，这些因素决定了程序中到底有多少指令级并行性，是否可获得程序中存在的指令级并行。

消除一个确实存在的数据相关导致的停顿，需要对程序的全局结构进行分析，这个分析过程通常由编译器来完成。

另外一个与数据相关有密切联系的问题是判断数据相关时面对的被判断对象：寄存器和存储器。当数据相关发生在寄存器之间时，编译器是比较容易判断的，因为所有计算机的寄存器都是唯一地统一命名的，不存在二义性。而对于存储器中数据的相关性判断要困难得多。

2. 名相关

指令使用的寄存器或存储器称为名。如果两条指令使用相同的名，但是它们之间并没有数据流，则称之为名相关（Name Dependence）。指令 j 与指令 i 之间名相关有以下两种：

（1）反相关（Anti-Dependence）。指令 i 先执行，指令 j 写的名是指令 i 读的名。反相关指令之间的执行顺序是必须保证的。反相关就是先读后写相关。

（2）输出相关（Output Dependence）。指令 j 和指令 i 写相同的名。输出相关指令的指令顺序是不允许颠倒的。输出相关就是写后写相关。

与数据相关比较，名相关的指令之间没有数据交换。如果一条指令中的名改变了，并不影响另外一条指令的执行，因此可以通过改变指令中操作数的名来消除名相关，这就是换名（Renaming）技术。对于寄存器操作数进行换名称为寄存器换名（Register Renaming）。这个过程既可以用编译器静态完成，也可以用硬件动态完成。

借助例 4.2，对其编译过程进行分析，来仔细考察换名的过程。首先，仅仅去除 4 遍循环体中的分支指令，得到以下由 17 条指令构成的指令序列：

```
Loop:   LD      F0,0(R1)
        ADDD    F4,F0,F2
        SD      0(R1),F4
        SUBI    [R1],R1,#8
        LD      F0,0([R1])
        ADDD    F4,F0,F2
        SD      0([R1]),F4
        SUBI    R1,[R1],#8
        LD      F0,0(R1)
        ADDD    F4,F0,F2
        SD      0(R1),F4
        SUBI    R1,R1,#8
        LD      F0,0(R1)
        ADDD    F4,F0,F2
        SD      0(R1),F4
        SUBI    R1,R1,#8
        BNEZ    R1,Loop
```

在这个指令序列中，SUBI 指令由于 R1 寄存器而导致一个 LD、SD 和下一个 SUBI 的相关链，指令序列中仅仅把第一个相关链中的 R1 框起来了，还有两个相关链是类似的。程序的 4 条 SUBI 指令中前 3 条不再作为循环控制变量修正，而仅仅作为存储器访问地址的修正，所以可以在编译器通过对相关链上存储器访问偏移量的直接调整，将前 3 条 SUBI 指令消除掉，从而得到下面一个 14 条指令构成的指令序列，指令中被框起来的部分就是修正后的偏移量：

```
Loop:    LD      F0,0(R1)
         ADDD    F4,F0,F2
         SD      0(R1),F4
         LD      F0,-8(R1)
         ADDD    F4,F0,F2
         SD      -8(R1),F4
         LD      F0,-16(R1)
         ADDD    F4,F0,F2
         SD      -16(R1),F4
         LD      F0,-24(R1)
         ADDD    F4,F0,F2
         SD      -24(R1),F4
         SUBI    R1,R1,#32
         BNEZ    R1,Loop
```

由于循环使用 F0 和 F4 寄存器作为操作数，F2 寄存器保存常数，所以上面的指令序列中存在大量关于 F0 和 F4 的名相关，这些名相关同样导致展开后的循环体中大量涉及 F0 和 F4 的指令顺序不能变化，指令难以调度。通过寄存器换名，就可以消除这些名相关。第 1 个循环体使用 F0 和 F4 寄存器，在第二个循环体中，F0 和 F4 寄存器被换名为 F6 和 F8，在第三个循环体中，F0 和 F4 寄存器被换名为 F10 和 F12，在第二个循环体中，F0 和 F4 寄存器被换名为 F14 和 F16。这样就得到了下面的指令序列，指令中被框起来的部分就是进行寄存器换名后的结果。

```
Loop:    LD      F0,0(R1)
         ADDD    F4,F0,F2
         SD      0(R1),F4
         LD      F6,-8(R1)
         ADDD    F8,F6,F2
         SD      -8(R1),F8
         LD      F10,-16(R1)
         ADDD    F12,F10,F2
         SD      -16(R1),F12
         LD      F14,-24(R1)
         ADDD    F16,F14,F2
         SD      -24(R1),F16
         SUBI    R1,R1,#32
         BNEZ    R1,Loop
```

换名后，4 遍循环之间都不存在相关，指令才有可能跨循环遍次进行调度，得到例 4.2 的最终结果。

上述换名操作过程是通过编译器来完成的，后面会看到，通过硬件也能完成实现换名操作。在换名过程中已经可以发现，换名操作需要较大的寄存器开销。

3. 控制相关

控制相关（Control Dependence）是指由分支指令引起的相关。它需要根据分支指令执行的结果来确定后续指令执行的顺序。控制相关与分支成功和分支不成功两个基本程序块的执行有关，典型的程序结构是 if-then 结构。看下面一个示例：

```
if p1{
        S1;
};
S;
if p2{
        S2;
};
```

实际上 p1 和 p2 编译成目标码以后都是分支指令。语句 S1 与 p1 控制相关，S2 与 p2 控制相关，S 与 p1 和 p2 都控制无关。处理控制相关有以下两个原则：

（1）与控制相关的指令不能移到分支指令之前，即控制有关的指令不能调度到分支指令控制范围以外；

（2）与控制无关的指令不能移到分支指令之后，即控制无关的指令不能调度到分支指令的控制范围以内。

再考察例 4.2。假设循环展开时，循环控制分支指令没有去除，则指令序列如下，其中被框起来的前三个循环的分支控制作了修正，将 BNEZ 指令修改为 BEQZ 指令：

```
Loop:    LD        F0,0(R1)
         ADDD      F4,F0,F2
         SD        0(R1),F4
         SUBI      R1,R1,#8
         BEQZ      R1,Exit
         LD        F0,0(R1)
         ADDD      F4,F0,F2
         SD        0(R1),F4
         SUBI      R1,R1,#8
         BEQZ      R1,Exit
         LD        F0,0(R1)
         ADDD      F4,F0,F2
         SD        0(R1),F4
         SUBI      R1,R1,#8
         BEQZ      R1,Exit
         LD        F0,0(R1)
         ADDD      F4,F0,F2
         SD        0(R1),F4
         SUBI      R1,R1,#8
```

```
          BNEZ      R1,Loop
Exit:     …
```

同样，由于被框起来的三条分支指令的存在，引起控制相关，导致其后的 4 条指令不能够跨越分支指令进行调度，也就是不同循环遍次里的指令不能够跨越循环遍次进行调度。去除分支指令可以减少或消除控制相关。在去除了这三条分支指令以后，就消除了程序中相应的控制相关，从而消除了跨越分支指令的全局调度，其后的指令才有可能在不同的循环遍次之间调度。

本小节通过对三种相关性的研究，可以看出在基本块中存在的并行性，也了解了消除相关性的基本方法和原理。后面会进一步讨论编译器和硬件如何进一步提高指令级并行，从功能上来看，编译器的工作主要是判断和消除相关，而硬件则主要是避免或者减少由于相关而导致的机器阻塞和空转，从实现技术上看，它们发展得越来越复杂。

4.2 指令的动态调度

在第 3 章的流水线中，当流水线取一条指令时，只要指令与正在流水线中运行的指令不存在数据相关，或者虽然存在相关，但是可以通过相关专用通路机制来避免相关导致数据使用的错误，就可以流出这条指令。相关专用通路机制降低了流水线的实际延迟，因而某些数据相关不会导致数据阻塞，这个过程就是相关隐藏。如果某数据相关不能被隐藏，阻塞检测硬件机制会从使用结果的指令开始，暂停流水线，一直到数据相关消失以后，再流出新的指令，导致流水线空转，这就是流水线的互锁机制。为了消除或者减少空转，首先需要编译器确定并分离出程序中存在相关的指令，然后进行指令调度，并对代码进行优化，这个过程通常称为静态调度。静态调度首先在 20 世纪 60 年代刚刚出现并行计算时出现，其后在阵列机、向量机以及 RISC 处理器早期得到了深入研究和广泛应用，在后面章节讨论的 VLIW 结构处理器中，几乎完全依靠静态调度来提高指令级并行。

早期的几种处理器还采用了另外一种动态调度方法。它通过硬件重新安排指令的执行顺序，来调整相关指令实际执行时的关系，减少处理器空转。它可以处理一些编译时未发现的相关（比如涉及存储器访问的相关），从而简化了编译器。当初发明这些技术的目标是为了实现在一种流水线上编译的代码也可以在另外一种流水线上有效地运行。和其他技术一样，这些优点均是以硬件复杂性的显著增加来换取的。

尽管动态调度并不能真正消除数据相关，但它能在出现数据相关时尽量避免处理器空转。静态流水线调度则是通过调度会导致阻塞的相关指令，来减少处理器空转的。当然，也可以对运行于某种动态调度处理器上的代码进行静态调度。下面将讨论两种策略，第一种是解决写后写和先读后写相关引起的数据阻塞；第二种是对第一种的扩展，它还可解决先写后读数据阻塞。

4.2.1 动态调度的原理

到目前为止所使用流水线的最大的局限性在于：如果一条指令在流水线中未被处理

完，则后续指令中与之相关的指令也被阻塞，而这条被阻塞的相关指令后面的所有指令都被阻塞，不能进行处理。如果流水线中比较近的两条指令相关，流水线就会空转若干周期。如果处理器中有多个功能部件，它们就会由于没有可以处理的指令而处于空闲状态。也就是说，如果指令 j 与当前流水线中运行时间较长的指令 i 相关，那么 j 及其后面的所有指令都会被阻塞，直到 i 执行完毕。看下面一段代码：

```
DIVD    F0,F2,F4        ;S1
ADDD    F10,F0,F8       ;S2: S2 对 S1 数据相关,S2 被阻塞
SUBD    F12,F8,F14      ;S3: S3 与 S1、S2 都没有相关,但也被阻塞
```

因为 ADDD 对 DIVD 关于 F0 相关，在 DIVD 产生 F0 之前，ADDD 是不能够执行的，从而导致流水线空转。同时，虽然 SUBD 指令与流水线中的所有指令均无关，它仍然不能够执行。这就是由于指令必须顺序流出带来的局限性。

在第3章讨论的基本流水线中，结构阻塞和数据阻塞均在译码（ID）阶段进行检查。要使上面指令序列中的 SUBD 执行下去，必须对指令译码阶段的工作进一步细化，将指令结构阻塞检查和等待数据阻塞结束分为两部分，只要没有结构阻塞指令就可以流出，数据就绪（如果有数据相关，则等到数据阻塞结束）就可以执行，即相对于程序中原始的指令顺序，执行时指令可以乱序（Out-of-Order），因此指令的结束也是乱序的。

为了允许乱序执行，将基本流水线的译码阶段再分为两个阶段。

（1）流出（Issue，IS）：指令译码，检查是否存在结构阻塞。

（2）读操作数（Read Operands，RO）：当没有数据相关引发的阻塞时就读操作数。

指令流出之前先被取至指令队列中，一旦满足流出条件，指令就从队列中流出。这样分段处理，就可以同时并行执行多条指令。执行阶段紧跟在读操作数之后，和基本流水线的结构以及工作过程相同。在浮点流水线中，对于不同的运算，指令的执行可能需要不同的时钟周期。因而要明确一条指令何时开始执行，何时执行结束，这两者之间就是指令的执行时间。

指令乱序结束带来的最大问题就是异常处理比较复杂。当指令序列在执行过程中出现异常时，如果流水线可以准确地判断出异常是流水线中的哪一条指令引发的，并可以正确地保留住这一条指令的现场，则称之为精确异常处理，否则就是不精确异常处理。在这种乱序执行、乱序结束的动态调度流水线上，异常处理是不精确的，因为后面的指令可能在导致异常的指令之前已经结束了，异常出现以后，难以恢复现场。后面会看到，这个问题通过前瞻（Speculation）技术可以解决。

4.2.2 动态调度算法之一：记分牌

在动态调度流水线中，所有的指令在流出（IS）阶段是顺序的（In-Order Issue），但是在第二阶段读操作数（RO）时，只要指令运行所需的资源满足并且没有数据阻塞，就应该允许指令乱序执行。记分牌（Scoreboard）技术就是这样一种方法，它的命名起源于最早具有此功能的 CDC 6600 计算机。

在介绍记分牌在基本流水线中如何工作之前，先来分析一下由于数据先读后写（WAR）相关引起的阻塞。这种阻塞在以前讨论过的顺序流出并顺序执行的浮点流水线或整数流水线中均不存在，但当指令乱序执行时就会出现。如果在以前的例子中 SUBD 的目的寄存器是 F8，即代码序列为

```
DIVD F0,F2,F4
ADDD     F10,F0,F8
SUBD     F8,F8,F14
```

指令 SUBD 对于指令 ADDD 关于寄存器 F8 存在着反相关：如果流水线在 ADDD 读出 F8 之前 SUBD 执行结束，就会出现问题。同样的道理，为避免输出相关，必须检测写后写数据相关（比如将 SUBD 的目的寄存器换成了 F10）。记分牌技术是通过将相关的后一条指令暂停来克服这类问题的。

记分牌技术的目标在是资源充足时，尽可能早地执行没有数据阻塞的指令，达到每个时钟周期执行一条指令。如果某条指令被暂停，而后面的指令与流水线中正在执行的或被暂停的指令不相关，那么这条指令可以继续流出并执行下去。记分牌电路负责记录资源的使用，并负责相关检测，控制指令的流出和执行。

要发挥指令乱序执行的好处，必须有多条指令同时处于执行阶段，这就要求有多个功能部件或功能部件流水化或者两者兼有。这里假设处理器采用多个功能部件。CDC 6600 具有 16 个功能部件：4 个浮点部件，5 个存储器访问部件，7 个整数操作部件。在 MIPS 中，将记分牌技术主要用于浮点部件，因为其他部件的操作延迟都很小，无所谓同时执行。假设有 2 个乘法器、1 个加法器、1 个除法部件和 1 个整数部件，整数部件用来处理所有的存储器访问、分支处理和整数操作。尽管这个例子比 CDC 6600 简单，但它足以阐明记分牌的基本工作原理。图 4.1 给出了采用记分牌技术的 MIPS 处理器的基本结构。

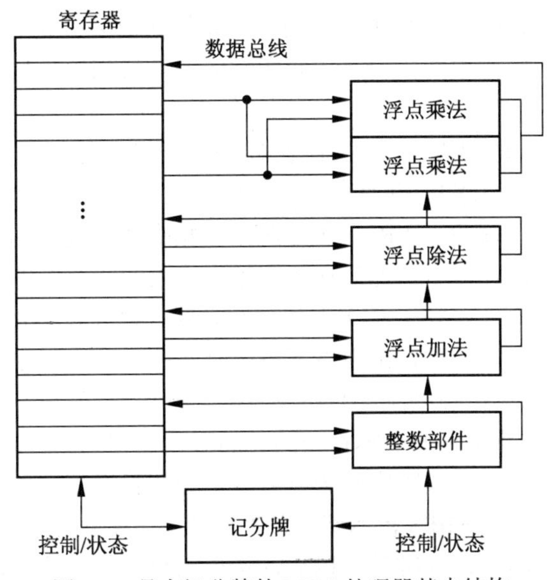

图 4.1　具有记分牌的 MIPS 处理器基本结构

每条指令均经过记分牌，并记录下各条指令间数据相关的信息，这一步对应于指令流出，部分取代 MIPS 的指令译码（ID）阶段的功能。然后记分牌就需要判断什么时候指令可以读到所需的操作数，开始执行指令。如果记分牌判断出一条指令不能立即执行，它就检测硬件的变化从而决定何时能够执行。记分牌还控制指令写目标寄存器的时机。因而，阻塞检测及其解除时机的监测全都集中在记分牌上。后面会看到记分牌的结构，但首先需要了解一下流水线中指令流出和执行的步骤。

每条指令在流水线中的执行过程可分为指令的流出、读操作数、执行和写结果这 4 段，由于主要考虑浮点操作，因此不涉及存储器访问段。下面首先叙述一下这 4 段的主要功能，然后再看记分牌是如何保存相关信息的，从而决定指令进入流水线下一段的时间。这 4 步对应于标准 MIPS 流水线的指令译码（ID）、执行（EX）和写结果（WB）三段。

（1）流出（Issue，IS）。如果本指令所需的功能部件有空闲，并且其他正在执行的指令使用的目的寄存器与本指令的不同，记分牌就向功能部件流出本指令，并修改记分牌内部的数据记录。

这一段替代标准 MIPS 流水线中指令译码（ID）段的一部分。通过确保正在流水线中执行的指令中没有与本指令使用相同的目的寄存器，从而避免出现由于写后写数据相关而导致的错误。如果存在结构相关或写后写相关，本指令就不会流出，并且后面的指令也不会流出，直到阻塞消失。由于指令流出受阻，可能导致取指段（IF）和流出段之间的缓冲被充满，一旦出现这种情况，取指段就需要暂停。

（2）读操作数（Read Operand，RO）。记分牌需要监测源操作数寄存器中数据的有效性，如果前面已流出的还在运行的指令不对本指令的源操作数寄存器进行写操作，或者一个正在工作的功能部件已经完成了对这个寄存器的写操作，那么此操作数有效。当操作数有效后，记分牌将启动本指令的功能部件读操作数并开始执行。这个过程解决了数据的先写后读（RAW）相关。

通过以上步骤，记分牌动态解决了结构相关和数据相关引发的阻塞，指令可能乱序流出。指令的流出与读操作数两段合在一起所完成的功能相当于标准 MIPS 流水线的指令译码段（ID）。

（3）执行（Execution，EX）。取到操作数后就开始执行指令。这一步相当于标准 MIPS 流水线中的执行段（EX），并且在流水线中可能要占用多个时钟周期。

（4）写结果（Write Result，WR）。记分牌知道指令执行完毕后，如果目标寄存器空闲，就将结果写入目标寄存器中，然后释放本指令使用的所有资源。

这里将检测先读后写（WAR）相关，如果有必要，记分牌将暂停此指令写结果到目的寄存器，直到相关消失。一般在出现以下情况时，就不允许指令写结果：

① 前面的某条指令（按顺序流出）还没有读取操作数；

② 其中某个源操作数寄存器与本指令的目的寄存器相同。

如果不存在先读后写阻塞或阻塞消失以后，记分牌将通知功能部件将结果写入目标寄存器。这一段替代了标准 MIPS 流水线中的写结果段（WB）。

只有操作数在寄存器中已经准备好以后，指令才可以读操作数，记分牌没有采用相关专用通道技术来提前获得结果数据。记分牌要根据它的记录数据，通过与功能部件的通信来控制指令处理的每一步。还存在一个问题，就是功能部件到寄存器文件的数据总线宽度是有限的，当流水线中进入读操作数段（RO）和写结果段（WB）的功能部件总数超过可用总线的数目，会导致结构阻塞。

记分牌需要记录的信息分为三部分。

（1）指令状态表：记录正在执行的各条指令已经进入记分牌 MIPS 流水线 4 段中的哪一段。

（2）功能部件状态表：记录各个功能部件的状态。每个功能部件在状态表中都由以下 9 个域来记录。

Busy：指示功能部件是否在工作。

Op：功能部件当前执行的操作。

F*i*：目的寄存器编号。

F*j*，F*k*：源寄存器编号。

Q*j*，Q*k*：向 R*j*，R*k* 中写结果的功能部件。

R*j*，R*k*：表示 F*j*，F*k* 是否就绪，是否已经被使用。

（3）结果寄存器状态表：每个寄存器在表中有一个域，用于记录写入本寄存器的功能部件（编号）。如果当前正在运行的功能部件没有需要写入本寄存器的，则相应域置为空。

下面详细分析如图 4. 1 所示的 MIPS 记分牌所要维护的数据结构。图 4.2 给出下列代码运行过程中记分牌保存的信息：

```
LD       F6,34(R2)
LD       F2,45(R3)
MULTD    F0,F2,F4
SUBD     F8,F6,F2
DIVD     F10,F0,F6
ADDD     F6,F8,F2
```

在图 4.2 的指令状态表中，第一条 LD 指令已经将结果写入目标寄存器中；第二条 LD 指令已经执行完毕，但是结果还没有写入目标寄存器 F2；由于第二条 LD 指令与 MULTD 和 SUBD 指令之间关于寄存器 F2（在图中有加框标志）存在先写后读相关，因此 MULTD 和 SUBD 两条指令在流水线的流出段等待，不能够进入流水线的读操作数段（RO）；同样，MULTD 指令与 DIVD 指令之间关于寄存器 F8 存在先写后读相关，因此 DIVD 指令也在流水线的流出段等待，不能够进入读操作数段；指令 ADDD 与指令 SUBD 之间存在关于加法器的结构相关，ADDD 被阻塞，且必须等到 SUBD 指令全部执行完毕，释放加法器后才能够流出。

在图 4.2 的功能部件状态表中，整数部件的 Busy 域为 yes，正在工作，从 Op 域可以知道它在执行 LD 指令，目标寄存器域 F*i* 记录为 F2，对于存储器访问类指令，第一源操作数寄存器域 F*j* 记录的实际上是访存地址寄存器 R3，因此可以知道这条指令就是第二条 LD 指令，它的 R*j* 域为 no，表示 R3 的数据已经使用完毕。乘法 1 部件的 Busy 域也是 yes，Op 域记录为 MULTD 指令，目标寄存器域 F*i* 为 F0，第一源操作数寄存器域 F*j* 记录为寄存器 F2，它的 Q*j* 域非空，为“整数”部件，表示 F2 的数据将来自整数部件

指　　令	指令状态表			
	IS	RO	EX	WR
LD　　F6,34(R2)	√	√	√	√
LD　　F2,45(R3)	√	√	√	
MULTD　F0,F2,F4	√			
SUBD　F8,F6,F2	√			
DIVD　F10,F0,F6	√			
ADDD　F6,F8,F2				

部件名称	功能部件状态表								
	Busy	Op	F*i*	F*j*	F*k*	Q*j*	Q*k*	R*j*	R*k*
整数	yes	LD	F2	R3				no	
乘法 1	yes	MULTD	F0	F2	F4	整数		no	yes
乘法 2	no								
加法	yes	SUBD	F8	F6	F2		整数	yes	no
除法	yes	DIVD	F10	F0	F6	乘法 1		no	yes

	结果寄存器状态表							
	F0	F2	F4	F6	F8	F10	…	F30
部件名称	乘法 1	整数			加法	除法		

图 4.2　MIPS 记分牌信息组成和记录的信息

的当前操作结果，它的 R*j* 域为 no，表示 F2 的数据还没有就绪，这个过程可以判断并解决数据的写后读相关；第二源操作数寄存器域 F*k* 为寄存器 F4，Q*k* 域为空，表示 F4 不依赖于当前工作的任何部件，R*k* 域为 yes，表示 F4 的数据已经就绪。乘法 2 部件的 Busy 域也是 no，表示本功能部件当前空闲。其他部件的状态域分析与上述部件类似。

结果寄存器状态表中的域与每个寄存器一一对应，它记录了当前机器状态下写本寄存器的功能部件名称。在图 4.2 中，当前写 F0 的为“乘法 1”功能部件，写 F2 的为“整数”功能部件，写 F8 的为“加法”部件，写 F10 的为“除法”。域为空表示对应的寄存器没有被任何当前工作的功能部件作为目的操作数寄存器使用。

下面看一看图 4.2 中的指令序列如何往下执行。

例 4.3　假设浮点流水线中执行的延迟如下：

加法需 2 个时钟周期；

乘法需 10 个时钟周期；

除法需 40 个时钟周期。

代码段和记分牌信息的起始点状态如图 4.2 所示。分别给出 MULTD 和 DIVD 准备写结果之前的记分牌状态。

解：在分析记分牌状态之前，首先需要分析指令之间存在的相关性，因为相关性会影响指令进入记分牌 MIPS 流水线的相应段。

（1）第二个 LD 指令到 MULD 和 SUBD、MULTD 到 DIVD 之间以及 SUBD 到 ADDD 之间存在先写后读相关；

（2）DIVD 和 ADDD 之间存在着先读后写相关；

（3）ADDD 和 SUBD 指令关于浮点加法部件还存在着结构相关。

图 4.3 和图 4.4 分别给出了 MULTD 指令和 DIVD 指令将要写结果时记分牌的状态。

指令		指令状态表			
		IS	RO	EX	WR
LD	F6,34(R2)	√	√	√	√
LD	F2,45(R3)	√	√	√	√
MULTD	[F0],F2,F4	√	√	√	
SUBD	F8,F6,F2	√	√	√	√
DIVD	F10,[F0],[F6]	√			
ADDD	[F6],F8,F2	√	√	√	

部件名称	功能部件状态表								
	Busy	Op	F*i*	F*j*	F*k*	Q*j*	Q*k*	R*j*	R*k*
整数	no								
乘法 1	yes	MULTD	F0	F2	F4			no	no
乘法 2	no								
加法	yes	ADDD	F6	F8	F2			no	no
除法	yes	DIVD	F10	F0	F6	乘法 1		no	yes

	结果寄存器状态表							
	F0	F2	F4	F6	F8	F10	…	F30
部件名称	乘法 1			加法		除法		

图 4.3　程序段执行到 MULTD 将要写结果时记分牌的状态

在 MULTD 准备写结果之前，从图 4.3 中可以知道，由于 DIVD 指令对 MULTD 指令关于寄存器 F0（加框标志的）存在写后读相关，因此在 MULTD 指令完成写结果之前，DIVD 指令被阻塞在流出（IS）段而无法进入读操作数（RO）段。同时由于 ADDD 指令对 DIVD 指令关于寄存器 F6（加框标志的）存在读后写相关，因此在 DIVD 指令完成读操作数 F6 之前，ADDD 指令被阻塞在执行（EX）段，无法进入写结果（WR）段。

在 DIVD 准备写结果之前，这条指令前面的指令已经全部执行完毕，由于 DIVD 指令执行需要 40 个时钟周期，其后的 ADDD 指令需要两个时钟周期，由于 DIVD 和 ADDD 之间存在的先读后写相关在 DIVD 进入流水线执行段之前已经解除，因此 ADDD 有足够的时间完成写结果操作，所以指令序列仅仅剩下 DIVD 指令没有完成写结果操作。

现在来详细分析讨论一下记分牌是如何控制指令执行的。操作在记分牌流水线中前进时，记分牌必须记录与操作有关的信息，如寄存器号等。下面是每条指令在流水线中进入某一段的条件和相应的记分牌的记录。为区分寄存器的名字和寄存器的值，约定将

指令		指令状态表			
		IS	RO	EX	WR
LD	F6,34(R2)	√	√	√	√
LD	F2,45(R3)	√	√	√	√
MULTD	F0,F2,F4	√	√	√	√
SUBD	F8,F6,F2	√	√	√	√
DIVD	F10,F0,F6	√	√	√	
ADDD	F6,F8,F2	√	√	√	√

部件名称	功能部件状态表								
	Busy	Op	F*i*	F*j*	F*k*	Q*j*	Q*k*	R*j*	R*k*
整数	no								
乘法 1	no								
乘法 2	no								
加法	no								
除法	yes	DIVD	F10	F0	F6			no	no

	结果寄存器状态表							
	F0	F2	F4	F6	F8	F10	…	F30
部件名称						除法		

图 4.4 程序段执行到 DIVD 将要写结果时记分牌的状态

寄存器的名字加‘’，例如 F*j*（FU）← ‘S1’ 表示将寄存器 S1 的名字送入 F*j*（FU），而不是它的内容。FU 表示指令使用的功能部件；D 表示目的寄存器的名字，S1 和 S2 表示源操作数寄存器的名字，Op 是要进行的操作；F*j*（FU）表示功能部件 FU 的 F*j* 域；result（D）表示结果寄存器状态表中对应于寄存器 D 的内容，为产生寄存器 D 中结果的功能部件名。

1. 流出

（1）进入条件。

```
not Busy(FU) and not result('D');    //判断结构阻塞和写后写
```

（2）记分牌记录内容。

```
Busy(FU)←yes;
OP(FU)←Op;
Fi(FU)←'D';
Fj(FU)←'S1';
Fk(FU)←'S2';
Qj←result('S1');     //处理'S1'的 FU
```

```
Qk←result('S2');        //处理'S2'的 FU
Rj←not Qj;              //Rj 是否可用
Rk←not Qk;              //Rk 是否可用
result('D')←FU;         //'D'被 FU 用作目的寄存器
```

2. 读操作数

（1）进入条件。

```
Rj · Rk;                //解决先写后读，两个源操作数须同时就绪
```

（2）记分牌记录内容。

```
Rj←no;                  //已经读走了就绪的数据 Rj
Rk←no;                  //已经读走了就绪的数据 Rk
Qj←0;                   //不再等待其他 FU 的计算结果
Qk←0;
```

3. 执行

结束条件：功能部件操作结束。

4. 写结果

（1）进入条件。

```
∀f((Fj(f)≠Fi(FU) or Rj(f)=no)
and (Fk(f)≠Fi(FU) or Rk(f)=no));       //检查是否存在先读后写
```

（2）记分牌记录内容。

```
∀f(if Qj(f)=FU then Rj(f)←yes);        //有等结果的指令，则数据可用
∀f(if Qk(f)=FU then Rk(f)←yes);
result(Fi(FU))←0;                       //没有 FU 使用寄存器 Fi 为目的寄存器
busy(FU)=no                             //释放 FU
```

记分牌流水线增加了硬件的复杂性，但也获得了性能的增长。在最早使用记分牌技术的 CDC 6600 上进行性能测试的结果是：对于采用 FORTRAN 语言编写的程序，性能提高了 1.7 倍；而对于采用手工编写的汇编程序，性能提高了 2.5 倍。从硬件成本看，CDC 6600 上的记分牌逻辑电路相当于一个功能部件，器件的耗费是非常低的，耗费最大的地方是大量的数据和控制总线——大约是每个执行周期流出一条指令的顺序执行处理器需要总线的 4 倍。但是记分牌有允许多条指令乱序执行的能力，为多指令流出提供了良好的借鉴。

记分牌技术通过指令级并行来减少程序中因为数据相关引起的流水线停顿。记分牌的性能受限于以下几个方面：

（1）程序指令中可开发的并行性，即是否存在可以并行执行的不相关的指令。如果

每条指令均与前面的指令相关，那么任何动态调度策略均无法解决流水线停顿的问题。如果指令级并行性仅仅从一个基本块中开发，CDC 6600 就是如此，并行性也不会太高。

（2）记分牌容量。记分牌的容量决定了流水线能在多大范围内寻找不相关指令。流水线中可以同时容纳的指令数量又称为指令窗口，目前假设记分牌指令窗口中仅仅容纳一个基本块，这样就可以不考虑分支指令的问题。

（3）功能部件的数目和种类。功能部件的总数决定了结构冲突的严重程度。采用动态调度后结构冲突会更加频繁。

（4）反相关和输出相关。引起记分牌中先读后写和写后写阻塞。

问题（2）和（3）可通过增加记分牌的容量和功能部件的数量来解决，这会导致处理器成本增加，并可能影响系统时钟周期时间。在采用动态调度的处理器中，写后写和先读后写阻塞会增多，因为乱序流出的指令在流水线中会引起更多的名相关。如果在动态调度中采用分支预测技术，就会出现循环的多个迭代同时执行，名相关将更加严重。

下面将要讨论的是寄存器换名（Register Renaming）技术，它也是动态地消除名相关，从而避免先读后写和写后写冲突。寄存器换名技术使用大量的缓冲作为虚拟寄存器顶替源代码中程序员可见的寄存器（又称为体系结构寄存器），它也是相关专用通路技术实现的基础。

4.2.3 动态调度算法之二：Tomasulo 算法

IBM 360/91 浮点部件首先采用了这种机制，它允许在指令由于存在相关而可能导致阻塞的情况还可以继续执行。它是由 Robert Tomasulo 发明的，因而以他的名字命名，称为 Tomasulo 算法。Tomasulo 算法将记分牌的关键部分和寄存器换名技术结合在一起，尽管这种调度机制的实现中有多种变化，但其基本核心都是通过寄存器换名来消除写后写和先读后写相关而可能引发的流水线阻塞。

IBM 360/91 比 CDC 6600 晚三年推出，在商业计算机使用 Cache 技术之前。IBM 的目标是要在整个 360 系列仅仅设计一个指令系统和一个编译器，并且在各种档次的计算机上都能达到相应的性能。360/91 要求具有很高的浮点性能，但不是通过高端机器的专用编译器实现的；并且 360 只有 4 个双精度浮点寄存器，编译器调度的有效性受到很大限制，这也是使用 Tomasulo 算法的原因；360/91 的访存时间和浮点计算时间都很长，这也是 Tomasulo 算法要克服的问题；另外，Tomasulo 算法还可支持循环的多次迭代重叠执行。

下面的讨论是基于 MIPS 的浮点流水线功能部件。MIPS 和 360/91 主要的不同是 360/91 使用寄存器-存储器型指令，但是 360/91 使用了一个取（Load）功能部件，所以加入寄存器-存储器寻址模式也无须很大的变动。360/91 使用的是流水功能部件，而不是多个功能部件。现在假设 MIPS 是多个功能部件环境。360/91 同时支持三个浮点加操作、两个浮点乘操作、6 个浮点取操作和 3 个浮点存操作，取和存分别通过取数缓冲和存数缓冲来进行。

前面讨论过，通过寄存器换名，编译器可以解决数据写后写相关和先读后写相关。

在 Tomasulo 算法中，寄存器换名是通过保留站（Reservation Station）来实现的，它保存等待流出和正在流出指令所需要的操作数。Tomasulo 算法的基本思想是只要操作数有效，就将其取到保留站，避免指令流出时才到寄存器中取数据，这就使得即将执行的指令从相应的保留站中取得操作数，而不是从寄存器中。指令的执行结果也是直接送到等待数据的其他保留站中去。因而，对于连续的寄存器写，只有最后一个才真正更新寄存器中的内容。一条指令流出时，存放操作数的寄存器名被换成为对应于该寄存器保留站的名称（编号），以上过程就是 Tomasulo 算法的寄存器换名（Register Renaming）过程。指令流出逻辑和保留站相结合实现寄存器换名，从而完全消除了数据写后写和先读后写相关这类名相关。这是 Tomasulo 算法和记分牌在概念上最大的不同。保留站的数目远多于实际的寄存器，因而可以消除一些编译技术所不能解决的相关。在下面对 Tomasulo 算法的讨论中，还会回到寄存器换名这个问题上，来看它具体的过程以及如何消除阻塞。

除了寄存器换名技术，Tomasulo 算法和记分牌在结构上还有两处显著的不同：

第一，冲突检测和指令执行控制机制分开。一个功能部件的指令何时开始执行，由该功能部件的保留站控制，而记分牌则是集中控制的。

第二，计算的结果通过相关专用通路直接从功能部件进入对应的保留站进行缓冲，而不一定是写到寄存器。这个相关专用通路通过一条数据总线来实现，在 360/91 中称此总线为公共数据总线（Common Data Bus，CDB），实际上它是一条公共结果总线，所有等待这个结果的功能部件（指令）可同时读取。与之相比，记分牌将结果首先写到寄存器，等待此结果的功能部件要通过竞争，在记分牌的控制下使用。

记分牌和 Tomasulo 算法中结果总线的数目均可以变化。实际的机器中，6600 有多条结果总线（浮点部件有两条），而 360/91 只有一条。

图 4.5 是采用 Tomasulo 算法的 MIPS 浮点部件的基本结构，图中不包括记录和控制指令执行过程中使用的各种表格。保留站中保存已流出并等待到本功能部件执行的操作（指令）；如果该操作的源操作数在寄存器中已经就绪，则将该操作数取来，保存到保留站中；如果操作数还没有计算出来，则保留站中记录这个操作数将由谁计算出来，即指明它由哪个功能部件产生。保留站中还保存指令执行所需的控制信息。取缓冲和存缓冲保存的是读/写存储器的数据或地址。浮点寄存器通过一对操作数总线连到功能部件，并通过其中一条总线连到公共数据总线，再送到存缓冲。功能部件的计算结果和从存储器读取的数据都送到公用数据总线上，除了取缓冲的输入和存缓冲的输出以外，所有部分均与公用数据总线相连。所以，除了取缓冲以外，所有的缓冲和保留站全有用于阻塞控制的标志位。

两个运算功能部件中，浮点加法器完成加法和减法操作，浮点乘法器完成乘法和除法操作。

与讨论记分牌时一样，在详细研究保留站和其算法之前，先来看一下指令流水线的分段情况。因为操作数的传输过程与记分牌不同，使用 Tomasulo 算法的流水线需三段。

（1）流出（Issue）：从浮点操作队列中取一条指令。如果是浮点操作并且有空的保留站就流出；如果任何一个操作数在寄存器中已经就绪，就将其送入保留站。如果是访存指令，只要有空的缓冲，指令就流出。如果没有空的保留站或空缓冲，这就发生了结构冲突，指令就不流出，直到请求的保留站或缓冲出现空闲。这一步还进行寄存器换名处理，当某个操作数还没有就绪，则本保留站中记录产生该操作数的保留站，一旦被记录的保留站完成计算后，它将提供所需的操作数，也就是操作数寄存器名被换成了产生该操作数的保留站名。

（2）执行（Execute）：如果有某个操作数还未被计算出来，本保留站将监视公共数据总线，等待所需的计算结果。一旦发现公共数据总线现有所需的数据，就取到保留站中。当两个操作数都就绪后，本保留站就开始执行指令。这一步工作解决了先写后读数据相关。

（3）写结果（Write Result）：功能部件计算完毕后，就将计算结果连同产生本结果的保留站号一起送到公共数据总线上。根据指令流出时所做的寄存器换名记录，所有等待本保留站计算结果的保留站、存缓冲和寄存器将同时从公共数据总线上获得所需要的数据。

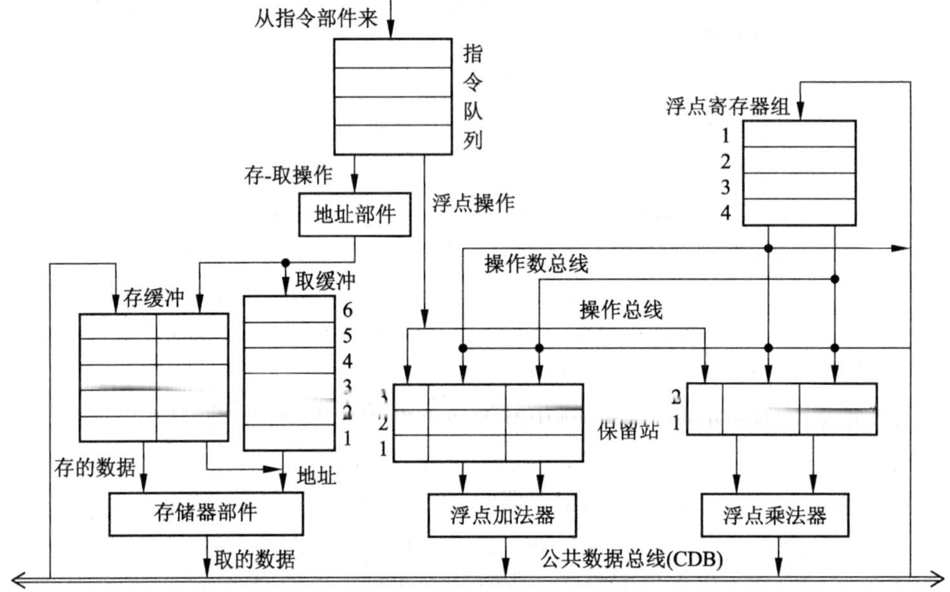

图 4.5 用 Tomasulo 算法的 MIPS 浮点部件的结构

尽管这些步骤和记分牌基本上类似，但有以下显著的不同之处：

（1）无须任何操作来检查数据写后写和先读后写相关的过程，在指令流出过程中操作数寄存器换名已将其消除。

（2）通过公共数据总线来广播结果，将结果送到等待此结果作为操作数的保留站，目标寄存器也相当于一个需要结果的保留站，而不是将结果写回寄存器中。

（3）存储器存和取都作为基本的功能部件。

（4）由于保留站技术能够有效地解决先写后读，而无须特殊处理，因此，记分牌流水线中用于完成判断先写后读的“取操作数”段也被消掉。

用于检测和消除阻塞的数据结构附加在保留站、寄存器文件和存/取缓冲上。不同部件附加的信息不同。除了取缓冲之外，各部件的每一个保留站均有一个域保存寄存器换名所使用的虚拟寄存器的名称，也就是产生本寄存器结果的保留站的编号。在上述使用

Tomasulo 算法的 MIPS 中，采用 4 位二进制数字表示 5 个保留站、6 个取缓冲和 4 个寄存器中的某一个部件，其中 5 个保留站和 4 个寄存器就相当于有 9 个结果寄存器，而不是在 360/91 体系结构中看到的 4 个双精度程序可用的寄存器（体系结构寄存器）。希望通过寄存器换名来获得更大的虚拟寄存器空间。标志域指出哪个保留站中运行的结果是本保留站的操作数。一旦某条指令流出到保留站后在等待操作数，它将用产生这个操作数的保留站号来等待操作数出现在公共数据总线上，而不是等待寄存器中的结果有效。特殊编号 0 用于表示寄存器中的操作数有效。

保留站的数目多于实际的寄存器，通过使用保留站将寄存器换名就消除了数据的写后写和先读后写相关。在 Tomasulo 算法中，保留站就是扩展的虚拟寄存器，别的方法还可能采用加入额外的寄存器如后面将要讲的再定序（reorder）缓冲寄存器等。

下面定义一下有关的术语和数据结构。在不会引起二义性的情况下尽量采用记分牌中的术语，另外还沿用了 360/91 的一些术语。这里再强调一下：Tomasulo 算法中所讲的标志（tags）是指缓冲或产生结果的保留站（功能部件）；当一条指令流出到保留站以后，原来操作数的寄存器名将不再引用。

每个保留站有以下 6 个域。

Op：对源操作数 S1 和 S2 所进行的操作。

Q*j*,Q*k*：产生结果的保留站号，360/91 中称之为源部件（SINKunit 或者 SOURCEunit）。等于 0 表示操作数在 V*j* 和 V*k* 中或不需要操作数。

V*j*，V*k*：两个源操作数的值，360/91 称之为源（SINK 或者 SOURCE）。操作数项中，V 或 Q 域最多只有一个有效。

Busy：标识本保留站和相应的功能部件是否空闲。

每个寄存器和存缓冲有一个 Q*i* 域。

Q*i*：结果要存入本寄存器或存缓冲的保留站号。如果 Q*i* 空，表示当前没有指令要将结果写入此寄存器或存缓冲。当寄存器空闲时，Q*i* 域空。

存缓冲和取缓冲还各有一个 Busy 域和一个 Address 域。

Busy：标识缓冲是否空闲。

A：地址域，用于记录存或取的存储器地址。

存缓冲还有一个 V 域。

V：保存要存入存储器的数据。

在讨论具体的算法之前，先看一下对于下列代码，保留站的信息是怎样的。

```
LD        F6,34(R2)
LD        F2,45(R3)
MULTD     F0,F2,F4
SUBD      F8,F2,F6
DIVD      F10,F0,F6
ADDD      F6,F8,F2
```

前面已看过当上述代码第一条 LD 指令完成写结果段后记分牌的信息，图 4.6 给出的是采用 Tomasulo 算法时保留站、存缓冲、取缓冲和寄存器的标识等信息。ADD1 标识表示是第一个加法功能部件，MULTD1 标识表示是第一个加法乘法功能部件，以此类推。图中列出的指令状态表，仅仅是为了帮助理解，实际上并不是硬件的一部分，每条指令流出后的状态都保存在保留站中。

图中所有的指令均已流出，但只有第一条 LD 指令执行完毕并将结果写到公共数据总线上。图中没有给出存/取缓冲的状态。实际上，取缓冲 2 是唯一工作的单元，它执行的是代码序列中的第二条 LD 指令，从地址为 R3+45 的存储器单元中取操作数。

直观上看，这些状态表中的信息与记分牌有两处显著的不同之处。第一，操作数一有效值就被存入保留站的一个 V 域，而不用从某个寄存器或某个保留站中取，实际上保留站中根本不保存计算结果。第二，指令 DIVD 与 ADDD 在记分牌中由于关于 F6 寄存器存在先读后写数据相关，导致 ADDD 在流水线的写结果段被阻塞，而在 Tomasulo 算法中由于消除了先读后写相关，ADDD 能够在 DIVD 指令执行前全部执行完毕。

指令	指令状态表		
	流出	执行	写结果
LD F6,34(R2)	√	√	√
LD F2,45(F3)	√	√	
MULTD F0,F2,F4	√		
SUBD F8,F2,F6	√		
DIVD F10,F0,F6	√		
ADDD F6,F8,F2	√		

	保留站						
名称	Busy	Op	Vj	Vk	Qj	Qk	A
Load1	no						
Load2	yes	LD					45+Regs[R3]
Add1	yes	SUBD		MEM[34+REGS[R2]]	Load2		
Add2	yes	ADDD			Add1	Load2	
Add3	no						
Mult1	yes	MULTD		REG[F4]	Load2		
Mult2	yes	DIVD		MEM[34+REGS[R2]]	Mult1		

	寄存器 状态表							
域	F0	F2	F4	F6	F8	F10	…	F30
Qi	Mult1	Load2		Add2	Add1	Mult2		

图 4.6　第一条 LD 指令结束后保留站和寄存器的标志

比较起来，可以看出 Tomasulo 算法相对于记分牌技术主要的优点有：

（1）具有分布的阻塞检测机制；

（2）消除了数据的写后写和先读后写相关导致的阻塞。

第一条优点带来的好处是如果多条指令都在等待一个结果，且指令的另一个操作数都已准备就绪，公共数据总线广播这个被等待的结果后，这些指令可以同时得到这个结果数据，并同时开始进入执行段。而在记分牌中，等待的指令必须在寄存器总线就绪以后才能从寄存器中读取结果。

通过使用保留站进行寄存器换名，Tomasulo 算法解决了数据写后写相关和先读后写相关导致的阻塞。例如，在上面的代码中 DIVD 和 ADDD 指令尽管由于 F6 存在先读后写数据相关，但也都可以流出。阻塞通过下列两种途径消除：①产生 DIVD 指令操作数 F6 的指令（第一个 LD）一旦执行完，DIVD 指令对应保留站的 V*k* 域就保存这个结果，这样 DIVD 与 ADDD 之间就不再有关于 F6 的先读后写相关，ADDD 指令就可以执行下去。②如果第一个 LD 指令还未执行完毕，则 DIVD 指令所在的 MULT2 保留站的 Q*k* 域将指向第一条 LD 指令的保留站（LOAD1），而不是 F6。所以，无论哪种情况 ADDD 均可以流出并开始执行。实际上，所有使用第一条 LD 结果的指令的某个 Q 域均指向第一条 LD 的保留站（LOAD1），从而允许 ADDD 指令执行并将结果存入结果寄存器而不影响 DIVD 的执行。一会儿将看一个消除写后写相关的例子，这里先看一下前面例子的运行情况。

例 4.4 假设浮点部件的延迟为

加法 2 个时钟周期，

乘法 10 个时钟周期，

除法 40 个时钟周期。

执行的代码同上，给出 MULTD 准备写结果时的状态表的信息。

解： 结果如图 4.7 所示。与记分牌不同，因为 DIVD 的操作数在保留站 MULT2 的 V*k* 中已有副本，ADDD 可以在执行完毕后将结果写入 F6，而不用担心出现先读后写数据阻塞。还要注意一点，即使第一条 LD 指令对 F6 的取操作被延迟，ADDD 指令保存 F6 的结果依然可以进行，而不必担心导致写后写数据阻塞。

在 Tomasulo 算法中，取（Load）操作和存（Store）操作指令稍有特殊之处。只要有取缓冲可用，取操作指令就可以执行；执行完毕后，就与其他功能部件一样，一旦获得公共数据总线使用权，就可以将结果放上。存操作从公共数据总线或寄存器中取得结果后就自动执行，完毕后将这个存缓冲的 Busy 域置为空闲，以表示可供其他指令使用。

指令	指令状态表		
	流出	执行	写结果
LD F6,34(R2)	√	√	√
LD F2,45(F3)	√	√	√
MULTD F0,F2,F4	√	√	
SUBD F8,F6,F2	√	√	√
DIVD F10,F0,F6	√		
ADDD F6,F8,F2	√	√	√

图 4.7 MULTD 准备写结果时的状态表的信息

名称	保留站						
	Busy	Op	Vj	Vk	Qj	Qk	A
Load1	no						
Load2	no						
Add1	no						
Add2	no						
Add3	no						
Mult1	yes	MULTD	MEM[45+REGS[R3]]	REG[F4]			
Mult2	yes	DIVD		MEM[34+REGS[R2]]	Mult1		

域	寄存器 状态表							
	F0	F2	F4	F6	F8	F10	…	F30
Qi	Mult1					Mult2		

图 4.7（续）

下面给出 Tomasulo 算法中指令执行的主要条件、步骤和记录。其中 rd 是目的寄存器，rs 和 rt 分别是操作数寄存器号，imm 是符号扩展的立即数，r 代表分配给相应指令的保留站或者缓冲，RS 是保留站数据结构，由保留站或取缓冲返回的值为 result，RegisterStat 代表寄存器状态的数据结构（不是寄存器文件，寄存器文件用 Regs[ ]表示）。

1. 指令流出

（1）进入条件。

对于浮点操作：

```
有空闲保留站 r
```

对于取/存操作：

```
有空闲缓冲 r
```

（2）记录内容。

对于浮点操作：

```
if (RegisterStat[rs].Qi ≠ 0)          //第一操作数
    {RS[r].Qj ← RegisterStat[rs].Qi}//操作数寄存器 rs 未就绪，进行寄存器换名
else
    {RS[r].Vj ← Reg[rs];              //把寄存器 rs 中的操作数取到保留站
    RS[r].Qj ← 0};                    //数据 Vj 有效
if (RegisterStat[rt].Qi ≠ 0)          //第二操作数
    {RS[r].Qj ← RegisterStat[rt].Qi}//操作数寄存器 rt 未就绪，进行寄存器换名
else
    {RS[r].Vk ← Reg[rt];              //把寄存器 rs 中的操作数取到保留站
    RS[r].Qk ← 0};                    //数据 Vk 有效
```

```
RS[r].Busy ← yes;                       //本保留站忙
RS[r].Op ← Op;                          //设置本保留站的操作类型
RegisterStat[rd].Qi ← r;                //寄存器 rd 是本指令的目标寄存器
```

对于存/取操作：

```
if (RegisterStat[rs].Qi ≠ 0)
   {RS[r].Qj ← RegisterStat[rs].Qi}//操作数寄存器 rs 未就绪，进行寄存器换名
else
   {RS[r].Vj ← Reg[rs];                 //把寄存器 rs 中的操作数取到保留站
   RS[r].Qj ← 0};                       //数据 Vj 有效
RS[r].Busy ← yes;                       //本保留站忙
RS[r].A ← Imm;                          //设置本保留站的操作类型
```

对于取操作：

```
RegisterStat[rd].Qi ← r;                //寄存器 rd 是本指令的目标寄存器
```

对于存操作：

```
if (RegisterStat[rt].Qi ≠ 0)
   {RS[r].Qk ← RegisterStat[rt].Qi}//操作数寄存器 rt 未就绪，进行寄存器换名
else
   {RS[r].Vk ← Reg[rt];                 //把寄存器 rt 中的操作数取到存缓冲
   RS[r].Qk ← 0};                       //数据 Vk 有效
```

2. 执行

（1）进入条件。

对于浮点操作：

```
(RS[r].Qj = 0) and (RS[r].Qk = 0); //两个源操作数就绪
```

对于取/存操作第 1 步：

```
(RS[r].Qj = 0) and (r 到达取/存缓冲队列的头部)
```

对于取操作第 2 步：

```
取操作第 1 步执行结束
```

（2）记录内容。

对于浮点操作：产生计算结果。

对于取/存操作第 1 步：

```
RS[r].A ← RS[r].Vj + RS[r].A; //计算有效地址
```

对于取操作第 2 步：

```
读取数据 Mem[RS[r].A];                //从存储器中读取数据
```

3. 写结果

（1）进入条件。
对于浮点操作或取操作：

```
保留站 r 执行结束，且公共数据总线（CDB）可用（空闲）
```

对于存操作：

```
保留站 r 执行结束，且 RS[r].Rk = 0  //存的数据已经就绪
```

（2）记录内容。
对于浮点操作或取操作：

```
∀x (if(RegisterStat[x].Qi = r)
    {fx ← result;                    //向浮点寄存器写结果（所有的 fx）
    RegisterStat[x].Qi ← 0};         //相应的目标寄存器中结果有效
∀x (if(RS[x].Qj = r)
    {RS[x].Vj ← result;              //使用本结果作为第一操作数的保留站
    RS[x].Qj ← 0});                  //相应的操作数有效
∀x (if(RS[x].Qk = r)
    {RS[x].Vk ← result;              //使用本结果作为第二操作数的保留站
    RS[x].Qk ← 0});                  //相应的操作数有效
RS[r].Busy ← no;                     //释放保留站，置保留站空闲
```

对于存操作：

```
Mem[RS[r].A] ← RS[r].Vk              //数据送存储器
RS[r].Busy ← no;                     //释放保留站，置保留站空闲
```

实际一条指令流出后，它的目的寄存器的 *Qi* 域置分配给该指令的保留站号（运算类指令）或缓冲号（存/取类指令）。如果所需的操作在寄存器中已就绪，将其存入相应的V域，否则将在Q域保存产生该操作数的保留站号。指令在保留站中一直等到两个操作数全都就绪，即Q域全为零。Q域或者在指令流出段中置零（源操作数都在寄存器中已就绪），或者在与本指令相关的指令执行完毕并回写结果时被置零。指令执行完毕后且获得公共数据总线总线的使用权，这条指令就进入流水线的写结果段。所有缓冲、寄存器和保留站的 *Qj* 或 *Qk* 域中的值如果与执行完毕的保留站号相同，就从公共数据总线上读取数据并将相应的Q域置零，表示该操作数已经有效。这样，公共数据总线就将结果在一个时钟周期内广播到多个目的地。如果等待操作数的指令就绪，它们在下一个时钟周期可以全都开始执行。取操作在执行段分为两个步骤，等待存储器中的数据到达。存操作在写结果段略有不同，它需要等待被存的数据就绪。注意，由于一旦指令进入流出段，原来指令在程序中的顺序就难以再保持，为了保持程序的例外特征不变，一旦有一条分支指令还没有执行完毕，其后的指令是不允许进入执行段的。后面用前瞻技术解决这个问题。

通过一个循环的例子，可以全面理解动态寄存器换名是如何解决写后写和先读后写数据相关导致的阻塞的。下面的循环是一个将数组中的元素与F2中的标量相乘的代码：

```
Loop:    LD       F0,0(R1)
         MULTD    F4,F0,F2
         SD       0(R1),F4
         SUBI     R1,R1,#8
         BNEZ     R1,Loop        ;branches if R1≠0
```

假定转移成功，使用保留站将会使多遍循环同时执行，不需要事先进行循环展开，这实际上是通过硬件进行动态的循环展开的。前面已经看到，循环展开和指令调度，需要使用大量的寄存器。在 360 的体系结构中，只有 4 个浮点寄存器，大大限制了循环展开，因为展开会导致大量写后写和先读后写冲突。Tomasulo 算法通过使用大量的虚拟寄存器（保留站、缓冲），仅使用少数的寄存器就可以使循环的多个迭代同时运行。保留站通过换名处理，扩展了实际的寄存器数量。

例 4.5 现在假设将连续两遍循环的所有指令全都流出，但所有的浮点存、取及运算操作全都没完成。给出状态表的信息。

解： 保留站、寄存器状态表以及此时的存取缓冲如图 4.8 所示。忽略整数部件 ALU 的操作，假设转移成功，乘法操作可在 4 个时钟周期内完成，一旦系统达到此状态则两遍循环同时执行，CPI 将达到接近 1.0。如果忽略循环的开销，且有足够的寄存器，那么性能可达到通过编译器循环展开并调度后的水平。

指令	循环遍次	指令状态表		
		流出	执行	写结果
LD　F0,0(R1)	1	√	√	
MULTD　F4,F0,F2	1	√		
SD　0(R1),F4	1	√		
LD　F0,0(R1)	2	√	√	
MULTD　F4,F0,F2	2	√		
SD　0(R1),F4	2	√		

名称	保留站						
	Busy	Op	Vj	Vk	Qj	Qk	A
Load1	Yes	LD					Regs[R1]
Load2	Yes	LD					Regs[R1]-8
Add1	No						
Add2	No						
Add3	No						
Mult1	Yes	MULTD		Regs[F2]	Load1		
Mult2	Yes	MULTD		Regs[F2]]	Load2		
Store1	Yes	SD	Regs[R1]			Mult1	
Store2	Yes	SD	Regs[R1]-8			Mult2	

域	寄存器　状态表						
	F0	F2	F4	F6	F8	F10	…	F30
Qi	Load2		Mult2					

图 4.8　两遍循环同时执行而无指令执行完毕时的状态表信息

图中存、取缓冲中的地址域 A 记录取数或存数的地址。取操作在取缓冲中，乘法保留站中的有关项表示取的结果是其操作数。存缓冲表示乘法运算的结果是存操作的数据。

在此例中有 Tomasulo 算法的另一个关键技术——动态存储器地址判别。第二遍循环的取操作在第一遍循环的存操作完成前就可以执行，这与正常的顺序是不同的。对实际分析，只要存和取数据的存储器地址不同，存和取就可以正确无误地乱序执行。因此，在流出取操作指令之前，需要先检查存缓冲中的所有地址，如果取操作指令的地址与存缓冲中的某个地址相同，取操作指令就必须暂停，进入等待，直到存缓冲中没有与取操作具有相同地址的操作，才可以执行取操作指令，这个过程解决的是关于存储器的写后读（RAW）相关。同样，存操作也必须有类似的处理过程，它不但要与取操作缓冲的地址域进行地址比较，以消除先读后写（WAR）相关，还要与存操作缓冲地址域进行比较，以消除写后写（WAW）相关。这种动态的存储器地址判别技术在编译器中调度取和存操作时也经常使用。

如果分支操作的开销不大，Tomasulo 算法的动态调度机制能得到非常高的性能。这种方法的主要缺点是 Tomasulo 算法实现的复杂性，实现它需要大量的硬件，尤其是保存大量相关中间结果的高速缓冲寄存器和复杂的控制逻辑。此外，性能还受限于公共数据总线，因为它是单总线，如果增加公共数据总线的数量，与总线连接的缓冲和保留站的接口硬件将会加倍。

Tomasulo 算法结合了两种不同的技术：

（1）寄存器换名。这样可以获得一个更大的虚拟寄存器空间；

（2）对寄存文件中源操作数缓存。它解决了寄存器中的有效操作数相关引起的阻塞。

这种寄存器换名和一连串的结果数据缓存技术，在后面讨论的硬件分支预测中还会用到。

Tomasulo 算法提高指令级并行的关键技术是：指令动态调度、寄存器换名和动态存储器地址判别。

对应于数据相关的动态调度技术，控制相关的分支处理也有动态处理技术，称为动态分支预测技术。动态分支预测技术有两种目标：预测转移是否成功和尽早得到转移目标地址。这就是 4.3 节讨论的问题。

4.3 控制相关的动态解决技术

前面讨论了动态解决数据相关的一些技术，而分支指令导致的控制相关也可能导致流水线停顿。实际上，处理器可达到的指令级并行度越高，控制相关的制约越大。本节中介绍的技术，对于每个时钟周期流出一条指令的处理器来讲有一定的帮助，但处理器一个时钟周期流出多条指令还受到以下两个因素的限制：第一，流出 n 条指令的处理器中，遇到分支指令的速度也快了 n 倍；第二，根据 Amdahl 定律可知，随着机器 CPI 的降低，控制相关对性能的影响越来越大。

前面已经讨论了几种静态处理分支指令的机制，这些机制的操作几乎不依赖于分支的实际动态行为。之前也讨论过分支延迟机制，它通过编译的调度来优化分支，减少分支操作引发的阻塞时间。本节着重于通过硬件技术，动态地进行分支处理，对程序运行时的分支行为进行预测，提前对分支操作做出反应，加快分支处理的速度。

下面先从简单的分支预测机制开始，然后研究能提高预测准确性的分支预测方法，最后再研究一些更精细的机制，用它们来提前找到分支以后的指令。所有这些机制的目的是尽可能早地知道分支以后的指令，避免由控制相关导致的流水线停顿。分支预测的效果不仅取决于其准确性，而且与分支预测正确和不正确时的开销密切相关。所以，分支的最终延迟取决于流水线的结构、预测方法和预测错误后恢复所采取的策略。

4.3.1 分支预测缓冲

动态分支预测是一种基于分支操作历史记录的预测技术，它必须解决好两个问题，一是如何记录一个分支操作的历史，二是决定预测的走向。

记录分支历史的方法有以下几种：

（1）仅仅记录最近一次或最近几次的分支历史；

（2）记录分支成功的目标地址；

（3）记录分支历史和分支目标地址，相当于前面两种方式的结合；

（4）记录分支目标地址的一条或若干条指令。

下面根据这些分支历史记录的方法，讨论分支是如何预测的。

目前广泛使用的最简单的动态分支预测技术叫做分支预测缓冲技术（Branch-Prediction Buffer 或者 Branch History Table，BPB 或者 BHT），它仅仅使用一片存储区域，记录最近一次或几次分支特征的历史。分支预测缓冲用分支指令地址的低位来索引，存储区为 1 位的分支历史记录位，又称为预测位，记录该指令最近一次分支是否成功，通常定义 1 表示记录分支成功，0 表示记录分支不成功。缓冲区没有其他任何标志位。它的状态转换图如图 4.9 所示。

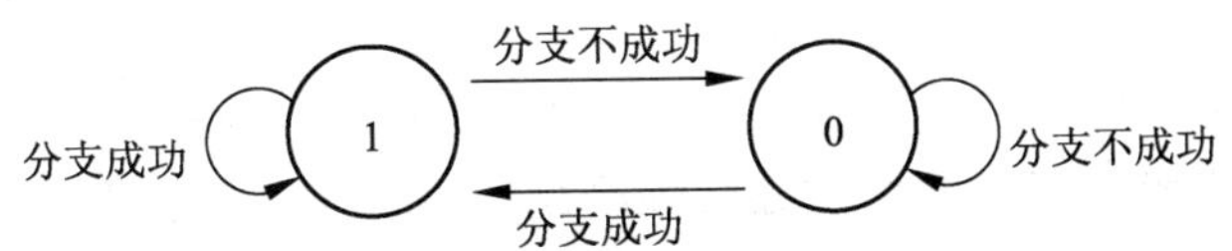

图 4.9 只有一个预测位的分支预测缓冲状态转换图

分支预测缓冲技术包括两个步骤，其一为分支预测，其二为预测位修改。

分支预测与预测位当前的状态有关：如果当前缓冲记录的预测位为 1，则预测分支成功；如果预测位为 0，则预测分支不成功。

预测位的修改与分支指令的执行结果有关：如果当前分支成功，则预测位置为 1；如果当前分支不成功，预测位置为 0。

只有在分支延迟大于确定分支目标并修改 PC 所需时间的情况下，分支预测缓冲才能减小分支成功时的时间开销，它使程序计数器（PC）修改成分支成功目标地址的时间达到正常程序计数器修改所需的时间，即与 PC+1 需要的时间相同。实际上，预测并不知道分支是否成功，而且记录的分支历史标志有可能被别的低位地址相同的分支操作更改，但程序执行不会出错。因为预测仅仅预示着分支可能成功，从而从预测的目标地址开始取指，但是在执行预测的目标指令之前现场将被保留；一旦后来发现预测错误，预测位就被修改，并且需要恢复现场，程序从分支指令处重新执行，这个过程如图4.10所示。从预测到发现预测错误，机器一般可以流出了1～2条指令，所以恢复现场只需要作废这1～2条指令的结果即可。显然，如果每次预测都正确，这种历史记录缓冲区是非常有效的。缓冲区的性能与缓冲区中记录的分支转移指令执行的频度和匹配后预测的准确性有关。

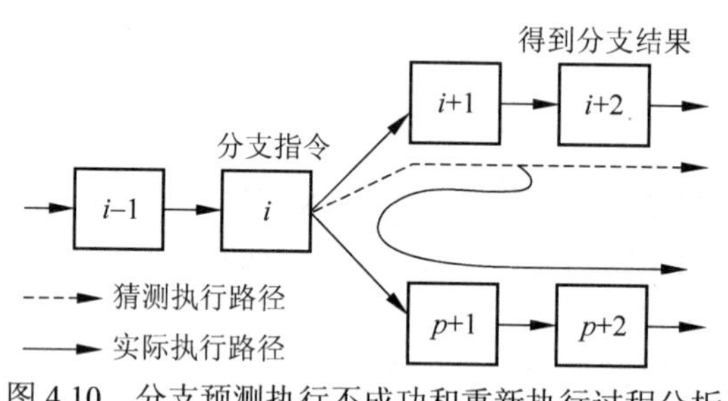

图4.10　分支预测执行不成功和重新执行过程分析

例4.6　一个循环共循环10次，它将分支成功9次，1次不成功。假设此分支的预测位始终在缓冲区中。那么分支预测的准确性是多少？

解： 这种固定的预测将会在第一次和最后一次循环中出现预测错误。第一次预测错误是源于上次程序的执行，因为上一次程序最后一次分支是不成功的。最后一次预测错误是不可避免的，因为前面的分支总是成功，共9次。因此，尽管分支成功的比例率是90%，但分支预测的准确性为80%（两次不正确，8次正确）。通常这种由循环形成的分支都是进行多次成功，最后一次不成功，因而一位的分支预测将错两次。

可以看出，这种简单的1位预测机制有一个缺点：即使预测几乎都正确，只要预测出错，往往是连续两次而不是一次。对于这种比较规范的分支转移，理想情况下预测的准确率与分支转移成功比例几乎相同。

为了解决这种预测错误，可以采用两个预测位的预测机制。在两个预测位的分支预测中，更改对分支的预测必须有两次连续预测错误。图4.11给出两位分支预测的状态转换图。

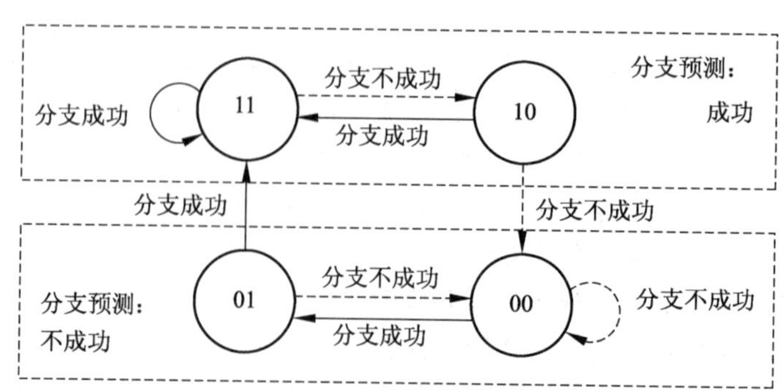

图4.11　具有两个分支预测位的分支预测缓冲状态转换机制

两位分支预测机制是 n 位分支预测的一个特例。n 位分支预测缓冲采用 n 位计数器，则计数器的值在 0 到 2^n-1 之间：当计数器的值大于或等于最大值的一半（2^{n-1}）时，则预测下一次分支成功；否则预测下一次分支不成功。预测位的修改和两位预测时相同：当分支成功时计数器的值加 1，不成功时减 1。研究表明，n 位分支预测的性能和两位分支预测差不多，因而大多数处理器都只采用两位分支预测。

对于真实的应用程序，两位分支预测的准确率可达到多少呢？根据对 SPEC89 标准程序的测试，在使用 4096 个记录项（又称为入口）的缓冲区时，分支预测准确率可达到 99%～82%，即错误率为 1%～18%。同时，研究还表明，对于 SPEC89，使用无穷多历史记录项的分支预测缓冲，只有少量程序的分支预测准确率仅仅比 4096 个记录项提高 1%，多数程序的预测精度是相同的。因此，对于 SPEC89 应用环境而言，4KB 的缓冲区是恰当的，它的性能与无穷大的缓冲区性能几乎相同，而减少缓冲区性能将下降。

对大多数流水线，分支判定依赖的结果往往需要到分支转移指令执行阶段（EX）的后期才产生。这种方法将分支指令执行阶段进行的分支判定提前到了指令译码阶段(ID)，只是这时进行的不是分支判定，而是分支预测，这是这种方法的可行之处。但是，在改进的 MIPS 流水线中，分支指令在指令译码（ID）阶段将寄存器与零比较，而此时分支目标地址也已经计算出来了，所以只要分支指令所使用的寄存器不发生阻塞，分支预测与计算出分支目标地址几乎是同时完成的。所以这种机制对于改进后的 MIPS 流水线来讲并没什么帮助。后面将讨论一种有助于 MIPS 流水线的机制，现在来看一下通常情况下分支预测的工作过程。

4.3.2 分支目标缓冲

要进一步减少类似 MIPS 结构的流水线的分支延迟，就需要在新 PC 形成之前，即取指令阶段（IF）后期，知道在什么地址取下一条指令。这意味着必须知道还没译码的指令是否是分支指令，如果是，还要知道可能的分支目标指令的地址是什么。如果下一条指令是分支指令而且已知它的目的地址，则分支的开销可以降为零。如何实现这个目标呢？做法是：将分支成功的分支指令的地址和它的分支目标地址都放到一个缓冲区中保存起来，缓冲区以分支指令的地址作为标识；取指令阶段，所有指令地址都与保存的标识作比较，一旦相同，就认为本指令是分支指令，且认为它转移成功，并且它的分支目标（下一条指令）地址就是保存在缓冲区中的分支目标地址。这个缓冲区就是分支目标缓冲区（Branch-Target Buffer，BTB），或者称为 Branch-Target Cache。图 4.12 是它的结构和工作过程。工作中，当前指令的地址与第一栏中的地址标识集合相比较，缓冲区地址标识中所存的地址为分支转移成功的指令地址。如果指令的 PC 值与某一项匹配，则认为当前指令是成功的分支指令，第二栏，即分支目标 PC 的值，将作为下一指令的地址送往 PC 寄存器。后面将详细讨论 Cache，到时候会发现实现分支目标缓冲区的硬件与 Cache 的硬件基本相同。

在流水线的各个阶段中，具有分支目标缓冲的工作分配如图 4.13 所示。如果当前指令的地址与缓冲区中的标识匹配，那么此指令为上一次分支成功的分支指令，并认为这

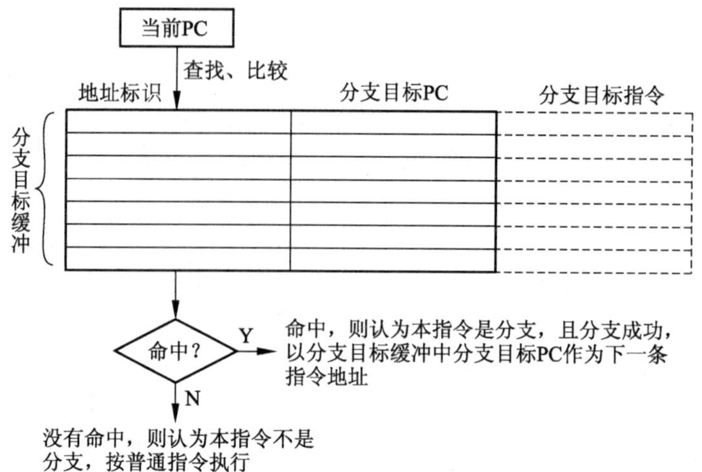

图 4.12 分支目标缓冲的结构和工作过程

一次也分支成功，且下一条指令的 PC 值在分支目标缓冲的分支目标 PC 域中，因此在本指令译码阶段（ID）阶段开始从预测的分支目标 PC 处取下一条指令。如果没有匹配而指令当前又成功分支，则分支目标地址会在指令译码（ID）阶段末知道，将其本身的地址和目的地址加入缓冲区中。如果在分支目标缓冲中找到了当前指令地址，而指令当前分支不成功，则将此项从分支目标缓冲中删去。可以看出，如果是分支指令，并且预测正确则不会有任何延时；如果预测错误，则取错误的指令会耗费一个时钟周期，一个时钟周期后重新取正确指令。如果转移指令不在缓冲区中，则将其当成不成功的分支指令处理，耗费延迟的大小取决于指令是否转移成功。实际实现中，不命中或者预测错误时的延迟会更大，因为分支目标缓冲必须更新。解决预测错误或不命中的延迟是一个具有挑战性的问题，因为通常情况下，重写缓冲区时将停止流水线。

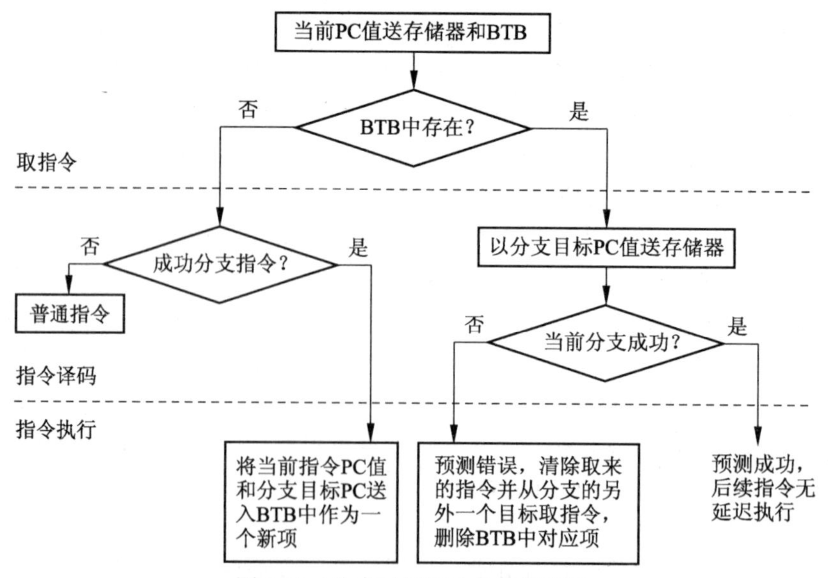

图 4.13 分支目标缓冲处理的步骤

在评价分支目标缓冲工作状况之前，必须定好各种可能情况下的延迟，参见表 4.3。实际上，根据前面分支目标缓冲的规定，命中分支目标缓冲中的指令预测必定是分支成功，因为预测不成功的指令不存在于缓冲中，而不在缓冲中的指令是不进行预测的，所以表 4.3 的“预测结果”栏仅仅是为了便于理解。

表 4.3　采用 BTB 技术时指令在各种情况下的延迟

指令是否在 BTB 中	预测结果	实际的动作	延迟周期
是	成功	成功	0
是	成功	不成功	2
不是		成功	2
不是		不成功	0

例 4.7　按表 4.3 计算分支转移总的延迟，根据下面的假设，计算分支目标缓冲的性能。

（1）对于 BTB 中的指令，预测准确率 90%。

（2）缓冲区命中率 90%。

（3）不在 BTB 中分支转移成功的比例为 60%。

解　根据表 4.3 的分类，性能计算包括 4 个部分：

（1）在 BTB 中，预测成功，实际成功，此时的延迟为 0。

（2）在 BTB 中，预测成功，实际不成功，此时的延迟为

BTB 命中率 × 预测错误率 × 2

= 90% × 10% × 2

= 0.18（时钟周期）

（3）不在 BTB 中，实际成功，此时的延迟为

（1−BTB 命中率）×不在 BTB 中的分支转移成功率 × 2

= 10% × 60% × 2

= 0.12（时钟周期）

（4）不在 BTB 中，实际不成功，此时的延迟为 0。

所以，总延迟为 0.18 + 0.12 = 0.30（时钟周期）。

可以与标准 MIPS 流水线中分支延迟的性能进行对比，它的每个分支转移约为 0.5 个时钟周期。请注意，随着分支延迟的增大，动态分支预测的性能将会有更大的提高；而且，好的分支预测机制将会提高更多的性能。

对分支预测机制的一种改进是在缓冲区中不仅存入目的地址，而且还存入一个或多个目标指令，参见图 4.12 中的虚线部分。这种改动有两种潜在的好处：第一，在连续取指令之前，可以较长时间地访问缓冲区，这时的分支目的缓冲区较大。第二，对目的指令进行缓冲，构成称为分支目标指令缓冲（Branch Folding）的结构，它可使无条件分支的延迟达到零，甚至有的条件分支也可达到零延迟。

另外已经研究并在最新的处理器中采用的一种技术是预测非直接分支，即分支的目的地址随着运行时间而改变。高级程序语言中会有这种跳转，如间接过程调用、CASE

语句、FORTRAN 中的 GOTO 语句等，其中大部分是过程调用中的 RETURN 语句引起的间接跳转。例如，SPEC 标准测试程序中平均有 85%的间接跳转是 RETURN 语句。这些问题这里不再进一步研究。

4.3.3 基于硬件的前瞻执行

为了得到更高的并行性，设计者研究出了前瞻（Speculation）的技术方法，它允许在处理器还未判断指令是否能执行之前就提前执行，以克服控制相关。这种前瞻执行过程带有明显的猜测性质，如果前瞻正确，它可以消除所有附加延迟；所以在大多数指令前瞻正确的前提下，前瞻就可以有效地加快分支处理的速度。

基于硬件的前瞻执行结合了三种思想：

（1）采用动态的分支预测技术来选择后续执行语句；

（2）在控制相关消除之前的指令前瞻执行；

（3）对基本块采用动态调度。

基于硬件的前瞻是动态地根据数据相关性来选择指令和指令的执行时间。这种程序运行的方法实质上是数据流驱动运行（Data-Flow Execution）：只要操作数有效，指令就可以执行。

将 Tomasulo 算法加以扩展就可支持指令前瞻执行。要前瞻执行，不但要将前瞻执行的结果供给其他指令使用，还要明确这些结果不是实际完成的结果，使用这些结果的任何指令也是在前瞻执行。这些前瞻执行的指令产生的结果要一直到指令处于非前瞻执行状态时，才能确定为最终结果，才允许最终写到寄存器或存储器中去。将指令由前瞻转化为非前瞻这一步骤加到执行阶段以后，称为指令的确认（Instruction Commit）。

实现前瞻的关键思想是：允许指令乱序执行，但必须顺序确认。只有确认以后的结果才是最终的结果，从而避免不可恢复的行为，如更新机器状态或执行过程发生异常。在简单的单流出 MIPS 流水线中，将写结果阶段放在流水线的最后一段，保证在顺序地检测完指令可能引发的异常情况之后再确认指令结果。加入前瞻后，需要将指令的执行和指令的确认区分开，允许指令在确认之前早就执行完毕。所以，加入指令确认阶段需要一套额外的硬件缓冲，来保存那些执行完毕但未经确认的指令及其结果。这种硬件的缓冲称为再定序缓冲（Reorder Buffer，ROB），它同时还用来在前瞻执行的指令之间传送结果。

再定序缓冲和 Tomasulo 算法中的保留站一样，提供了额外的虚拟寄存器，扩充了寄存器的容量。再定序缓冲保存指令执行完毕到指令得到确认之间的所有指令及其结果，所以再定序缓冲像 Tomasulo 算法中的保留站一样是后续指令操作数的来源之一。主要的不同点是在 Tomasulo 算法中，一旦指令结果写到目的寄存器，下面的指令就会从寄存器文件中得到数据。而对于前瞻执行，直到指令确认后，即明确地知道指令应该执行以后，才最终更新寄存器文件，因此在指令执行完毕和确认之间的这段时间里，由再定序缓冲提供所有其他指令需要的作为操作数的数据。再定序缓冲和 Tomasulo 算法中的存操作缓冲不一样，为了简单起见可以将存（Store）缓冲的功能集成到再定序缓冲。因为结果在写入寄存器之前由再定序缓冲保存，所以再定序缓冲区还可以取代取（Load）缓冲区。

再定序缓冲的每个项包含三个域：

（1）指令的类型。指令类型包括是否是分支（尚无结果）、存操作（目的地址为存储器）或寄存器操作（ALU 操作或目的地址是寄存器的取操作）。

（2）目的地址。目的地址域给出结果应写入的目的寄存器号（对于取操作和 ALU 指令）或存储器的地址（存操作）。

（3）值域。值域用来保存指令前瞻执行的结果，直到指令得到确认。

图 4.14 给出使用再定序缓冲的处理部件的硬件结构。再定序缓冲彻底代替了存储器取和存缓冲。尽管再定序缓冲也具有保留站的换名功能，但是在指令流出和指令开始执行之间，仍需要有地方保存指令代码并提供寄存器换名能力，这些功能仍由保留站提供。每条指令在指令确认之前在再定序缓冲中都占有一项，所以用再定序缓冲项的编号而非保留站号来标识结果，即换名的寄存器号。保留站登记的是相应的分配给该指令的再定序缓冲的编号。

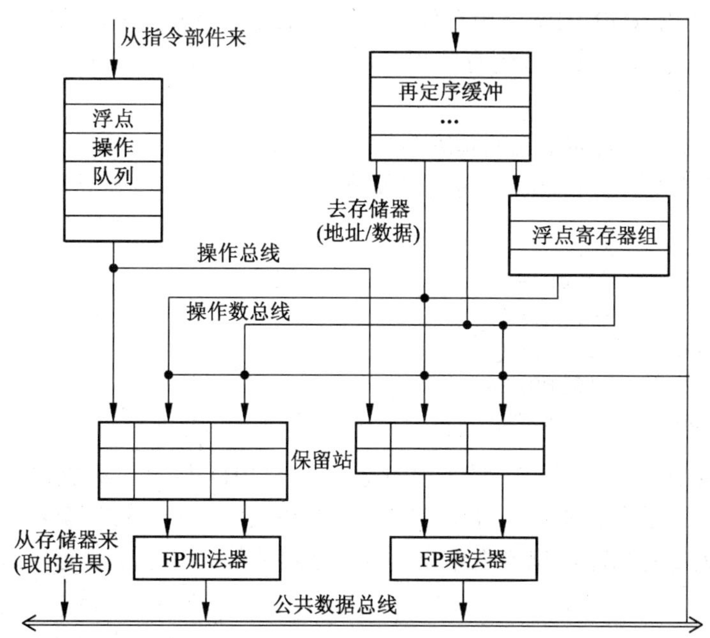

图 4.14　采用 Tomasulo 算法并支持前瞻执行的 MIPS 浮点部件的结构

使用再定序技术，MIPS 浮点指令的执行包含以下 4 步。

（1）流出（Issue）：从浮点指令队列头取一条指令，如果有空的保留站和空的 ROB 项就流出指令，为这条指令分配一个保留站和一个 ROB 项。如果本指令需要的操作数在寄存器或在 ROB 中，则将它送入分配的保留站中，并更新 ROB 的控制域，表示它的结果正在被使用。分配给本指令的 ROB 编号也要送入保留站，当本指令执行的结果放到 CDB 上时用它来表示。如果保留站或 ROB 全满，则是结构阻塞，停止流出指令，直到两者均有空项。

（2）执行（Execution）：如果有一个或多个操作数无效，就等待并不断检测 CDB。

这一步检测先写后读相关。当保留站中的两个操作数全有效后就可以执行这个操作。一些动态调度的处理器称这步为流出（issue），但这里使用的是 CDC 6600 的术语。

（3）写结果（Write Result）：结果有效后将其写到 CDB 上，结果附带本指令流出时分配的 ROB 项号，然后从 CDB 写到 ROB 以及等待此结果的保留站。保留站也可以从 ROB 直接读到结果而不需要到 CDB，就像记分牌直接从寄存器读结果而不是进行总线竞争。这一段完成后，就可以释放保留站。

（4）确认（Commit）：当一条指令不是预测错误的分支转移指令，到达 ROB 的出口且结果有效时，将结果回写到目的寄存器。如果是存操作，则将结果写存储器。指令的前瞻执行过程结束，然后将指令从 ROB 中清除。当预测错误的分支指令到达 ROB 的出口时，将指出前瞻执行错误；刷新 ROB 并从分支的正确入口重新开始执行。如果分支预测正确则此分支执行完毕。一些机器称这个过程为完成（Completion 或 Graduation）。

一旦指令得到确认，它在 ROB 中占用的项就更新为空，目的寄存器和存储器就可以更新。为了避免 ROB 大量使用存储空间，一般采用环形队列机制。当 ROB 满时，就简单地停止指令的流出，直到有空项。下面看一下前面在 Tomasulo 算法中如何实现本机制。

例 4.8 假设浮点功能单元的延迟为加法是 2 个时钟周期，乘法是 10 个时钟周期，除法是 40 个时钟周期。下面给出的代码段是当指令 MULTD 要确认时的状态。

```
LD       F6,34(R2)
LD       F2,45(R3)
MULTD    F0,F2,F4
SUBD     F8,F6,F2
DIVD     F10,F0,F6
ADDD     F6,F8,F2
```

解：状态如图 4.15 所示。要注意的是指令 SUBD 尽管已经执行完毕，但需要到 MULTD 得到确认后才能确认。另外 *Qi* 和 *Qk* 域以及寄存器状态域全由再定序缓冲的编号所代替，目的寄存器域给出产生结果的再定序缓冲号。#x 表示再定序缓冲 x 项值域中的值。

名字	保留站状态						
	忙	操作	Vj	Vk	Qj	Qk	目的
Add1	no						
Add2	no						
Add3	no						
Mult1	no	MULTD	Mem[45+Regs[R2]]	Regs[F4]			#3
Mult2	yes	DIVD		Mem[34+Regs[R2]]	#3		#5

图 4.15 前瞻执行，MULTD 确认前的保留站和再定序缓冲的状态

项号	ROB					
	忙	指令		状态	目的	值
1	no	LD	F6,34(R2)	确认	F6	Mem[34+Regs[R2]]
2	no	LD	F2,45(R3)	确认	F2	Mem[45+Regs[R3]]
3	yes	MULTD	F0,F2,F4	写结果	F0	#2×Regs[F4]
4	yes	SUBD	F8,F6,F2	写结果	F8	#1-#2
5	yes	DIVD	F10,F0,F6	执行	F10	
6	yes	ADDD	F6,F8,F2	写结果	F6	#4+#2

域	浮点寄存器状态							
	F0	F2	F4	F6	F8	F10	…	F30
ROB 号	3			6	4	5		
忙	yes	no	no	yes	yes	yes	…	No

图 4.15（续）

这个例子充分反映了采用前瞻执行的处理器和采用动态调度的处理器之间的区别。将图 4.15 和 Tomasulo 算法的状态图（图 4.7）比较一下，主要的不同是前瞻执行时指令是顺序执行完毕的。相反，图 4.7 中指令 SUBD 和 ADDD 指令已经完成，是乱序完成的。

通过再定序缓冲，可以在进行精确异常处理的同时进行动态指令调度。在上例中，如果指令 MULTD 引起异常，可简单地等到它到达再定序缓冲的出口，再进行处理异常，而将其他等待确认的指令清除。因为指令的确认是顺序的，从而可以精确处理异常。相反，在前面使用 Tomasulo 算法的例子中，SUBD 和 ADDD 指令在 MULTD 产生异常之前早已完成，F8 和 F6（SUBD 和 ADDD 指令的目的寄存器）中的结果已经写回了，从而异常情况处理是不精确的。一些用户和体系结构的设计者认为在高性能的处理器中不精确的异常是可以接受的，因为程序很可能会由于异常而终止，这个问题这里不再深入讨论。其他异常情况如页面故障，如果是不精确异常就非常难处理，因为它要求异常处理后，透明地继续执行原来的程序，而不精确异常处理根本就找不到正确的异常点。

尽管这里使用这种前瞻执行的技术策略是针对浮点的，它可以很容易地推广到整数寄存器和整数功能单元上。实际上，前瞻执行对于整数程序更有效，因为这些程序中的分支特征更不容易预测。将硬件的前瞻和动态调度相结合，可以做到同一种体系结构但实现不同的机器能够使用相同的编译器，尽管这种优点是最难加以量化的，但从长远来看可能是最重要的，这也是 360/91 的出发点之一。

前瞻技术存在的一个主要缺点是：支持前瞻的硬件太复杂，需要大量的硬件资源。

这里研究的这些克服控制相关的方法在商业化处理器中已得到广泛采用，如 PowerPC 的多种型号、MIPS 的多种型号、Intel P6 以后的 32 位处理器、AMD K5 以后的处理器等，它们都是在 Tomasulo 算法的基础上将前瞻执行和动态调度相结合，达到了很高的性能。

4.4 多指令流出技术

4.2 节和 4.3 节介绍的技术主要用来克服数据相关和控制相关来达到阻塞，使 CPI 尽可能为 1 的理想情况。虽然希望 CPI 能够小于 1，但由于指令流水线每次只能流出一条指令，因此 CPI 就不可能小于 1，只有多指令流出处理器，实现一个时钟周期内流出多条指令，才有可能达到 CPI 小于 1。

目前多指令流出处理器有三种基本结构：超标量（Superscalar）、超流水（Super Pipeline）和超长指令字（Very Long Instruction Word，VLIW）。超标量每个时钟周期流出的指令数不定，它既可以通过编译器静态调度，也可以通过记分牌或 Tomasulo 算法动态调度，本节中分别看一下简单的静态调度和动态调度的超标量处理器。超长指令字与之不同，每个时钟周期流出的指令数是固定的，它们构成一条长指令，或者说是一个混合指令包，这种处理器目前只能通过编译静态调度。超流水就是将每个功能部件进一步流水化，特别是取指令或指令流出被分解为多个段，使得一个功能部件在一拍中可以处理多条指令。因为超流水可以简化为一种很长的流水线，所以这里不作深入讨论。为了有比较地阐述本节中所讲的技术，仍采用前面假设的流水线延迟，并且采用相同的代码，即将一个标量和数组相加：

```
Loop:   LD      F0,0(R1)        ;F0=数组元素
        ADDD    F4,F0,F2        ;加上在 F2 中的标量
        SD      0(R1),F4        ;存结果
        SUBI    R1,R1, #8       ;将指针减少 8(每个 DW)
        BNEZ    R1,Loop         ;R1 不等于 0，转移
```

先来看一个简单的超标量处理器。

4.4.1 静态超标量技术

目前，在典型的超标量处理器中，每个时钟周期可流出 1～8 条指令。通常情况下，这些指令必须不相关且满足某些限制条件，如每个时钟周期访存不能多于 1 次等，不同处理器的限制是不同的。如果指令流中的指令相关或不满足限制条件，则只能流出这条指令前面的指令，因此超标量处理器流出的指令数是不定的。与之不同，在超长指令字处理器中，编译器负责产生可同时流出的指令包，硬件不负责动态处理。因此认为超标量处理器具有动态多流出能力，而超长指令字是静态的多流出。超标量处理器的指令序列可以采用静态调度或动态调度，现在先看看静态调度。

MIPS 处理器是怎样实现超标量的呢？假设每个时钟周期可以流出两条指令，一条指令可以是取（Load）指令、存（Store）指令、分支指令或整数运算操作，另一条指令可以是任意的浮点操作。将整数指令和浮点指令相结合比任意的双流出要简单，要求也低，这种配置和 HP 7100 结构相似，Intel 的 Pentium 也有类似的要求，只不过它是针对整数部件运算的两路超标量。

每个时钟周期流出两条指令就意味着取指令和解码部件都是 64 位的。为了使解码简单，编译结果要求指令按要求组合成对，且与 64 位边界对齐，整数部分在前面，也就是说在同时流出的整数指令和浮点指令组合中，整数指令顺序在前。也可以先检查指令，再送往整数或浮点数据通道的时候进行调整，但是这样会在增加灵活性的同时也增加了检测机制的复杂性。无论哪种情况，都要求只有第一条指令流出后才可以流出第二条指令，这是由硬件动态决定的。如果第二条指令不满足条件就只流出第一条指令。图 4.16 是 MIPS 两路超标量指令流的示意图。图中没有具体解释浮点指令在执行（EX）阶段执行时间的问题，实际在执行时间问题上，MIPS 超标量与普通流水线没什么区别，前面的概念可直接运用。

指令	流	水	线	工	作	情	况
整数指令	IF	ID	EX	MEM	WB		
浮点指令	IF	ID	EX	MEM	WB		
整数指令		IF	ID	EX	MEM	WB	
浮点指令		IF	ID	EX	MEM	WB	
整数指令			IF	ID	EX	MEM	WB
浮点指令			IF	ID	EX	MEM	WB
整数指令				IF	ID	EX	MEM	WB
浮点指令				IF	ID	EX	MEM	WB

图 4.16 两路超标量指令执行示意图

通过对指令流出部件采用流水技术，可以很大地提高指令流出的速率，但同时必须采用流水化的功能部件或多个独立的功能部件，否则数据通道会很快被阻塞，成为流水线的瓶颈，限制双流出性能优势的发挥。

并行流出一条整数指令和一条浮点指令，除了一般的冲突监测机制，只要增加少量的硬件，因为在 Load-Store 的体系结构下，整数操作和浮点操作使用不同的寄存器组和不同的功能部件。但是浮点数据访存指令将使用整数部件，从而大大增加访存的结构冲突。由于同时只能流出两条指令，监测是否存在结构相关只需检查两条指令的操作码。

另外，一旦整数部分执行浮点数据访存指令，这会导致与其他浮点指令之间关于浮点寄存器端口的访问冲突；如果流出的指令组合中浮点指令和整数指令相关，也会产生新的数据相关。浮点寄存器端口的问题，可通过限制浮点数据存取（访存）指令单独执行来解决。这种方法也可以解决浮点数据存取和浮点操作指令同时流出引起的关于寄存器端口的结构相关；它的实现是比较容易的，但是进一步限制了指令组合的灵活性，从性能上将带来新的损失。另外一种解决方法是给每个浮点寄存器设置两个端口，一个读端口，一条写端口，通过增加资源来消除结构相关。

当指令组合中包含浮点取指令，且后面的浮点指令与之相关时，硬件必须能够检测出来，从而限制后面浮点指令的流出。除了这种情况，其他可能存在的相关检测和单流出流水线是相同的。另外，还需要添加一些额外的相关专用通路来避免不必要的流水线空转。

另外还存在一个限制超标量流水线的性能发挥的障碍。在简单的流水线中，取操作指令有一个时钟周期的延迟，这就要求使用本结果的指令在一个时钟周期后才可以启动流出。在超标量流水线中，取操作指令的结果不能在本周期或下一个周期使用，所以后续三条指令不能使用其结果。分支延迟也变为三条指令，因为分支指令肯定是指令组合的第一条指令。为了能有效地利用超标量处理器可获得的并行度，需要采用更有效的编译技术、硬件调度技术和更复杂的指令译码技术。

下面来看一下在表 4.2 中列出的延迟的条件下，超标量处理器如何进行循环展开和指令调度。

例 4.9 下面是前面使用的循环程序段，在超标量 MIPS 流水线上将如何调度？

```
Loop:   LD      F0,0(R1)        ;F0=数组元素
        ADDD    F4,F0,F2        ;加上在 F2 中的标量
        SD      0(R1),F4        ;存结果
        SUBI    R1,R1, #8       ;将指针减少 8（每个 DW）
        BNEZ    R1,Loop         ;R1 不等于 0，转移
```

解：要达到无延迟的指令调度，须将 5 遍循环展开。经过展开，循环包括 5 个 LD、5 个 ADDD、5 个 SD 指令、1 个 SUBI 和 1 个 BNEZ 指令。展开并经过调度的指令序列如图 4.17 所示。

	整数指令		浮点指令		时钟周期
Loop:	LD	F0(R1)			1
	LD	F6, –8(R1)			2
	LD	F10, –16(R1)	ADDD	F4,F0,F2	3
	LD	F14, –24(R1)	ADDD	F8,F6,F2	4
	LD	F18, –32(R1)	ADDD	F12,F10,F2	5
	SD	0(R1), F4	ADDD	F16,F14,F2	6
	SD	–8(R1),F8	ADDD	F20,F18,F2	7
	SD	–16(R1),F12			8
	SD	–24(R1),F16			9
	SUBI	R1,R1,#40			10
	BNEZ	R1,Loop			11
	SD	8(R1),F20			12

图 4.17　在 MIPS 超标量流水线上展开并调度后的代码

超标量流水线上展开的代码每次循环需 12 个时钟周期，即每个迭代是 2.4 个时钟周期。而在普通的 MIPS 流水线上，没有调度的迭代 1 次为 9 个时钟周期，性能提高为原来的 3.75 倍；调度后为 6 个时钟周期，性能提高为原来的 2.5 倍；展开 4 次并调度后每个迭代为 3.5 个时钟周期，性能提高为原来的 1.4 倍。

在这个例子中可以看到，超标量 MIPS 流水线的性能主要受限于整数计算和浮点计算之间的平衡问题。每条浮点指令在整数指令后面流出，但是本例中没有足够的浮点指令来使两路流水线都达到饱和。

总之，理想情况下，超标量处理器将取出两条指令，第一条是整数指令，第二条是浮点指令，并同时将它们流出。如果这种指令组合之间存在相关，它们将顺序流出。

超标量处理器与超长指令字处理器相比有两个优点：

（1）超标量结构对程序员是透明的，因为处理器能自己检测下一条指令能否流出，从而不需要排列指令来满足指令流出；

（2）即使是没有经过编译器对超标量结构进行调度优化的代码或是旧的编译器生成的代码也可以运行，当然运行的效果不会很好。要想达到很好的效果，方法之一就是使用动态超标量调度技术。

4.4.2 动态多指令流出技术

多条指令流出技术，也可用记分牌技术或 Tomasulo 算法进行动态调度处理。下面将扩展 Tomasulo 算法，支持两路超标量，即每个时钟周期流出两条指令，一条是整数指令，另一条是浮点指令。要求指令按顺序流向保留站，否则信息记录机制会太复杂。另外，将整数寄存器和浮点寄存器分开，只要不使用相同的寄存器就可同时将一条整数指令和一条浮点指令送到它们的保留站中去。

这种方法需要限制相关指令的并行执行，比如整数指令是浮点取操作，浮点指令是浮点加，就不能在同一时钟周期中执行这两条指令，但是可以将它们同时流出到各自的保留站中，以后顺序执行。如果硬件调度机制不能在同一时钟周期流出相关的两条指令，那么与静态调度的机器相比，动态调度的优势就不大了。

有两种方式可以实现两路超标量。第一种是将指令流出段进一步流水化，使指令流出的速度是基本机器周期的两倍。这就可以在后面指令流出前更改寄存器表，这样两条指令就可以在同一指令节拍中执行。第二种方法是对流出的指令组合进行限制，只有浮点的取操作指令或是从整数寄存器将数据送入浮点寄存器的传送操作，才会产生相关而导致两条指令不能同时执行。如果对流出的指令组合限制减少，指令组合的复杂度增加，可能出现的相关情况会更多，对硬件相关检测的要求就会大大提高。

使用结果队列可以减少存储器取操作或数据传送操作对保留站的需求量。使用队列还可以使等待操作数的存操作指令提早流出，Tomasulo 算法就是这样处理的。动态调度对数据传送是最有效的，而静态调度对寄存器-寄存器操作的代码序列最有效，所以，对于存储器取操作和数据传送操作，完全可以通过静态调度和队列来实现，不再依赖保留站。这种通过队列实现存储器操作和数据传送操作，而脱离对其他功能部件的保留站依赖的结构，称为解耦（Decoupled，也可称为退耦）结构。现有多种机器采用这种方法或对它进行了改进。

为了简单起见，假设将 MIPS 指令流出逻辑并行化，从而可以同时流出两条使用不同功能部件的指令。下面看一下以前用过的代码是如何工作的。

例 4.10 下面的代码运行于采用 Tomasulo 算法的两路动态超标量 MIPS 流水线上。现做以下假设：

（1）无论是否相关，每个时钟周期能流出一条整数指令和一条浮点指令；

（2）有 1 个整数部件，用于整数运算和地址计算；有 1 个独立的浮点功能部件；

（3）指令流出和写结果各占用 1 个时钟周期；

（4）有 1 个具有独立分支预测能力的分支预测部件，分支指令只能单独流出，没有分支延迟；

（5）因为写结果占用 1 个周期，所以产生结果的延迟为：整数运算 1 个周期，存储器取数操作 2 个周期，浮点运算 3 个周期。

列表表示出循环前面三遍循环各个指令的流出、开始执行、访存和将结果写到 CDB 的时间。需要分析的源代码为

```
Loop:   LD      F0,0(R1)        ;F0=数组元素
        ADDD    F4,F0,F2        ;加上在 F2 中的标量
        SD      0(R1),F4        ;存结果
        SUBI    R1,R1, #8       ;将指针减少 8（每个 DW）
        BNEZ    R1,Loop         ;R1 不等于 0，转移
```

解 循环进行动态展开，并且如果可能，指令双流出。为了便于分析，表中增加了访存时间。运行结果如图 4.18 所示。

遍数	指　　令	流出	执行	访存	写 CDB	说明
1	LD F0,0(R1)	1	2	3	4	流出第一条指令
1	ADDD F4,F0,F2	1	5		8	等待 LD 的结果
1	SD 0(R1), F4	2	3	9		等待 ADDD 的结果
1	SUBI R1,R1,#8	2	4		5	等待 SD 计算 0(R1)的 ALU
1	BNEZ R1,Loop	3	6			等待 SUBI 的结果
2	LD F0,0(R1)	4	7	8	9	等待 BNEZ 流出和结果
2	ADDD F4,F0,F2	4	10		13	等待 LD 的结果
2	SD 0(R1), F4	5	8	14		0(R1)等待 ALU，等待 ADDD 的结果
2	SUBI R1,R1,#8	5	9		10	等待 ALU
2	BNEZ R1,Loop	6	11			等待 SUBI 的结果
3	LD F0,0(R1)	7	12	13	14	等待 BNEZ 流出和结果
3	ADDD F4,F0,F2	7	15		18	等待 LD 的结果
3	SD 0(R1), F4	8	13	19		0(R1)等待 ALU，等待 ADDD 的结果
3	SUBI R1,R1,#8	8	14		15	等待 ALU
3	BNEZ R1,Loop	9	16			等待 SUBI 的结果

图 4.18 采用 Tomasulo 算法的两路动态超标量指令的流出、执行和写 CDB 时钟分析

从图 4.18 中可以看出，程序基本可以达到 3 拍流出 5 条指令，IPC=5/3=1.67 条/拍。虽然指令的流出率比较高，但是执行效率并不是很高，16 拍共执行 15 条指令，平均指令执行速度为 15/16=0.94 条/拍。

从例 4.10 的图 4. 18 说明中可以看出，ALU 目前是这种结构处理器的一个瓶颈，可以考虑在此结构的基础上增加一个加法器，把 ALU 功能和地址运算功能分开。不过在使用独立的地址计算部件后，会发现出现了多条指令同时写 CDB 的情况，也就是出现了 CDB 竞争，需要增加 CDB。在增加了一条 CDB 以后，竞争消失，这时会发现已经在原有结构的基础上增加了大量的硬件，系统开始变得很复杂了。与此同时，各个部件的使用效率问题就会列入考虑的范围。

两路超标量指令每拍流出的数目还很小，因为每次只有一条浮点指令流出。要提高两路超标量中指令双流出的相对比例，就需要编译器进行大量的循环展开，开发并行性，并通过消除循环头尾的开销来减少指令的数目。通过这种转换，循环的运行性能会接近超标量处理器的理想性能。此外，如果处理器继续“更宽”，实现更多路的超标量，即在一个时钟周期能流出多条整数指令，性能还能得到进一步提高，同时对可获得的指令并行性要求也更高。

4.4.3 超长指令字技术

目前广泛研究的另外一种多指令流出技术是采用长指令字（Long Instruction Word，LIW）或超长指令字（Very Long Instruction Word，VLIW）的体系结构。超长指令字采用多个独立的功能部件，但它并不是将多条指令流出到各个功能单元，而是将多条指令的操作组装成固定格式的指令包，形成一条非常长的指令，超长指令字由此得名。

因为超长指令字的格式固定，处理过程简单，采用超长指令字的处理器所需硬件量比超标量要少。例如在两路超标量流水线中，需要检查两条指令的操作数，最多 6 个寄存器，然后才能动态地决定是流出一条指令还是两条指令，并将其送到相应的功能部件上。同时流出两条指令，所需的硬件还不算太多，并且也可以扩展到多条指令，但是如果不管指令原来的顺序而同时将它们流出，它们之间的各种相关关系完全要动态确定，其复杂度还将大大增加。在超长指令字处理器上，选择同时可流出的多条指令及其相关处理的任务都由编译器完成，所以超长指令字机器可以节省大量硬件。指令同时可流出的最大数目越大，超长指令字的性能优势就越显著。下面就讨论流出通道较宽的超长指令字处理器。

如果超长指令字处理器的指令包括两个整数操作、两个浮点操作、两个访存操作和一个分支操作，每个操作可能占用 16～24 位，从而指令长度达到 112～168 位。指令中每一个操作字段称为操作槽。超长指令字处理器中功能部件的数量和指令中包含的操作数量是对应的，为了充分利用这些功能部件，要求代码序列必须并行，这样才能够填充的操作槽。这个工作由编译器通过包括循环展开在内的多种指令调度技术完成。现在先假设有一种技术可以产生满足超长指令字要求的代码段，这个代码段用来构建超长指令字。下面看一个最基本的超长指令字处理器的操作过程。

例 4.11 假设超长指令字每个时钟周期可同时流出两条访存指令、两条浮点指令和一条整数指令或分支指令。给出在此处理器上数组元素循环加一个标量的展开后的代码序列。尽可能展开循环以消除空操作，忽略分支指令的延迟槽。

解 代码序列如图 4.19 所示，展开 5 遍循环可以消除空操作。

访存指令 1	访存指令 2	浮点指令 1	浮点指令 2	整数/转移指令
LD F0,0(R1)	LD F6, –8(R1)			
LD F10,–16(R1)	LD F14, –24(R1)			
LD F18, –32(R1)		ADDD F4,F0,F2	ADDD F8,F6,F2	
		ADDD F12,F10,F2	ADDD F16,F14,F2	
		ADDD F20,F18,F2		
SD 0(R1),F4	SD –8(R1),F8			
SD –16(R1),F12	SD –24(R1),F16			SUBI R1,R1,#40
SD 8(R1),F20				BNEZ R1,Loop

图 4.19 循环展开后的超长指令字的指令代码序列

这段程序的运行时间为 8 个时钟周期，每遍循环平均 1.6 个时钟周期。8 个时钟周期内流出了 17 条指令，每个时钟周期 2.1 条。8 个时钟周期共有操作槽 8×5=40 个，有效槽的比例为 42.5%。

从上面的例子中可以看出，超长指令字处理器要达到高流出率，就要有比普通 MIPS 更多的寄存器。在超长指令字处理器上，上面的循环展开 5 遍，至少需要 6 个浮点寄存器，而性能并没有达到理想的情况。从图 4.19 中可以看出，如果展开 10 遍循环，就可以获得更加理想的性能，这最少需要 11 个寄存器；而相同的指令在普通的 MIPS 处理器上运行最少仅需 2 个浮点寄存器，展开 4 次并进行调度也仅需 5 个。而在前面超标量处理器的例子中，展开 5 次最少需要 6 个寄存器，但是功能部件使用效率要高得多。功能部件使用效率不高也是超长指令字的不足之一。

4.4.4 多流出处理器受到的限制

指令多流出处理器受哪些限制呢？既然每个时钟周期可以流出 5 条指令，为什么不能流出 50 条呢？实际上，处理器中指令的流出能力是有限的，它主要受以下方面的影响：

（1）程序内在的指令级并行性；

（2）硬件实现的困难；

（3）超标量和超长指令字处理器固有的技术限制。

程序内在指令级并行性的限制是最简单的也是最根本的因素。对于流水线处理器，需要有大量可并行执行操作才能避免流水线出现停顿。如果浮点流水线的延迟为 5 个时钟周期，要使浮点流水线不停顿，就必须有 5 条无关的浮点指令。通常情况下，所需要的无关指令数等于流水线的深度乘以可以同时工作的功能部件数，要使具有 5 个功能部件的流水线忙起来，需要连续 15～25 条无关指令。

第二种限制，是指多指令流出的处理器需要大量的硬件资源。因为每个时钟周期不仅要流出多条指令还要执行它们。每个时钟周期执行多条指令所需的硬件看似十分明显：对整数部件和浮点部件数量的需求成倍增加，硬件开销成正比上升，同时，所需的存储器带宽和寄存器带宽也大大增加了，这样的带宽要求必然导致大量增加硅片面积，加大面积就导致降低时钟频率、增加功耗、可靠性降低等一系列问题。例 4.11 中的 5 个功能单元的超长指令字处理器，由于有两个访存指令同时执行，就需要两个存储器读端口，它比寄存器端口的开销大得多。如果要使流出指令的数目加大，就需要增加更多的存储器端口。这时，只增加运算部件是没用的，因为此时处理器受限于存储器的带宽。随着存储器端口的增加，存储系统的复杂性也大大增加。为了并行访问存储器，可以将存储器分成包含不同地址的多个存储体，并希望一条单独的指令中的操作没有访问冲突；或者存储器真正具有双端口，这些开销是相当可观的。在 IBM Power2 的设计中采用了另外一种方法：每个时钟周期访存两次。但是即使存储系统的功能再强大，对于高速的处理器来讲都太慢了。有关存储系统的技术在后续章节中会详细讲解。多端口、层次化的存储系统带来的系统复杂性和访问延迟，可能是超标量和超长指令字处理器等指令多流出技术面临的最严重的硬件限制。

多指令流出所需的硬件量随实现方法的不同有很大的差别。一个极端是动态调度的超标量处理器，无论采用记分牌技术还是 Tomasulo 算法，都需要大量的硬件，而且动态调度也大大增加了设计的复杂性，提高时钟频率更加困难，给设计的改进工作也增加了难度。另一极端是超长指令字处理器，指令的流出和调度仅需要很少甚至不需要额外的硬件，因为这些工作全都由编译器进行。这两种极端之间是现存的多数超标量处理器，它们将编译器的静态调度和硬件动态调度机制结合起来，共同决定可同时并行流出多少条指令。设计多流出处理器的主要难点是：访存的开销、硬件的复杂性和编译器技术的难度。各个因素的权衡和技术的取舍，往往取决于设计人员认为它们对性能有多大影响。

最后是超标量处理器和超长指令字所固有的限制。前面已经讨论了超标量处理器所存在的问题，主要是指令流出机制的问题。对于超长指令字，无论是技术方面还是机制方面均存在着问题。在技术方面，存在代码体积增长和操作锁定关联（Lock-step）的限制，这两个因素结合在一起，大大增加了超长指令字执行代码的长度：首先要从串行代码段中获取足够的无关操作，就必须循环展开很多次，从而增加了代码的长度；第二方面是当可并行的指令不足时，没有用到的操作槽在编码时必须用空操作填充。在图 4.19 中，可以看到功能部件的利用率仅为 42.5%，一半以上的指令槽是空的。为了解决这个问题，有时采用一些编码技巧。例如采用一个大的立即数域提供给所有功能单元使用。另外一种方法是在内存中将代码压缩，代码读到 Cache 时解压缩。因为超长指令字是静态调度的，且操作锁定关联，所以流水线中任何功能部件的停顿都会导致整个处理器的停顿，以保持各个功能单元的同步。尽管可以通过调度使重要的功能单元避免停顿，但是访问数据 Cache 将导致停顿，而且难以调度，因而 Cache 停顿会导致整个流水线的停顿。随着指令流出数的增加，访存的次数也增加，这种操作锁定关联的结构就很难有效地利用数据 Cache，从而增加了存储器的复杂性和延迟。

超长指令字所面临的最主要的逻辑问题是二进制代码的兼容性。这种问题存在于每一种处理器之间，即使处理器所实现的基本指令集是相同的。问题的根源是不同超长指令字处理器的指令流出数目和功能单元延迟等都是不同的，因此组装的指令包格式是不同的。和超标量处理器相比，超长指令字机器之间进行二进制代码移植是非常困难的。解决这个问题通常采用目标代码的转换和仿真的方法，但是效率会下降。二进制代码兼容性是超长指令字机器面临的最棘手的问题之一。

4.5　小结

指令级并行是当前实现高性能处理器的主要技术手段。本章在介绍指令级并行概念的基础上，重点讨论开发指令级并行的技术和方法，包括指令静态和动态调度、解决控制相关技术和多指令流出等内容。

指令的静态调度包括循环级并行的处理、寄存器换名和指令调度等。这些由编译器完成的基本的静态调度处理技术，对于提高程序的指令级并行是非常有效的，也是目前大多数高性能微处理器上使用的基本编译技术。

指令的动态调度包括目前最常用的两种硬件策略：记分牌技术和 Tomasulo 算法。详细讨论了这两种方法的特点、实现复杂性、实例和算法流程。这两种硬件策略是开发各种更加复杂的指令级并行动态调度技术的基础。

解决控制相关的技术，主要介绍了分支预测缓冲技术、分支目标缓冲技术和前瞻执行技术。这些技术在目前广泛使用的高性能微处理器中被普遍使用。

多流出技术是实现每个时钟周期中流出多条指令的必由之路。目前，它主要包括超标量技术、超流水技术和超长指令字技术。这里着重讨论了超标量技术和超长指令字技术以及指令多流出存在的一些关键技术问题。

习题 4

1. 解释下列术语。

指令级并行	循环展开	指令调度	数据相关
名相关	反相关	输出相关	控制相关
动态调度	乱序流出	乱序执行	记分牌
Tomasulo 算法	保留站	公共数据总线	分支预测缓冲
分支目标缓冲	前瞻执行	再定序缓冲	超标量
超流水	超长指令字		

2. 列举出下面循环中的所有相关，包括输出相关、反相关、真相关和循环相关。

```
for (i=2; i<100; i=i+1)
    a[i]=b[i]+a[i];     /*s1*/
    c[i+1]=a[i]+d[i];   /*s2*/
    a[i-1]=2*b[i];      /*s3*/
```

```
b[i+1]=2*b[i];     /*s4*/
```

3. 根据需要展开下面的循环并进行指令调度，直到没有任何延迟。指令的延迟如表 4.2 所示。

```
LOOP:LD     F0,0(R1)
     MULTD  F0,F0,F2
     LD     F4,0(R2)
     ADDD   F0,F0,F4
     SD     0(R2),F0
     SUBI   R1,R1,8
     SUBI   R2,R2,8
     BNEQZ  R1,LOOP
```

4. 假设有一个长流水线，仅仅对条件转移指令使用分支目标缓冲。假设分支预测错误的开销为 4 个时钟周期，缓冲不命中的开销为 3 个时钟周期。假设：命中率为 90%，预测精度为 90%，分支频率为 15%，没有分支的基本 CPI 为 1。

（1）求程序执行的 CPI。

（2）相对于采用固定的 2 个时钟周期延迟的分支处理，哪种方法程序执行速度更快？

5. 假设分支目标缓冲的命中率为 90%，程序中无条件转移指令的比例为 5%，没有无条件转移指令的程序 CPI 值为 1。假设分支目标缓冲中包含分支目标指令，允许无条件转移指令进入分支目标缓冲，则程序的 CPI 值为多少？

6. 下面一段 MIPS 的汇编程序称为 SAXPY，是计算高斯消去法中的关键一步，用于完成下面公式的计算：

$$Y = a \times X + Y$$

其浮点指令延迟如表 4.2 所示，整数指令均为 1 个时钟周期完成，浮点和整数部件均为流水。整数操作之间以及与其他所有浮点操作之间的延迟为 0，转移指令的延迟为 0。

```
foo:    ld      f2,0(r1)     ;load X[i]
        multd   f4,f2,f0     ;multiply a*X[i]
        ld      f6,0(r2)     ;load Y[i]
        addd    f6,f4,f6     ;add a*X[i]+Y[i]
        sd      0[r2],f6     ;store Y[i]
        addi    r1,r1,#8     ;increment X index
        addi    r2,r2,#8     ;increment Y index
        sgti    r3,r1,done   ;test if done
        beqz    r3,foo       ;loop if not done
```

（1）对于标准的 MIPS 单流水线，SAXPY 循环计算一个 Y 值需要多少时间？其中有多少空转周期？

（2）对于标准的 MIPS 单流水线，将 SAXPY 循环顺序展开 4 次，不进行任何指令调度，计算一个 Y 值平均需要多少时间？加速比是多少？其加速是如何获得的？

（3）对于标准的 MIPS 单流水线，将 SAXPY 循环顺序展开 4 次，优化和调度指令，使 SAXPY 循环处理时间达到最优，计算一个 Y 值平均需要多少时间？加速比是多少？

（4）对于采用如图 4.15 所示的前瞻执行机制的 MIPS 处理器，处理器中只有一个整数部件。当循环第二次执行到

```
beqz    r3,foo
```

时，写出前面所有指令的状态，包括指令使用的保留站、指令起始节拍、执行节拍和写结果节拍，并写出处理器当前的状态。

（5）对于两路超标量的 MIPS 流水线，设有两个指令流出部件，可以流出任意组合的指令，系统中的功能部件数量不受限制。将 SAXPY 循环展开 4 次，优化和调度指令，使 SAXPY 循环处理时间达到最优。计算一个 Y 值平均需要多少时间？加速比是多少？

（6）对于图 4.19 结构的超长指令字 MIPS 处理器，将 SAXPY 循环展开 4 次，优化和调度指令，使 SAXPY 循环处理时间达到最优。计算一个 Y 值平均需要多少时间？加速比是多少？

7. 对于两路超标量处理器，从存储器取数据有 2 拍附加延迟，其他操作均有 1 拍附加延迟，对于下列代码，请按要求进行指令调度。

```
LW   R4,(R5)
LW   R7,(R8)
ADD  R9,R4,R7
LD   R10,(R11)
MUL  R12,R13,R14
SUB  R2,R3,R1
SW   (R2),R15
MUL  R21,R4,R7
SW   (R22),R23
SW   (R24),R21
```

（1）假设两路功能部件中同时最多只有一路可以是访问存储器的操作，同时也最多只有一路可以是运算操作，指令顺序不变。

（2）假设两路功能部件均可以执行任何操作，指令顺序不变。

（3）假设指令窗口足够大，指令可以乱序（Out-of-Order）流出，两路功能部件均可以执行任何操作。

8. 对于例 4.11，在相同的条件下，如果展开 7 遍循环，求：

（1）每遍循环的平均时钟周期；

（2）每个时钟周期流出的指令数；

（3）操作槽（功能部件）的使用效率；

（4）如果展开 10 遍，会出现哪些问题？

第5章 存储层次

存储器是计算机系统的核心部件之一，应用的发展使得计算机用户对大容量、高速度、低价格存储器的需求永无止境，而单一一种存储器的设计和制造技术又很难使其满足所有要求。所幸的是，在冯·诺依曼体系结构下，人们在存储空间中保存数据和程序的形式使得程序在计算机中的执行符合局部性原理的特性，也即：绝大多数程序访问的指令和数据是相对簇聚的。程序行为的这一本质特征使得CPU近期使用的程序和数据可放在离CPU较近的、容量小而速度快的存储器中来满足性能要求，而其他程序和数据可放在离CPU较远的、容量大而速度慢的存储器中来满足容量要求，从而构成多级存储层次。

用多种存储器构成存储层次结构是提高存储系统整体性能的必要方法。如何以合理的价格，设计容量和速度满足计算机系统要求的存储系统，始终是计算机体系结构设计中最关键的问题之一。

5.1 存储器的层次结构

5.1.1 多级存储层次

从用户的角度来看，存储器的三个主要指标是容量、速度和每位价格。综合考虑不同的存储器设计和实现技术，会发现：某种存储器速度越快，容量就越小，每位价格就越高；容量越大，速度就越低，每位价格就越低。可见，“容量大、速度快、价格低”的三个要求是相互矛盾的。人们总能开发出足够大的应用程序，使当前存储器容量不够用，从实现“容量大、价格低”的要求来看，存储器设计者应采用大容量的存储器技术；另一方面，存储器应在CPU执行程序时以足够快的速度向CPU提供指令和数据，从满足性能需求的角度来看，又应采用昂贵且容量较小的快速存储器技术。解决这些矛盾的唯一方法，是采用多种存储器技术，构成多级存储层次。

通用嵌入式系统、台式机和服务器等计算机系统几乎都具有由“寄存器—Cache—主存—辅存”构成的多级存储层次，如图5.1所示。寄存器、Cache、主存和辅存是计算机系统中用不同技术实现的存储部件（或存储器），用M_1，M_2，M_3，M_4分别表示这4级存储层次。它们之间以字、块或页面为单位传送数据。最靠近CPU处理部件的M_1速度最快，容量最小，每位价格最高；而离CPU最远的M_4则相反，速度最慢，容量最大，每位价格最低。对于其中任何相邻的两级来说，靠近CPU的存储器总是容量小一些，速度快一些，价格高一些。

表5.1显示了2006年时高档微型计算机和低端服务器每级存储层次的大小和访存时间的对比，其中实现技术列出的是各层次所使用的典型工艺，磁盘的带宽包括

了磁存储体和缓冲接口的带宽。由表 5.1 可见，层次越低的存储器访存时间越大，管理越依赖软件和用户。在大型工作站或小型服务器中，存储层次中各级存储器速度更慢但容量更大；嵌入式计算机可能没有磁盘，主存和 Cache 也小得多。

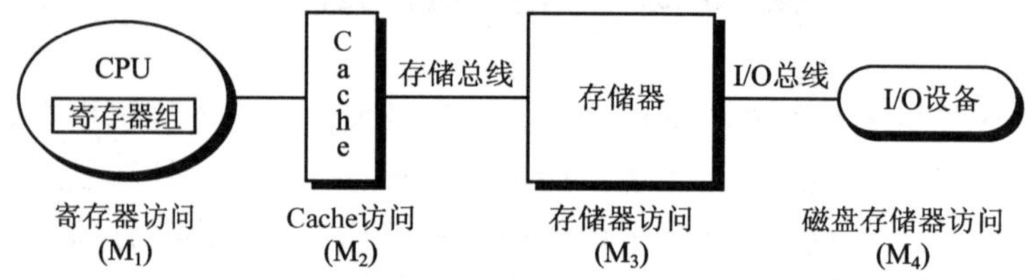

图 5.1 计算机系统典型的多级存储层次

表 5.1 典型存储层次的大小和访存时间的对比

层次	M_1	M_2	M_3	M_4
名称	寄存器	Cache	主存	磁盘
典型大小	<1KB	<16MB	<512GB	>1TB
实现技术	定制多端口存储器，CMOS	片上或片外 CMOS SRAM	CMOS DRAM	磁介质盘
访问时间/ns	0.25～0.5	0.5～25	50～250	5 000 000
带宽/（MB/s）	50 000～500 000	5000～20 000	2500～10 000	50～500
管理	编译器	硬件	操作系统	操作系统和用户
后备	Cache	主存	磁盘	CD 或磁带

有时人们也把 Cache 而不是寄存器认为是存储层次中的最高一级，是访存地址最先查找数据的地方。对于以 Cache 为 M_1、共具有 n 级存储器 M_1、M_2、…、M_n 的存储系统来说，想要达到的目标是：从 CPU 来看，该存储系统的速度接近于 M_1 的速度，而容量和每位价格都接近于 M_n 的容量和价格。

要实现上述目标，必须做到：存储器若越靠近 CPU，则 CPU 对它的访问频度越高，而且最好大多数的访问都能在靠近 CPU 的存储层次上完成。局部性原理是实现这一目标的前提。在存储层次中，任何一层存储器中的数据一般都是其下一级（离 CPU 更远的一级）存储器中数据的子集。CPU 在访存时，首先是访问靠近它的那个存储层次，若找不到所要的数据，则访问其相邻的下级存储层次，若找到所要的数据，则将包含所需数据的块或页面调入上级存储层次；若还找不到，则继续依次访问更下级的存储层次。

5.1.2 存储层次的性能参数

为简单起见，考虑由 M_1 和 M_2 两个存储器构成的两级存储层次结构。假设 M_1 的容量、访问时间和每位价格分别为 S_1，T_{A1}，C_1，M_2 的参数为 S_2，T_{A2}，C_2。

1．存储层次的平均每位价格 *C*

$$C=\frac{C_1S_1+C_2S_2}{S_1+S_2}$$

显然，当 $S_1<<S_2$ 时，$C\approx C_2$。

2．命中率 *H*

命中率为 CPU 访问存储系统时，在 M_1 中找到所需信息的概率。命中率可用模拟的方法来确定，即模拟执行一组有代表性的程序，分别记录访问 M_1 和 M_2 的次数 N_1 和 N_2，则

$$H=\frac{N_1}{N_1+N_2}$$

失效率 F 指 CPU 在访问存储系统时，在 M_1 中找不到所需信息的概率。显然 $F=1-H$。

3．平均访问时间 T_A

若访问在 M_1 命中，假设访问时间为 T_{A1}，T_{A1} 称为命中时间（HitTime）。若访问在 M_1 不命中，则需向 M_2 发出访问请求，大多数两级存储层次会把 M_2 中包含所请求的字的信息块传送到 M_1，CPU 才可访问到这个字。假设 M_2 的访问时间是 T_{A2}，把一个信息块从 M_2 传送到 M_1 的时间为 T_B，则不命中时的访问时间为：$T_{A1}+T_{A2}+T_B=T_{A1}+T_M$，其中 $T_M=T_{A2}+T_B$，为从向 M_2 发出访问请求到把整个数据块调入 M_1 中所需的时间，称为失效开销（Miss Penalty）。

根据以上分析可知：

$$T_A=HT_{A1}+(1-H)(T_{A1}+T_M)=T_{A1}+(1-H)T_M$$

或

$$T_A=T_{A1}+FT_M$$

5.1.3 两种存储层次关系

近十多年来，CPU 的性能提高得很快，如图 5.2 所示。在 1980—1986 年，CPU 以每年 1.25 倍的速度递增，而在 1987—2004 年，CPU 性能则以每年 1.57 倍的速度递增，2004—2010 年，CPU 速度以每年 1.2 倍的速度递增。但是，主存性能的提高却慢得多。例如，DRAM 的速度只以每年 1.07 倍的速度递增。因此，CPU 和主存之间在性能上的差距越来越大。现代计算机都采用 Cache 来解决这个问题，即在 CPU 和主存之间增加一级速度快，容量较小而每位价格较高的高速缓冲存储器（Cache）。借助于辅助软硬件，它与主存构成一个有机的整体，以弥补主存速度的不足。这就是“Cache—主存”层次关系。

另一种层次关系“主存—辅存”是在主存外面增加一个容量更大、每位价格更低，

但速度更慢的存储器（称为辅存，一般是硬盘）。表 5.2 对“Cache—主存”和“主存—辅存”两种层次关系做了一个简单的比较。这个层次关系常被用来实现虚拟存储器，给程序员提供大量的程序空间。

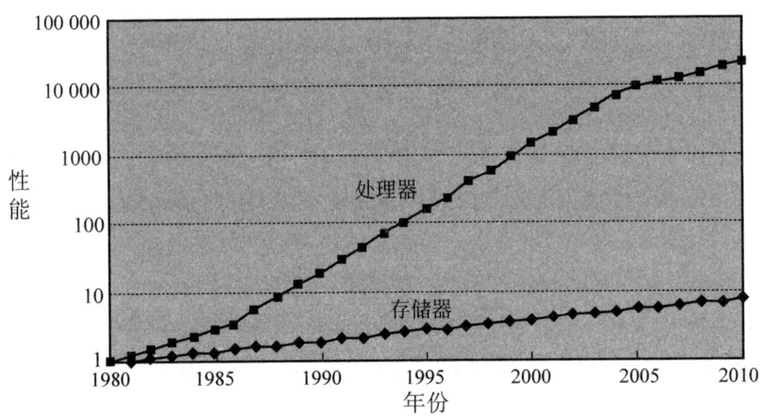

图 5.2　1980 年以来存储器和 CPU 性能随时间而提高的情况（以 1980 年时的性能作为基准）

表 5.2　“Cache—主存”与“主存—辅存”的区别

层次关系 / 比较项目	“Cache—主存”	“主存—辅存”
目的	为了弥补主存速度的不足	为了弥补主存容量的不足
存储管理实现	全部由专用硬件实现	主要由软件实现
访问速度的比值（第一级比第二级）	几比一	几百比一
典型的块（页）大小	几十个字节	几百到几千个字节
CPU 对第二级的访问方式	可直接访问	均通过第一级访问
失效时 CPU 是否切换	不切换	切换到其他进程

5.1.4　存储层次的 4 个问题

在后面的几节中，将详细讲述“Cache—主存”和“主存—辅存”。对于每一种层次关系，都将讨论以下体现该层次工作原理的 4 个关键问题。

（1）映像规则：当把一个块调入高一层存储器时，可以放到哪些位置上?

（2）查找算法：当所要访问的块在高一层存储器中时，如何找到该块?

（3）替换算法：当发生失效时，应替换哪一块?

（4）写策略：当进行写访问时，应进行哪些操作?

5.2　Cache 基本知识

现代计算机都在 CPU 和主存之间设置一个高速、小容量的缓冲存储器，称为 Cache。

Cache 填补了 CPU 和主存在速度上的巨大差距，对于提高整个计算机系统的性能有重要的意义，几乎是一个不可缺少的部件。需要指出的是，Cache 技术这个词被广泛用于指代利用缓冲技术来实现局部数据再利用的技术，例如，文件 Cache、踪迹 Cache 等。本章中的 Cache 是其中的一种，专指 CPU 和主存之间的 Cache。

Cache 和主存间信息的交互按块来组织。Cache 和主存均被分割成大小相同的块，信息以块为单位调入 Cache，块大小常为 2 的幂次方字节。通常，Cache 对于程序员是透明的，CPU 访存指令中给出的是主存地址，该地址被分割成两部分：块地址和块内位移，如下所示。

主存地址：	块地址	块内位移

硬件根据其中的块地址查找该块在 Cache 中的位置，块内位移用于确定所访问的数据在该块中的位置。

5.2.1 映像规则

当要把一个块从主存调入 Cache 时，首先要确定这个块可以放在 Cache 的哪个块位置上。一般来说，主存容量远大于 Cache 的容量，因此必须确定各个主存块和相对较少的 Cache 块位置的对应关系，这种对应关系就是 Cache 和主存层次间的映像规则，主要有以下三种。

1．直接映像

直接映像（Direct Mapping）指主存块只能被放置到唯一的一个 Cache 块位置的方法。对于主存的第 i 块（即块地址为 i），设它映像到 Cache 的第 j 块，则可按照一种循环分配的原则确定 i、j 之间的对应关系：

$$j=i \bmod M$$

其中，M 为 Cache 的块数。

图 5.3（a）示意了 Cache 大小为 8 块、主存大小为 16 块的例子，图中带箭头的连线表示映像关系。其中，主存的第 9 块被调入 Cache 时，只能放入 Cache 的第 1 块（9 mod 8）的位置。

设 $M=2^m$，即 Cache 块数为 2 的幂次，则当表示为二进制数时，Cache 块号 j 实际上就是 i 的低 m 位，因此，可以直接用主存块地址的低 m 位去查找直接映像 Cache 中的相应块。

2．全相联映像

全相联映像（Fully Associative Mapping）指主存块可以被放置到任意一个 Cache 块位置的方法。如图 5.3（b）所示，主存的第 9 块可以放入 Cache 中的任意一个块位置（带阴影）。

3．组相联映像

组相联映像（Set Associative Mapping）指主存块可以被放置到 Cache 中唯一的一个

组中的任何一个位置（Cache 被等分为若干组，每组由若干个块构成）的方法。对于主存第 i 块映像到 Cache 的第 k 组，按照与直接映像相似的循环分配原则，确定 i、k 之间的对应关系：

$$k = i \bmod G$$

其中，G 为 Cache 的组数。

在图 5.3（c）的示例中，Cache 的每个组包含相邻的两个块位置，主存的第 9 块被调入 Cache 时，只能放入 Cache 的第 1 组（9 mod 4）中两个块位置中的任意一个。

组相联是直接映像和全相联的一种折中：一个主存块首先是映像到唯一的一个组上（直接映像的特征），然后这个块可以被放入这个组中的任何一个位置（全相联的特征）。

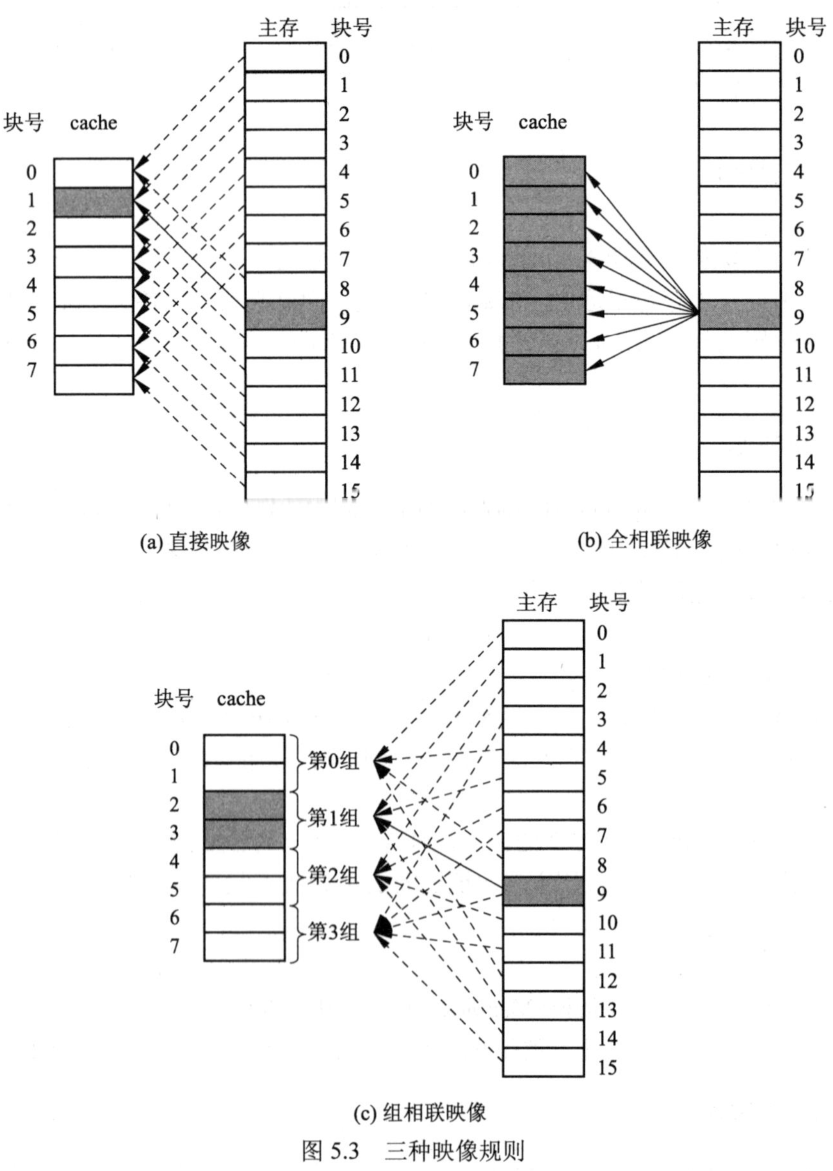

图 5.3 三种映像规则

设 $G=2^g$，则当表示为二进制数时，Cache 组号 k 实际上就是 i 的低 g 位，因此，可以直接用主存块地址的低 g 位去选择组相联 Cache 中的相应组。这里的低 g 位以及上述直接映像中的低 m 位通常称为索引（Index）。

如果组相联 Cache 中每组有 n 个块（$n=M/G$），则称该映像规则为 n 路组相联（n-way Set Associative）。直接映像实际上即为 1 路组相联，而全相联即为 M 路组相联。

直接映像和组相联中所采用的循环分配方法使得相对簇聚的数据被分配到不同的 Cache 块（组）位置，相对其他对应关系，这种分配方法更符合局部性原理。相联度越高（即 n 的值越大），Cache 空间的利用率就越高，块冲突概率就越低，因而 Cache 的失效率就越低。块冲突是指一个主存块要进入已被占用的 Cache 块位置。显然，全相联的失效率最低，直接映像的失效率最高。虽然从降低失效率的角度来看，n 的值越大越好，但后面将看到，增大 n 值会使 Cache 的实现复杂度和代价增大，从而降低访问速度，其综合效果并不一定能使整个计算机系统的性能提高。因此，绝大多数计算机都采用较低相联度（直接映像，2 路、4 路或 8 路组相联）的 Cache 设计方案。

5.2.2 查找方法

首先，查找 Cache 的方法和 Cache 的映像规则紧密相关，因为主存块地址的低若干位（索引）指定了该块在 Cache 中的块号或组号（全相联索引位数为 0，表示要查找所有块的位置）。其次，无论采用哪种映像规则，多个主存块都可能映像到同一个 Cache 块的位置，为了区分当前某 Cache 块位置保存的是哪一个主存块，必须记录唯一标识此主存块的信息，记录这些信息的硬件结构称为目录表。当要在 Cache 中查找某一块时，首先根据索引查找块（组）位置，然后通过查找目录表来确定该块是否在这些位置中的一个。

Cache 中的目录表共有 M 项，每个目录项对应于 Cache 中的一个块，目录项记录了其对应保存的主存块的块地址除索引之外的高位部分，称为标识（tag）。标识指出当前该块中存放的信息是哪个主存块的。每个主存块能唯一地由其标识来确定。

为了指出 Cache 中的块是否包含有效信息，一般是在目录表中给每一项设置一个有效位。例如，当该位为 1 时表示：该目录表项有效，Cache 中相应块所包含的信息有效。当一个主存块被调入 Cache 中某一个块位置时，它的标识就被填入目录表中与该 Cache 块相对应的项中，并且该项的有效位被置 1。

对于直接映像 Cache，其主存块地址分为

tag	块索引（Index）

该主存块在 Cache 中具有唯一的位置，当 CPU 访问该主存块时，利用块索引查找到这个位置对应的目录表项。如果其中保存的标识与主存块 tag 相同，且其有效位为 1，则该位置上的 Cache 块即是所要找的块。

对于组相联 Cache，其主存块地址分为

tag	组索引（Index）

该主存块在 Cache 中具有唯一的组位置，当 CPU 访问该主存块时，利用组索引查找对应组的目录表项（标识）。如果该组中有一个标识与所访问的主存块 tag 相同，且其有效位为 1，则它所对应的 Cache 块即是所要找的块。

对于全相联 Cache，其主存块地址即为 tag。该主存块可能放在 Cache 的任意位置，当 CPU 访问该主存块时，该 tag 需要与 Cache 所有块对应的标识比较，若有一个标识与所访问的主存块 tag 相同，且其有效位为 1，则它所对应的 Cache 块即是所要找的块。

图 5.4 给出了 4 路组相联 Cache 查找的情况。Cache 一般采用单体多字存储器来保存目录表和 Cache 数据，用比较器来实现并行查找。图中标识存储器的每一行中包含了一组中 4 个 Cache 块的标识。CPU 访存时，用主存块地址中的组索引 Index 从标识存储器中选取一行，并行读出 4 个标识，然后通过 4 个比较器将它们与主存块地址中的 tag 进行并行比较。根据比较结果确定是否命中以及该组中哪一个块是要访问的块（若命中）。

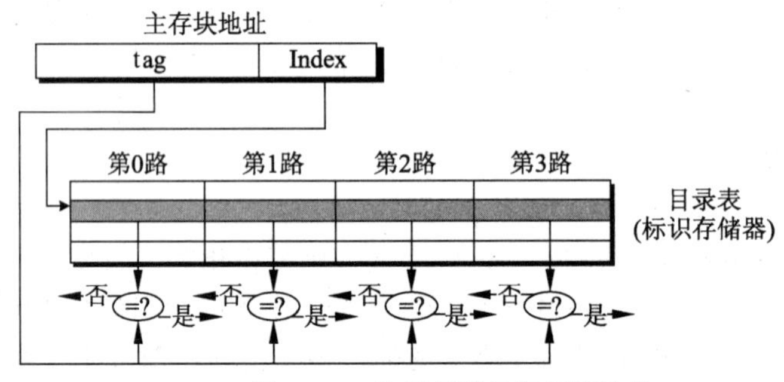

图 5.4　4 路组相联并行标识比较

由图 5.4 可以看出，n 路组相联 Cache 中 n 越大，实现查找的代价就越高。直接映像 Cache 的查找最简单：只需查找一个位置。所访问的块要么就在这个位置上，要么不在 Cache 中。

无论是直接映像还是组相联，查找时只需比较 tag，所有索引相同（且只有索引相同）的块都被映像到该组（块）中。所以，该组中存放的块索引一定与本次访存的 Index 相同。如果 Cache 的容量不变，提高相联度会增加每一组中的块数，从而会减少 Index 的位数和增加 tag 的位数。tag 的位数变大，当采用类似于图 5.4 的并行比较方案时，所需比较器的个数和位数都会随之增大。

5.2.3　替换算法

无论采用哪种映像规则，由于较多的主存块会共享一个（或一组）Cache 块位置，所以当一个块要从主存调入 Cache 时，可能会出现该块所映像到的一组（或一个）Cache 块位置已全被占用的情况。替换算法需要选择一个块位置来存放这个新调入的块。

直接映像 Cache 中只有一个块位置可被选择，必定是在此位置上的块被替换，而组相联和全相联 Cache 中，则有多个块供选择，好的算法要尽可能避免替换掉马上就要用到的信息。主要的替换算法有以下几种。

1. 随机法

随机法随机地选择被替换的块，以便均匀使用一组中的各块。但硬件实现真正的随机并不容易，有些系统采用伪随机数法产生块号，这样实现简单，且随机序列是一定的，有利于调试。

2. 先进先出法

先进先出法（First In First Out，FIFO）选择最早调入的块作为被替换的块，它利用了同一组中各块进入 Cache 的顺序这一“历史”信息。其优点也是容易实现，但不能正确地反映程序的局部性。因为最先进入的块，可能是经常要用到的块。

3. 最近最少使用法

最近最少使用法（Least Recently Used，LRU）选择近期最久没有被访问过的块作为被替换的块。它所依据的是局部性原理的一个推论：如果最近刚用过的块很可能就是马上要再用到的块，则最久没用过的块就是最佳的被替换者。这种方法实现时需要记录一段时间（近期）内各块的被访问次序，以确定最久没被访问的块。

4. 最不常使用法

最不常使用法（Least Frequently Used，LFU）选择过去一个时间段内访问次数最少的数据块，它既充分利用了历史信息，又反映了程序的局部性。这种方法实现时需要记录一段时间内各块被访问的次数，代价较大。

在几种替换算法中，随机法没有考虑 Cache 块过去被使用的情况，反映不了程序的局部性，所以其失效率比 LRU 和 LFU 的高。LRU 和 LFU 能较好地反映程序的局部性原理，失效率较低，但硬件实现比较复杂。表 5.3 给出了 LRU、随机法和 FIFO 算法每 1000 条指令的失效次数比较。表中数据是基于具有 64B 块大小 Cache 的 Alpha 结构微处理器统计的，运行的程序是 SPEC2000（5 个 SPECint2000 程序和 5 个 SPECfp2000 程序）。在这个例子中，随着 Cache 容量变大，LRU 和随机法失效率的差别变小。

LRU 和随机法分别因其失效率低或实现简单而被广泛采用。

表 5.3 LRU、随机法和 FIFO 算法每 1000 条指令的失效次数比较

大小/KB	相联度								
	2 路			4 路			8 路		
	LRU	随机法	FIFO	LRU	随机法	FIFO	LRU	随机法	FIFO
16	114.1	117.3	115.5	111.7	115.1	113.3	109.0	111.8	110.4
64	103.4	104.3	103.9	102.4	102.3	103.1	99.7	100.5	100.3
256	92.2	92.1	92.5	92.1	92.1	92.5	92.1	92.1	92.5

5.2.4 写策略

据统计，典型程序的 Store 和 Load 指令所占的比例分别为 9%和 26%，由此可得“写”

在所有访存操作中所占的比例为 9%/(100%+26%+9%)≈7%，而在访问数据 Cache 操作中所占的比例为 9%/(26%+9%)≈25%。这个数据表明，处理器对 Cache 的访问中，“读”访问比“写”访问比例大，所以对读访问进行优化会得到较大的性能增益。

优化读访问的常用方法是：访问 Cache 时，在读出标识进行比较的同时，可以把相应的 Cache 块也读出。如果命中，则把该块中所请求的数据立即送给 CPU；若为失效，则对所读出的块处理器置之不理。

写访问也占据了相当的比例，有时为了提高 Cache 整体性能也对其进行优化。“写”和“读”不同：只有在读出标识并进行比较，确认命中后，才可对 Cache 块进行写入。由于检查标识不能与写入 Cache 块并行进行，“写”一般比“读”花费更多的时间。

另一个困难是：处理器要写入的数据的宽度不是定长的（通常为 1～8 字节），写入时，只能修改 Cache 块中相应的部分，而“读”则可以多读出几个字节也没关系，所以在实现时写访问可能对应的是“读—修改—写”的硬件操作，比较费时。

写访问会更新数据，如果被写的块不在 Cache 中，应该怎样更新？如果在 Cache 中，应该只更新 Cache，还是同时更新下一级存储器以避免两者内容的不一致？这些是写策略需要解决的问题。写策略是区分不同 Cache 设计方案的一个重要标志。

首先，如果要被写的块不在 Cache 中（写失效），则有两种方案，决定是否将相应的块调入 Cache。

（1）按写分配法（Write Allocate）：先把所写单元所在的块调入 Cache，然后再进行更新。这与读失效类似。这种方法也称为写时取（Fetch On Write）。

（2）不按写分配法（No Write Allocate）：直接写入下一级存储器而不将相应的块调入 Cache。这种方法也称为绕写（Write Around）。

当待写的块已经在 Cache 中了（写命中或写失效时按写分配），有两种策略来维护一致性。

（1）写直达法（Write Through）：不仅把信息写入 Cache 中相应的块，而且也写入下一级存储器中相应的块。

（2）写回法（Write Back）：只把信息写入 Cache 中相应的块。该块只有在被替换时，才被写回下一级存储器中。

例 5.1 假设一个全相联具有足够多 Cache 块的 Cache，在完成 WriteMem[100]、WriteMem[100]、ReadMem [200]、WriteMem[200]、WriteMem[100]的访存序列时，利用按写分配和不按写分配两种方法，命中次数和失效次数各是多少？

解：

	不按写分配	按写分配
WriteMem[100]	失效	失效
WriteMem[100]	失效	命中
ReadMem [200]	失效	失效
WriteMem[200]	命中	命中
WriteMem[100]	失效	命中

写时取法和绕写法可与写直达法和写回法形成不同组合：

策略组合	写命中时动作	写失效时动作
写直达、写时取 Cache	Cache 和下级存储器都更新	把块取入 Cache，Cache 和下级存储器都更新
写直达、绕写 Cache	Cache 和下级存储器都更新	下级存储器更新
写回、写时取 Cache	Cache 更新	把块取入 Cache，Cache 更新
写回、绕写 Cache	Cache 更新	下级存储器更新

在写回法中，为了减少在替换时块的写回，常采用“脏位”标志，即为 Cache 中的每一块设置一个“脏位”（设在与该块相应的目录表项中），用于指出该块是被修改过（“脏”）的还是没被修改过的。替换时，若被替换的块是没被修改过的，则不必写回下一级存储器，因为这时下一级存储器中相应块的内容与 Cache 中的一致。

写回法的优点是速度快，写操作能以 Cache 存储器的速度进行，而且对于同一单元的多个写最后只需一次写回下一级存储器，其他写操作只到达 Cache，不到达下一级存储器，因而所使用的存储器频带较低。写直达法的优点是易于实现，而且下一级存储器中的数据总是最新的，这样简化了数据一致性的问题（尤其对于多处理机和 I/O 系统）。

采用写直达法时，若写操作过程中 CPU 必须等待该操作结束，则称 CPU 写停顿（Write Stall）。减少写停顿时间的一种常用优化技术是采用写缓冲器（Write Buffer），写访问数据一旦写入该缓冲器，CPU 就可以继续执行，从而使下一级存储器的更新和 CPU 的执行重叠起来。

5.2.5 Cache 结构

1. Opteron 数据 Cache 结构

下面以 AMD Opteron 微处理器的数据 Cache 为例来综合讨论 Cache 结构及各种 Cache 技术的应用，图 5.5 给出其结构图。Opteron 采用容量为 64KB 的数据 Cache，块大小 64B，共有 1024 个块，采用 2 路组相联，LRU 替换算法，采用写回、写时取策略。

下面参照图 5.5 来讨论 Cache 命中和失效的步骤。

（1）读命中。

Opteron 微处理器采用 40 位物理地址。物理地址分成 34 位块地址和 6 位块内偏移（块大小 2^6B=64B），块地址又进一步分成 Index 和 Tag。图 5.5 中的①显示了这种划分。Index 位数的确定与 Cache 大小、块大小和相联度有关，计算如下：

$$2^{\text{Index}}=\text{Cache 大小}/(\text{块大小}\times\text{相联度})=64\text{KB}/(64\text{B}\times 2)=512=2^9$$

因此 Index 应为 9 位，Tag 位为 34−9=25（位）。

Cache 利用 9 位 Index 找到一组中两个块的 Tag 和相应的两块数据，由于 Opteron 是 64 位字长的处理器，所以 Cache 还利用块内偏移的高 3 位选择 64B 块中的 8 个字节，作为可能送回微处理器的数据。图 5.5 中的②显示上述步骤。

从 Cache 中读出的两个 Tag 与块地址中的 Tag 相比较，如图 5.5 的③所示，为确保 Tag 中保存的是有效信息，同时需要检查相应的有效位。假设 Tag 匹配，步骤④是从

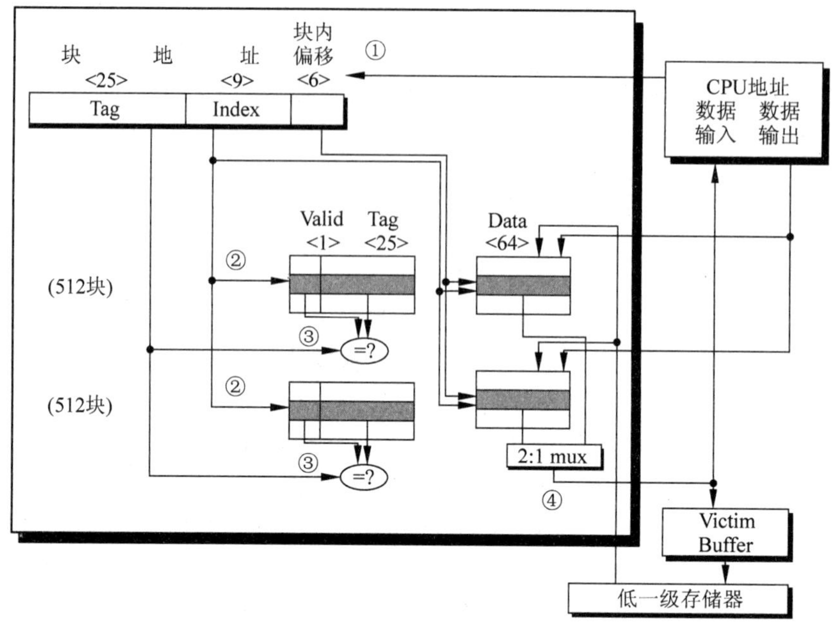

图 5.5 AMD Opteron 数据 Cache 结构

Cache 的二选一开关中选择匹配的输入送回微处理器。Opteron 在两个时钟周期内完成上述 4 步，因此若 Load 指令的后续指令需要用到其结果就需等待。

（2）写命中。

Opteron 处理“写”要比处理“读”复杂（几乎所有的 Cache 都是这种情况），如果被写的字在 Cache 中，前 3 个步骤和读命中是一样的。由于 Opteron 是乱序执行的，所以“写”访问的最后一步必须等到 Store 指令提交后才能真正写入 Cache。

（3）读失效。

当读失效时，Cache 需要向微处理器传送数据未准备好信号，同时 Cache 块的 64B 数据需从下级存储层次中读取。Cache 块的第一个 8 字节需要 7 个时钟周期读回，后续每 8 个字节需要 2 个周期读回。Opteron 使用 LRU 策略来选择 Cache 的 2 路中哪一路被替换，LRU 策略选择最近最少被使用的块进行替换，因此 Cache 每次访问都必须更新 LRU 状态位。替换意味着更新数据、地址 Tag、有效位和 LRU 状态位。

由于 Opteron 使用写回策略，旧数据块可能已被修改，因此被替换时需要写回，Opteron 采用一位脏位来记录该块（该块称为 Victim 块）是否被写过，如果此 Victim 块被修改过，则其数据和地址被送入 Victim Buffer（类似于其他机器中的写缓存即 Write Buffer）中，Victim Buffer 能存放 8 个块，可把其中的数据块写入下级存储层次中，同时 Cache 可完成其他工作。如果 Victim Buffer 满，Cache 的写回必须等待。

（4）写失效。

Opteron 为读失效或写失效均分配一个 Cache 块，因此写失效和读失效的处理非常相似。

2．分离 Cache 和混合 Cache

Opteron 采用分离 Cache 结构，即具有容量为 64KB 的指令 Cache 和相同容量的数据 Cache（指令和数据采用一个 Cache 缓冲称为混合 Cache 结构）。两个 Cache 具有独立的读写端口，读指令和读写数据可以并行，使处理器和存储层次之间的带宽加倍。分离 Cache 也使得每个 Cache 可采用不同的优化策略来达到最佳的性能组合。

分离 Cache 可消除指令块和数据块的访存冲突，但两个 Cache 的容量也因为总 Cache 空间的限制而有所减小。大容量和低冲突，哪个对于失效率来说更重要呢？比较混合 Cache 和分离 Cache 较为公平的方式是基于相同的 Cache 总容量，例如，分离的 16KB 指令 Cache 和 16KB 数据 Cache 应该和一个 32KB 的混合 Cache 相比较。

表 5.4 显示了不同大小的指令 Cache、数据 Cache 和混合 Cache 每 1000 条指令的失效次数，该统计结果由 Alpha 结构微处理器上运行的 5 个 SPECint2000 程序和 5 个 SPECfp2000 程序得出，该程序集中指令访存约占 74%，数据访存的比例为 26%。由表 5.4 可算得分离 Cache 的平均失效率，比较同等容量混合 Cache 的平均失效率，会发现两者的优劣。除改变失效率外，指令 Cache 和数据 Cache 相分离还会影响性能的其他方面，后面的例子将评估这一点。

表 5.4　分离 Cache 和混合 Cache 的失效次数

大小/KB	指令 Cache	数据 Cache	混合 Cache
8	8.16	44.0	63.0
16	3.82	40.9	51.0
32	1.36	38.4	43.3
64	0.61	36.9	39.4
128	0.30	35.3	36.2
256	0.02	32.6	32.9

5.2.6　Cache 性能分析

1．平均访存时间

失效率常用来评价存储层次的性能，它与硬件速度无关。但这个间接指标有时也会产生误导。评价存储层次更合理的指标是平均访存时间：

$$平均访存时间=命中时间+失效率\times失效开销$$

其中，命中时间（Hit Time）是指访问 Cache 命中时所用的时间。平均访存时间的两个组成部分既可以用绝对时间（如命中时间为 0.25～1ns），也可以用时钟周期数（如失效开销为 150～200 个时钟周期）来衡量。

可以用这个公式比较分离 Cache 和混合 Cache 的性能。

例 5.2　利用表 5.4 所列的数据，比较指令 Cache 和数据 Cache 容量均为 16KB 的分离 Cache 与容量为 32KB 的混合 Cache，哪种 Cache 的失效率更低？哪种 Cache 的平均访存时间更低？假设：

36%的指令为访存指令。两种 Cache 的失效开销均为 100 个时钟周期，分离 Cache 的命中时间为 1 个时钟周期，混合 Cache 中一次 Load 或 Store 操作访问 Cache 的命中时间都要增加一个时钟周期（因为混合 Cache 只有一个端口，无法同时满足两个请求，会导致结构冲突，假设取指优先满足）。采用写直达策略，且有一个写缓冲器，并且忽略写缓冲器引起的等待。

解：

首先把表 5.4 中每 1000 条指令的平均失效次数转换为失效率。

失效率=失效次数/总访存次数

分离 Cache 中，每 1000 条指令，16KB 指令 Cache 失效 3.82 次，16KB 数据 Cache 失效 40.9 次，总失效次数为 44.72 次；每 1000 条指令，总访存次数为 1000+1000×36%=1360 次，因此，

分离 Cache 的总失效率为　　44.72 / 1360×100%=3.29%

其中指令 Cache 失效率为　　3.82 / 1000×100%=0.382%

其中数据 Cache 失效率为　　40.9 / 360×100%=11.36%

32KB 混合 Cache 的失效率为 43.3 / 1360×100%=3.18%

平均访存时间公式包括指令访存和数据访存两部分：

平均访存时间=指令百分比×(命中时间+指令失效率×失效开销)
+数据百分比×(命中时间+数据失效率×失效开销)

因此，

$平均访存时间_{分离\ Cache}=74\%\times(1+0.382\%\times100)+26\%\times(1+11.36\%\times100)=4.236$

$平均访存时间_{混合\ Cache}=74\%\times(1+3.18\%\times100)+26\%\times(1+1+3.18\%\times100)=4.44$

综上所述，在此例子中，分离 Cache 因为具有两个访存端口而避免了结构冲突，具有较小的平均访存时间，而具有较小失效率的混合 Cache 却具有较低的访存性能。

2．CPU 时间

尽管平均访存时间是一个比失效率更好的评价存储层次的性能指标，但它只是衡量存储子系统性能的一个指标，是衡量整个 CPU 性能的一个间接指标。CPU 性能（CPU 时间）由程序执行时间衡量，而这个指标与 Cache 性能密切相关，用以下公式表示：

CPU 时间=(CPU 执行周期数+存储器停顿周期数)×时钟周期时间

“CPU 执行周期数”是假设所有访存在 Cache 中命中时程序的执行时间，这一时间中包括了 Cache 命中时间。为了简化对各种 Cache 设计方案的评价，设计者经常假设所有存储停顿都由 Cache 失效引起，这里也利用这种假设来进行分析。但实际上其他原因诸如 I/O 设备等也会因访存而引起停顿，当计算最终性能时要考虑这些因素。微处理器的工作方式也会影响上述公式：如果微处理器是顺序执行的，那么处理器在失效时会停顿，存储器停顿时间直接决定着平均访存时间，也就直接影响着微处理器性能。如果是乱序执行的，情况会有所不同。

存储器停顿周期数可以用程序的访存总次数、失效开销（单位为时钟周期）以及“读”

和“写”的失效率来计算，即

$$存储器停顿周期数=“读”的次数\times读失效率\times读失效开销+“写”的次数\times写失效率\times写失效开销$$

一般通过将“读”的次数和“写”的次数合并，并求出“读”和“写”的平均失效率和平均失效开销，将上式简化为

$$存储器停顿周期数=访存次数\times失效率\times失效开销$$

由于“读”和“写”的失效率和失效开销通常是不相等的，所以这只是一个近似公式。

从执行周期数和存储停顿周期数中提取公因子“指令数”（IC），得

$$\text{CPU}时间=\text{IC}\times\left(\text{CPI}_{\text{execution}}+\frac{访存次数}{指令数}\times失效率\times失效开销\right)\times时钟周期时间$$

上述公式中，各个参数很容易量度，每条指令都需进行一次访存取指，有些指令还需进行访存取数，IC 和访存次数可以通过处理器的执行计数来计算。失效开销是个平均数，但一般简化为一个固定值。实际中，一次失效发生时，主存可能因为前面的访存请求或存储器刷新忙而不能及时服务该次失效，处理器、总线、存储器接口时钟频率的差异也会导致失效开销不同。失效率为 Cache 访问中失效的百分比（失效次数/访问次数），可以通过 Cache 模拟器监控指令和数据访问的地址踪迹来计数 Cache 命中或失效的情况，当前很多处理器提供硬件计数来统计 Cache 命中和失效的次数，从而统计失效率。

例 5.3 假设一台计算机在 Cache 全命中的情况下 CPI 为 1.0，只有 Load 和 Store 指令能进行访存，这两种指令占总指令的 50%，如果失效开销为 200 个时钟周期，失效率为 2%，比较全命中情况，此计算机由于失效带来的性能损失有多少？

解：

全命中时机器的性能为

$$\begin{aligned}\text{CPU 执行时间}_{全命中} &= (\text{CPU 执行周期数}+访存停顿周期数)\times时钟周期时间\\ &=(\text{IC}\times\text{CPI}+0)\times时钟周期时间=\text{IC}\times1.0\times时钟周期时间\end{aligned}$$

具有真实 Cache 的机器性能为

$$\begin{aligned}\text{CPU 执行时间}_{真实\text{Cache}} &= \text{IC}\times(\text{CPI}+(访存次数/指令数)\times失效率\times失效开销)\\ &\quad\times时钟周期时间\\ &=(\text{IC}\times1.0+\text{IC}\times(1+0.5)\times0.02\times200)\times时钟周期时间\\ &=\text{IC}\times7.0\times时钟周期时间\end{aligned}$$

$$\text{CPU 执行时间}_{真实\text{Cache}}/\text{CPU 执行时间}_{全命中}=7.0$$

这里失效率定义为“每次访存的平均失效次数”，而一些设计者把失效率定义为“每条指令的平均失效次数”，这两者的关系是

$$\begin{aligned}每条指令的平均失效次数&=失效率\times访存次数/指令数\\ &=失效率\times每条指令的平均访存次数\end{aligned}$$

例 5.3 中，每条指令的平均失效次数=失效率×访存次数/指令数=0.02×1.5=0.03。

“每条指令的平均失效次数”这个指标的优点在于其与硬件实现无关，例如，在带有前瞻执行的处理器中，取指的数量可能是提交指令的 2 倍，这样，人为地使用“每次访

存的平均失效次数”就比使用“每条指令的平均失效次数”作为失效率要小。缺点在于：“每条指令的平均失效次数”这个指标与机器体系结构有关，例如，MIPS 和 80x86 的“每条指令的平均访存次数”可能很不相同。因此，“每条指令的平均失效次数”通常用于评价系列机的性能。

当考虑了 Cache 的失效影响后，CPI 就会增大，例 5.3 中 CPI 从理想计算机的 1.0 增加到 7.0，是原来的 7 倍。由于不管有没有 Cache，时钟周期时间和指令数都保持不变，所以 CPU 的时间也将增加到原来的 7 倍。然而，若不采用 Cache，CPI 将增加为 1.0+200×1.5=301，即是有 Cache 系统的 40 多倍！

正如上面例子所说明的，Cache 的行为可能会对系统性能产生巨大的影响。而且，Cache 失效对于一个 $CPI_{execution}$ 较小、时钟频率较高的 CPU 来说，影响更大，因为 $CPI_{execution}$ 越低，固定周期数的 Cache 失效开销的相对影响就越大；时钟频率越高，失效开销所需的时钟周期数会越大，其 CPI 中存储器停顿这部分也就较大。所以，在评价具有低 CPI、高时钟频率 CPU 的机器性能时，如果忽略 Cache 的行为，就更容易出错。这又一次验证了 Amdahl 定律。

减少平均访问时间意味着提高了存储子系统的性能，是一个合理的目标，本章许多地方也使用了平均访问时间这个指标，但最终目标是减少 CPU 的执行时间。下面的例子就说明了两者的区别。

例 5.4 考虑两种不同组织结构的 Cache 的性能及其对 CPU 性能的影响。分析时请用以下假设：

（1）两种 Cache 分别为直接映像 Cache 和 2 路组相联 Cache，容量均为 128KB，块大小都是 64 字节。

（2）理想 Cache（命中率为 100%）情况下的 CPI 为 1.6，时钟周期为 0.35ns，平均每条指令访存 1.4 次。

（3）命中时间为 1 个时钟周期，直接映像 Cache 的失效率为 2.1%，2 路组相联 Cache 的失效率为 1.9%。失效开销都是 65ns（在实际应用中，应取整为整数个时钟周期）。

（4）图 5.4 说明，在组相联 Cache 中，必须增加多路选择器，用于根据标识匹配结果从相应组的块中选择所需的数据。因为 CPU 的速度直接与 Cache 命中的速度紧密相关，所以对于组相联 Cache，由于多路选择器的存在而使 CPU 的时钟周期增加到原来的 1.35 倍。

解：

$$平均访存时间=命中时间+失效率\times失效开销$$

因此，两种结构的平均访存时间分别是

$$平均访存时间_{1路}=0.35+(2.1\%\times65)=1.72（ns）$$

$$平均访存时间_{2路}=0.35\times1.35+(1.9\%\times65)=1.71（ns）$$

2 路组相联 Cache 的平均访存时间比较低。

CPU 性能为

$$CPU执行时间=IC\times(CPI+(访存次数/指令数)\times失效率\times失效开销)\times时钟周期时间$$

用 65ns 代替（失效开销×时钟周期时间），两种结构的性能分别为

$$\text{CPU 时间}_{1\text{路}}=\text{IC}\times(1.6\times0.35+(1.4\times2.1\%\times65))=2.47\times\text{IC}$$

$$\text{CPU 时间}_{2\text{路}}=\text{IC}\times(1.6\times0.35\times1.35+(1.4\times1.9\%\times65))=2.49\times\text{IC}$$

相对性能比为

$$\frac{\text{CPU时间}_{2\text{路}}}{\text{CPU时间}_{1\text{路}}}=\frac{2.49\times\text{IC}}{2.47\times\text{IC}}=1.01$$

和平均访存时间的比较结果相反，直接映像 Cache 的平均性能稍好一些，这是因为在 2 路组相联的情况下，虽然失效率降低了，但所有指令的时钟周期时间都增加了 35%。由于 CPU 时间是进行评价的基准，而且直接映像 Cache 的实现更简单，所以本例中直接映像 Cache 是较好的选择。

5.2.7 改进 Cache 性能

CPU 和主存之间在速度上越来越大的差距已引起了许多体系结构设计人员的关注。根据公式：平均访存时间=命中时间+失效率×失效开销，可知，可以从以下三个方面改进 Cache 的性能：

（1）降低失效率。

（2）减少失效开销。

（3）减少 Cache 命中时间。

下面将介绍 17 种 Cache 优化技术，其中 6 种用于降低失效率，5 种用于减少失效开销，6 种用于减少命中时间。

5.3 降低 Cache 失效率的方法

降低 Cache 失效率是经典的 Cache 优化方法。本节中来讨论这个问题。

首先，分析一下产生失效的原因，可分为以下三类（简称为 3C）。

（1）强制性失效。

当第一次访问一个块时，该块不在 Cache 中，需从下一级存储器中调入 Cache，这种失效称为强制性失效（Compulsory Miss），也称为冷启动失效或首次访问失效。

（2）容量失效。

即使采用全相联映像，但 Cache 容量有限，也会使得程序执行时所需的块不能全部调入 Cache 中，则当某些块被替换后，若又重新被访问，就会发生失效。这种失效称为容量失效（Capacity Miss）。

（3）冲突失效。

在组相联或直接映像 Cache 中，多个块映像到同一组（块）中，则会出现该组中某个块被别的块替换（即使别的组或块有空闲位置），然后又被重新访问的情况。这就是发生了冲突失效（Conflict Miss）。这种失效也称为碰撞失效（collision）或干扰失效（interference）。相同容量下，某个请求在全相联 Cache 中命中而在 *n* 路组相联 Cache 中

失效，可能就是因为对某些路超过 *n* 次访问而导致了冲突失效。

强制性失效发生在对初始空 Cache 的访问中，冲突失效是由于全相联变成组相联或直接映像引起的。表 5.5 是针对 SPEC2000 典型程序，在直接映像、2 路组相联、4 路组相联和 8 路组相联的情况下，所统计的上述三种失效所占的比例（这些数据是在 Alpha 上测得的，Cache 的块大小为 64 字节，并采用 LRU 算法）。图 5.6 是表 5.5 内容的图形表示，请注意，图中 4 路组相联的冲突失效所对应的区域为标有“4 路”和“8 路”两个区域的合并，2 路组相联的冲突失效所对应的区域为标有“2 路”、“4 路”和“8 路”三个区域的合并。

归纳图中所代表的数据，会有以下几个结论：

① 强制性失效不受 Cache 容量的影响，但容量失效却随着容量的增加而减少；强制性失效和容量失效不受相联度的影响。

② 相联度越高，冲突失效就越少。

③ 图中数据符合 2∶1 的 Cache 经验规则，即大小为 *N* 的直接映像 Cache 的失效率约等于大小为 *N*/2 的 2 路组相联 Cache 的失效率。

从图 5.6 可以看出，SPEC2000 程序的强制失效率很小，其他许多运行时间较长的程序也是如此。在 3C 中，冲突失效似乎是最容易减少的，只要采用全相联，就不会发生冲突失效。但是，用硬件实现全相联是很昂贵的，而且可能会降低处理器的时钟频率，从而导致整体性能的下降。在一个存储层次中，如果高一级存储器的容量比程序所需的空间小得多，就有可能出现由于过多容量失效而产生的抖动现象：大量数据要进行替换，程序执行的大部分时间用于在两级存储器之间移动数据，机器的运行速度接近于只有第二级存储器的情况，甚至更慢。减小容量失效的办法就是增大 Cache 容量，但这也需增加代价。减少强制性失效的一种方法是增加块的大小，但在下面将看到，块大小增加可能会增加其他类型的失效。

表 5.5　在不同容量不同相联度的情况下 Cache 的总失效率以及 3C 所占的比重

Cache 容量/KB	相联度	总失效率	失效率组成（相对百分比）					
			强制性失效		容量失效		冲突失效	
4	1 路	0.098	0.001	0.1%	0.070	72%	0.027	28%
4	2 路	0.076	0.001	0.1%	0.070	93%	0.005	7%
4	4 路	0.071	0.001	0.1%	0.070	99%	0.001	1%
4	8 路	0.071	0.001	0.1%	0.070	100%	0.000	0
8	1 路	0.068	0.001	0.1%	0.044	65%	0.024	35%
8	2 路	0.049	0.001	0.1%	0.044	90%	0.005	10%
8	4 路	0.044	0.001	0.1%	0.044	99%	0.000	1%
8	8 路	0.044	0.001	0.1%	0.044	100%	0.000	0
16	1 路	0.049	0.001	0.2%	0.040	82%	0.009	17%
16	2 路	0.041	0.001	0.2%	0.040	98%	0.001	2%
16	4 路	0.041	0.001	0.2%	0.040	99%	0.000	0
16	8 路	0.041	0.001	0.2%	0.040	100%	0.000	0

续表

Cache 容量/KB	相联度	总失效率	失效率组成（相对百分比）					
			强制性失效		容量失效		冲突失效	
32	1 路	0.042	0.001	0.2%	0.037	99%	0.005	11%
32	2 路	0.038	0.001	0.2%	0.037	100%	0.000	0
32	4 路	0.037	0.001	0.2%	0.037	100%	0.000	0
32	8 路	0.037	0.001	0.2%	0.037	77%	0.008	0
64	1 路	0.037	0.001	0.2%	0.028	77%	0.008	23%
64	2 路	0.031	0.001	0.2%	0.028	91%	0.003	9%
64	4 路	0.030	0.001	0.2%	0.028	95%	0.001	4%
64	8 路	0.029	0.001	0.2%	0.028	97%	0.001	2%
128	1 路	0.021	0.001	0.3%	0.019	91%	0.004	40%
128	2 路	0.019	0.001	0.3%	0.019	100%	0.001	14%
128	4 路	0.019	0.001	0.3%	0.019	100%	0.001	8%
128	8 路	0.019	0.001	0.3%	0.019	100%	0.000	7%
256	1 路	0.013	0.001	0.5%	0.012	94%	0.001	6%
256	2 路	0.012	0.001	0.5%	0.012	99%	0.000	0
256	4 路	0.012	0.001	0.5%	0.012	99%	0.000	0
256	8 路	0.012	0.001	0.5%	0.012	99%	0.000	0
512	1 路	0.008	0.001	0.8%	0.005	66%	0.003	33%
512	2 路	0.007	0.001	0.9%	0.005	71%	0.002	28%
512	4 路	0.006	0.001	1.1%	0.005	91%	0.000	8%
512	8 路	0.006	0.001	1.1%	0.005	95%	0.000	4%

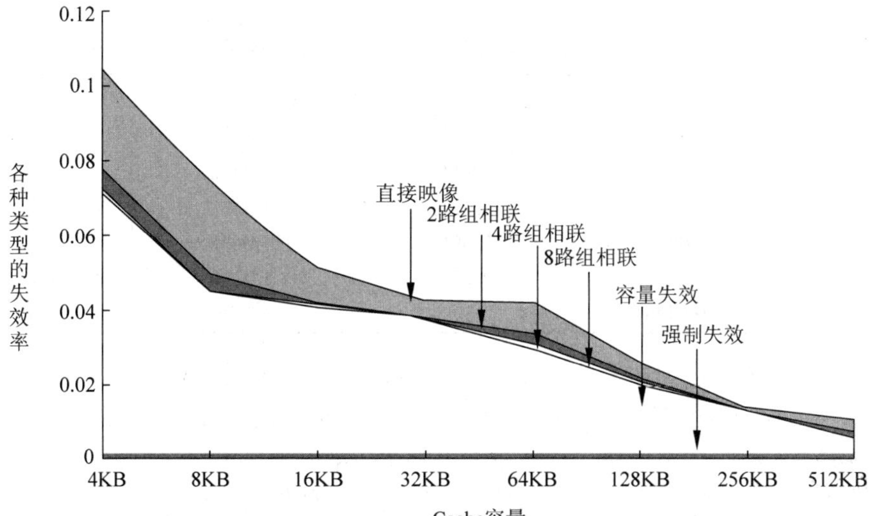

图 5.6　3C 的分布情况

下面首先介绍 6 种降低失效率的方法。需要强调的是，许多降低失效率的方法会增加命中时间或失效开销。因此，在具体使用时，要综合考虑，保证降低失效率却能使整个系统速度提高。

5.3.1 调节 Cache 块大小

降低失效率最简单的方法是调节块大小。图 5.7 中对于一组不同的 Cache 容量，给出了失效率和块大小的关系（在 DECstation 5000 上用 SPEC92 测得）。表 5.6 列出了图 5.7 的具体数据，从中可以看出：

（1）对于给定的 Cache 容量，当块大小从较小（从 16 字节开始）开始增加时，失效率开始下降，当块大小增加到较大时，失效率反而上升了。

（2）Cache 容量越大，使失效率达最小的块大小就越大。例如在本例中，对于大小分别为 4KB、16KB、64KB 和 256KB 的 Cache，使失效率达到最低的块大小分别为 64 字节、64 字节、128 字节、128 字节（或 256 字节）。

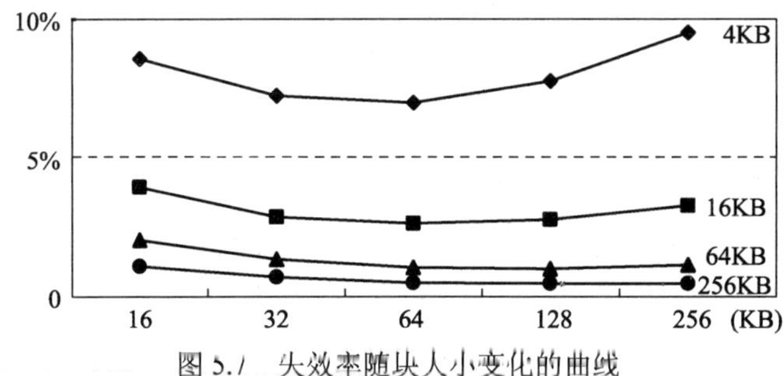

图 5.7 失效率随块大小变化的曲线

表 5.6 各种块大小情况下 Cache 的失效率

块大小/字节	Cache 容量			
	4KB	**16KB**	**64KB**	**256KB**
16	8.57%	3.94%	2.04%	1.09%
32	7.24%	2.87%	1.35%	0.70%
64	**7.00%**	**2.64%**	1.06%	0.51%
128	7.78%	2.77%	**1.02%**	**0.49%**
256	9.51%	3.29%	1.15%	**0.49%**

导致上述现象的原因在于：一方面，增加块大小利用的空间局部性，减少了强制性失效；另一方面，相同容量下，增加块大小会减少 Cache 的块数，可能会增加冲突失效。刚开始增加块大小时，由于块还不是很大，上述的第一种作用超过第二种作用，从而使失效率下降。但等到块较大时，第二种作用超过第一种作用，使失效率上升。此外，增加块大小同时也会增加失效开销，如果这个负面效应超过了失效率下降所带来的好处，就会使平均访存时间增加。所以，块大小应调节到使失效率较低并使平均访存时间最小的状态。

例 5.5 假定某存储系统中，Cache 的命中时间与块大小无关，为 1 个时钟。其访问存储器时，需在延迟 80 个时钟周期（启动时间）后，每 2 个时钟周期能送出 16 个字节。即经过 82 个时钟周期，它可提供 16 个字节；经过 84 个时钟周期，可提供 32 个字节；以此类推。请问对于表 5.6 中列出的各种容量的 Cache，在块大小分别为多少时，平均访存时间最小？

解：

$$平均访存时间=命中时间+失效率\times失效开销$$

对于一个块大小为 16 字节，容量为 4KB 的 Cache 来说，

$$平均访存时间=1+(8.57\ \%\times82)=8.027\ 个时钟周期$$

而对于块大小为 256 字节，容量为 256KB 的 Cache 来说，平均访存时间为

$$平均访存时间=1+(0.49\ \%\times112)=1.549\ 个时钟周期$$

表 5.7 列出了在这两种极端情况之间的各种块大小和各种 Cache 容量的平均访存时间。粗体字的数字为速度最快的情况：Cache 容量为 4KB 时块大小为 32 字节时速度最快；其余容量块大小 64 字节最快。

表 5.7 各种块大小情况下 Cache 的平均访问时间

块大小/字节	失效开销/时钟周期	Cache 容量			
		4KB	16KB	64KB	256KB
16	82	8.027	4.231	2.673	1.894
32	84	**7.082**	3.411	2.134	1.588
64	88	7.160	**3.323**	**1.933**	**1.449**
128	96	8.469	3.659	1.979	1.470
256	112	11.651	4.685	2.288	1.549

从降低失效开销的角度来讲，块大小的选择取决于下一级存储器的延迟和带宽两个方面。高延迟和高带宽时，宜采用较大的 Cache 块，因为每次失效时，稍微增加一点失效开销，就可以获得许多数据。与之相反，低延迟和低带宽时，宜采用较小的 Cache 块，因为采用大 Cache 块所能节省的时间不多。一个小 Cache 块失效开销的两倍与一个两倍于其大小的 Cache 块的失效开销差不多，而且采用小 Cache 块，块的数量多，有可能减少冲突失效。

5.3.2 提高相联度

改进平均访存时间的某一方面可能是以损失另一方面为代价的。例如第 5.3.1 小节中增加块大小在降低失效率的同时增加了失效开销。图 5.6 已经说明，提高相联度会降低失效率，但同时，因提高相联度而增加的多路选择器延迟会增加命中时间。

实现 Cache 的电路类型（TTL、ECL、CMOS）、所在位置（片上或板上）等因素影响着 Cache 的命中时间，例如有研究表明，TTL 或 ECL 板级实现的直接映像和 2 路组相联命中时间相差 10%，而实现于定制的 CMOS 时，两者命中时间相差 2%。在芯片设计

阶段可以用 CAD 工具来评估 Cache 命中时间的影响。CACTI 是一个能评估 CMOS 微处理器中各种 Cache 访问时间的工具，它可以根据设定的 Cache 大小、相联度/读写端口数等 Cache 参数来估计命中时间。根据该工具的评估结果可得以下结论：对于各种容量的 Cache，2 路组相联 Cache 命中时间是直接映像 Cache 的 1.2～1.5 倍，4 路组相联 Cache 命中时间是 2 路组相联 Cache 的 1.02～1.11 倍，8 路组相联 Cache 命中时间是 4 路组相联 Cache 的 1～1.08 倍。

访问并命中 Cache 的动作作为流水线中的一站（或几站），其处理时间与处理器时钟频率密切相关，所以，为了实现高主频，就需要设计相联度低的 Cache；但相联度越低，失效率就越大，为减少平均访存时间，又要求提高相联度。下面通过一个例子进一步说明。

例 5.6 假定提高相联度会按下列比例增大处理器时钟周期。

$$时钟周期_{2路}=1.36\times时钟周期_{1路}$$

$$时钟周期_{4路}=1.44\times时钟周期_{1路}$$

$$时钟周期_{8路}=1.52\times时钟周期_{1路}$$

假定命中时间为 1 个时钟周期，直接映像 Cache 所对应的时钟周期是 1ns，失效开销均为 25ns，而且假设在采用不同频率的处理器中不必将失效开销取整。使用表 5.5 中的失效率，试问当 Cache 容量为多大时，以下不等式成立？

$$平均访存时间_{8路} < 平均访存时间_{4路} < 平均访存时间_{2路} < 平均访存时间_{1路}$$

解：

在各种相联度的情况下，平均访存时间分别为

$$平均访存时间_{8路}=命中时间_{8路}+失效率_{8路}\times失效开销_{8路}=1.52+失效率_{8路}\times25$$

$$平均访存时间_{4路}=1.44+失效率_{4路}\times25$$

$$平均访存时间_{2路}=1.36+失效率_{2路}\times25$$

$$平均访存时间_{1路}=1.00+失效率_{1路}\times25$$

把相应的失效率代入上式，即可得平均访存时间。例如，4KB 的直接映像 Cache 的平均访存时间为

$$平均访存时间_{1路}=1.00+0.098\times25=3.44$$

容量为 512KB 的 8 路组相联 Cache 的平均访存时间为

$$平均访存时间_{8路}=1.52+0.006\times25=1.66$$

利用这些公式和表 5.5 中给出的失效率，可得出在各种容量和相联度情况下 Cache 的平均访存时间，如表 5.8 所示。表中的数据说明，当 Cache 容量不超过 8KB 时，采用 4 路组相联平均访存时间最小。从 16KB 开始，增大相联度所带来的命中时间增加的幅度超过了失效率减小带来的失效时间减小的幅度，导致平均访存时间增大。

表 5.8 根据表 5.5 得到的平均访存时间

Cache 容量 /KB	相联度 /路			
	1	2	4	8
4	3.44	3.25	**3.22**	3.28
8	2.69	2.58	**2.55**	2.62

续表

Cache 容量 /KB	相联度 /路			
	1	2	4	8
16	2.23	2.40	2.46	2.53
32	2.06	2.30	2.37	2.45
64	1.92	2.14	2.18	2.25
128	1.52	1.84	1.92	2.00
256	1.32	1.66	1.74	1.82
512	1.20	1.55	1.59	1.66

请注意，本例中没有考虑时钟周期增大对程序其他部分的影响。

5.3.3 Victim Cache

增加 Cache 块大小和相联度是体系结构设计者们用来降低失效率的两种经典方法。还有一些方法能在不影响时钟周期和失效开销的前提下降低 Cache 失效率，这些方法包括 Victim Cache 技术、预取技术和编译优化技术等。

Victim Cache 技术是指：在 Cache 和它与下一级存储器的数据通路之间增设一个全相联的小 Cache，称为 Victim Cache。图 5.8 为其结构框图。Victim Cache 中存放被替换的某些块(即 Victim 块)。每当发生失效时，在访问下一级存储器之前，先检查 Victim Cache 中是否含有所需的块。如果有，就将该块调入 Cache(同时可能有另一块被替换进入 Victim Cache)。Jouppi 于 1990 年发现，含 1～5 项的 Victim Cache 对减少冲突失效很有效，尤其是对于容量较小的直接映像数据 Cache 更是如此。对于特定的程序，一个项数为 4 的 Victim Cache 能使一个 4KB 直接映像数据 Cache 的冲突失效减少 25 %。

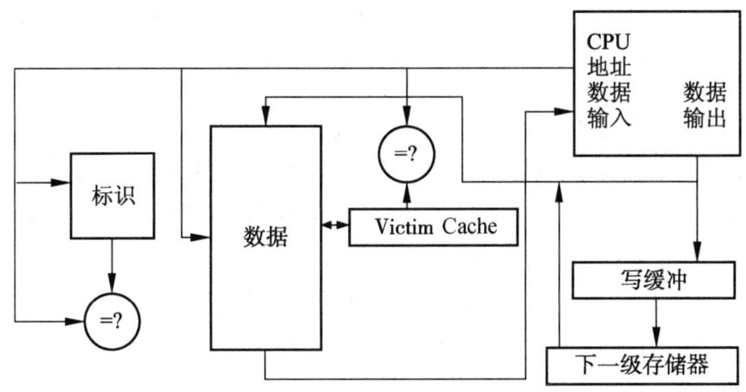

图 5.8　Victim Cache 在存储层次中的位置

从 Cache 的层次来看，Victim Cache 可以看成位于 Cache 和存储器之间的又一级 Cache，采用命中率较高的全相联策略，容量小，而且仅仅在替换时发生作用。如果把 Victim Cache 看成 Cache 系统的一部分扩展，则在其中的命中算作在 Cache 系统命中，此方法是一种减小失效率的方法；而如果把 Victim Cache 看做下一级存储器的一部分，则此方法也可以看成一种减小失效开销的方法。

与 Victim Cache 思想类似的另一种方法是伪相联（pseudo-associate）Cache。这种方法首先采用查找直接映像 Cache 的方法来访问 Cache，如果命中则称快命中；若失效，则会查找 Cache 另一个位置（块），确定此块位置的一种简单的方法是将索引字段的最高位取反，所对应的位置为“伪相联”位置，如果在此位置命中，则称伪命中（或慢命中）；若仍失效，再访问下一级存储器。为了使尽量多的块快命中，根据时间局部性原理，从下级存储器取来的块放在“快命中”的位置上，而原来在此位置上的块交换到“慢命中”的位置。

伪相联 Cache 使得一个数据块可以放置在两个 Cache 块位置之一，所以具有多路组相联 Cache 的低失效率，通过保证绝大多数块的快命中，它又具有了直接映像 Cache 的特征，所以，同 Victim Cache 的思路相似，这也是一种通过增加数据块在 Cache 系统中缓存的机会而减小失效率，同时又尽量不影响命中时间的方法。这类方法的缺点是：多种命中时间会使 CPU 流水线的设计复杂化，所以有时应用在离处理器比较远的 Cache 上。

5.3.4 硬件预取

硬件预取技术是指指令和数据在处理器提出访问请求之前进行预取。预取内容可以直接放入 Cache，也可以放在一个访问速度比下一级存储器快的缓冲器中。

硬件预取由 Cache 之外的硬件完成。例如，一个微处理器（Alpha APX 21064）在发生指令失效时取两个块：被请求指令块和顺序的下一指令块。被请求指令块返回时放入 Cache，而预取指令块则放在缓冲器中；如果某次被请求的指令块正好在缓冲器里，则取消对该块的访存请求，直接从缓冲器中读出这一块，同时发出对下一指令块的预取访存请求。

Jouppi 的研究表明，一个数据流缓冲器大约可以捕获 4KB 直接映像 Cache 25%的失效。对于数据 Cache，可以采用多个数据流缓冲器，分别从不同的地址预取数据。Jouppi 发现，用 4 个数据流缓冲器可以将命中率提高到 43%。

Palacharla 和 Kessler 于 1994 年针对一组科学计算程序，研究了既能预取指令又能预取数据的流缓冲器。研究发现，对于一个具有两个 64KB 4 路组相联 Cache（一个用于指令，一个用于数据）的处理器来说，8 个数据缓冲器能够捕获其 50%～70%的失效。Intel Pentium 4 可以把最多 8 个来自 8 个不同 4KB 页的数据流预取到二级 Cache 中，L2 Cache 对一个页的连续两次失效（两次失效所访问的 Cache 块的地址相距不超过 256KB）就会触发预取动作。

图 5.9 显示了一组利用硬件预取后整体性能得到较大提高的 SPEC2000 程序（前 2 个为定点程序，其余为 10 个浮点程序）的性能增益。

预取建立在利用存储器的空闲带宽（若不采用预取，这些带宽将浪费掉）的基础上。但是，如果它影响了对正常失效的处理，就可能会降低性能。利用编译器的支持，可以减少不必要的预取。

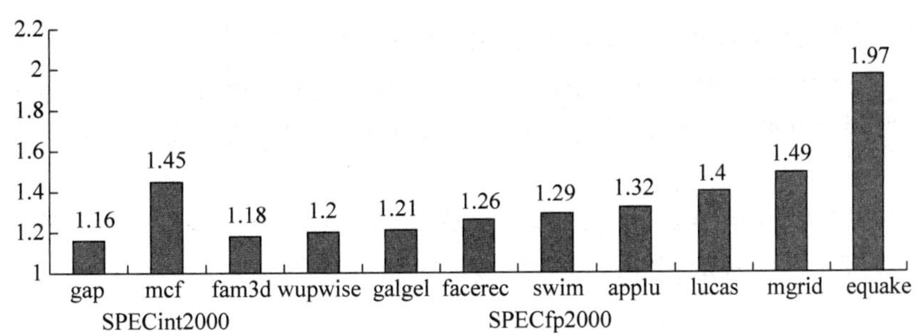

图 5.9 采用硬件预取后 SPEC2000 程序获得的整体性能提高

5.3.5 编译器控制的预取

编译器控制的预取技术是指在编译时加入预取指令，使得指令和数据被用到之前发出预取请求，包括以下几种类型：

（1）寄存器预取（Register Prefetch）：把数据取到寄存器中。

（2）Cache 预取（Cache Prefetch）：只将数据取到 Cache 中，不放入寄存器。

只有在预取数据的同时处理器还能继续执行的情况下，预取才是有意义的。这就要求 Cache 在等待预取数据返回的同时，还能继续正常指令和数据的访问。这种 Cache 称为非阻塞（nonblocking）Cache 或非锁定（lockup-free）Cache，将在后面详细讨论。

和硬件控制的预取一样，编译器控制预取的目的也是要使执行指令和读取数据能重叠执行。循环是编译器预取优化的主要对象，因为它们易于进行预取优化。如果失效开销较小，编译器只要简单地将循环体展开一次或两次，并调度好预取和执行的重叠。如果失效开销较大，编译器就将循环体展开许多次，以便为后面较远的循环预取数据。

预取指令的插入会带来一些额外开销。例如在支持虚拟存储器机制的系统中，预取的虚地址可能会引发异常（预取时出现虚地址故障或违反保护权限而发生异常的预取称为故障性的（faulting），不产生异常的预取称为非故障性的，此时预取仅转变为空操作）。最有效的预取对程序是“语义上不可见的”：它既不会改变指令和数据之间的各种逻辑关系或存储单元的内容，也不会造成虚拟存储器故障。本节假定 Cache 预取都是非故障性的（也称非绑定 nonbinding 预取）。

发出预取指令还需要花费一条指令的开销，因此，编译器要注意保证这种开销不超过预取所带来的收益。编译器可以把预取重点放在那些可能会导致失效的访问上，使程序避免不必要的预取，从而较大程度地改善平均访存时间。

例 5.7 对于下面的程序：

```
for (i=0; i<3; i=i+1)
  for (j=0; j<100; j=j+1)
     a [ i ][ j ]=b[ j ][ 0 ] * b[ j+1 ][ 0 ];
```

假定：

（1）使用一个容量为 8KB、块大小为 16 字节的直接映像数据 Cache，采用写回法并且按写分配。忽略指令 Cache 失效，并假设数据 Cache 无冲突失效和容量失效。

（2）*a*、*b* 分别为 3×100（3 行 100 列）和 101×3 的双精度浮点数组，每个元素都是 8 个字节。当程序开始执行时，这些数据都不在 Cache 内。在主存中，数组元素按行依次存放。

判断上述程序段中哪些访问可能会导致数据 Cache 失效。然后，加入预取指令以减少失效，计算所执行的预取指令的条数以及通过预取避免的失效次数。

解：

编译器首先需要判断哪些访问可能造成 Cache 失效。否则就有可能会对本来就是命中的数据发出预取指令，浪费时间。

当没有预取功能时，对数组 *a* 中元素的写操作按行进行，与其在主存中的存放顺序一致，因而对 *a* 的访问受益于空间局部性。由于每一块含两个元素，当 *j* 为偶数时是第一次访问一个块，为奇数时是第二次，因此，当 *j* 为偶数时失效，为奇数时命中。因为 *a* 有 3 行 100 列，所以对它的访问一共将导致命中和失效各 3×100/2=150 次。

数组 *b* 没有受益于空间局部性，但它两次受益于时间局部性：①*i* 的每一次循环都访问同样的元素；②对于 *j* 的每一次循环，都使用一次和上一次循环相同的 *b* 的元素。不考虑冲突失效，则由于访问数组 *b* 而引起的全部失效为：当 $i = 0$ 时，对所有 *b*[*j*][0]的访问以及当 *j*=0 时第一次对 *b*[*j*+1][0]的访问。由于当 *i*=0 时 *j* 从 0 递增到 99，因此对数组 *b* 的访问将引起 101 次失效。

所以，在没有预取功能时，这个循环一共将引起 150+101=251 次数据 Cache 失效。

为了简化优化措施，这里不考虑对循环刚开始时的一些访问的预取，也不必取消在循环结束时的预取。根据上述分析，将循环分解，在第一次循环中预取数组 *a* 和 *b* 的部分元素，在第二次循环中，因为数组 *b* 已经在 Cache 中，所以只预取数组 *a* 的部分元素。假设失效开销较大，预取必须至少提前 7 次循环进行。

```
for ( j=0;  j < 100;  j=j+1 )  {
   prefetch ( b[ j+7 ][ 0 ]);  /* 预取 7 次循环后所需的 b ( j , 0 ) */
   prefetch ( a[ 0 ][ j+7 ]);  /* 预取 7 次循环后所需的 a (0 , j ) */
}
for ( i=1;  i < 3;  i=i+1 )  {
   for ( j=0;  j < 100;  j=j+1 )
      prefetch ( a [ i ][ j+7 ]);
                                /* 预取 7 次循环后所需的 a ( i , j ) */
      a [ i ][ j ]=b[ j ][ 0 ] * b[ j+1 ][ 0 ];
}
```

修改后的程序预取了以下数据：从 *a* [*i*][7]到 *a* [*i*][99]，从 *b* [7][0]到 *b* [100][0]。失效情况为：第一个循环中访问 *a* [0][0]到 *a* [0][6]失效$\lceil 7/2 \rceil$=4 次；访问 *b*[0][0]到 *b*[6][0]失效 7 次；第二个循环中访问 *a*[*i*][0]到 *a*[*i*][6] 失效$\lceil 7/2 \rceil$×2=8 次，故总的失效次数减少为：4+7+8=19 次，避免了 232 次失效，其代价是执行了 400 条预取指令，这很可能是一个很好的折中。

例 5.8 在以下条件下，计算例 5.7 中所节约的时间。

（1）不考虑 Cache 失效时，修改前的循环每 7 个时钟周期循环一次。修改后的程序中，第一个预取循环每 9 个时钟周期循环一次，而第二个预取循环每 8 个时钟周期循环一次（包括外层 for 循环的开销）。

（2）一次失效需 100 个时钟周期。

（3）假设预取可以被重叠或与 Cache 失效重叠执行，从而能以最大的存储带宽传送数据。

解：

修改前的双重循环一共执行了 3×100=300 次循环。每次用 7 个时钟周期，总时间就是 300×7=2100 个时钟周期再加上 Cache 失效的开销。失效开销一共是 251×100=25 100 个时钟周期，故总的时间为 27 400 个时钟周期。

在修改后的程序中，第一个预取循环共执行了 100 次，每次循环用 9 个时钟周期，总的执行时间为 900 个时钟周期再加上 Cache 失效开销。失效开销一共是(4+7)×100=1100 个时钟周期，故总的时间为 2000 个时钟周期。第二个循环执行了 200 次，每次用 8 个时钟周期，共 1600 个时钟周期，再加上 8×100=800 个时钟周期的失效开销，总的时间为 2400 个时钟周期。假设预取指令与其他部分的执行完全重叠，那么原程序执行时间是含预取指令的程序的 27 400/4400=6.2 倍。

5.3.6 编译器优化

前面所介绍的技术（增加块大小，提高相联度，Victim Cache，预取）都需要改变或者增加硬件。但编译器优化技术可通过在编译时对程序的优化来提高性能。此种方法无须对硬件做任何改动就可以降低失效率，这也许是硬件设计者最喜欢的解决方案。

编译器优化方法分为减少指令失效和减少数据失效两个方面。

首先，编译器能很容易地重新组织程序而不影响程序的正确性。例如，把一个程序中的几个过程重新排序，就可能会减少冲突失效，从而降低指令失效率。McFarling 研究了使用记录信息来判断指令组之间可能发生的冲突，并将指令重新排序以减少失效的方法。他发现，这样可将容量为 2KB、块大小为 4 字节的直接映像指令 Cache 的失效率降低 50%；对于容量为 8KB 的 Cache，可将失效率降低 75%。他还发现，当使某些指令根本就不进入 Cache 时，可以得到最佳性能。但即使不这么做，优化后的程序在直接映像 Cache 中的失效率也低于未优化程序在同样大小的 8 路组相联 Cache 中的失效率。

第二，数据对存储位置的限制比指令对存储位置的限制还要少，因此更便于调整顺序。对数据进行变换的目的是改善数据的空间局部性和时间局部性。下面介绍一些常用的变换技术。

1. 数组合并

这种技术通过提高空间局部性来减少失效次数。有些程序同时用相同的索引来访问若干个数组的同一维。这些访问可能会相互干扰，导致冲突失效。将这些相互独立的数组合并成为一个复合数组，使得一个 Cache 块中能包含全部所需的元素，可消除这样的干扰，例如：

```
/* 修改前 */
int  val [ SIZE ];
int  key [ SIZE ];
/* 修改后 */
struct  merge  {
       int  val ;
       int  key ;
} ;
struct  merge  merged_array [ SIZE ];
```

程序员如果直接像修改后的代码那样有效地使用结构数组，则也可达到与上述编译器变换优化相同的益处。

2. 内外循环交换

有些程序中含有嵌套循环，程序没有按照数据的存储顺序进行访问而可能导致较多的失效。在这种情况下，只要简单地交换循环的嵌套关系就能使程序按数据存储顺序进行访问，即：使一个 Cache 块被替换之前，最大限度地利用块中的数据。从而提高了数据的空间局部性，减少了失效次数，如下例所示。

```
/* 修改前 */
for  ( j=0 ;  j < 100 ;  j=j+1 )
    for  ( i=0 ;  i < 5000 ;  i=i+1 )
        x [ i ][ j ]=2 * x [ i ][ j ];
/* 修改后 */
for  ( i=0 ;  i < 5000 ;  i=i+1 )
    for  ( j=0 ;  j < 100 ;  j=j+1 )
        x [ i ][ j ]=2 * x [ i ][ j ];
```

修改前的程序以 100 个字的跨距访问存储器，而修改后的程序顺序地访问一个 Cache 块中的元素，然后再访问下一块中的元素。和前一个例子不同，这种优化技术在不改变执行的指令数的前提下，提高了执行性能。

3. 循环融合

有些程序含有几部分独立的程序段，它们用相同的循环访问同样的数组，对相同的数据进行不同的运算。通过将它们融合为单一的一个循环，能使读入 Cache 的数据在被替换出去之前，得到反复地使用。因此，和前面的两种技术不同，这种优化的目标是通过改进时间局部性来减少失效次数的。

```
/* 修改前 */
for  ( i=0 ;  i < N ;  i=i+1 )
    for  ( j=0 ;  j < N ;  j=j+1 )
        a [ i ][ j ]=1/ b [ i ][ j ] * c [ i ][ j ];
for  ( i=0 ;  i < N ;  i=i+1 )
    for  ( j=0 ;  j < N ;  j=j+1 )
```

```
        d [ i ][ j ]=a [ i ][ j ] + c [ i ][ j ];
/* 修改后 */
for ( i=0 ;  i < N ;  i=i+1 )
    for ( j=0 ;  j < N ;  j=j+1 )  {
        a [ i ][ j ]=1/ b [ i ][ j ] * c [ i ][ j ];
        d [ i ][ j ]=a [ i ][ j ] + c [ i ][ j ];
}
```

修改前的程序在两个地方访问数组 a 和 c，一次在第一个循环里，另一次在第二个循环里。两次循环分隔较远，可能重复失效。即在第一个循环中访问某个元素失效之后，虽已将相应块调入 Cache，但在第二个循环中再次访问该元素时，还可能产生失效。而在修改后的程序中，第二条语句直接利用了第一条语句访问 Cache 的结果，不会失效而再去访问下级存储器。

4. 分块

这种方法是经典的 Cache 优化技术之一。程序对多个数组访问时，经常出现有些数组按行访问，而有些按列访问的情况。因为每一次循环中既有按行访问也有按列访问，所以无论数组是按行优先还是按列优先存储的，这种正交的访问意味着前面的变换方法，如内外循环交换等，对此无能为力。

分块算法不是对数组的整行或整列进行访问的，而是把对大数组的访问分解成对子矩阵或块的访问，其目的仍然是使一个 Cache 块在被替换之前，对它的访问次数达到最大，从而提高数据访问的时间和空间局部性。下面用一个矩阵乘法程序来理解这种优化技术。

```
/*  修改前  */
for ( i=0;  i<N;  i=i+1 )
    for ( j=0;  j < N;  j=j+1 ) {
        r=0;
        for ( k=0;  k < N;  k=k+1) {
            r=r + y[ i ][ k ] * z[ k ][ j ];
        }
    x[ i ][ j ]=r;
}
```

两个内部循环读取了数组 z 的全部 $N\times N$ 个元素，并反复读取数组 y 的某一行中的 N 个元素，所产生的 N 个结果被写入数组 x 的某一行。图 5.10 给出了当 i=1 时，对三个数组的访问情况。其中黑色表示最近被访问过，灰色表示早些时候被访问过，而白色表示尚未被访问。

显然，容量失效次数的多少取决于 N 和 Cache 的容量。如果 Cache 能放下一个 $N\times N$ 的数组和一行 N 个元素，那么至少数组 y 的第 i 行和数组 z 的全部元素能同时放在 Cache 里。如果 Cache 容量还要小，对 x、y、z 的访问都可能导致失效。在最坏的情况下，N^3 次操作会导致 $2N^3+N^2$ 次失效。

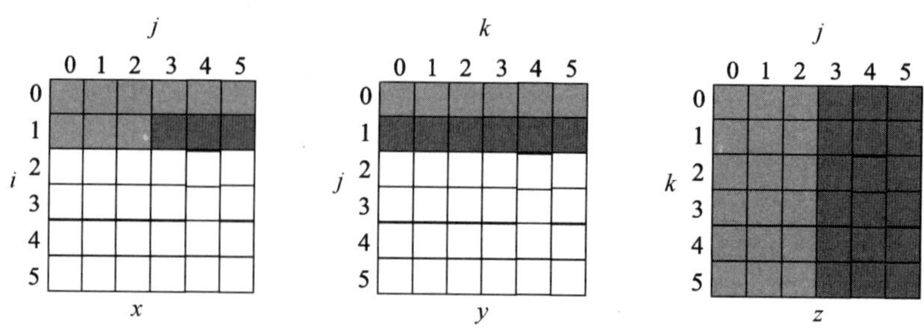

图 5.10　当 $i=1$ 时对 x，y，z 三个数组的访问情况

为了保证正在访问的元素能在 Cache 中命中，把原程序改为利用一层循环只对大小为 $B\times B$ 的子数组进行计算，即只处理 B 个元素，而不是像原来那样，从 x 和 z 的第一个元素开始一直处理到最后一个。B 称为分块因子（Blocking Factor）。

```
/*  修改后  */
for  ( jj=0;  jj < N;  jj=jj+B )
for  ( kk=0;  kk < N;  kk=kk+B )
for  ( i=0;  i < N; i =i+1 )
for  ( j=jj;  j < min(jj+B-1, N);  j=j+1 ) {
    r=0;
    for  ( k=kk;  k < min(kk+B-1, N);  k=k+1) {
      r=r + y[ i ][ k ] * z[ k ][ j ];
    }
    x[ i ][ j ]=x[ i ][ j ] + r;
}
```

图 5.11 说明了分块后对三个数组的访问情况。与图 5.10 相比，所访问的元素个数减少了。只考虑容量失效，访问存储器的总字数为 $2N^3/B+N^2$ 次，大约降低到原来的 $1/B$。分块技术同时利用了空间局部性和时间局部性，因为访问 y 时利用了空间局部性，而访问 z 时利用了时间局部性。

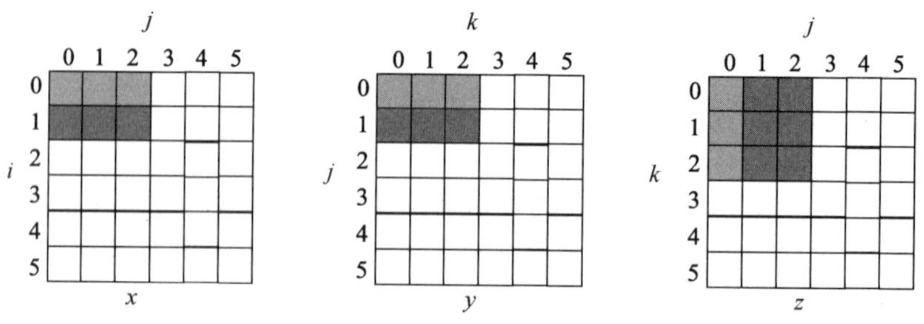

图 5.11　对数组 x，y，z 的访问时间

分块技术除了能降低失效率，还有助于进行寄存器分配。通过减小块大小，使得寄存器能容纳下整个子数组，这样可以把程序中 Load 和 Store 操作的次数减少到最小。

针对 Cache 的编译器优化方法是一种软件优化技术，随着处理器速度和存储器速度之间的差距越来越大，这类研究的重要性将越来越大。

5.4 减少 Cache 失效开销

Cache 性能公式说明，减少 Cache 失效开销和降低 Cache 失效率一样重要。而且，图 5.2 说明，随着技术的发展，处理器速度的提高要快于 DRAM 速度的提高，这使得 Cache 失效开销的相对代价将不断增加。下面将给出解决这一问题的 5 种优化措施。

5.4.1 写缓冲及写合并

写直达 Cache 中，因为所有的写请求都必须发送到下级存储层次中，所以经常使用一个写缓冲来降低失效开销。写回 Cache 中，在一个块被替换时使用简单的缓冲，以减小替换时间。如果写缓冲有空项，数据和地址将写入其中，从处理器的角度来看，此次写操作已经结束；当写缓冲把数据写回存储器时，处理器可以进行其他操作。

写缓冲的性能影响着失效开销。如何提高写缓冲的效率和利用率？如果写缓冲包含其他被改写的块，这些块对应的地址将被逐一检查，以确定这个数据的地址是否与写缓冲中有效的项相匹配，如果匹配，这个数据将与匹配项结合，如果缓冲满并且没有匹配项，Cache（以及处理器）必须等待直到缓冲具有空项，这种优化被称为“写合并”。包括 Sun Niagara 在内的许多处理器都使用写合并。

这种优化使得存储器的效率更高，因为被合并的连续多字的写比多个单字写要快。Skadron 和 Clark 发现，对于一个 4 项的写缓冲来说，访存停顿将导致 5%～10%的性能损失，这种优化减小了由于写缓冲满而导致的停顿。图 5.12 给出了采用写合并和不采用写合并的写缓冲示意。假设具有 4 项写缓冲，每一项能存放 4 个 64 位的字，各项中的有效位 *V* 用于指出其后的 8 个字节是否已被占用。不采用写合并，对于 4 个连续地址 100、108、116 和 124 的写，即使这 4 个字恰好能合并占据一项写缓冲，4 个对顺序地址的写还是将充满写缓冲，每项存放一个字。而在有写合并功能时，这 4 个字可以被合并为一

Write Address	*V*		*V*		*V*		*V*	
100	1	Mem[100]	0		0		0	
108	1	Mem[108]	0		0		0	
116	1	Mem[116]	0		0		0	
124	1	Mem[124]	0		0		0	

Write Address	*V*		*V*		*V*		*V*	
100	1	Mem[100]	1	Mem[108]	1	Mem[116]	1	Mem[124]
	0		0		0		0	
	0		0		0		0	
	0		0		0		0	

图 5.12 采用写合并和不采用写合并的写缓冲

项（图 5.12）。当缓冲器已满，并且没有地址相匹配的块时，Cache（和 CPU）就需要等待，直到缓冲器有空闲项后才可继续运行。

I/O 设备寄存器通常映射到一定的物理地址上，这些 I/O 地址通常不允许写合并，因为不同 I/O 寄存器的行为可能不像连续的存储字那样，是连续地址对应的多个字的写，可能每个寄存器只是一个地址上一个数据字的写。

在写回 Cache 中，被替换的块通常被称为 Victim，因此，AMD Opteron 称其写缓冲为 Victim Buffer。Victim Buffer 存放了由于 Cache 失效而被替换的脏块。后续 Cache 失效并不停顿，到下级存储器中去访存数据，而是先检查缓冲里的内容，看是否有其所要的数据。这种优化的名称和 Victim Cache 很相似，不同的是，Victim Cache 中可以包含任何 Cache 失效替换的块，无论这个块是不是脏。写缓冲的目的在于允许 Cache 不等待脏块写回存储器而继续其处理，Victim Cache 的目的是为了减小冲突失效。写缓冲比 Victim Cache 使用广泛得多。

5.4.2 让读失效优先于写

降低 Cache 失效开销最重要的方法之一是使用一个大小适中的写缓冲器，但写缓冲器却可能导致对存储器的访问复杂化，因为在读失效时，写缓冲器中可能保存所读单元的最新值。

例 5.9 考虑以下指令序列：

```
SW     512 (R0), R3          ;M[512]←R3     (Cache 索引为 0)
LW     R1, 1024 (R0)         ;R1←M[1024]    (Cache 索引为 0)
LW     R2, 512 (R0)          ;R2←M[512]     (Cache 索引为 0)
```

假设 Cache 采用写直达法和直接映像，并且地址 512 和 1024 映射到同一块，写缓冲器为 4 个字，问寄存器 R2 的值总等于 R3 的值吗？

解： 上述序列是一个针对存储器数据的写后读相关。在执行 SW 指令之后，R3 中的数据被放入写缓冲器。接下来的第一条 LW 指令与前面的 SW 指令使用相同的 Cache 索引，因而产生一次读失效，该 Cache 位置上的数据被替换成存储单元 1024 中的数据。第二条 LW 指令欲读存储单元 512 的值，因为上一次的替换又形成一次读失效，从而引起对下级存储器单元 512 的读操作。如果此时，写缓冲器还未将数据写入存储单元 512 中，那么第二条 LW 指令将把错误的旧值读入 Cache 和寄存器 R2，此时 R2 值就不等于 R3 值。

解决上述问题最简单的方法是“推迟读失效处理”，直至写缓冲器清空。但这就增加了读失效的开销，特别在写直达 Cache 中，一个大小只有几个字的写缓冲器在发生读失效时几乎总有数据。据 MIPS M/1000 的设计者估计，等待一个大小为 4 个字的缓冲器清空，会使读失效的平均开销增加 50%。另一种方法是“让读优先于写”，即在读失效时检查写缓冲器的内容，如果没有冲突而且存储器可访问，就可继续处理读失效。

5.4.3 请求字处理

当从存储器向 CPU 调入一块时，块中往往只有一个字是 CPU 立即需要的，这个字称为请求字（Requested Word）。

请求字处理技术是指当 CPU 所请求的字到达后，不等整个块都调入 Cache，就可把该字发送给 CPU 并使处理器继续运行，有两种具体的方案。

（1）尽早重启动（Early Restart）：按顺序访问存储器数据块中的字，在请求字没有到达时，CPU 处于等待状态。一旦请求字到达，就立即发送给 CPU，让等待的 CPU 尽早重启动，继续执行。

（2）请求字优先（Requested Word First）：调块时，首先向存储器请求 CPU 所要的请求字。请求字一旦到达，就立即送往 CPU，让 CPU 继续执行，同时从存储器调入该块的其余部分。请求字优先也称为回绕读取（Wrapped Fetch）或关键字优先（Critical Word First）。

当 Cache 块较小时，是否采用这些技术，失效开销差别不大，所以这些技术仅当 Cache 块很大时才有效。

例 5.10 假设一台计算机具有 64 个字节的 Cache 块，采用请求字优先时，Cache 需要 7 个时钟周期取 8 字节的请求字，剩余的块中每 8 个字节需要 1 个周期进行读取（这些参数和 AMD Opteron 的类似）。没有采用请求字优先时，取第一个 8 字节需要 8 个周期，剩余的块中每 8 个字节需要 1 个周期进行读取。

（1）假设在一个块取完之前没有其他访存请求，计算两种情况下的平均失效开销。

（2）Opteron 每次流出两条 Load 指令，每条指令需 4 个周期流出，假设后续指令将要读取当前装载数据剩余块中的 8 个字节，比较两种情况下的平均失效开销。

解：

（1）不采用请求字优先，平均失效开销=8+(8−1)×1=15 个周期。

采用请求字优先，平均失效开销=7 个周期。

因此，对于一个请求字来说，采用和不采用请求字优先平均失效开销的比值为 7/15。

（2）不采用请求字优先，第一个 Load 花 15 个周期完成访存后，第二个 Load 才能流出，总时间为 19 个周期。采用请求字优先，第二个 Load 指令在第一条 Load 指令请求字到达后就已流出，因此访存时间被重叠在第一个 Load 指令剩余数据的装载时间内了，平均失效开销=15 个周期。因此，对于每次流出的两条 Load 指令，采用和不采用请求字优先平均失效开销的比值为 15/19。

5.4.4 多级 Cache

为了克服 CPU 和主存之间越来越大的性能差距，Cache 应该做得小而快来保证命中速度，也应该做得大而降低失效率。体系结构仍然基于层次结构的思想对这两方面矛盾的要求做出折中：采用多级 Cache，即通过在原有 Cache 和存储器之间增加新 Cache 层次，把靠近 CPU 的 Cache 级别做得足够小，使其速度和快速 CPU 的时钟周期相匹配，而把靠近主存的Cache级别做得足够大，使它能捕获更多本来需要到主存去的访问，从而降低实际失效开销。

用Ln（n=1，2，3，…）来表示第n级Cache，多级Cache的性能公式变为

平均访存时间

=命中时间$_{L1}$+失效率$_{L1}$×失效开销$_{L1}$

=命中时间$_{L1}$+失效率$_{L1}$×(命中时间$_{L2}$+失效率$_{L2}$×失效开销$_{L2}$)

=命中时间$_{L1}$+失效率$_{L1}$×(命中时间$_{L2}$+失效率$_{L2}$×(命中时间$_{L3}$+失效率$_{L3}$×失效开销$_{L3}$))

=…

在这个公式里，失效率$_{Ln}$的含义是第n级Cache的失效率，把这个失效率称为局部失效率，失效率$_{Ln}$=第n级Cache的失效次数/到达第n级Cache的访存次数。失效开销$_{Ln}$表示在第n级失效而去其下的层次访问所需的总时间。

站在1级Cache（或靠近CPU的Cache级别）的角度，增加新的Cache级别使得本级Cache的失效开销减小，所以多级Cache可以认为是一种降低失效开销的方法。

把上述性能公式展开，得

平均访存时间

=(命中时间$_{L1}$+失效率$_{L1}$×命中时间$_{L2}$+失效率$_{L1}$×失效率$_{L2}$×命中时间$_{L3}$+…+

失效率$_{L1}$×失效率$_{L2}$×…×失效率$_{Ln-1}$×命中时间$_{Ln}$)

+失效率$_{L1}$×失效率$_{L2}$×…×失效率$_{Ln}$×失效开销$_{Ln}$

= 命中时间$_{全局}$+失效率$_{全局}$×失效开销$_{Ln}$

在上述公式中，失效率$_{全局}$=n级Cache的失效次数/CPU发出的访存总次数=失效率$_{L1}$×失效率$_{L2}$×…×失效率$_{Ln}$，它表示CPU所发出的所有请求中没有被n级Cache系统命中，而到下级主存访问的请求的比例，一般把它称为多级Cache的全局失效率。从公式可得，全局失效率是n级Cache局部失效率的积，它的值小于任何一级Cache的局部失效率。所以，如果把n级Cache看成一个整体，站在n级Cache系统的角度，如果在此Cache系统中命中都算作Cache命中，多级Cache也可以看成一种降低失效率的方法，此时，全局失效率是一种比局部失效率更有用的衡量指标。

例5.11 假设两级Cache系统，在1000次访存中，L1 Cache失效40次，L2 Cache失效20次。问：在这种情况下，该Cache系统的局部失效率和全局失效率各是多少？假设L2 Cache到主存的失效开销为200个周期，L2的命中时间为10个周期，L1的命中时间为1个周期，平均每条指令访存次数为1.5，则平均访存时间是多少？平均每条指令的存储器停顿周期是多少？

解：

失效率$_{L1}$=40/1000=4%；失效率$_{L2}$=20/40=50%；失效率$_{全局}$=20/1000=2%

平均访存时间=命中时间$_{L1}$+失效率$_{L1}$×(命中时间$_{L2}$+失效率$_{L2}$×失效开销$_{L2}$)

= 1+4%(10+50%×200)=5.4个周期

平均每条指令的存储器停顿周期

=(访存次数×(平均访存时间−命中时间$_{L1}$))/ 指令条数

= 平均每条指令访存次数×(平均访存时间−命中时间$_{L1}$)

= 1.5×(5.4−1.0)=6.6 个周期

请注意，上述公式是针对读写混合操作而言的，而且假设第一级 Cache 采用写回法。当采用写直达法时，第一级 Cache 将不仅把失效，而且还把所有的写访问送往第二级 Cache。另外还会使用一个写缓冲器。

第一级 Cache 和第二级 Cache 之间的首要区别是第一级 Cache 的速度会影响 CPU 的时钟频率，而第二级 Cache 的速度只影响第一级 Cache 的失效开销。因此，在第二级 Cache 设计时的参数选择可以有更多的考虑空间，许多不适合于第一级 Cache 的方案对于第二级 Cache 却可以使用。

第一，考虑第二级 Cache 的容量。图 5.13 显示了基于 Alpha 21264 模拟的两级 Cache 系统（第一级 Cache 容量 32KB）中，第二级 Cache 容量和失效率的关系，从中可以看出，在第二级 Cache 比第一级 Cache 大得多的情况下，两级 Cache 的全局失效率和容量与第二级 Cache 相同的单级 Cache 的失效率非常接近。如果第二级 Cache 比第一级 Cache 只是稍大一点，局部失效率将很高。因此，第二级 Cache 的容量一般很大，和过去计算机的主存一样大。大容量意味着第二级 Cache 可能实际上没有容量失效，只剩下一些强制性失效和冲突失效，而且，在相联度确定的条件下，较大容量的第二级 Cache 通过把数据分布到更多的 Cache 块中也消除了一些冲突失效。

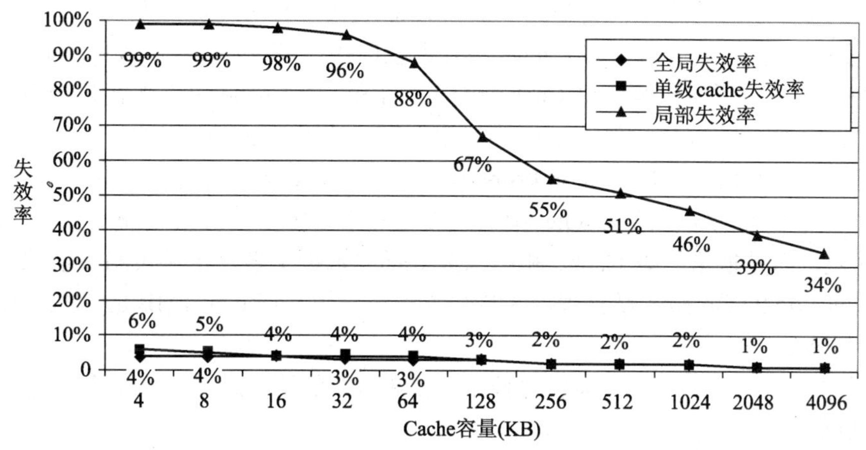

图 5.13　第二级 Cache 容量和各种失效率的关系

第二，多级 Cache 平均访存时间的大部分是第一级 Cache 的失效开销，降低第二级 Cache 失效率是减少第一级 Cache 失效开销的主要方面。增加第二级 Cache 块大小的方法可以减少其失效率，因为前面已经得出这样的结论：容量越大的 Cache 可使失效率最小的最佳块大小也越大，所以对于大容量的第二级 Cache，其采用的块大小通常比第一级大，例如在 Pentium 4 中第一级 Cache 的块大小是 64B，而第二级 Cache 的块大小是 128B。64 字节、128 字节和 256 字节的块大小都是第二级 Cache 经常使用的。

第三，考虑第二级 Cache 的相联度。以下面的例子说明。

例 5.12　给出有关第二级 Cache 的以下数据：

（1）采用直接映像，命中时间 $_{L2}$=10 个时钟周期，采用 2 路组相联使命中时间增加

1 个时钟周期。

（2）若采用直接映像，局部失效率$_{L2}$=25%，若采用 2 路组相联，局部失效率$_{L2}$=20%。

（3）失效开销$_{L2}$=200 个时钟周期。

试问第二级 Cache 的相联度对失效开销的影响如何？

解：

对直接映像的第二级 Cache 来说，第一级 Cache 的失效开销为

$$失效开销_{直接映像,\ L1}=10+25\%\times200=60 \text{ 个时钟周期}$$

对 2 路组相联第二级 Cache 来说，第一级 Cache 的失效开销为

$$失效开销_{2路组相联,\ L1}=10+1+20\%\times200=51 \text{ 个时钟周期}$$

提高相联度可以减少第二级 Cache 的失效率，并且这种方法不会因为影响第二级的命中时间而影响 CPU 频率，所以高相联度对第二级 Cache 的作用更大。

另一个需要考虑的问题是：第一级 Cache 中的数据是否总是同时存在于第二级 Cache 中。如果是，称第二级 Cache 具有多级相容性（Multilevel Inclusion Property）。多级相容性是存储层次常采用的，因为它便于实现 I/O 和 Cache 之间内容一致性的检测。

采用相容性、各级 Cache 采用不同块大小的多级 Cache 中，处理第二级 Cache 失效时要做更多的工作：替换第二级 Cache 中的块时，必须作废所有映像到该块的第一级 Cache 中的多个块。这样不但会使第一级 Cache 失效率有所增加，而且会造成不必要的作废。为了避免这样的问题，许多 Cache 设计者也选择在多级 Cache 中采用相同的块大小。

如果设计者只采用比第一级 Cache 块稍大的第二级 Cache 块，那么是否应该用大量第二级 Cache 空间来存放一级 Cache 块的副本？这种情况下可采用的一个相反的策略是多级不相容性（Multilevel Exclusion Property）：第一级 Cache 中的数据并不在第二级 Cache 里保存。在不相容的第一级 Cache 中的失效处理不是用第二级 Cache 的块替换第一级 Cache 的块，而是把第一级 Cache 和第二级 Cache 数据交换，这种策略不会浪费第二级 Cache 空间。AMD Opteron 微处理器采用由 64KB 一级 Cache 和 1MB 的二级 Cache 组成的不相容 Cache。

如果结合使用其他一些性能优化技术（如非阻塞的第二级 Cache），包容性会进一步增加复杂度。

最后，综合上述讨论，Cache 设计的本质是在快速命中和减少失效次数这两个方面进行权衡。大部分优化措施都是在提高一方的同时损害另一方。对于第二级 Cache 而言，由于它的失效率比第一级 Cache 高得多，所以重点就转移到了减少失效率上。这就导致了更大容量、更高相联度和更大块大小的 Cache 的出现。

5.4.5 非阻塞 Cache

有些流水方式的机器采用记分牌或 Tomasulo 类（见第 4 章）控制方法，允许指令乱序执行（后面的指令可以跨越前面的指令先执行），CPU 无须在 Cache 失效时暂停流水线。例如，失效发生后，CPU 在等待数据 Cache 给出数据的同时可以进行从指令 Cache 中取指令等工作。非阻塞（nonblocking）Cache 或非锁定（lockup-free）Cache 技术充分

借鉴了这种机制的好处，允许 Cache 在处理失效时继续服务其他访问，这样就可以重叠多个 Cache 访问，从而提高 CPU 的性能。

非阻塞 Cache 首先支持“失效下命中”（Hit Under Miss）：即当 Cache 失效时，不是完全拒绝 CPU 的访问，而是能处理部分命中访问，从而减少了平均失效开销。如果更进一步，让 Cache 允许多个失效重叠，即支持“多重失效下的命中”（Hit Under Multiple Miss）和“失效下失效”（Miss Under Miss），则可进一步减少实际失效开销。非阻塞 Cache 会大大增加 Cache 控制器的复杂度，因为这时可能有多个访存同时进行。通常，Cache 控制器处理多重失效需存储器也具有处理多个访存的能力，这样实际性能才能得以提升。

能同时处理的失效个数越多，所能带来的性能上的提高就越大。对于 SPEC92 典型程序，图 5.14 给出了对于不同的重叠失效个数，非阻塞 Cache 的平均存储器停顿周期数与阻塞 Cache 平均存储器等待时间的比值。所考虑的 Cache 采用直接映像，容量为 8KB，块大小为 32 字节，失效开销为 16 个周期（命中二级 Cache）。测试程序为 18 个 SPEC92 程序。前 14 个测试程序为浮点程序，后 4 个为整数程序。在重叠失效个数为 1、2 和 64 的情况下，浮点程序的平均比值分别为 76%、51%和 39%，而整数程序的平均比值则分别为 81%、78%和 78%。从图中可以看出，对于浮点程序来说，重叠失效个数越多，性能提高就越多；但对于整数程序来说，重叠次数对性能提高影响不大，简单的“一次失效下命中”就几乎可以得到所有的好处。

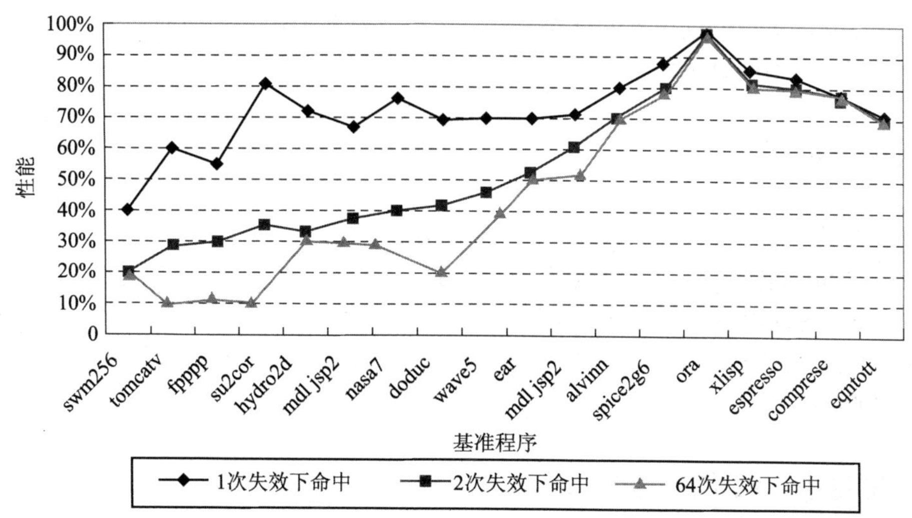

图 5.14　非阻塞 Cache 与阻塞 Cache 的平均存储器停顿周期数的比值

例 5.13　对于图 5.14 所描述的 Cache，在 2 路组相联和“一次失效下命中”这两种措施中，哪一种对浮点程序更重要？哪一种对整数程序更重要？假设 8KB 数据 Cache 的平均失效率为：对于浮点程序，直接映像 Cache 为 11.4%，而 2 路组相联 Cache 为 10.7%；对于整数程序，直接映像 Cache 为 7.4%，2 路组相联 Cache 为 6.0%；假设失效开销均为 16 个时钟周期。

解：

对于浮点程序，平均存储器停顿周期数为

$$失效率_{直接映像}\times失效开销=11.4\%\times16=1.82$$

$$失效率_{2路组相联}×失效开销=10.7\%×16=1.71$$

$$1.71÷1.82≈0.94$$

即2路组相联Cache的平均存储器停顿周期数是直接映像Cache的94%，而支持“一次失效下命中”的直接映像Cache的平均存储器停顿周期数是直接映像Cache的76%，所以对于浮点程序来说，支持“一次失效下命中”的直接映像Cache比2路组相联Cache的性能更高。

对于整数程序，平均存储器停顿周期数为

$$失效率_{直接映像}×失效开销=7.4\%×16=1.18$$

$$失效率_{2路组相联}×失效开销=6.0\%×16=0.96$$

$$0.96÷1.18≈0.81$$

就整数程序来说，2路组相联Cache的平均存储器停顿周期数是直接映像Cache的81%，而支持“一次失效下命中”技术的直接映像Cache的平均存储器停顿周期数是直接映像Cache的81%。因此，对于整数程序来说，这两种技术的性能相同。

非阻塞Cache性能测试的困难在于一个Cache失效可能不会停顿处理器，因此很难判断一个单独失效的影响，也就很难计算平均访存时间。有效的失效开销不是失效开销的总和而是没有被重叠的处理器停顿时间。评价非阻塞Cache的好处是复杂的，它取决于多个失效时的失效开销、存储器访问模式、一个未决失效下处理器能执行的指令条数等因素。

通常，乱序执行的处理器能够隐藏更多在一级数据Cache失效而在二级Cache命中的失效开销，但不能显著影响二级Cache失效的开销。

5.5 减少命中时间

本节来讨论减少平均访存时间中命中时间部分的技术。

命中时间的重要性在于它影响处理器的时钟频率。在当今的许多机器中，往往是Cache的访问时间限制了处理器系统的时钟频率，即使在Cache访问时间为几个时钟周期的机器中也是如此。因此减少命中时间不仅对于减小平均访存时间很重要，而且对于处理器性能的提高也很重要。

5.5.1 容量小、结构简单的Cache

用地址的索引部分访问标识存储器，读出标识并与地址进行比较，是Cache命中过程中最耗时的部分。硬件越简单，速度就越快，因此使用容量小而且结构简单的Cache，可以有效地提高Cache的访问速度。小容量Cache便于与处理器做在同一芯片上，从而避免了片外访问而增加时间开销，并且访问时间也较短；结构简单的Cache命中时间较短，例如采用直接映像Cache可以使标识检测和数据传送重叠进行，从而有效减少命中时间。所以，为了得到高速的系统时钟频率，第一级Cache应选用容量小且结构简单的设计方案。对于其他级别的Cache，某些设计采用了一种折中方案：把Cache的标识放在片内，而把Cache的数据存储器放在片外，这样既可以实现快速标识检测，又能利用独立的存储芯片来提供更大的容量。

尽管随着新一代微处理器的出现，片上 Cache 的总容量越来越大，但其中一级 Cache 的大小并没有增加很多。三代 AMD 微处理器 K6、Athlon 和 Opteron 都采用相同大小的一级 Cache，目的是在保持高速的系统时钟的同时利用动态执行来隐藏一级 Cache 失效，并且可利用较大容量的二级 Cache 来避免对存储器的访问。当前的微处理器都在 1～2 个时钟周期内能命中一级 Cache，大多一级 Cache 都采用 2 路组相联或直接映像。

5.5.2 虚拟 Cache

为扩大用户逻辑空间并支持多用户共享主存，现代计算机都采用虚存机制。在采用虚存的机器中，程序表达的地址是虚地址（逻辑地址），每次访存计算机必须负责把虚地址转换为实地址（主存物理地址），才能访问实际的主存空间。

当存储层次引入 Cache 后，虚存计算机变得复杂起来。因为传统 Cache 是按照主存物理地址来映射的，虚存计算机的 CPU 发出访存时，必须先进行虚实地址转换，再使用实地址查找 Cache，即使命中，地址转换时间也大大延长了命中时间。解决这一问题的第一种技术是：把地址转换和访问 Cache 这两个过程分别安排到流水线的不同级中，从而使命中时间不影响 CPU 频率，但这种方法增加了访存的流水线级数，增加了分支预测错误时的开销，而且使得从 Load 指令流出到数据可用之间所需的时钟周期数增加，可能还会增加命中时间。第二种技术是采用虚拟 Cache（Virtual Cache）：使用虚地址映射 Cache 并访问的 Cache。虚拟 Cache 能消除 Cache 访问时用于地址转换的时间，从而减少命中时间。第三种技术是采用“虚索引-实标识”的方法。

采用虚拟 Cache 会带来三方面问题。一方面，支持虚存的多用户运行环境下，不同的进程可能使用相同的虚地址来指向不同的物理地址，每当进行进程切换时，新进程可能使用与旧进程相同的虚地址来指向不同的物理空间，而此时旧进程的数据还保存在 Cache 中，新进程用此虚地址访问 Cache，会错误地命中旧进程的数据。解决这个问题的一种方法是在进程切换时清空 Cache；另一种方法是在 Cache 的地址标识中增加一个进程标识符字段（PID），用于区分 Cache 中各块的数据是属于哪个进程的，这样多个进程的数据可以混合存放于一个 Cache 中，切换时不用清空。

图 5.15 给出了三种情况下对虚拟 Cache 失效率的影响：没有进程切换（单进程）、允许进程切换并使用进程标识符（PIDs），允许进程切换并采用清空方式（Purges）。从图中可看出：和单进程相比，PIDs 的绝对失效率增加 0.3%～0.6%；而和 Purges 相比，PIDs 的绝对失效率减少 0.6%～4.3%。

虚拟 Cache 存在的第二方面的问题是：操作系统和用户程序为了共享某些空间，对于同一个物理地址可能采用两种以上不同形式的虚拟地址来访问，这些地址称为同义（synonym）或别名（alias）。同义的虚地址可能会导致同一个数据在虚拟 Cache 中存在两个副本。如果其中一个被修改，那么再使用另一个数据就是错误的。这种情况在物理 Cache 中是不会发生的，因为这些访问会首先把虚拟地址转换到同一物理地址，从而找到同一个物理 Cache 块。

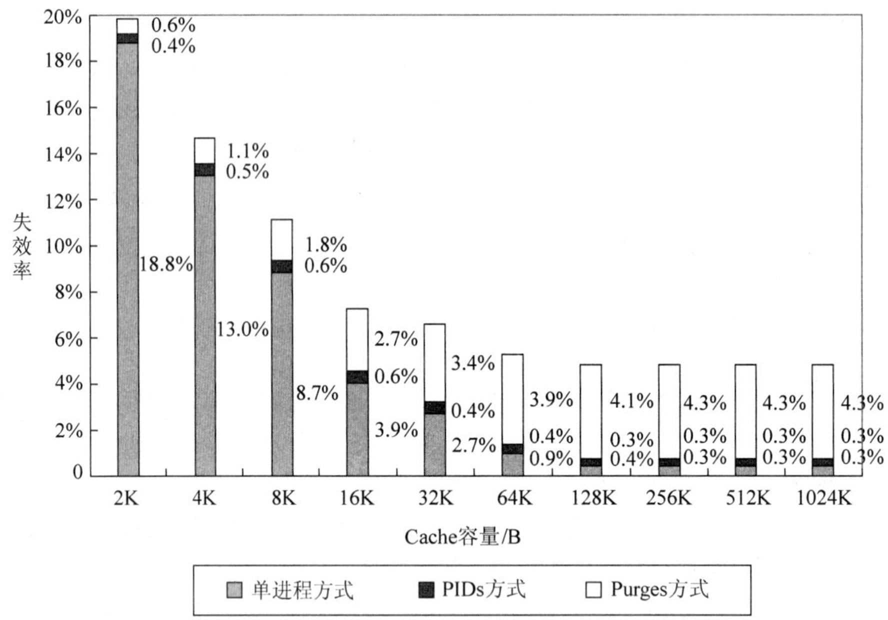

图 5.15　对于三种方式，虚地址 Cache 在不同容量下的失效率

解决这一问题的一种方法是采用硬件来保证每一个 Cache 块有一个唯一的物理地址（通过硬件检查并作废可能出现的相同物理地址的副本）；另一种方法是通过软件强制别名的某些地址位相同，例如，Sun 公司的 UNIX 要求所有使用别名的地址最后 18 位都相同。这种限制被称为页着色（Page Coloring），这一限制使得容量不超过 2^{18} 字节（256KB）的直接映像 Cache 不可能出现一个 Cache 块有重复物理地址的情况。所有别名将被映像到同一 Cache 块位置。

虚拟 Cache 存在的第三方面问题是：I/O 通常使用物理地址，如果 I/O 数据也在虚拟 Cache 缓冲，则需要把物理地址映像为虚拟地址，这增加了处理的开销。

克服虚拟 Cache 带来的问题需要较多的软硬件处理代价，而第三种加速虚存系统 Cache 命中时间的方法则既能得到虚拟 Cache 的好处，又能得到传统 Cache 的优点，这种方法称为“虚索引-实标识”：虚拟空间和物理空间均按页分块，虚地址可分为虚页号和页内偏移两部分，实地址分为实页号和页内偏移两部分。虚实地址转换是虚页号转换为实页号的过程，页内偏移保持不变。如果仅使用页内偏移作为访问 Cache 的索引（页内偏移作为虚地址的一部分直接索引 Cache，称“虚索引”），而 Cache 保存的标识仍是物理地址（实页号），则在进行虚实地址转换的同时，可并行地根据页内偏移进行标识和数据的读取。在完成地址变换之后，再把得到的物理地址与标识进行比较，从而加速 Cache 访问过程。图 5.16 显示了上述过程。

由于页内偏移的位数由机器所用的页大小决定，所以“虚索引-实标识”方法的局限在于直接映像 Cache 的容量不能超过页的大小。Alpha APX 21064 采用了这种方法，其最小页大小为 8KB，其 Cache 容量也为 8KB，它直接用虚地址的 8 位页内位移部分作为索引（块大小为 32 字节）。

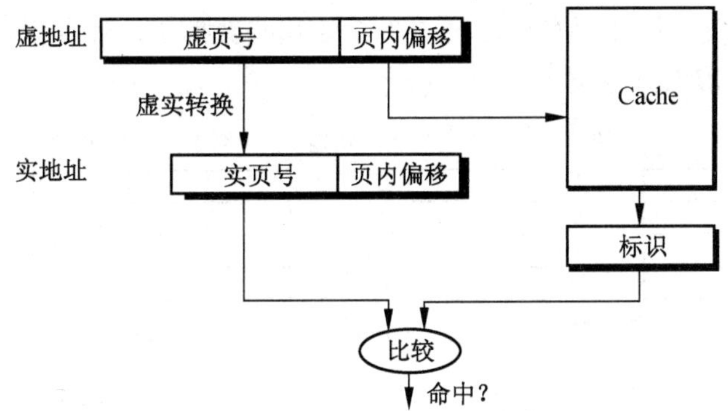

图 5.16　虚索引-实标识 Cache 的访问过程

为了能在索引位数（虚拟地址的页内偏移部分）限制的条件下实现大容量的 Cache，可以采用提高相联度的办法，因为：

$$2^{\text{index}} = \frac{\text{cache容量}}{\text{块大小} \times \text{相联度}}$$

例如，将相联度和 Cache 容量同时增加一倍，就不会改变索引字段的位数。Pentium III的页大小为 8KB，Cache 容量为 16KB，采用 2 路组相联，避免了转化。IBM 3033 更是采用了一个 16 路组相联的 Cache，尽管研究表明，采用 8 路以上组相联不会对失效率有进一步大的改善，但通过采用相联度较高的 16 路组相联，可以使 64KB 大小的 Cache 使用物理索引，而不必受 IBM 3033 中 4KB 页大小的限制。

5.5.3　访问流水化

当一级 Cache 的命中时间是多个周期时，将多个 Cache 访问流水化虽然不会使单个访问的命中时间减小，但会提高 Cache 的带宽，从整体上降低平均命中时间。Pentium Pro 的流水线用一个周期来访问指令 Cache，而 Pentium III需花费 2 个周期，到了 Pentium 4 则需花费 4 个周期。但访问 Cache 时钟周期数的增加使得流水线的站数也增加了，这进一步增加了分支预测失败的代价，也增加了从 Load 指令发射到使用该数据间的时间间隔。

5.5.4　多体 Cache

多体 Cache 的思想是不把 Cache 当作一个独立的块，而是把它划分成独立的几个体来支持同时访问，从而增大 Cache 带宽。体机制原用于提高主存的性能，现在用于 DRAM 芯片和 Cache 中。AMD Opteron 的二级 Cache 具有两个体，Sun Niagara 的二级 Cache 具有 4 个体。

显然，当访问分散在不同体时性能最高，所以地址在体上的映射关系影响着存储系统的行为。一个简单而有效的映射关系是把块地址按顺序分布在各个体上，成为“顺序交叉”。例如，4 个体的 Cache，体 0 保存地址模 4 为 0 的那些数据块，体 1 保存地址模

4 为 1 的那些数据块，体 2 保存地址模 4 为 2 的那些数据块，体 3 保存地址模 4 为 3 的那些数据块。图 5.17 显示了这种交叉。

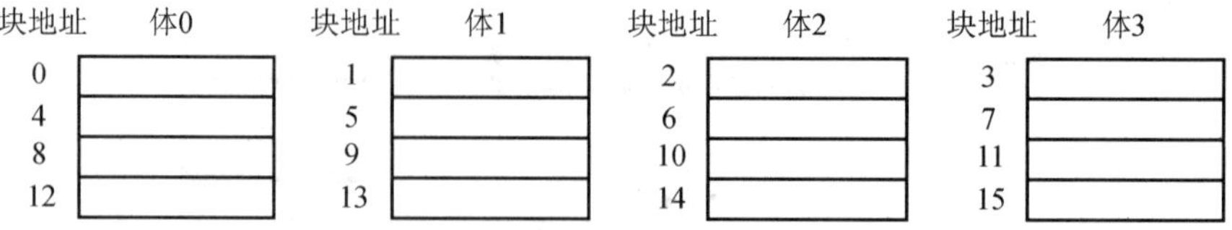

图 5.17　利用块地址分配的 4 体交叉 Cache 体

多体结构的 Cache 有两方面的作用：①当多个体利用同一个组索引进行访存时，它可以使组相联结构的 Cache 中的一组数据和 tag 同时被访问，加快查找时间；②当多个体可以利用不同的地址进行独立访问时，它可以更有效地支持 CPU 并行发出的多个访存请求，减小 Cache 的平均命中时间，增大 Cache 的吞吐率。

5.5.5　路预测

路预测是一种减小冲突失效且能保持直接映像 Cache 命中速度的方法。

路预测策略中，每一组 Cache 中保存了一些预测位，表示下一次 Cache 访问本组应该命中的 Cache 块，在本组 Cache 的 tag 读出进行比较的过程中，这个预测信息可以使多路选择器提前选择希望访问的块，并且在 Cache 数据读取的同时，根据这个预测信息只需要选择一个 tag 进行比较，这些动作很容易在一个周期完成，如果预先选择的块不是要访问的块，则在下个周期再匹配其他块。

如果预测正确，Cache 访问开销就是一个较快的命中时间，如果预测不正确，Cache 会增加一个周期的开销，并修改预测位。模拟结果表明，在 2 路组相联的 Cache 中路预测的正确率超过 85%，所以路预测可以为流水站节约 85%的时间。路预测非常适合用于前瞻处理器，因为这样的处理器在前瞻不成功时会撤销已经进行的操作。Pentium 4 使用了这种路预测机制。

5.5.6　Trace Cache

指令级并行开发的困难在于：要能找到可以同时流出的足够多条不相关的指令。Trace Cache 技术指在 Cache 中缓冲的不是主存中的静态指令序列，而是处理器实际执行的动态指令序列，这样，一些分支预测的指令序列会随分支预测的有效确认而保存在 Cache 中，从而减小实际指令序列执行的平均命中时间。这种技术在 Pentium 4 中使用。

显然 Trace Cache 的地址映像机制比传统 Cache 的更复杂，但这种方法能更好地利用指令 Cache 空间。因为，传统 Cache 中分支跳转到的位置可能位于某 Cache 块的中间，分支跳出的位置可能还没到某 Cache 块的结尾，这样，如果分支跳转成功，分支跳入位置之前的块空间和分支跳出之后的块空间中的指令在实际运行中都不会被执行，等于浪费了 Cache 的空间；而 Trace Cache 则保存的是分支预测的实际运行踪迹，不会产生上述浪费。Trace Cache 在空间利用率上的缺点是：相同的指令序列可能被不同的条件分支当作不同的踪迹而在 Cache 中重复存储。Trace Cache 是实现代价相对较大的一种技术。

5.5.7 Cache 优化技术总结

第 5.3～第 5.5 节中论述的减少失效率、失效开销和命中时间的技术通常会影响平均访存时间公式的其他组成部分，而且会影响存储层次的复杂性。表 5.9 对这些技术做了总结，并估计了它们对复杂性的影响。表中“+”号表示这一技术改进了相应指标，“–”号表示它使该指标变差，而空格栏则表示它对该指标无影响。从表中可以看出，没有什么技术能同时改进三项指标。表中关于复杂性的衡量是主观化的，0 表示最容易，3 表示最复杂。

表 5.9 Cache 优化技术总结

优化技术	命中时间	失效开销	失效率	硬件复杂度	评价
增加块大小		–	+	0	实现容易；Pentium 4 的 L2 Cache 采用 128B 块
提高相联度	–		+	1	广泛采用
Victim Cache		+	+	2	AMD Athlon 中采用，容量为 8 项
硬件预取		+	+	2（指令） 3（数据）	数据预取比较困难；Opteron 和 Pentium 4 预取数据
编译器控制的预取		+	+	3	需采用非阻塞 Cache，可能增加代码量，许多 CPU 采用
编译优化			+	0	向软件提出了新要求；有些机器提供了编译器选项
写缓冲及写合并		+		1	在 21164、UltraSPARCIII中与写直达策略配合，广泛使用
让读失效优先于写		+		1	广泛采用
请求字处理		+		2	广泛采用
多级 Cache		+		2	硬件代价大；两级 Cache 的块大小不同时实现困难；被广泛采用
非阻塞 Cache		+		3	广泛采用
容量小且结构简单的 Cache	+		–	0	实现容易，被广泛使用
虚索引-实标识	+			2	21164、UltraSPARCIII中使用
访问流水化	+			1	广泛采用
多体 Cache	+			1	应用于 Opteron 和 Niagara 的 L2 Cache
路预测	+			1	用于 Pentium 4
Trace Cache	+			3	用于 Pentium 4

5.6 主存

在存储层次中，主存作为紧接Cache下面的一个层次，向上与Cache接口，服务Cache的请求，向下被用作I/O接口。主存的性能主要用延迟和带宽来衡量。以往，Cache主要关心的是主存的延迟（它影响Cache的失效开销），而I/O和多处理器系统则主要关心主存的带宽。通过各种优化主存技术来增加主存带宽通常比降低主存延迟更容易。随着采用较大块的第二级Cache的广泛使用，主存带宽对于Cache来说也变得重要了，实际上，Cache设计者可以通过增加Cache块的大小来利用高存储带宽。

前面小节所介绍的技术都是通过优化Cache系统来减小处理器和主存之间的性能差距的，但简单地使用大容量或多级Cache并不能消除这种差距，针对主存的优化技术也是必不可少的。

5.6.1 存储器组织技术

采用新型的组织结构来提高存储带宽是提高主存性能的主要途径。由于器件本身和所处片外等原因，主存一级服务一次请求的启动时间较难被减小，但通过有效的组织结构可以使较多的数据或请求被猝发式或并行式地服务。因此提高带宽通常比减小主存访问延迟更容易。在高带宽的情况下，Cache块大小增大并不会使失效开销增加多少，因此这类技术对现代具有多级、较大Cache的处理器很有意义。

下面以处理Cache失效为例来说明各种存储器组织结构的好处。假设基本存储器结构的性能为：

（1）送地址需4个时钟周期。

（2）每个字的访问时间为24个时钟周期。

（3）传送一个字的数据需4个时钟周期。

以这些参数为基础，以下讨论三种提高主存带宽的方法。

1．增加存储器宽度

提高主存性能的第一种优化策略是增加存储器的宽度。由于CPU的大部分访存都是单字宽的，所以第一级Cache的宽度通常为一个字。在不具有第二级Cache的计算机系统中，主存的宽度一般与Cache的宽度相同，图5.18（a）显示了这种结构。假设Cache块大小为4个字，则这种结构下Cache的失效开销为4×（4+24+4）=128个时钟周期，存储器的带宽为每个时钟周期1/8（16/128）字节。

如果把Cache和主存的宽度增加为原来的n倍，则主存的带宽也就相应地增加为原来的n倍，图5.18（b）显示了这种结构，它采用了宽度较大的存储器总线和Cache。假设主存宽度为4个字时，利用上述基本结构参数，失效开销为1×32个周期，带宽变为每个时钟周期1/2字节。

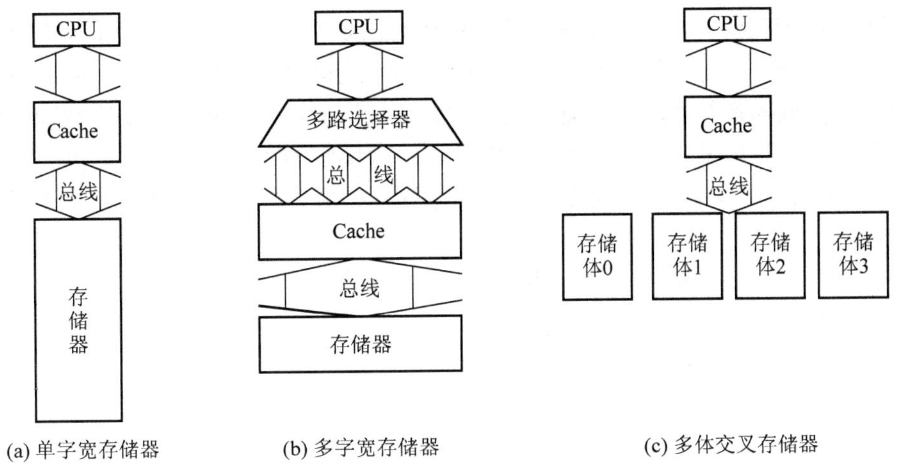

(a) 单字宽存储器　(b) 多字宽存储器　(c) 多体交叉存储器

图 5.18　获得更高主存带宽的两种技术（举例）

增加存储器宽度的第一个缺点是会增加 CPU 和存储器之间的连接通路（通常称为存储器总线）的宽度，使其实现代价提高。由于 CPU 访问 Cache 仍然是每次访问一个字，所以 CPU 和 Cache 之间需要有一个多路选择器，而且这个多路选择器可能会处在关键路径上。采用第二级 Cache 可以解决这个问题。这时可让第一级 Cache 的宽度为一个字，而在第一级 Cache 和第二级 Cache 之间放置一个多路选择器，这样它就不在关键路径上了。

这种方法的第二个缺点是，当主存宽度增加后，用户扩充主存时的最小增量也增加了相应的倍数。

这种方法的第三个缺点是，在具有纠错功能的存储器中，实现对一行（一次可并行读出的数据）中部分数据的写入比较复杂。当进行这种写入时，相应行中其余的数据也必须读出，以便在写入新数据后，重新计算纠错码，并写回存储器中。如果纠错码是对于整行计算的，则增加存储器的宽度会增加这种“读出—修改—写回”操作的频度，因为宽度增加会使更多的写操作变成部分“写”。由于大多数的“写”为单字写，所以许多增加主存宽度的设计方案都是对于每 32 位数据就形成一个独立的纠错码。

2. 多体交叉

提高主存性能的第二种优化策略是利用多体交叉技术。一方面，多个存储器芯片可构成主存系统，利用多体结构开发多芯片的潜在并行性；另一方面，在一个存储芯片内部，虽然在逻辑上一个存储器芯片（如 DRAM）可以看成一个单一的阵列，但由于生产工艺的原因，它内部实际上可以包含很多模块，例如 1～4Mb，这样，一个 1GB 的 DRAM 内部可能实际上由 512 个 2MB 的阵列构成，这使得芯片可以利用这些阵列构成多体，开发更大的带宽。如图 5.18（c）所示是多体交叉存储器结构。在这种结构中，总线和 Cache 的宽度都较窄，但存储器按交叉方式工作。

多体技术把多个存储模块组织为多个体（bank），每个存储体的宽度通常都是一个字，这些体并行工作，可以一次读或写多个字（而不是一个字）。地址到存储体的映像方法影响着存储系统的行为。与第 5.5 节所提到的多体 Cache 类似，图 5.18（c）中 4 个存储体的地址可以按字一级交叉，即存储体 0 中每个字的字地址对 4 取模都是 0，体 1 中每个字的字地址对 4 取模都是 1，以此类推。这种交叉优化了顺序访问存储器的性能。字交叉存储器非常适合于处理 Cache 读失效，因为调块时块中的各个字是顺序读出的。在采用写回法的 Cache 中，不仅读出是顺序的，而且写也是顺序的，因而能从交叉存储器中获得更大的好处。

例 5.14 假设某台机器及其 Cache 性能为：

（1）块大小为 1 个字。

（2）存储器总线宽度为 1 个字。

（3）Cache 失效率为 3 %。

（4）平均每条指令访存 1.2 次。

（5）Cache 失效开销为 32 个时钟周期（和上面相同）。

（6）平均 CPI（忽略 Cache 失效）为 2。

试问多体交叉和增加存储器宽度对提高性能各有何作用？

如果当把 Cache 块大小变为 4 个字时，失效率降为 1%。根据前面给出的访问时间，求在采用 2 路、4 路多体交叉存取以及将存储器和总线宽度增加一倍时，性能分别提高多少？

解： 在改变前的机器中，Cache 块大小为一个字，其 CPI 为 $2+(1.2\times3\%\times32)=3.15$。

因为在本例中，时钟周期时间和指令数保持不变，所以可以仅通过比较 CPI 来说明性能的改进。

当将块大小增加为 4 个字时，在下面三种情况下的 CPI 分别为

32 位总线和存储器，不采用多体交叉： $2+(1.2\times1\%\times4\times32)=3.54$。

32 位总线和存储器，采用多体交叉： $2+(1.2\times1\%\times(4+24+16))=2.53$。

64 位总线和存储器，不采用多体交叉： $2+(1.2\times1\%\times2\times32)=2.77$。

增加块的大小，其他条件不变，则会使机器的性能下降（CPI 由 3.15 增加为 3.54），采用多体交叉和增大存储器宽度，可使性能分别提高 25%和 14%。

多体交叉存储器在逻辑上是一种宽存储器，其目的是通过将顺序访存分配到不同的体来获得更高的存储器带宽。多体存储器的硬件复杂度没增加多少，因为各存储体可以和存储控制器一起共享地址线，各个体分时使用存储器的数据总线。

3．独立存储体

上述多体交叉存储器通过共享地址总线及控制总线，支持了顺序访问在不同体上的同时进行。但很多情况下要求存储器能支持多个独立（可能是非顺序的）的访存请求，例如，非阻塞 Cache 失效下的失效、能从多个不连续的地址读数据（收集），或向多个不连续的地址写数据（散播）的 DMA、I/O 多处理机或向量计算机等。交叉访存进一步推广，可设计为独立存储体方式。在包含多个独立存储体的存储器中，每个体都拥有独立的存储控制器、独立的地址线等，这样就能支持多个独立的访存。例如，一台输入设备可能会使用某个存控，访问某个存储体；Cache 读操作可能使用另一个存控，访问另一

个存储体；而 Cache 写操作则可能使用第三个存控，访问第三个存储体。

独立存储体的实现代价较大，有效发挥其性能显得尤为重要。支持独立多体结构性能取决于体冲突频度的高低。体冲突是指两个请求同时要访问同一个体。怎样的访问地址会冲突到一个体中？先来回顾一下存储体是如何寻址的。对于给定的一个地址，它到存储体内某个位置的映射关系可以用下面两个式子来表达：

体号=地址 MOD 体数

体内地址=地址/体数

为地址划分的方便，很多多体结构中体数和体容量都是 2 的幂次方。

在传统的多体交叉结构中，一次顺序访问中的多个地址具有不同的体号，不会发生体冲突。而独立多体存储器如果按照上述结构和映射关系，则地址相差奇数值的访存冲突会较少，而地址相差偶数值时冲突的频度可能就增加了。

解决体冲突的一种最直接的方法是采用更多的体。例如，NEC SX/3 最多使用了 128 个体。这种方法代价较大，只有在较大规模的机器中才采用。并且，因为通常对存储器中数据的访问不是随机的，体数的增加并不能避免某些访存模式下的冲突，用以下例子说明。

假如独立多体结构存储器有 128 个体，按字交叉方式工作，**x** 矩阵按行顺序存储，执行以下程序：

```
int  x [ 256 ][ 512 ];
for  ( j=0 ;  j < 512 ;  j=j+1 )
    for  ( i=0 ;  i < 256 ;  i=i+1 )
        x [i][j]=2 * x [i][j];
```

因为 512 是 128 的整数倍，所以同一列中的所有元素都在同一个体内，上述程序在拥有众多独立多体的存储器结构上，仍然会产生很多数据 Cache 失效时暂停。

解决体冲突的第二种方法是软件方法：编译器可以通过循环交换优化来避免对同一个体的访问，如上面的程序中，使内外循环交换可避免大多数冲突；或者让程序员或编译器来扩展数组的大小，使之不是 2 的幂次方，从而强制使上述地址落在不同的体内。

解决体冲突的第三种方法是硬件“素数模”法：使体数为素数，对大多数访存模式而言，在素数个体上冲突的概率比较小。但采用素数看起来似乎需要更大的代价来实现上述求体号的取模运算和求体地址的除法运算，而且这些复杂的计算似乎会延长每次访存的时间。而幸运的是，有几种硬件方法能快速地完成素数取模运算；并且当存储体数为素数，且为 2 的幂次方减 1 时，下面的简单计算可以来代替除法运算：

体内地址=地址 MOD 存储体中的字数

如果使存储体的字数为 2 的幂次方，上述运算可用截位来简单实现。这种简化的正确性可以用中国余数定理来证明，详略。

表 5.10 举例说明了体数为 3、每个存储体为 8 个字时，采用传统顺序交叉方法（左边）和简化的素数模法（右边）情况下的地址映像结果。两种方法都能解决体冲突问题，在前一种方法中求体内地址需进行除法运算，而在后一种方法中只需对 2 的幂进行取模运算（截取后 3 位）。

表 5.10　顺序交叉和取模交叉的地址映像举例

体内地址	存储体					
	顺序交叉			取模交叉		
	0	**1**	**2**	**0**	**1**	**2**
0	0	1	2	0	16	8
1	3	4	5	9	1	17
2	6	7	8	18	10	2
3	9	10	11	3	19	11
4	12	13	14	12	4	20
5	15	16	17	21	13	5
6	18	19	20	6	22	14
7	21	22	23	15	7	23

5.6.2　存储器芯片技术

1．DRAM 和 SRAM 技术

前面介绍了存储器芯片的组织结构方法，这一节将介绍存储器芯片内部的性能优化技术。传统上，人们一直用访问时间（Access Time）和存储周期（Cycle Time）这两项指标来衡量存储器延迟。访问时间是指从发出读请求到所需的数据到达为止所需的时间，而存储周期则是指两次相邻访存请求之间的最小时间间隔。存储周期比访问时间长，其原因之一，是在进行下一次访存之前，存储器需等待地址线进入稳定状态。自 1975 年以来，几乎所有的桌面机和服务器都用 DRAM 作为主存，而使用 SRAM 作为 Cache。

当早期 DRAM 的容量不断增加时，越来越多的地址线使芯片封装的成本越来越成为问题。解决这个问题的办法是进行地址线复用，这样可将芯片的地址引脚数减少一半。每次访存时，先发送一半的地址，称为行选通（Row Access Strobe，RAS）；接着发送另一半地址，称为列选通（Column Access Strobe，CAS）。这些名称是根据芯片的内部结构决定的，因为存储单元被组织成一个按行和按列寻址的矩形阵列。如图 5.19 所示，图中显示的是一个 256M 位 DRAM 的内部结构。DRAM 经常使用多体存储阵列来实现的，例如在本例中，256M 位并不是由一个用 16 384×16 384 位的存储阵列实现的，而可能是由 256 个 1024×1024 位的存储阵列或 64 个 2048×2048 位的存储阵列实现的。

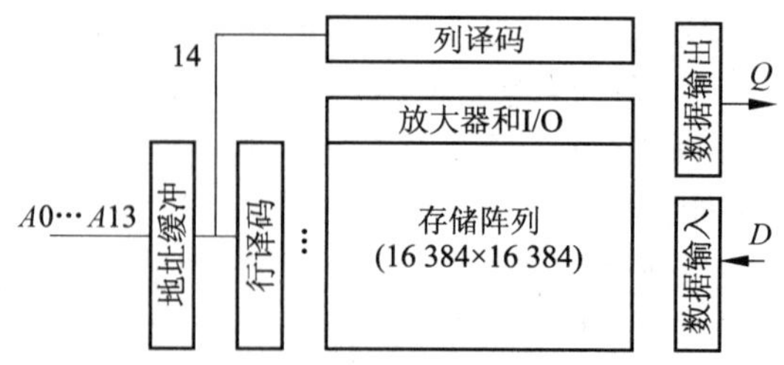

图 5.19　256M 位 DRAM 的内部结构

DRAM 有一个特别的要求——刷新。DRAM 的第一个字母 D 代表了这一特性，即动态（Dynamic）。DRAM 的优点之一是只用一个晶体管来存储一位信息，但在读取这一位时，会破坏其中的信息。为防止信息丢失，每一位都必须定期地被刷新。幸运的是，通过读取某一行，就可以将该行中的所有位都刷新。因此，存储系统中每个 DRAM 在一定的时间窗口（例如 8μs）内，都必须把它的每一行都访问一遍。存储控制器中包含定期刷新 DRAM 的硬件。

需要刷新意味着有时存储系统是不可访问的，因为这时它正在向每个芯片发送刷新信号。DRAM 刷新一次所需的时间一般是对 DRAM 的每一行进行一次完全访问（RAS 和 CAS）所需的时间。由于在概念上 DRAM 的存储矩阵是正方形，有时一次刷新所需的总步数通常就是 DRAM 容量的平方根。DRAM 芯片的设计者们努力把用于刷新的时间控制在总时间的 5%以内。

与 DRAM 相反，SRAM 不需要刷新。SRAM 的第一个字母 S 代表静态（Static）。SRAM 的一个存储单元通常由 6 个晶体管构成，能保证信息在读取的时候不被破坏，并且不需刷新，这使得 SRAM 的访存时间和存储周期很接近。

SRAM 的设计常关注速度和容量，而 DRAM 的设计则更关心每位价格和容量。当采用同一档次的实现技术时，DRAM 的容量是 SRAM 容量的 4～8 倍，DRAM 的存储周期是 SRAM 的 8～16 倍，但 SRAM 的价格也是 DRAM 的 8～16 倍。

Amdahl 提出了一个经验规则：为了保持系统平衡，存储容量应随 CPU 速度的提高而线性增加。CPU 的设计者们指望依靠 DRAM 来满足这一需求。他们预期存储容量每 3 年提高 4 倍，即每年提高 55%。而实际上 DRAM 性能的提高却慢得多。从表 5.11 可以看出，DRAM 的行访问时间每年约减少 5%，列访问时间或数据传输时间（与带宽相关）每年减小 10%（1986 年随着 DRAM 从 NMOS 型变为 CMOS 型，列访问时间减少了一半）。

表 5.11　各代 DRAM 的典型时间参数

年份	芯片容量	行选通（RAS）		列选通（CAS）	周期时间
		最慢的 DRAM	最快的 DRAM		
1980	64K 位	180ns	150ns	75ns	250ns
1983	256K 位	150ns	120ns	50ns	220ns
1986	1M 位	120ns	100ns	25ns	190ns
1989	4M 位	100ns	80ns	20ns	165ns
1992	16M 位	80ns	60ns	15ns	120ns
1996	64M 位	70ns	50ns	12ns	11ns
1998	128M 位	70ns	50ns	10ns	100ns
2000	256M 位	65ns	45ns	7ns	90ns
2002	512M 位	60ns	40ns	5ns	80ns
2004	1G 位	55ns	35ns	5ns	70ns
2006	2G 位	50ns	30ns	2.5ns	60ns

多个 DRAM 芯片经常被组装在称为 DIMM（Dual Inline Memory Modules）条的小型板上出售，一个 DIMM 通常包含 4～16 片 DRAM 芯片，这些芯片常被组织成 8 字节宽的主存（带 ECC 校验）用于桌面系统。

DRAM 发展的一个变化是容量增长变慢，在曾经的 20 年间 DRAM 容量的增长规律为每 3 年增长 4 倍，随着对 DRAM 容量增长需求的降低，从 1998 年开始，DRAM 芯片的容量每两年才增长一倍，到 2006 年，容量增长已出现了更缓慢的趋势。

2．DRAM 芯片优化技术

优化主存系统的传统技术主要是研究由多片 DRAM 芯片构成的主存系统的组织。例如采用多体技术，增加存储器体数和增大总线宽度可以提高主存系统带宽。但是，随着单片存储芯片容量的增大，相同容量的主存系统所能包含的芯片数越来越少，削弱了多体技术能带来的好处。例如，一个容量为 2GB 的主存系统由 256 片 64Mb（16M×4 位）构成，则该系统可以很容易利用多个芯片构建成由 16 个 64 位宽的体（16 片）组成的系统，而如果该 2GB 系统由 16 片 256M×4 位的芯片构成，则只能构建为一个 64 位宽的体。

DRAM 芯片内部的优化技术可以从另一个方面提高主存系统的性能。

DRAM 的访问可分为行访问和列访问两部分，DRAM 必须在内部缓冲一行的数据以便进行列访问，例如，每个阵列的行缓冲可保存 1024～2048 位数据。不需行访问时间而允许对行缓冲的反复访问可以提高带宽，这种优化称为“快页模式”。

传统的 DRAM 与存储器控制器的接口是异步的，这使得每次数据传输都需要控制信号的同步时间。在 DRAM 接口增加一个时钟信号可使 DRAM 能针对一个请求连续同步地传输多个数据而不需同步开销，这种优化技术称为同步 DRAM（Synchronous DRAM，SDRAM）。

第三种优化技术是在 DRAM 时钟的上沿和下沿都进行数据传输，从而可把数据传输率提高一倍，这种优化技术称为 DDR（Double Data Rate）。采用 DDR 技术的 DRAM 芯片内部通常也采用多体来支持高带宽。

用 DDR DRAM 芯片构建的 DIMM 中，如果 DRAM 芯片的频率为 133MHz，则 DIMM 的性能标称为它的峰值带宽：133MHz×2×8B≈2100MB/s，DIMM 以这个值作为它的型号，称为 PC2100。同样，其中的芯片以每秒的数据传输量而不是时钟频率作为芯片的名称，所以一个 133MHz 的 DDR 芯片被称为 DDR266。表 5.12 显示了时钟频率、芯片数据传输率、芯片名称、DIMM 带宽和 DIMM 名称之间的关系。

表 5.12　时钟频率、芯片数据传输率、芯片名称、DIMM 带宽和 DIMM 名称之间的关系

标准	时钟频率 /MHz	每秒传输次数 /M	DRAM 名称	DIMM/（MB/s）	DIMM 名称
DDR	133	266	DDR266	2128	PC2100
DDR	150	300	DDR300	2400	PC2400
DDR	200	400	DDR400	3200	PC3200
DDR2	266	533	DDR2-533	4264	PC4300
DDR2	333	667	DDR2-667	5336	PC5300

续表

标准	时钟频率/MHz	每秒传输次数/M	DRAM 名称	DIMM/(MB/s)	DIMM 名称
DDR2	400	800	DDR2-800	6400	PC6400
DDR3	533	1066	DDR3-1066	8528	PC8500
DDR3	666	1333	DDR3-1333	10 664	PC10700
DDR3	800	1600	DDR3-1600	12 800	PC12800

例 5.15 假设评估一个传输率为 16 000MB/s 的新型 DDR3 的 DIMM，按照表 5.12 的规则，此 DIMM 的名称应是什么？它的时钟频率是多少？它所用的 DRAM 的名称可能是什么？

解：DIMM 的名字可能为 PC16000，时钟频率应为

$$\text{时钟频率}\times 2=16000 \Rightarrow \text{时钟频率}=1000\text{MHz}$$

即每秒可进行 2000M 次数据传输，其中 DRAM 的名字可能为 DDR3-2000。

DDR 技术规定的标准电压为 2.5V，DDR2 技术的电压将为 1.8V，工作频率范围为 266～400MHz，DDR3 的电压将为 1.5V，最大工作频率为 800MHz。这三种技术都是通过增加少部分逻辑来开发 DRAM 内部潜在的高带宽的，这种优化代价很小，却能使带宽显著提高。

5.7 虚拟存储器

5.7.1 虚拟存储器基本原理

虚拟存储系统（简称虚存）已广泛用于几乎所有的计算机系统中。虚存是“主存—辅存”层次进一步发展的结果。它由价格较贵、速度较快、容量较小的主存储器 M_1 和一个价格低廉、速度较慢、容量很大的辅助存储器 M_2（通常是作为 I/O 设备之一的硬盘）组成，在系统软件和辅助硬件的管理下，这一层次构成了逻辑上单一的、可直接访问的大容量主存储器。应用程序员可以用机器指令的地址码对整个程序统一编址，就如同应用程序员具有对应于这个地址码宽度的存储空间（称为程序空间）一样，而不必考虑实际主存空间的大小。

计算机中由软件（通常是操作系统）和硬件共同完成对虚存的管理，使应用程序员所使用的程序空间中的逻辑地址能够自动映像到某个主存的物理地址，并使得多个进程可以自动地共享主存空间，且这种管理工作通常不需用户参与。虚存机制把主存空间划分为较小的块（页面或段），并以块为单位分配给各进程。图 5.20 是一个程序在虚拟存储器中存放的示意图。该程序有 A、B、C、D 4 个页面（虚页），其中 A、B、C 在主存中，而 D 则在磁盘上。实际上，该程序的 4 个页面可以放在主存或磁盘上的任何一个位置（若空闲），只要将虚、实地址之间的映像关系（存放在页表中）做相应的改变即可。

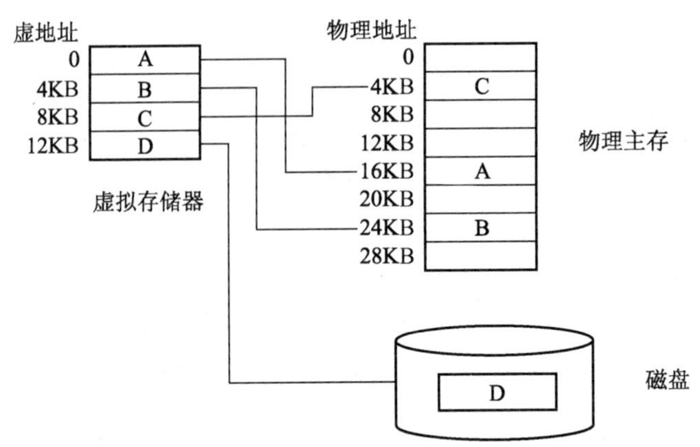

图 5.20　一个程序从虚拟存储器到物理存储器的映像

虚存分块的方式可以分为两类：页式和段式。页式虚存把空间划分为大小相同的块，称为页面。页面是对空间的机械划分，常用页面大小为 4～64KB。而段则往往是按程序的逻辑意义进行划分的，段式虚存可把空间划分为可变长的块，称为段，段的最小长度为 1 个字节，最大长度因机器而异。

在页式虚存中，地址都是单一、固定长度的地址字，由页号和页内位移两部分组成。而在段式虚存中，因为段的长度是可变的，所以地址一般用两个字表示，一个为段号，另一个为段内位移。CPU 表达和处理两种方式下虚地址的机制也是不同的。采用页式还是段式虚存对操作系统的影响很大，详细论述可参见相关操作系统存储管理的相关内容。由于在段式中实现替换很复杂，现代计算机中几乎不采用纯段式。有些机器采用段式和页式的组合——段页式。在段页式中，每段被划分成若干个页面。这样既保持了段作为逻辑单位的优点，又简化了替换的实现，而且段不必作为整体全部一次调入主存，而是可以以页面为单位部分调入。

针对“主存—虚存”层次关系仍讨论以下 4 个问题：

1．映像规则

处于辅存中的一个虚存块要调入主存，应放到主存的哪个块位置？由于这一层次的主存失效需要访问磁盘存储设备，因此失效开销非常大，所以操作系统总是在低失效率与简单查找算法的权衡中选择低失效率，允许将块放在主存的任一位置，即采用全相联映像。

2．查找算法

在全相联 Cache 中，主存块号作为 tag 保存在 Cache 的标识存储器中，并由硬件完成查找匹配，实质上可以理解为标识存储器记录了主存块号和 Cache 块号的对应关系。同理，采用全相联映像的虚存系统中，无论是页式和段式，也需要记录每个虚存块和主存块的对应关系，不同的是，记录这个关系的数据结构不是由专门的硬件保存并处理的，而是由操作系统管理的，这个数据结构分别称为页表或段表。对于段式系统，虚段号通过查找段表得到物理段号，加上段内位移就是最终的物理地址；对于页式系统，虚地址中截取高位作为虚页号，查找页表得到实页号，与页内位移拼接就是最终物理地址（如图 5.21 所示）。

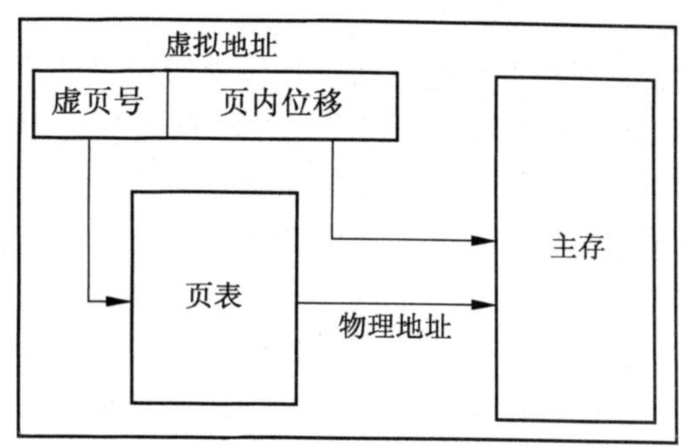

图 5.21 用页表实现虚拟地址到物理地址的映射

以页式系统为例，页表用虚页号作为索引，它所包含的项数与虚地址空间的总页面数相同。如果虚地址为 32 位，页大小为 4KB，每个页表项为 4 字节，那么页表的大小就是$(2^{32}/2^{12})\times 2^2=4$（MB）。为了减少页表的大小，有一些机器对虚地址进行散列变换，从而使页表的项数减少到与主存中的物理页面数目相等。物理页面数通常比虚拟页面数少很多。这种数据结构称为转换页表（Inverted Page Table）。一个容量为 512MB 的物理存储器（页表项可能为 8 个字节，其中 4 个保存虚页号）只需大小为 1MB（8×512MB/4KB）的转换页表。

3. 替换算法

前面已经提到，操作系统虚存管理最关键的是尽可能减少主存失效，页式虚存系统中的这种失效称为页故障（Page Fault）。几乎所有的操作系统都采用 LRU 等具有较低失效率的替换算法。为了帮助操作系统寻找 LRU 页，许多机器为主存中的每个页面设置了一个使用位（Use Bit，或称为访问位 Reference Bit）。每当主存中的一个页面被访问时，其相应的使用位就被置 1。操作系统定期地复位所有使用位。这样，在每次复位之前，使用位的值就反映出了从上次复位到现在的这段时间中哪些页曾被访问过。通过用这种方法跟踪各个页被访问的情况，操作系统就能选择一个最近最少使用的页。

4. 写策略

前面已经提到，主存失效开销很大，因为主存的下一级通常是磁盘，其访问时间需几十万至上百万个时钟周期。正是由于这两级存储器之间访问时间的巨大差距，所以 CPU 执行 Store 操作时如果将请求穿过主存直接写入磁盘是不合理的。因此，支持虚存的机器总是采用写回策略，并且设置“脏”位（Dirty Bit）来保证只有被修改过了的块才被写回磁盘，从而尽量避免对下一级存储器不必要的访问。

虚存机制的引入不仅解决了程序空间和物理空间地址灵活转换的问题，而且在现代支持多道程序运行的机器中，这种机制也给多用户空间的保护、共享等留有了更多契机，也使当代计算机中虚存保护等问题得到越来越多的重视和应用，稍后将讨论之。

5.7.2 快表

通过前面的计算可知，页表本身也较大，且作为操作系统维护的数据结构，它也必须被放在主存中才能被访问（有时页表本身也是按页存储的）。因此，每次访存都要引起对主存的两次访问：第一次是读取主存中的页表项（页表甚至也可能发生页故障），以获得所要访问数据的物理地址；第二次才是访问数据本身。显然，这样的访存速度在实际应用中是无法忍受的。

和把主存里的数据在 Cache 里进行高速缓存的思想一样，也可以把页表进行高速缓存，以减少地址转换时间。计算机常设置一个专门用于地址转换的高速缓存部件，称为 TLB（Translation Look-aside Buffer）、地址变换缓冲器（Translation Buffer）或快表，用于存放近期经常使用的页表项，其内容是页表部分内容的一个副本。这样，在进行地址变换时，一般直接查 TLB 就可以了。只有偶尔在 TLB 不命中时，才需要去访问内存中的页表。TLB 也利用了局部性原理：如果访存具有局部性，则这些访存中的地址变换也具有局部性，即所使用的页表项是相对簇聚的。

TLB 中的项保存着一个虚地址和一个物理地址的对应关系，由两部分构成：标识和数据。标识中存放的是虚地址的一部分，而数据部分中则存放物理页号、有效位、存储保护信息以及其他一些辅助信息。

根据前面的分析得知，地址变换很容易处于决定处理器时钟周期的关键路径上，因为即使是采用最简单的Cache，也需要读取 TLB 中的值并对其进行比较。所以，相比 Cache 来说，TLB 容量更小，而且更快，从而保证 TLB 的读出操作不会使 Cache 的命中时间延长。为了使 TLB 中的内容与页表保持一致，当修改页表中的某一项时，操作系统必须保证 TLB 中没有该页表项的副本，有些处理器会提供专门的指令来管理 TLB。

图 5.22 是 Alpha Opteron 的数据 TLB 结构。该 TLB 共包含 32 个项，除标识和物理地址外，每项还包含有效位（V）、读写允许（R/W）等标志位。

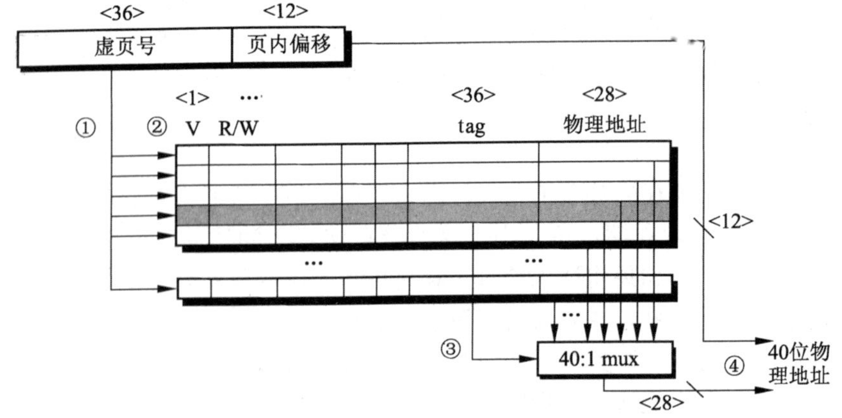

图 5.22 Alpha Opteron 的数据 TLB 结构

图 5.22 中的①、②等表示进行地址变换的步骤。TLB 采用全相联映像，所以当进行地址变换时，把虚拟地址送往各个标识，进行比较。显然，只有有效位为 1 的标识才有可能匹配。与此同时，根据 TLB 中的存储保护信息对本次访存的类型进行检查，看是否越权（②）。

若存在匹配的标识，则多路选择器把相应 TLB 项中的物理地址选出（③）。该地址与页内位移拼接成完整的 40 位物理地址（④）。

5.7.3 虚存和 Cache 关系的例子

结合“虚拟 Cache”一节中的分析可以推知，当把 Cache 和虚存相结合时，要解决如何使地址变换与访问Cache并行进行的问题。采用容量较小的Cache，可以把访问Cache的索引限制在页内位移的范围之内（即可直接从页内位移中截取）。这样，CPU 一发出虚地址，就可以立即索引 Cache。在读 Cache 标识的同时，把虚页号送给 TLB 进行地址变换。在这两个操作完成之后，把从 TLB 得到的物理页号与 Cache 标识进行比较。在这种方案中，Cache 索引用的是虚地址，而标识用的则是物理地址。

下面以 Opteron 举例说明 Cache、TLB 和虚存关系。

Opteron 的 L1 Cache 采用的是虚地址、物理 tag。图 5.23 显示了利用“虚索引-实标识”方法来进行虚实地址变换及 Cache 查找的过程，其中页大小为 8KB，TLB 为直接映像，256 项，L1 Cache 为 8KB 直接映像 Cache，L2 Cache 为 4MB 直接映像 Cache，两级 Cache 的块大小均为 64B。虚地址为 64 位，物理地址为 41 位。在利用虚地址中的虚页号

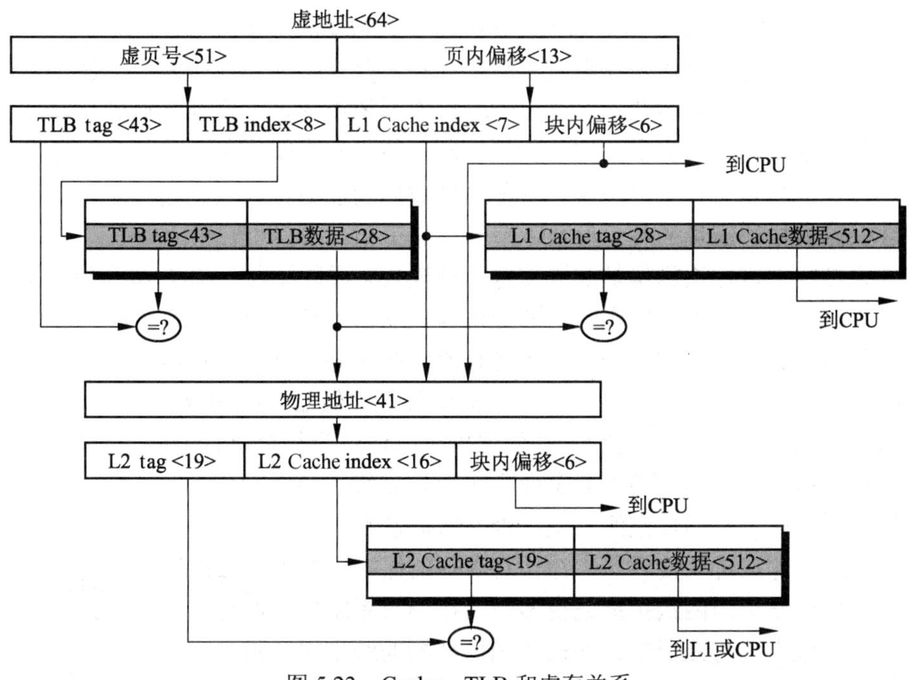

图 5.23 Cache、TLB 和虚存关系

进行虚实转换的同时，Cache 可利用页内偏移的高位作为索引并行查找相应 tag 和数据，然后将查找到的物理页号与 Cache 读出的 tag 进行比较，以确定是否命中。

5.8　虚存保护和虚存实例

5.8.1　进程保护技术

在多道程序（multiprogramming）的情况下，计算机可以被多道同时运行的程序所共享。多道程序的出现，对程序间的保护和共享提出了新的要求。这种保护共享机制是与虚存紧密联系在一起的。

多道程序引出了进程（process）的概念。进程是支持程序执行的机制，一个正在运行的程序加上它继续执行所需的任何状态（称为上下文）就是进程。在现代操作系统中，用户态程序以进程的形式占用系统资源，包括程序和数据所用的空间、系统外设、文件等，并且不同程序以分时共享的方式使用处理机资源。操作系统的处理机管理功能负责完成多进程的调度和进程间的切换（Process Switch 或 Context Switch）。

不管进程是不间断地从开始一直执行到结束，还是在执行过程中不断地被中断并与其他进程切换，它都必须执行正确。保证每个进程正确行为既是计算机硬件设计者也是操作系统设计者的责任。计算机硬件设计者必须保证进程状态中有关 CPU 的部分能够被保存和恢复，操作系统设计者则必须保证进程之间的计算互不干扰。保护一个进程的状态不被其他进程干扰的最安全的方法，是将进程的当前状态保存在磁盘上。但这样一来，进程切换就需要几秒钟才能完成，这对于分时系统来说实在是太长了。

多进程共享 CPU、存储器资源使得保护机制变得十分必要。

所以，这个问题一般由操作系统来解决：将主存空间分为几个区域，使得主存中可以同时存放多个不同进程的状态。这意味着操作系统设计者需要计算机硬件设计者的帮助，由计算机硬件设计者提供一定的保护机制，使进程之间不能互相修改。除了保护机制以外，计算机还提供了多个进程共享程序和数据的能力，以允许进程之间进行通信，并减少存储器中相同信息的备份份数，节省存储空间。

在体系结构上进行进程保护起码支持两种模式（两种级别）：用户级和核心级，处理器应该提供一部分用户可读但不可写的处理器状态，如模式位、异常使能、存储器保护信息等，只有处于核心级的管理程序才能修改这些状态，并能提供两种模式间的切换机制（如系统调用）。进程保护的核心之一是提供限制存储器访问的机制，以便不用切换进程而能保护一个进程的存储器状态。存储保护可以通过为每个进程分配一个专用的页表，并使每个页表指向存储器中的不同页面来实现。显然，要由操作系统来管理这些页表，并禁止用户程序修改它们自己的页表，否则保护就不起作用了。

可以通过把保护进一步升级来加强对进程的保护。例如，在 CPU 保护结构中加入环，可将访存保护由原来的两级扩展到更多级。在军事系统中密级可分为绝密、秘密、机密和非机密 4 个级别。与此类似，在同心圆环结构的级别中，最可靠的程序可以访问所有信息，第二可靠的程序可以访问除最高级以外的任何信息，以此类推。最后是“平民”

级程序，它最不可靠，可访问的信息范围也就最小。此外，对哪些存储区能存放程序（即执行保护），甚至对各级别之间的入口点，也有一定的限制。Intel 的 Pentium 采用了环形保护结构。但至今，环形结构在实际应用中是否是对简单的“用户/核心模式”系统的改进，这一点并无定论。

仅有上述这种简单的环结构密级还不够，例如，当要对给定密级中的一个程序进行限制时，就要采用一种新的分级系统，这种系统类似于现实生活中的加锁和解锁（而不是上述军事密级模型）。一个程序只有在得到钥匙后，才能解锁并访问数据。为了使这些钥匙（或称功能）起作用，硬件和操作系统必须能显式地将它们从一个程序传到另一个程序，以防止程序进行伪造。为了能实现钥匙的快速检测，需要很多的硬件支持。

5.8.2 页式虚存举例：64 位 Opteron

Opteron 的有效虚地址为 48 位，要转换为 40 位物理地址（AMD64 更进一步允许虚地址扩展为 64 位，物理地址为 52 位），其页大小可为 4KB、2MB 和 4MB。为了使页表的大小合理，Opteron 使用 4 级页表来实现对地址空间的映射。Opteron 每个页表项为 8 个字节，每个页表有 512 项，Opteron 允许 4KB 的页，因此页表可以放在一个页中，查询页表项需 9 位。图 5.24 示意了虚地址的变换过程，Opteron 的虚地址中有 4 个 9 位的域（第 47～第 39 位、第 38～第 30 位、第 29～第 21 位、第 20～第 12 位），分别用于查

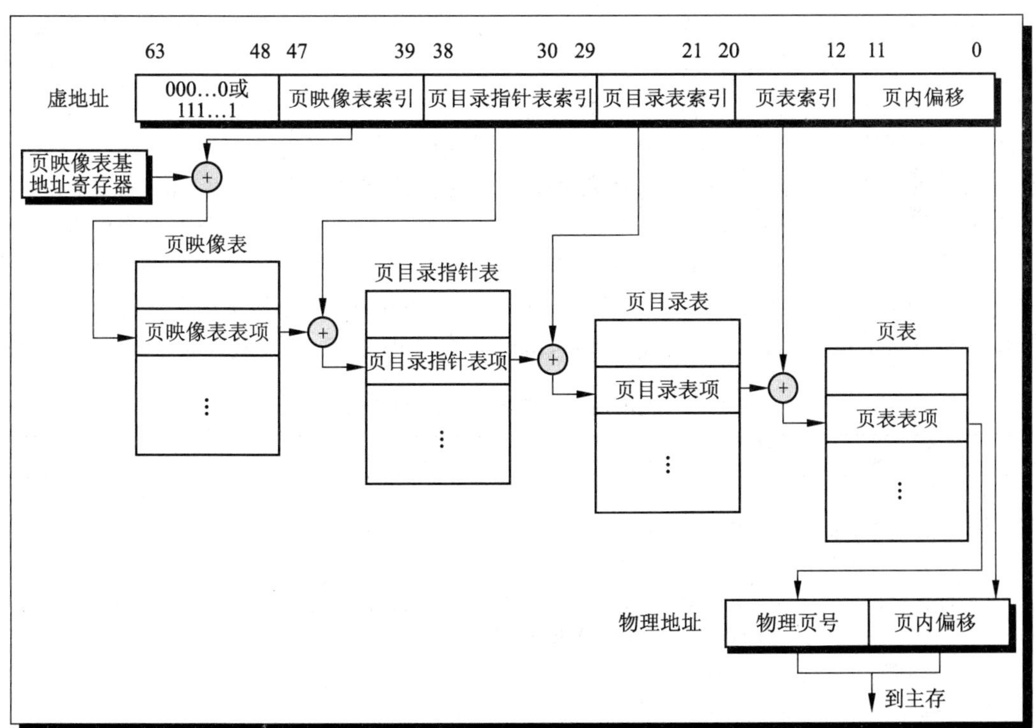

图 5.24 Opteron 中虚地址的变换过程

找这4级页表。虚地址中最高9位的值与对应页映像表基地址寄存器中的值相加，结果作为地址访问页映像表，得到的页表项作为第二级页表（页目录指针表）的基地址；其后每个9位的域都和前次查得的页表项值相加，结果作为地址访问存储器，得到下一级页表的基地址；直到最后得到的页表项即为物理页号，与页内偏移拼接，便得到完整的物理地址。Opteron 每个页表的大小都被限制在一个4KB的页面以内，所以所有的页表基地址都是物理地址，无须进一步变换。

上述各级页表的表项都是64位的，其中前12位为保留位，中间40位为物理地址，最低12位包含了保护和使用信息，如：

（1）有效位——表示对应页是否有效。

（2）读写权限位——表示对应页是只读的还是可读写的。

（3）内核/用户权限位——表示对应页是可被用户访问还是能用其他三个高级别权限访问的。

（4）脏位——表示对应页是否被修改过。

（5）访问位——表示对应页是否被访问过。

（6）页大小——表示对应页是4KB还是4MB的页，如为4MB页，Opteron只用三级页表。

（7）执行位——表示对应页是否能被执行。

（8）页缓冲位——表示对应页是否可被Cache缓冲。

（9）页写直达位——表示对应页允许写穿透还是写直达。

Opteron的页权限可以在4级页表访问的每一级来检查，但实际Opteron只根据最后一级页表项来检查，其他级只检查有效位。

页表由操作系统管理，用户程序不能进行写入，这样就能防止进行非法地址变换，从而防止出现错误。用户可以试图访问任何虚拟地址，但到底是访问主存的哪个位置，是由操作系统通过控制页表项的内容来确定的。这种管理方法也便于实现进程之间的存储器共享。只要使各进程地址空间中要共享的页面的页表项指向同一个主存页面即可。

为减少访问页表而引起的地址变换时间，Opteron采用了4个TLB，两个用于指令访问，另外两个用于数据访问。像多级Cache一样，Opteron进一步采用两个更大的二级TLB（一个用于指令访问，一个用于数据访问）来减小TLB的失效。表5.13给出了数

表5.13 Opteron 数据TLB的存储层次参数

参　数	描　述
块大小	1 页表项（8字节）
L1 TLB 命中时间	1个时钟周期
L2 TLB 命中时间	7个时钟周期
L1 TLB 容量	4个TLB相同：每个TLB 40个页表项，32项用于大小为4KB的页，4个用于大小为2MB和4MB的页
块替换策略	LRU
写策略	不适用
L1 TLB 映像策略	全相联
L2 TLB 映像策略	4路组相联

据 TLB 的关键参数。在当今的计算机中，AMD Opteron 的页式存储管理是非常典型的。基于虚存的页保护，因为只有操作系统才能更新页表，所以页机制可以提供完全的存储器访问保护，并依赖于操作系统的正确操作来为多个进程共享计算机提供安全保证。

5.8.3 虚拟机保护

依靠操作系统和硬件来进行进程保护并不是最完善的方法，因为当前的操作系统都十分庞大（上千万行代码），里面的 bug 也相对较多（上千个），在这样庞大的系统中实现保护机制代价很大。因此，体系结构设计者寻求了用规模较小的代码而不是在整个操作系统范围内来实现保护机制的方法，这就是虚拟机。

虚拟机（Virtual Machine，VM）的概念早在 20 世纪 60 年代后期就提出了，多年来一直是大型机结构中的一个重要部分，20 世纪 80 年代和 90 年代个人计算机中的这种机制并没有流行。近几年，由于计算机安全的重要性日益增大，标准操作系统不能很好地提供安全和可靠性支持，一台计算机经常被多个不相关的用户共享，且微处理器技术的发展使得虚拟机的实现代价越来越可接受，所以，虚拟机技术得到了新发展。

广义的虚拟机指能提供一个标准软件接口的所有仿真实现，如 Java VM。这里所指的 VM 是能在指令集结构一级提供系统环境的软件。尽管一些 VM（如 IBM VM/370）可以运行不同的指令集，但可认为它们总是匹配相应的硬件特征的。这样的 VM 被称为系统虚拟机（Operating System Virtual Machine），IBM VM/370、VMware ESX Server 和 Xen 都是系统虚拟机的例子。

图 5.25 显示了一种典型的虚拟机结构模型。首先在底层硬件（Hardware）之上支持 VM 的核心软件称为虚拟机监视器（Virtual Machine Monitor，VMM），它是虚拟机技术的核心，为虚拟机提供硬件的物理资源抽象，包括虚拟处理器及其他设备，如 I/O 设备、内存、外存等，从而使得上层运行的多个虚拟机可以分时共享物理资源而不用关心硬件细节，VMM 甚至可模拟实现某些硬件功能。VMM 可以以用户程序的形态运行于主机操作系统上，也可以直接运行在物理硬件上。VMM 比传统的操作系统小很多，一般在 1 万行代码左右。

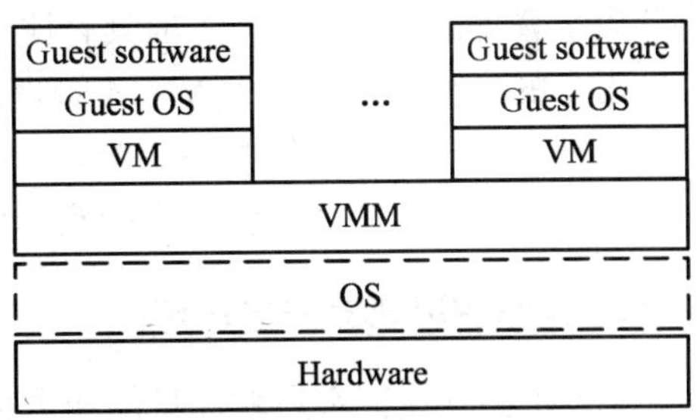

图 5.25 虚拟机系统结构

在 VMM 之上可以装载一个或多个 VM，每个 VM 为其上的操作系统副本（称为 Guest OS：客户操作系统）和应用程序（称为 Guest Software：客户软件）提供虚拟的系统硬件副本。一台机器可运行多个 VM，支持多个 Guest OS。

通常来讲，将处理器虚拟化的代价与工作负载有关。对于计算密集型（Processor-Bound）的用户程序（如 SPEC CPU2006），其处理过程几乎不用操作系统参与，所有指令都直接对应硬件上的执行，虚拟化代价几乎为 0；而对于 I/O 密集型的（I/O-Bound）程序，其处理过程则需要很多系统调用和特权指令，虚拟化代价依赖于 VMM 仿真这些操作的效率。所以，当假设一个主机和多个 VM 都运行相同的指令集时，体系结构和

VMM 的目的是尽量直接在硬件上运行所有指令，而且，对于 I/O 密集型的应用，处理器虚拟化的时间也可完全隐藏在长时间等待 I/O 的过程中。

VM 除了具有保护的作用外，还有两个具有商业价值的作用。一是软件管理。VM 能提供对一个软件系列的统一抽象。例如对于一个操作系统（如 DOS），一些 VM 可以运行于该操作系统的旧版本上，一些 VM 可以运行于一个该操作系统的当前稳定版本上，而另一些 VM 则可以运行于该操作系统的试用版上。二是硬件管理。在具有不同硬件，运行兼容操作系统的多台计算机上，传统实现要设置多种服务程序，以便使每个应用程序都能在这个兼容的操作系统上运行，这种分割有利于提高应用程序运行的无关性。VM 允许不同的软件在共享的硬件上独立执行，相当于合并了多种服务程序。为了平衡负载或硬件容错，一些 VMM 还支持一个正在运行的 VM 迁移到另外一台计算机上去。

1．VMM 的功能

VMM 给客户（包括 Guest OS 和 Guest Software）提供了一个界面，分割来自不同客户的状态，并保护自身不受客户软件的干扰，对 VMM 的要求具体为：

（1）除了性能相关的行为和共享资源的限制，VMM 必须使客户软件在 VM 上运行就像在整个硬件上自然运行一样。

（2）VMM 不能使客户软件直接改变真实系统的资源分配状态。

为了虚拟化处理器，VMM 必须控制系统的所有行为，如对特权状态的访问、地址转换、I/O、异常和中断，正在运行的 VM 和 Guest OS 只是临时使用相关的资源。例如，当发生一个定时器中断时，VMM 应挂起正在运行的 VM，保存状态，处理中断，决定即将运行的是哪个 VM，并装载它的状态。VMM 会为需要定时器中断的 VM 提供一个虚拟定时器和一个仿真定时中断。

出于管理的需要，VMM 应具有比 VM 更高的权限。VM 常运行于用户级，而任何特权指令的执行则必须经由 VMM 管理。这种机制与虚存保护机制很像：要求处理器至少有两种模式——用户级和核心级，一些特权指令只可在核心级运行，如果用户级需要使用，必须陷入核心级。所有系统资源的分配必须经由这些指令管理。

2．支持 VM 的指令集结构

VMM 必须保证客户软件只能和虚拟资源打交道，所以传统 VM 作为一个用户级程序运行于 VMM 之上。如果一个 Guest OS 想要通过特权指令访问或修改硬件资源——例如读写一个页表指针——这个动作将陷入 VMM 中，VMM 将负责对相应硬件进行实际的修改。任何要读写敏感信息的用户态指令都会陷入，VMM 将采用中断方式为其提供此敏感信息的“虚版本”。如果没有上述机制，VMM 必须格外精心地处理所有可能产生问题的指令，以保证它们在被一个 Guest OS 运行时行为的正确性，这样就增加了 VMM 的复杂度，降低了效率。

只有当所有能够查看或者修改特权机器状态的指令在非核态方式下会自陷，这样的处理器结构才能以可接受的效率完全虚拟化，否则就不能通过简单地在非核态执行所有 VM 指令来虚拟处理器。而目前很多处理器并不满足上述条件，因此，在设计指令集结构时就考虑 VM 的问题会减小必须由 VMM 执行的特权指令的数量及 VM 仿真这些特权指令的时间。

3．VM 对虚存和 I/O 的影响

每个 VM 对应的 Guest OS 必须拥有自己的页表，这使得虚拟化虚存成了一个问题。为了达到这个目的，一种方法是，VMM 用“实际存储器”（Real Memory）来表示虚存和物理存储器中间的一级存储器，Guest OS 根据自己的页表把虚存映射为实际存储器，而 VMM 把各个客户的实际存储器映射为物理内存。但这样的两次切换代价很大。

另一种方法是，只要实际存储器页不被某个 Guest OS 替换，VMM 就通过称为影子页表（Shadow Page Table）的结构直接把虚存地址映射为物理地址。如果要替换，Guest OS 必须访问页表指针，而这种操作是写保护的，必须通过特权操作完成，VMM 就能知道发生了哪些改变，从而更新影子页表。

I/O 种类数量众多，当多个 VM 共享一个真实设备时，虚拟化 I/O 将更复杂。VMM 的管理策略与具体 I/O 有关，例如，VMM 将为各个 VM 在物理磁盘上划分虚磁盘，管理硬盘中虚磁道和扇区到物理磁道和扇区之间的映射关系；又例如，各个 VM 经常以一个很小的时间片来分时共享一个网络接口，VMM 需要管理网络接口，监视每个 VM 提供的虚网络地址，确保每个 VM 只接收与其地址有关的消息。

4．虚拟机实例——Xen

如前所述，一些处理器自身的体系结构使 VM 完全虚拟化硬件的问题变得复杂，而且 VM 发展的过程中还出现了很多其他问题。如一个 VM 已经管理了其虚拟页到实际页的映射，而负责管理页映射的 VMM 却不知道，这样，VMM 又会花费很多无用的代价来替 VM 完成虚拟页到实际页的映射。所以，VMM 开发者应该告知 VM 它具备了这种管理功能，VM 可认为实际页和虚拟页一样大而不必再做重复的管理工作。

对操作系统进行小的修改来简化其虚拟化的方法被称为“半虚拟化”(Parvairtualization)。

开源的 Xen VMM 就采用了这种机制。Xen VMM 给出了一个 Guest OS 及一个与物理硬件相似的虚拟机，但其中丢掉了许多错误处理的功能。例如，为防止 TLB 刷新，Xen 把自身映射到每个 VM 地址空间的高 64MB 空间，它允许 Guest OS 分配页，并保证这种分配不会违反保护限制；为保护 Guest OS 不受 VM 的用户程序的破坏，Xen 采用与 Intel 80x86 相似的 4 级保护机制，Xen VMM 运行在最高特权级（0），Guest OS 运行在次高优先级（1），应用程序运行在最低特权级（3）。大多基于 80x86 的操作系统运行在特权级 0 或 3。

Xen 修改 Guest OS 而使其不使用结构相关的部分，从而保证修改后的操作系统运行正常。例如，Xen 修改了 Linux 中约 3000 行代码（与 80x86 相关的代码，约 1%），而这种修改不会影响 Guest OS 的“应用—硬件”界面。

为了简化 VM 中 I/O 的问题，Xen 给每个 I/O 设备指定了一个特权虚拟机，这个特权虚拟机称为“驱动器域”（Xen 称其虚拟机为“域”）。驱动器域中运行着物理设备驱动程序，中断仍由 VMM 处理，然后送给特定的驱动器域。其他 VM 称为“客户域”，只运行简单的虚拟驱动器，这些虚拟驱动器必须通过一个通道与运行在驱动器域上的物理驱动器通信来访问 I/O 设备，客户域和驱动器域间的数据传送通过页映射完成。

图 5.26 比较了 6 个 Benchmark 在 Xen 上运行的相对性能，结果显示 Xen 很接近 Linux 的性能，这种结果使得 Linux 核与 Xen 的半虚拟化修改相结合，推出了标准化版本。

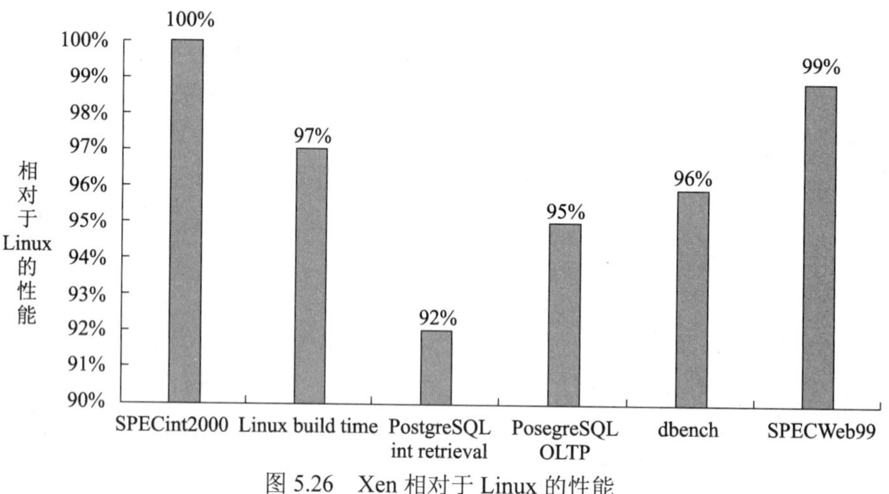

图 5.26　Xen 相对于 Linux 的性能

进一步的研究发现，图 5.26 基于的运行环境只包含一块网络接口卡（NIC），而且这个 NIC 是性能的瓶颈。这样可以推断：在更高性能微处理器上运行的 Xen 不会影响其性能。图 5.27 比较了当 NIC 增加到 4 块时，Linux 和两种配置的 Xen 上的 TCP 的性能，Xen 的两种配置是：

（1）Xen 中只有驱动器域。整个应用都运行在被赋予特权的驱动器域上。

（2）客户 VM+特权 VM。应用和虚拟设备驱动器运行在客户 VM 上，物理设备驱动器运行在特权驱动器 VM 上。

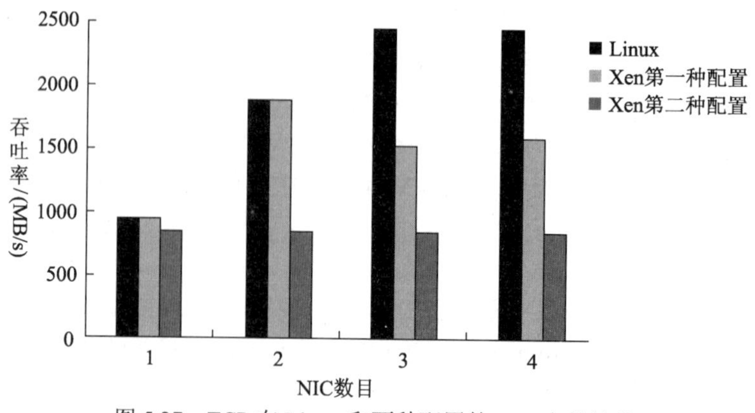

图 5.27　TCP 在 Linux 和两种配置的 Xen 上的性能

很显然，单个 NIC 是瓶颈，当 NIC 增加为 2 个时，Xen 驱动器 VM 达到峰值性能 1.9Gb/s，当 NIC 增加为 3 个时，Linux 达到峰值性能 2.5Gb/s，而客户 VM 的峰值性能是

0.9Gb/s。当 NIC 个数不是瓶颈后，不同的 Web 服务负载性能结果显示第一种配置的 Xen 可达 Linux 性能的 80%，第二种 Xen 性能降到 Linux 的 34%。

图 5.28 通过统计 Linux 和两种配置的 Xen 上程序运行的指令数目、L2 Cache 失效次数和指令、数据 TLB 失效次数来进一步研究性能下降的原因。从结果可明显地看出，Xen 上运行时，每条指令平均的数据 TLB 失效次数是在 Linux 上运行时的 12～24 倍，这是导致 Xen 性能下降的主要原因。Linux 的 TLB 失效次数少主要是因为其中采用了超级页和全局页表项技术，Linux 使用超页来保存其部分核心代码，它使用一个 4MB 的页，这比使用 1024 个 4KB 的页 TLB 失效要低得多，页表项在上下文切换的时候不清空。而 Xen 没有使用上述技术。

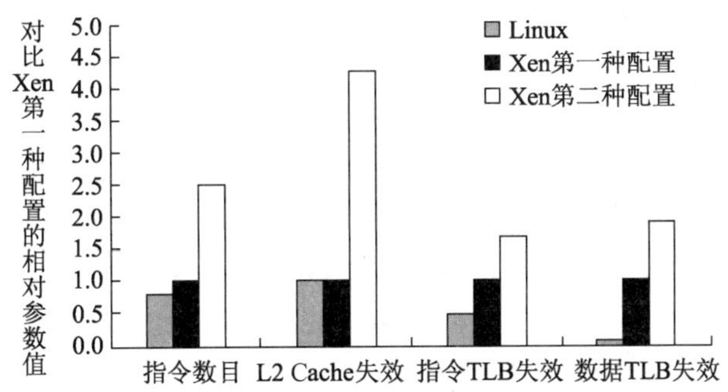

图 5.28 三种平台运行指令条数、L2 Cache 失效次数、指令和数据 TLB 的失效次数的相对值

Xen 第二种配置运行的指令条数约是其他两种平台的两倍，这是因为驱动器域和客户域之间需要进行数据页的传输，导致页面重新映射的结果。两个 VM 之间需要经过一个通道通信，也导致使用了更多指令。这也是客户 VM 性能低的原因。而且，Xen 第二种配置的 L2 Cache 的失效次数是其他两种平台的 4 倍，这是因为 Linux 采用了零备份网络接口，NIC 可用 DMA 方式直接在存储器中迁移数据。Xen 在其虚拟网络接口中不支持这种 DMA 方式，所以在客户 VM 中不能实现零备份，导致 L2 失效增加。

未来 Xen 将可能会支持超级页、全局页表、DMA 等技术，客户 VM 和驱动器 VM 指令增加的比例可能会与目前相似。

从存储层次的角度来说，虚拟机是虚存的进一步扩展，它使得不同的用户可以以不同的存储空间和管理机制来组织自己的逻辑区域，这就为固定硬件平台上多用户的保护提供了更多可能，但也会带来相应的实现代价和运行开销。

5.9 综合实例：AMD Opteron 存储层次

AMD Opteron 处理器是乱序执行的处理器，每个周期处理器可流出三条指令。Opteron 有 11 个并行的执行部件，2006 年具有 12 站整型流水线的 Opteron 最高主频达 2.8Hz，可连接的最快主存是 PC3200 DDR SDRAM。Opteron 使用 48 位虚地址和 40 位物理地址。图 5.29 显示了具有多级 Cache 和 TLB 的 Opteron 存储层次结构。下面将按照如图 5.29 所示的步骤来解释地址转换过程。

首先，PC 值要送到指令 Cache（Icache），Icache 为 64KB，2 路组相联，块大小为 64B，采用 LRU 替换策略，Cache 的索引为 9 位：

$$2^{\text{Index}}=\text{Cache 大小}/（\text{块大小}\times\text{相联度}）=64\text{KB}/（64\text{B}\times 2）=512=2^9$$

Icache 采用“虚索引-实标识”的方式。因此，指令地址中虚页号送往一级指令 TLB（L1 ITLB），如步骤①所示。具有 40 个页表项的全相联 L1 ITLB 同时搜索所有项来匹配虚页号，获得一个页表项（步骤③、④），除转换地址外，L1 ITLB 还检查相应页表项的权限，防止因非法访问而导致的异常。同时，虚地址的低 15 位分为 9 位索引+6 位块内偏移，送往 Icache，如步骤②所示。

L1 ITLB 的失效会使请求达到 L2 ITLB，L2 ITLB 包含 512 个 4KB 页的页表项，采用 4 路组相联。L2 ITLB 到 L1 ITLB 的数据传输需要 2 个时钟周期。在传统的 80x86 中，如果页目录指针寄存器发生变化则要清空所有 TLB 表项，而 Opteron 则会检查实际在存储器中的页目录的变化，只清空那些对应数据结构改变了的页表项，这样避免了一些清空。最坏的情况是页不在存储器中，操作系统需从磁盘中调页，这种页失效需要执行上百万条指令，如果在调页期间另一个进程在等待执行，操作系统会切换到另一个进程。

地址中的索引被分别送到 2 路组相联的 Icache 处，Icache 的 tag 为 40−9（索引）−6 位（块内偏移）=25（位），由索引读出的 2 路 tag（步骤⑤）分别与 L1 ITLB 读出的物理页号比较（步骤⑥），并判断各自的标志位。Opteron 每次取指 16B，因此块内偏移的高两位用于选择一个块内的一个 16B 数据，这样，9 位索引+2 位偏移=11 位用于把 16B 的指令读回处理器。Icache 是流水化的，命中时间为 2 个周期。Icache 的失效会导致访存请求同时送往 L2 Cache 和主存控制器，以减小 L2 的失效开销。

这里需要说明的是，由于 Icache 采用的是“虚索引-实标识”的方式，且最小的页是 4KB（需 12 位地址页内偏移地址），而 Icache 的索引+块内偏移是 15 位，所以可能会有多个虚地址对应同一个物理地址（称“同义”：Synonym）时，该物理块在 Icache 中保存多个副本的情况。为避免这种情况，当 L1 Icache 失效，查找 L2 Cache 时，必须检查同义。Cache 控制器会在此时查找 Icache 中可能同义的每路 8 个（2^{15-12}）数据块（Opteron 会采用一些技术使这些检查在一个周期内完成）。如果找到同义的块，说明在取块进入 Icache 时将发生虚页号最低 3 位不同的几个页表项对应同一个物理地址的情况（其在 Cache 中也会占据不同的 Cache 块位置），此时应作废 Icache 中与当前请求块同义的那些块，这样保证了 Cache 块只能保存在 Icache 中 16 个位置的唯一位置上。

L2 Cache 共 1MB，16 路组相联，块大小为 64B，采用伪 LRU 算法，记录 8 对数据块的 LRU 信息。L2 Cache 的索引为：$2^{\text{Index}}=1024\text{KB}/（64\text{B}\times 16）=2^{10}$，34 位块地址（40 位物理地址−6 位块偏移）分为 24 位 tag 和 10 位索引（步骤⑦）。tag 和 16 路组相联数据 Cache 的 16 个数据块 tag 并行进行比较，如果找到一项匹配，则把数据块按每个周期 8 个字节的速度顺序送回 L1 Icache。L1 Icache 的失效在 L2 命中需要花费 7 个周期送回第一个字。

Opteron 的两级 Cache 采用不相容机制组织，以更好地利用两级 Cache 资源。数据在 L1 或 L2 中只有一个副本，最新被访存的数据在 L1 中，被 L1 替换的旧数据在 L2 中。Opteron 的 L2 Cache 采用了预取机制，会在 L2 失效时把与失效块相邻的块预取到 L2 Cache。L2 Cache 是一个写回 Cache，失效可能导致块替换。Opteron 把被替换的脏块放入写缓存（Opteron 称为 Victim Buffer）中（步骤⑨），Victim Buffer 大小为 8 项。

如果在 L2 Cache 中没有找到指令，则片上存储器控制器负责从主存中取出相应数据块。Opteron 具有两个 64 位存储器数据通路，也可当作一个 128 位的数据通路使用。访存地址同时被送到两个数据通路（步骤⑧），每个通路能支持最多 4 片 DDR DIMM。

Icache 失效访问存储器的开销约为 20 个周期+DRAM 的访存开销。对于 PC3200 的 DDR SDRAM 和 2.8GHz 的 CPU，第一个 16B 字的总访存开销约为 140 个周期（约 50ns），64B Cache 块的其余字由存储器控制器按每个存储周期 16B 的速度存取，对于 200MHz 的 DDR DRAM，延迟约为 7.5ns（步骤⑩）。存储器控制器可以同时处理 10 个 Cache 块失效（8 个数据 Cache 请求和 2 个指令 Cache 请求）。

Opteron 的数据 Cache（包括 L1 DTLB、L2 DTLB 和 Dcache）和指令 Cache 一样，因此图 5.29 简略地画出了它们的组成。数据 Cache 与指令 Cache 的不同之处是它有两个体，能同时支持两读或两写。

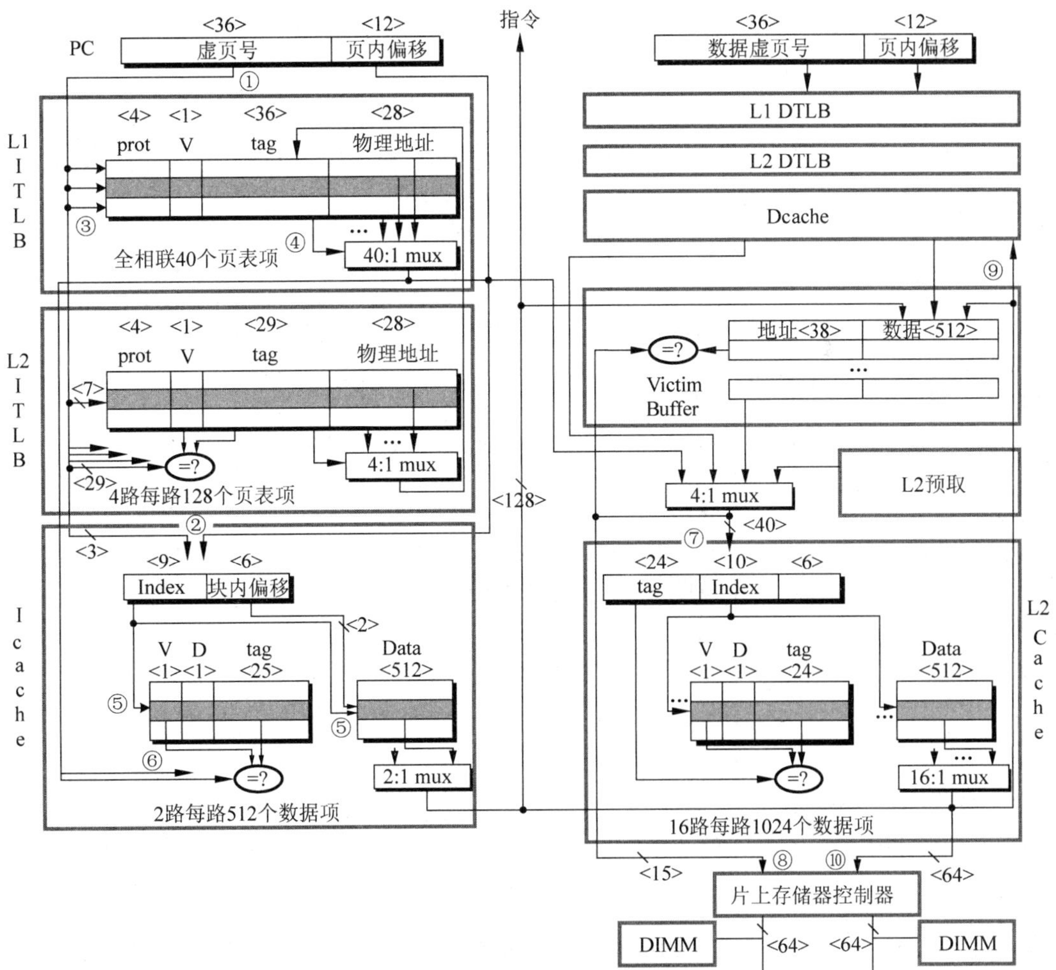

图 5.29　Opteron 存储层次结构

5.10 小结

要设计出能在速度上和 CPU 相匹配的存储器在工艺上非常困难，需要依靠局部性原理来解决这个问题。局部性原理的正确性和实用性在现代计算机存储层次中的各层（包括从磁盘到 TLB）都已得到了验证，表 5.14 总结了 2005 年主流桌面计算机和服务器中应用的微处理器存储层次结构，它们的 L1 Cache 基本相似，主要差别在 L2 Cache、芯片尺寸、时钟频率和每秒发射指令数。

表 5.14 桌面计算机和服务器中应用的微处理器存储层次结构

	AMD Opteron	Intel Pentium 4	IBM Power 5	Sun Niagara
指令集结构	80x86（64b）	80x86	PowerPC	SPARC v9
应用范围	桌面机	桌面机	服务器	服务器
CMOS 工艺/nm	90	90	130	90
芯片尺寸/mm^2	199	217	389	379
每时钟周期发射指令数	3	3	8	1
每片处理器数	2	1	2	8
时钟频率（2006）	2.8GHz	3.6GHz	2.0GHz	1.2GHz
指令 Cache	64KB，2 路组相联	12 000 RISC 操作，Trace Cache（～96KB）	64KB，2 路组相联	16KB，直接映像
L1 Icache 延迟（时钟周期数）	2	4	1	1
数据 Cache	64KB，2 路组相联	16KB，8 路组相联	32KB，4 路组相联	8KB，直接映像
L1 Dcache 延迟（时钟周期数）	2	2	2	1
TLB 存储字个数（L1 I/L2 D /L2 I/ L2 D）	40/40/512/512	128/54	1024/1024	64/64
最小页大小	4KB	4KB	4KB	8KB
片内 L2 Cache	2×1MB，16 路组相联	2MB，8 路组相联	1.875MB，10 路组相联	3MB，2 路组相联
L2 体数	2	1	3	4
L2 延迟（时钟周期数）	7	22	13	22I，23D
片外 L3 Cache	—	—	36MB，12 路组相联（tag 体在片内）	—
L3 延迟（时钟周期数）	—	—	87	—
块大小（L1 I/L1 D/L2/L3，字节）	64	64/64/128	128/128/128/256	32/16/64
存储总线位宽	128	64	64	128
存储总线频率	200MHz	200MHz	400MHz	400MHz
存储总线数目	1	1	4	4

然而，各级存储层次的设计决策是相互影响的。体系结构设计者必须从整个系统的角度出发，才能做出明智的决策。对存储层次设计者来说，最主要和最困难的问题是如何选择各层的参数，使它们能很好地相互配合，达到良好的整体性能，而不是去发明什么新技术。CPU 的速度在不断提高，但它们花在等待存储器上的时间也越来越多了。为了解决这一问题，人们提出了一些新的设计方案，提供了更多的选择。例如，可变页大小、面向 Cache 优化的编译器等。幸运的是，在平衡价格、性能和复杂度这三项指标方面经常存在一个技术上的“优化点”。在设计时如果不能找到该优化点，就会损失性能，浪费硬件、设计时间和调试时间。体系结构设计者们通过仔细地量化分析可以找到该优化点。

习题 5

1．解释下列名词。

映像规则	替换算法	写直达法	写回法
命中时间	失效率	失效开销	强制性失效
容量失效	冲突失效	相联度	Victim Cache
写缓冲	写合并	非阻塞 Cache	流水化 Cache
请求字处理	路预测	多级包容性	“虚索引-实标识” Cache
虚拟 Cache	多体交叉存储器	存储体冲突	素数模法
DDR	页式虚存	TLB	VM

2．简述“Cache—主存”层次与“主存—辅存”层次的区别。

3．通过编译器对程序优化来改进 Cache 性能的方法有哪几种？简述其基本思想。

4．试评估路预测 Cache 优化方法的效果。假设 32KB 的 2 路组相联单体 L1 数据 Cache 是 CPU 中影响主频的关键部件，其失效率为 0.56%。现使用一个 16KB 直接映像具有 85%预测成功率的 Cache 来替换它以改进性能，其失效率为 1.59%，路预测 Cache 预测失败时需要花费额外的 1 个时钟周期才能命中，比较原 Cache，采用路预测 Cache 可使 CPU 主频提高 1 倍。失效开销不变，为 20 个原系统周期。问：

（1）原 Cache 和路预测 Cache 的平均访存时间比值是多少？

（2）由于访存取指通常具有更好的局部性，所以路预测经常用于指令 Cache 中。假设要将路预测机制用于数据 Cache，其预测命中率为 85%，且访存的后续指令（其他数据访存、相关操作等）按照假设预测结果正确的方式流出，若实际预测失败，则需要流水线清空和陷入等操作，需要 15 个周期。试评估数据 Cache 采用此种机制是否合适？

5．请求字处理技术可被用于 L1 Cache 中以使 CPU 尽早得到所需数据从而改进性能。现考虑把该项技术用于 L2 Cache 中。假设 1MB 的 L2 Cache 块大小为 64B，与存储器接口数据宽度为 16B。该 Cache 每写入 16B 需 4 个周期，从存储器接收第一个 16B 的块需 100 个周期，接收其后每 16B 的块需 16 周期，且取回的数据可直接旁路到 L2 Cache 的读端口。假设忽略 L1 Cache 失效请求的传输时间和数据送回 L1 Cache 的时间。

问：

（1）采用和不采用请求字处理技术两种情况下，L2 Cache 的失效开销有何不同？

（2）讨论请求字处理技术对于 L1 Cache 和 L2 Cache 哪个更重要？哪些因素将影响该技术所带来的性能好处？

6. 假设对指令 Cache 的访问占全部访问的 75%，而对数据 Cache 的访问占全部访问的 25%。Cache 的命中时间为 1 个时钟周期，失效开销为 50 个时钟周期，在混合 Cache 中一次 Load 或 Store 操作访问 Cache 的命中时间都要增加一个时钟周期，32KB 的指令 Cache 的失效率为 0.39%，32KB 的数据 Cache 的失效率为 4.82%，64KB 的混合 Cache 的失效率为 1.35%。又假设采用写直达策略，且有一个写缓冲器，并且忽略写缓冲器引起的等待。试问指令 Cache 和数据 Cache 容量均为 32KB 的分离 Cache 和容量为 64KB 的混合 Cache 相比，哪种 Cache 的失效率更低？两种情况下平均访存时间各是多少？

7. 假设一台计算机具有以下特性：

（1）95%的访存在 Cache 中命中。

（2）块大小为两个字，且失效时整个块被调入。

（3）CPU 发出访存请求的速率为 10^9 字/秒。

（4）25%的访存为写访问。

（5）存储器的最大流量为 10^9 字/秒（包括读和写）。

（6）主存每次只能读或写一个字。

（7）在任何时候，Cache 中有 30%的块被修改过。

（8）写失效时，Cache 采用按写分配法。

现欲给该计算机增添一台外设，需评估主存的带宽由于 Cache 的访问已使用了多少，因此试分别计算在写直达 Cache 和写回法 Cache 两种条件下，主存带宽的平均使用比例。

第 6 章　输入输出系统

6.1　引言

输入输出系统简称 I/O 系统，它包括 I/O 设备以及 I/O 设备与处理机的连接部分。I/O 系统完成与计算机外部系统的信息交换和信息存储，是冯·诺依曼结构计算机系统的重要组成部分。按照主要完成的工作进行分类，I/O 系统可分为存储 I/O 系统和通信 I/O 系统。本章主要介绍存储 I/O 系统。

一段时期以来，在使用计算机系统时，人们常常会忽视 I/O 系统的重要作用。在谈到计算机系统的性能时，往往只提及 CPU 的性能，许多人甚至认为 CPU 的速度就是计算机的速度；另外，由于 I/O 系统的性能无法根据 CPU 性能公式测算出来，加上 I/O 设备通常又被称为“外围设备”，因此 I/O 系统的性能往往容易被忽视。实际上，这些观点都是片面和错误的。一台没有 I/O 系统的计算机就如同一辆没有轮子的汽车一样，它的发动机性能再好，也只能是一堆废铁。

I/O 系统可以通过响应时间（Response Time）和可靠性（Reliability）等参数来衡量其性能。计算机的响应时间可以理解为从用户输入命令开始，到得到结果所花费的时间，其组成部分为 I/O 系统的响应时间以及 CPU 的处理时间。如果 I/O 系统的响应时间很长，即使 CPU 的速度很快，计算机的性能也会大打折扣。对于整个计算机系统来说，数据首先被保存在存储 I/O 系统中。由于用户数据必须无条件地得到保护，因此 I/O 系统比计算机中的其他系统具有更高的可靠性要求。

6.1.1　I/O 处理对计算机总体性能的影响

分时操作系统使得计算机内部可以同时存在多个进程，从而可以提高资源利用率。当某个进程在等待 I/O 处理时，其他进程也可以使用 CPU，这样就不会造成资源的浪费。这似乎可以得出 I/O 系统性能对于整个计算机系统的性能并不重要这个结论。

实际上，进程切换并不能“屏蔽”I/O 处理对整个系统性能的影响。一方面，多进程技术实际上只能提高系统吞吐率，并不能减少系统响应时间，有些实时事务处理还对系统响应时间提出了更高的要求。另一方面，通过第 5 章对页表的介绍可知，进程切换时对页表的操作实际上还有可能增加 I/O 操作。并且，由于通常计算机中可以进行切换的进程数量并不是很多，当 I/O 处理较慢时，导致许多进程都在等待 I/O 处理，CPU 仍然可能处于空闲状态，以等待这些 I/O 操作完成。

Amdahl 定律表明，计算机的整体性能由系统中最慢的部分（系统瓶颈）决定。统计数据显示，从 1985 到 1996 年，CPU 的性能平均每年提高 58%，1997 年到 2002 年，CPU

的性能平均每年提高 41%，如果 I/O 处理的性能没有改进，那么计算机的工作将越来越受限于 I/O 系统。

例 6.1 假设一台计算机的 I/O 处理时间占响应时间的 10%，当 I/O 性能保持不变，而对 CPU 的性能分别提高 10 倍和 100 倍时，计算机系统的总体性能会出现什么样的变化？

解： 假设改进前程序的执行时间为 1 个单位时间。如果 CPU 的性能提高 10 倍，根据 Amdahl 定律可知，程序的执行时间（包含 I/O 处理时间）将减少为

$$(1-10\%) / 10 + 10\% = 0.19 \approx 1/5$$

即整机性能只能提高约 5 倍。

如果 CPU 的性能提高 100 倍，程序的执行时间将减少为

$$(1-10\%) / 100 + 10\% = 0.109 \approx 1/10$$

即整机性能只能提高约 10 倍。

使用目前的处理器构成的计算机系统，CPU 时间已经不再是系统开销的主要部分，因此保持外设尽可能地忙相对更加重要。目前，信息技术的发展使人们不再仅仅关心系统的计算能力，同时还对 I/O 设备的利用率和 I/O 设备的响应时间提出了更高的要求。

评价 I/O 系统的性能指标有很多，例如可以和计算机系统相连接的 I/O 设备的种类、I/O 系统可以容纳的 I/O 设备的数量、I/O 系统的响应时间和吞吐率等。I/O 系统的性能分析将在第 6.3 节中讨论。衡量 I/O 系统性能的另一种方法是考虑 I/O 操作对 CPU 的打扰情况，即考查当某个进程在执行过程中，由于其他进程的 I/O 操作，使得该进程的执行增加了多少时间。

6.1.2 I/O 系统的可靠性

目前，人们已经把关注的重点从计算机的计算能力转移到了计算机的通信能力和存储能力上，并且关注与系统性能价格比同等重要的指标——信息存储的可靠性。

Moore 定律表明，处理器的性能每 18 个月提高一倍，目前处理器的性能对于整机性能已经不成问题。许多情况下，具有高可靠性的计算机系统更具吸引力。相对于其他计算机系统故障来说，存储在 I/O 系统中的数据丢失是最严重的故障。因此，存储 I/O 系统的可靠性通常需要比计算机系统中其他部分的可靠性高。

在第 6.4 节中，对于 I/O 系统的存储性能，将定义可靠性、可用性和可信性的概念，并介绍如何改进它们的方法。

6.2 外部存储设备

I/O 系统所涉及的设备数量和种类都比较繁杂，对计算机系统整体性能的影响也大不一样。外部存储设备作为主要的数据载体，它们具有许多相似之处：

（1）记录原理相似。

（2）均包括磁、光、电等记录载体，大都具有精密机械和马达等驱动装置。

（3）作为存储设备，它们都包含控制器及接口逻辑。

（4）均采用了自同步技术、定位与校正技术以及相似的读写系统。

6.2.1 磁盘设备

20 世纪 60 年代以来，尽管出现了许多存储新技术，但磁盘始终占据着非挥发性存储器的主宰地位，其原因主要有：

（1）磁盘是存储层次中主存的下一级存储层次，是虚拟存储器技术的物质基础，在执行程序时，磁盘是主存的后备交换缓冲区。

（2）关机时，磁盘是操作系统和所有应用程序的驻留介质。

磁盘包括软盘和硬盘两种，由于软盘早已淘汰，除非特别说明，本章中的磁盘指的是硬盘。1956 年，IBM 发明了世界上第一台硬盘系统 RAMAC（Random Access Method of Accounting and Control）。传统磁盘上的数据是按照盘片（Platter）、磁道（Track）、柱面（Cylinder）和扇区（Sector）进行组织的。

磁盘由一组绕轴旋转的盘片组成，盘片的数量为 1～12 片，转速一般在 3600～15 000RPM（Revolutions Per Minute），盘径大小主要在 1.0in（2.54cm）到 3.5in（8.9cm）之间。目前，磁盘存储器的价格（每 GB 的价格）通常是以 3.5in 硬盘的价格来计算的。磁盘每个盘片的表面又分成以中心为圆心的若干磁道。每个盘片通常有 5000～30 000 条磁道。具有相同的直径，同时位于一组磁头下方的所有磁道称为柱面。每条磁道又分成若干扇区，一条磁道可以包含 100～500 个扇区。扇区是读写的最小单位。通常每扇区可记录 512B 的数据，但是有的系统（例如 IBM 大型机）也允许用户自行选择扇区的大小。为提高可靠性，扇区中还记录了纠错编码等信息。扇区之间的空隙称为扇区间隙，用以记录扇区号或者磁盘嵌入式伺服信息等。磁盘上的数据通常采用某种游程长度受限码进行编码，以提高数据记录密度和降低数据错误率。

过去，磁盘中所有的磁道具有相同数目的扇区。这样，由于外磁道较长，所以它的记录密度比内磁道的要低。如果外磁道扇区数量比内磁道的要多，这种记录方式就称为“等位密度”（Constant Bit Density）。等位密度现今已经成为标准，这样外磁道就可以记录比内磁道更多的数据。但是，等位密度并不意味着各磁道上的位密度是个常量。如果外磁道和内磁道的位密度相等，在读取外磁道上的数据时，磁头的线速度将非常快，这对硬件提出了很高的要求，适当降低外磁道的记录密度将有利于克服该问题。实际上，等位密度仅表示外磁道上的扇区较多，外磁道的位密度仍然小于内磁道的位密度。

以前磁盘中的盘片数量通常为 4～12 片。如果将连续的数据块放置在同一柱面上，在访问这些块时可以节省一定的寻道时间。目前的磁盘通常只由两到三片甚至是一片磁盘片构成，因此柱面的作用没有过去那么重要了。

1．磁盘的性能

一般磁盘的工作过程为：磁头首先移动到目标磁道上，然后使期望的扇区旋转到磁头下，接着读取扇区中的数据。这些工作均在磁盘控制器的控制下完成。因此磁盘访问时间的计算公式为

$$磁盘访问时间 = 寻道时间 + 旋转时间 + 传输时间 + 控制器开销 \quad (6\text{-}1)$$

除了磁盘访问时间外，反映磁盘性能的参数还包括磁盘容量和磁盘数据传输率。容量反映磁盘可以记录的信息量，数据传输率反映磁盘可以以多快的速度向外界提供数据。为了弥补磁盘速度的不足，目前的磁盘多采用磁盘 Cache 技术来提高磁盘的性能。

（1）磁盘容量。

磁盘容量与盘片数量和单碟容量有关。目前常见的磁盘容量已经超过了 500GB，磁盘容量已经进入了 TB 时代。

显然，一块硬盘内部拥有的盘片数量越多，硬盘的容量也就可能越大。然而受工业标准的限制，硬盘盒中能封装的盘片数目是有限的。以目前标准的 3.5in 硬盘来看，受体积的限制，硬盘的盘片数量都为 1～3 片。这就决定了靠增加盘片数量来扩充磁盘容量的方案是不可行的。因此，业界更加重视单碟容量（Storage Per Disk）这个指标的提高。目前硬盘的单碟容量几乎都在 300GB 以上，部分 3.5in 硬盘的单碟容量已经达到了 1TB。单碟容量与磁盘的记录密度（即道密度和位密度）有关。

单碟容量的提高不仅可以有效提高硬盘的总容量，而且还能提高硬盘的性能。单碟容量越大，磁盘的数据密度越高，磁头的寻道频率与移动距离可以相应地减少，从而减少了平均寻道时间。随着数据密度的提高，磁头在相同时间内一次性读取的数据量也必然增加，从而提高了数据传输率。另外，单碟容量的提高也有利于生产成本的控制和提高硬盘工作的稳定性。提高单碟容量的途径有两个：提高道密度和位密度。巨阻（Giant Magneto Resistive，GMR）磁头技术使磁头能感应细微的磁场变化，确保了磁盘数据密度可以大幅增长。

（2）数据传输率。

磁盘工作时，从盘面上读出的数据首先送到磁盘缓冲存储器，然后从缓冲存储器经过接口送到主机。因此数据传输率可分为外部传输率（External Transfer Rate）和内部传输率（Internal Transfer Rate）两种。外部数据传输率定义为计算机通过磁盘接口从硬盘的缓存中将数据读出，交给相应的控制器的速度；而内部数据传输率定义为硬盘将数据从盘片上读出，交给硬盘上的缓冲存储器的速度。

外部数据传输率通常也称为突发数据传输率（Burst Data Transfer Rate）。外部数据传输率与磁盘的接口有关。目前的磁盘都提供高级智能接口，例如 SATA、SCSI 等，这些接口中具有一个微处理单元。该微处理单元能将磁盘逻辑块地址映射为物理块的地址信息（盘面号、磁道号、扇区号），通过优化物理块的访问顺序来减少寻道时间和旋转时间。随着内部传输率的提高，磁盘接口技术也在不断改进，外部传输率得到不断提高。例如，目前微型计算机使用的第三代 SATA 接口的理论速度已高达 6.0Gb/s。

内部数据传输率也称作硬盘的持续传输率（Sustained Transfer Rate），它取决于硬盘的转速和磁道位密度。内部传输率等于磁头相对磁盘的线速度与磁道位密度之积。外部传输率以内部传输率为基础，有效地提高硬盘的内部传输率才能对磁盘性能有最直接、最明显的提升。

提高硬盘内部传输率的主要手段之一是提高转速。旋转速度越高，数据就可以越快到达驱动器读写头下方。目前硬盘的最大转速为 15 000RPM。但转速的提高也带来了一些弊端，例如工作噪音和发热量变大，工作状态下的抗冲击能力也有所下降等。提高记录密度是提高内部传输率的另一种方法。目前采用的主要有新型磁记录技术以及改进信号处理技术。

传统的水平记录技术让数据载体（磁粒子）平铺在磁介质上，而垂直磁记录（Perpendicular Magnetic Recording）技术却让磁粒子竖立在磁介质上，这样可以提高磁记录密度，从而提高单碟容量。另外，垂直磁记录技术使磁头在相同时间内可以扫描更多数据位，故能在不提高转速的情况下，提高硬盘的数据传输率。2005 年，希捷（Seagate）公司率先将垂直记录技术运用于硬盘。垂直记录技术已成为硬盘发展的主流技术，该技术使得硬盘的存储密度可以达到 $1Tb/in^2$ 的水平。

目前磁盘多采用部分响应最大匹配（Partial Response Maximum Likelihood，PRML）技术来提高磁盘记录密度。该技术不需要很高的信号强度，也可以避开因为信号记录太密集而产生相互干扰的现象。

（3）磁盘 Cache。

为了减少数据的平均存取时间，可以采取增加磁盘转速、提高 I/O 总线速度、改进读写算法等措施，还可以采用磁盘 Cache 来提高磁盘性能。Cache 可以弥补主存和 CPU 之间的速度差距，磁盘 Cache 同样也可以弥补磁盘和主存之间的速度差距。

在磁盘 Cache 中，由磁盘数据块组成的访问基本单位称为 Cache 行（Cache Line）。磁盘 Cache 利用了访问数据的时间局部性原理。当一个请求送到磁盘驱动器时，将首先检查驱动器上的 Cache 行是否已经写上了数据。如果是磁盘读操作，且要读的数据已在磁盘 Cache 中，则命中，可以从磁盘 Cache 中读出数据；否则，需要从磁盘介质上读出。磁盘 Cache 的写入操作和 Cache 的写操作类似，也有“写直达”和“写回”两种方法。

磁盘 Cache 同样利用了访问数据的空间局部性原理。在大多数磁盘驱动器中都使用了预读策略，即预取一些不久可能要使用的数据并将其读入磁盘 Cache 中。预读策略对于顺序读操作特别有效，使用大容量预读磁盘 Cache 可以保证大量连续的视频或者图像文件的连续读取。但对于小型缓存来说，大量的预读操作可能会由于空间不够而替换磁盘 Cache 中的一些有用数据。

磁盘 Cache 一次存取的数据量大，而且大容量磁盘 Cache 的缓存管理工作较复杂，因此磁盘 Cache 的实现和管理一般由硬件和软件共同完成。目前的 SATA Ⅲ硬盘可以提供 64MB 的磁盘 Cache。

2. 磁盘的发展

磁盘技术的发展主要体现在提高磁盘的容量上，另外，磁盘也在向小尺寸、低功耗的方向发展。

磁盘容量通常用面密度的提高来衡量，面密度为单位面积可以记录的数据位数。

$$面密度 = 磁盘面的道密度 \times 磁道的位密度 \tag{6-2}$$

1988 年以前，磁盘面密度平均每年提高 29%，约为每 3 年提高到原来的 2 倍。1989—1996 年，磁盘面密度平均每年提高 60%，约为每 3 年提高到原来的 4 倍，赶上了 DRAM 的发展速度。1997—2003 年，磁盘面密度平均每年提高 100%，即每年翻一番。在磁盘的各种革新技术得到充分应用后，近年来磁盘面密度的增加速度有所放缓，每年提高约 30%。2013 年商业化产品的最高面密度已超过 8.0×10^{11}b/in^2。

磁盘面密度的提高必然会导致磁盘价格的下降，并且下降的速度至少与面密度提高的速度相同。1989 年，磁盘每 MB 的价格约为 10 美元。到了 2009 年，磁盘每 GB 的价格不到 0.1 美元。在 20 年的时间内，磁盘每 GB 的价格下降为原来的 1/100 000。感兴趣的读者可以参考 http://www.cs.utexas.edu/users/dahlin/techTrends。

目前，小尺寸硬盘日益成为市场的主流。由于小质量物体的惯性小，容易旋转，所以相同材质的小尺寸磁盘既可以节省空间又可以节约能量。目前，3.5 英寸和 2.5 英寸的磁盘仍然是市场的主流产品。2004 年，东芝公司将磁盘的直径缩小到 0.85 英寸，这是目前批量生产的尺寸最小的硬盘。磁盘的旋转速度从 20 世纪 80 年代的 3600RPM 发展到 20 世纪 90 年代的 5400～7200RPM，直到现在的 10 000～15 000RPM。目前，主流 3.5 英寸磁盘的转速通常为 7200RPM，2.5 英寸磁盘的转速通常为 5400RPM。转速的提高和位密度的增加可以提高内部数据传输率。

与处理器一样，磁盘的功耗已引起业界越来越多的关注。目前，主流磁盘的功耗都在 10W 以下。磁盘的功耗主要由其机械部分引起。研究表明，磁盘电机的功耗与磁盘直径的 4.6 次方、转速的 2.8 次方以及盘片数量成正比。因此，较小尺寸的磁盘、较慢的转速、较少的盘片数将有助于降低功耗。例如，东芝 MK4001MTD 0.85 英寸磁盘由单碟片构成，转速为 3600RPM，磁盘寻道时功耗为 0.5W，读写时为 0.6W，而空闲时仅为 0.12W。需要注意的是，在降低磁盘功耗的措施中，较小的尺寸对磁盘记录密度提出了较高的要求，较慢的转速不利于磁盘内部数据传输率的提高，而盘片数最少只能为 1。

磁盘在后备存储器上的地位曾受到过多次考验，主要原因就是 DRAM 和磁盘之间的“访问时间差距”和“带宽差距”问题。访问时间差距如图 6.1 所示。

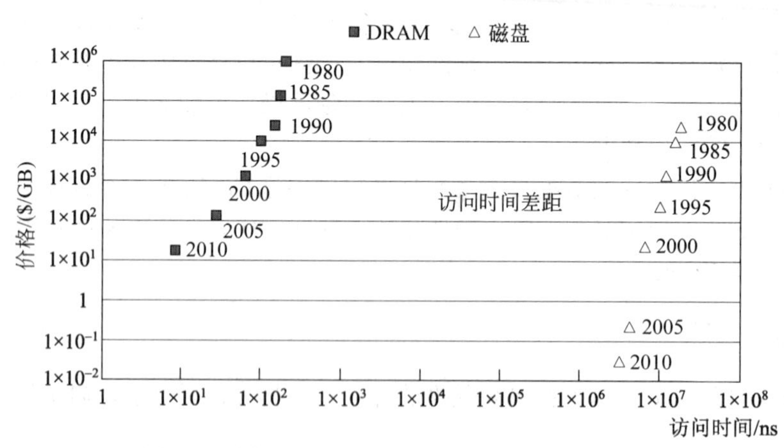

图 6.1 磁盘和半导体存储器之间的访问时间差距

从图 6.1 中可以看出，磁盘与 DRAM 的性能价格差异很大。DRAM 的访问时间约是磁盘的 1/100 000，同时每 GB 的价格约为磁盘的 30～150 倍。

相对来说，带宽差距的分析要复杂一些。由于不同规格和接口的 DRAM 以及磁盘可以获得的带宽不同，这里只举例说明。例如，2011 年 600GB 的磁盘价格为 400 美元，数据传输率为200MB/s；而2011年4GB的DRAM模块价格为200美元，数据传输率为16GB/s。可以很容易地计算出DRAM可提供的带宽是磁盘的80倍，平均每GB的带宽约是磁盘的12 000倍，平均每个美元的带宽是磁盘的160倍。

为了弥补访问时间的差距，人们希望能够找到磁盘和DRAM的替代品。虽然历史上也曾经出现过一些新技术，但由于磁盘和DRAM的性能不断改进和价格持续下降，许多新出现的技术也就只是昙花一现。目前，Flash存储器成为DRAM存储器最有力的竞争者。

6.2.2 Flash存储器与固态硬盘SSD

嵌入式设备需要使用非挥发性存储器。由于体积和功耗的限制，通常会使用Flash存储器，而不使用磁介质存储器。在嵌入式系统中，Flash存储器可以用作可改写的ROM。这样就可以在不更换芯片的前提下更改软件。

Flash存储器的工作原理与电可擦除可编程只读存储器（Electrically Erasable Programmable Read-Only Memory，E^2PROM）一样，但是它的容量一般要比E^2PROM大。与磁盘相比，Flash存储器的功耗低（≤50mW），尺寸小，但它的访问速度却是磁盘的100～1000倍，该速度与DRAM的相仿。目前，Flash存储器的访问时间通常少于100ns，有的甚至接近10ns。与DRAM不同，Flash存储器的写操作比读操作慢，并且比读操作复杂。由于Flash存储器是在可擦除可编程只读寄存器（Erasable Programmable Read-Only Memory，EPROM）和E^2PROM的基础上发展而来的，Flash存储位元在改写前首先需要擦除。

Flash存储器的性能与其存储位元有关。Flash存储器的存储位元通常使用或非门（NOR）以及与非门（NAND）实现。英特尔（Intel）公司于1988年首先开发出NOR Flash技术，1989年东芝（Toshiba）公司发表了NAND Flash结构。NAND位元Flash的优点是擦除和写入的速度快，而NOR位元Flash的性能受到写入和擦除速度慢的制约。NOR位元Flash的优点是具有随机存取和对字节执行写操作的能力——芯片内执行（eXecute In Place，XIP），这样应用程序就可以直接在Flash存储器内运行，不必再把代码读到系统RAM中，这是嵌入式应用经常需要的一个功能。由于采用NAND位元能够复用指令、地址和数据总线，从而节省了引脚数量，减小了位元尺寸（NAND器件的单元尺寸几乎是NOR器件的一半），这样就可以在同样的硬件设计和电路板条件下支持较大容量的Flash器件。由于生产过程更为简单，相同容量时NAND位元的Flash也就具有较低的价格。目前，NOR位元的Flash容量较小，主要用于存储代码，而NAND位元的Flash容量较大，适合于存储数据，在CF卡、SD卡等存储卡市场上所占份额较大。

随着半导体制造工艺的发展，Flash存储器容量越来越大，同时芯片的封装尺寸也不断减小，极大促进了便携式产品的发展。Flash存储器的市场发展十分迅速，由Flash构成的固态硬盘（Solid State Disk，SSD）已经进入硬盘市场。

SSD一般指使用NAND位元Flash组成的固态硬盘。世界上第一款固态硬盘出现于1989年，目前三星（Samsung）公司具有最大的SSD市场占有率。SSD没有机械结构，主要利用传统的NAND位元Flash的特性，以区块写入和擦除的方式模拟硬盘的读写功能。与传统硬盘相比较，SSD 具有以下特点：

（1）无机械延迟时间，具有较小的数据访问延迟，因而单位时间可以进行的 I/O 操作数比磁盘多，一般是 50 倍以上。另外，还具有功耗低、抗震、噪音小等优点。

（2）读写速度不同。例如三星 K9WAG08U1A 读取 2KB 需 80μs，而擦除后写 2KB 需要 200μs，读速度是写速度的 2.5 倍。而传统硬盘的读、写速度基本相当。

（3）写前必须擦除，这是由 Flash 本身的工作原理决定的。擦除时间比访问时间要长，例如三星 K9WAG08U1A 擦除 128KB 的数据需要 1.5ms。

（4）有限擦写次数，通常 NAND 位元的 Flash 可以擦除 100 万次。如果对同一单元擦除次数过多，则会产生永久坏块，导致数据可靠性问题。

由于写前擦除及擦除次数有限等问题，SSD 的应用依赖于读写技术的设计。通常使用 Flash 转换层（Flash Translation Layer，FTL）技术来实现耗损平衡（Wear Leveling），FTL 可以通过擦除单元块的逻辑地址到物理地址的映射，平衡各个擦除单元块之间的擦除次数，从而提高整个 Flash 的使用寿命。目前 SSD 的使用寿命可达 5～10 年。

还有一种 SSD 是用 DRAM 构成的，这种 SSD 克服了由 Flash 构成的 SSD 具有的写前擦除等问题，但必须一直供电来保存数据。

半导体存储器拥有与磁盘几乎相同的带宽，但访存延迟是磁盘的 1/100～1/1 000。2011 年，DRAM 每 GB 的价格是 Flash 存储器的 15～20 倍。虽然 Flash 存储器每 GB 的价格是磁盘的 15～25 倍，但由于其体积小，能效更优，所以 Flash 存储器在手机中应用十分广泛。

Flash 和 SSD 的应用虽然日益广泛，但是由于读、写性能差异和数据安全性等问题，Flash 存储器在个人计算机和服务器上的应用尚不如 DRAM 和磁盘广泛。

6.2.3 磁带设备

磁带与磁盘采用的磁记录技术类似，磁带与磁盘作为计算机系统外部存储设备的历史几乎一样长。磁带的使用始于 1952 年，主要用于数据备份。磁带记录密度提高的历史也与磁盘的类似，一些改善磁盘性能的技术也可以应用于磁带。

1．磁带的性能

与磁盘相比，磁带具有 4 个优势：

（1）易于加密、压缩，保密性好。

（2）移动性好。

（3）单位面积成本和每 GB 的成本更加低廉。

（4）空间大，更利于数据的保存和归档。

磁带的缺点是访问时间较长、易磨损。

磁盘和磁带的性能价格比差异主要取决于它们的机械构成。磁盘盘片具有有限的存储面积，存储介质和磁头被封装在一起，提供 ms 级的随机访问时间。磁带绕在可转动的轴上，读写部件可以使用多盘磁带（没有长度限制），但磁带需要顺序访问，每次访问都可能需要较长的反绕、退出和加载时间，可能需要数秒甚至更长的等待时间。

速度和价格上的性能差异恰好使得磁带成为磁盘的下一级存储层次。磁带在容量、可靠性以及可管理性方面的不断发展使得磁带机技术一直是重要的数据存储备份技术。

由于主要应用于数据备份场合，人们更加关心如何在磁带上存储更多的数据。目前的磁带机一般采用数据压缩技术。与磁盘一样，磁带机上数据的访问也包括磁带机接口处理以及磁头与磁带的读写两个部分。磁带机的读写速度是恒定的，即磁带与磁头间的速度通常是不变的。但磁带机接口处理系统的速度是可变的，因为其中的数据压缩处理系统在工作。磁带机的压缩使用专业压缩算法，根据不同的数据特性产生不同的压缩比。一般磁带的压缩比为 2:1，有的磁带系统还可以提供更高的压缩比，例如 IBM TotalStorage 3592 可以提供 3:1 的压缩比。磁带机的压缩功能由接口芯片完成，其时间开销相对于磁头读写速度几乎可以忽略。采用数据压缩技术，大大提高了磁带数据的记录密度，同时也可以提高磁带的数据传输率。

2．磁带的发展

目前磁带机的发展主要体现在采用螺旋扫描磁带（Helical Scan Tapes）技术来提高记录密度，采用自动磁带库（Automated Tape Library）技术来提高磁带管理程度，采用虚拟磁带库（Virtual Tape Library）技术来增强系统可靠性等几个方面。

（1）螺旋扫描磁带技术。

磁带技术的应用主要受限于其线速度不定和出现的抖动现象。磁带的另外一个问题是易磨损。螺旋扫描磁带技术可以解决这些问题，它可以提高磁带的性能价格比和可靠性。该技术在 1963 年被索尼（Sony）公司首次采用。

在采用螺旋扫描技术的磁带机中，磁带缠绕着大尺寸磁鼓，系统控制磁带以较低的速度经过磁鼓，而磁鼓则在磁带读写过程中反向高速旋转，安装在磁鼓表面的超金属（Hyper Metal）磁头在旋转过程中完成数据的读写存取工作。磁头在读写过程中与磁带保持 15°倾角，磁道在磁带上以 75°倾角平行排列。磁鼓相对于磁带轻微的倾斜可以缩小磁道间距，可以在相同磁带面积上记录更多的磁道，充分利用了磁带的存储空间，因而拥有较高的数据记录密度。螺旋扫描技术可使磁带的记录密度提高 20～50 倍。同时，磁鼓的高速旋转会在磁带与磁鼓之间产生十分细小稳定的气流，可以保护磁带不受损伤。一般螺旋扫描磁带可以连续工作 2000h 以上。

在相同材料下，螺旋扫描磁带具有较低的磁带走速，可以延长磁带的寿命，不会由于张力过大而导致磁带损坏。同时，由于降低了磁带的走速，可以以更高的密度在磁带上记录数据。采用螺旋扫描技术使写在磁带上的数据组成了整齐的螺旋式磁轨迹，运用绞盘相位伺服电机可以得到可靠的微米级磁带跟踪，通过跟踪螺旋磁轨迹可以准确定位并从磁带上读出数据。虽然螺旋扫描磁带仍具有较长的反绕、退出和加载时间，但由于磁带作为备份存储器使用，人们通常只关心如何提高它的记录密度，并不十分关心等待时间的改进。

（2）自动磁带库技术。

虽然磁带机可以读写“无限长”的磁带，但需要手动更换磁带。为了减轻人的负担，同时也为了加快更换磁带的速度，便产生了自动磁带库。自动磁带库由多个磁带驱动器、多个磁带槽以及机械手组成，自动磁带库通过机械手自动地安装和更换磁带机中的磁带。这种自动化的磁带库容量比较大，例如，IBM TotalStorage 3500 磁带库可包含最多 192 台磁带机，管理最多 6887 个磁带，提供的总容量达 2.755PB（压缩后为 5.510PB）。

自动磁带库主要用于自动数据备份和恢复，除此之外还可以实现连续备份、自动搜索磁带，也可以在驱动管理软件的控制下实现智能恢复、加密解密、实时监控和统计，整个数据存储备份过程完全摆脱了人工干涉。

自动磁带库的优点是自动换带，加载速度快，单位数据的价格低。并且，可以通过加大规模，以达到进一步降低成本的目的。自动磁带库的缺点是带宽比较低。例如，TotalStorage 3500 提供的最大数据传输率为 160MB/s。另外，自动磁带机的可靠性较低。

（3）虚拟磁带库技术。

与传统机械磁带库相对应，虚拟磁带库就是在备份服务端上体现为传统磁带库的磁盘、磁盘阵列（关于磁盘阵列，将在第 6.5 节中详细介绍）或磁盘与磁带的逻辑统一体。虚拟磁带库用磁盘为备份介质来存储数据，并且本身能够虚拟成物理磁带库。

虚拟磁带库的概念早在十余年前即已被 IBM、Sun 等著名存储厂商所采用。然而，受限于磁盘和虚拟磁带技术的发展，以及厂家为了保护其既有磁带库市场的考量，长期以来虚拟磁带库以价格高昂著称，通常仅作为大型磁带库的前端缓存使用，且依附于特定的主机系统。近些年来，磁盘技术快速发展，单位容量磁盘存储的价格急剧下降，进而使磁盘阵列作为备份设备的应用也更加广泛。传统的存储厂商都不断推出其虚拟磁带库的产品，且性能价格比不断提升。

虚拟磁带库的使用方式与传统磁带库几乎相同，但由于采用磁盘作为存储介质，备份和恢复速度可达 100MB/s 以上，远远高于目前最快的磁带机。同时，磁盘阵列保护技术使虚拟磁带库系统的可用性、可靠性均比普通磁带库高出若干数量级。

虚拟磁带库一般采用磁盘阵列作为后端存储设备。磁盘阵列技术能够保证当某一块磁盘出现故障时，阵列中的数据仍然可以正常读写。用户可以在线更换损坏的磁盘，然后对阵列逻辑卷进行重建。用户也可设置在线备份盘，在出现一块磁盘损坏时，磁盘阵列控制器可以自动隔离故障盘，并立即开始逻辑卷自动重建，实现自动在线恢复。这些措施保持了设备的连续可用性。较高的可用性也使维护成本得到降低。

备份介质的可靠性决定了备份数据的可靠性。传统磁带库的机械手、磁带驱动器和磁带均为非封闭的精密部件，也不具备容错能力，很容易受灰尘、潮湿等环境因素的影响而导致故障。并且多个部件组合后整体系统的可用性将更低。磁盘是密封结构，不容易受到环境因素的影响，所以磁盘的平均无故障间隔时间一般为磁带的 5 倍以上。采用磁盘阵列系统存放备份数据，比只用单盘磁带存放数据的可靠性要高得多。

3．磁带技术面临的几个主要问题

磁带技术的发展不如磁盘技术发展迅速，主要有以下几个原因：

（1）由于市场份额小，磁带技术难以单独进行研发，往往跟随磁盘技术的发展。随着磁盘每位价格的不断下降和可靠性的不断提高，个人计算机用户已基本上不会将数据备份到磁带上。

（2）磁带需要向前兼容。新出现的磁带机必须兼容历史上推出的磁带设备和格式，因此其发展受限。

（3）磁带固有的低速数据传输率，使得磁带的恢复时间长。在灾难发生时，人们更倾向于使用磁盘进行快速恢复。这也是虚拟磁带库出现的原因之一。

（4）使用网络技术和远程磁盘可以代替磁带，效果可能更好。

6.2.4 光盘设备

另一种竞争存储设备市场的外部存储设备是光盘。无论使用磁记录介质还是使用光记录介质，只要使用激光作为读出数据手段的存储设备就是光盘存储器。光盘主要分为只读光盘（如 CD-ROM、DVD-ROM 等）和可写光盘（如 CD-R、MO 等）两类。可写类光盘又包括两类，一类是一次性写光盘 CD-R（CD-Recordable，又称为 WORM（Write One Read Many））与 DVD-R，另一类是可多次写光盘 CD-RW（CD-ReWritable，又称为 WMRM（Write Many Read Many））与 DVD-RW。目前，一张双面双层 DVD 光盘（DVD-18）可以提供 17GB 的容量。较大容量、较低的成本和可方便移动等特点使得光盘成为软件发布的主要载体。网络丰富的共享媒体，尤其是音乐文件，为光盘存储器提供了巨大的市场。

随着光盘技术和网络技术的发展，实现光盘数据的资源共享越来越受到人们的关注。目前，光盘数据网络的优势与重要性已日益显现出来，它有效地实现了光盘数据资源在网络中的共享，极大地提高了光盘数据资源的利用率。成组的光盘设备也可以构成高性能的阵列设备，将多台光盘机组合在一起有三种结构，分别是光盘塔（CD-ROM Tower）、光盘库（CD-ROM Jukebox）和光盘阵列（CD-ROM Array）。

1. 光盘塔

光盘塔由多个光盘机组成，光盘预先放置在驱动器中。加上相应的控制器和网络连接设备，光盘塔可作为网络存储设备使用。光盘机通常通过标准的 SCSI 连接起来，由于一根 SCSI 电缆可以连接 7 台光盘机，光盘塔中的驱动器数量一般是 7 的倍数。例如，惠普公司的 HP J4152A 光盘塔包含 7 个 32 倍速 DVD-ROM 驱动器。

光盘塔通过软件来控制对某台驱动器的读写操作。用户访问光盘塔时，可以直接访问驱动器中的光盘，因此光盘塔的访问速度较快，通过网络可同时支持几十个到几百个用户的访问。光盘塔结构简单，造价低。光盘塔的缺点是容量较小，光盘机的数量受到 SCSI 设备地址数的限制。另外，光盘塔中驱动器磨损快，光盘的更换需要手工操作。

2. 光盘库

光盘库也叫自动换盘机，由光盘匣、光盘驱动器和高速机械手组成，是一种能自动将光盘从光盘匣中选出，并装入光盘驱动器进行读写的设备。光盘库内安装有几个可换的光盘匣，每个光盘匣可存放几十张甚至上千张光盘。光盘驱动器用于光盘数据的读写，一个光盘库可安装多个光盘驱动器，高速机械手用于盘片的快速更换和选取。

例如，HP StorageWorks Optical 7100ux 光盘库最多可装配 10 台磁光盘驱动器，可管理 238 片光盘，既可采用一次写入多次读取格式光盘，又可采用可重写格式光盘，提供 7.1TB 的存储容量。

光盘库的特点是安装简单、使用方便，并支持几乎所有常见的网络操作系统及各种常用通信协议。由于光盘库普遍使用的是标准光驱，所以维护更换与管理非常容易，同时也降低了成本和价格。同时，光盘库普遍内置了高性能处理器、高速缓存、DRAM、网络控制器等部件，使得其信息处理能力更强。

与光盘塔相比，光盘库的存储量更大。通过机械手，光盘库可以实现光盘的自动更换，驱动器的磨损较慢。但光盘库的机械结构比较复杂，装卸光盘可能需要较长时间。因此，光盘库的信息存取速度有时较慢，只能同时支持几张光盘的在线访问。

为了对大量的光盘进行自动化管理，人们将光盘库与硬盘高速缓存技术相结合，将访问频率较高的光盘事先从光盘库镜像到硬盘中，由此出现了光盘镜像服务器（CD-ROM Mirror Server）。

光盘镜像服务器又称为虚拟光盘库。与虚拟磁带库类似，光盘镜像服务器采用硬盘高速缓存技术，由光盘库管理软件自动统计用户对光盘的访问情况，并根据统计结果将使用频率较高的光盘镜像到硬盘中，使用户在访问光盘库时也具有与硬盘相当的访问速度。

光盘镜像服务器的特点是速度快，单位容量成本低，而且在使用过程中对光盘无磨损。光盘镜像服务器的缺点是安全性较差。由于数据存储在硬盘上，因此硬盘失效、恶意攻击、人为操作失误和软件缺陷等原因都会造成数据丢失。

3．光盘阵列

利用阵列技术，将数据分布到多个光盘机中，并对数据的冗余信息加以存储，就构成了光盘阵列。由于硬盘存储价格的不断降低和容量的不断提升，目前光盘阵列技术的发展受到了制约。相对硬盘阵列，光盘阵列技术还需要考虑一些特殊的问题。

首先是光盘片可换的问题。一方面，光盘机及其所装的盘片可能存在对应关系，不能将光盘随便装入任一光盘驱动器；另一方面，在线工作盘片和离线备用盘片在内容上可能存在逻辑联系，这些光盘必须依次放入光盘驱动器。因此，在光盘阵列中必须考虑光盘的有序管理问题。

由于光盘的读写机构只有一个读写头且数据访问时间较长，因此在大量数据连续读写时，每个数据的访问时间都可能较长。因此，在设计光盘阵列及阵列管理软件时，必须考虑尽量合理地分配数据存储位置，以减少不必要的读写头径向移动和等待数据旋转到读写头下方的时间。通过合理调度，尽量实现顺序操作，可以减少径向移动及旋转等待时间。较大的数据缓存和优化的调度策略是能否实现光盘阵列快速响应的关键。

6.3 I/O 系统性能分析与评测

I/O 系统的性能到底如何，可以采用建模分析和实际测量的方法来衡量。对 I/O 系统建立模型后，可以采用排队理论（Queuing Theory）进行分析。设计出来的 I/O 系统还可以通过基准测试程序（Benchmark）进行实际测量。

6.3.1 I/O 性能与系统响应时间

衡量 I/O 系统性能的标准与 CPU 设计中使用的标准不同。衡量 I/O 系统性能的标准包括：

（1）I/O 系统的连接特性。哪些 I/O 设备可以和计算机系统相连。

（2）I/O 系统的容量。I/O 系统可以容纳多少 I/O 设备。

（3）响应时间（Response Time）和吞吐率（Throughput）。I/O 系统的吞吐率有时也称为 I/O 带宽（Bandwidth），而响应时间有时被称为响应延迟（Latency）。

响应时间和吞吐率是一对矛盾。下面以一个简单的生产服务模型为例进行说明，该模型如图 6.2 所示。

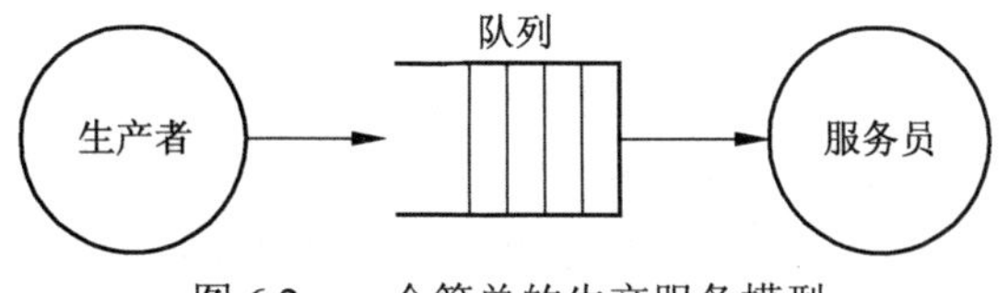

图 6.2 一个简单的生产服务模型

在图 6.2 中，生产者不断产生任务并将其放入队列中；服务员按照先进先出规则从队列中取出任务并加以服务。任务的响应时间定义为从一个任务被放入队列开始，到服务员完成它为止所花费的时间。该响应时间包括任务在服务员处的服务时间以及它在队列中的等待时间。如果队列非空，则队列头部的任务会立即被服务。吞吐率定义为单位时间内服务员完成的任务数。为了获得最大吞吐率，应该使服务员尽可能地忙，也就是一直有任务被服务。I/O 系统的吞吐率和响应时间的关系通常与图 6.3 类似。

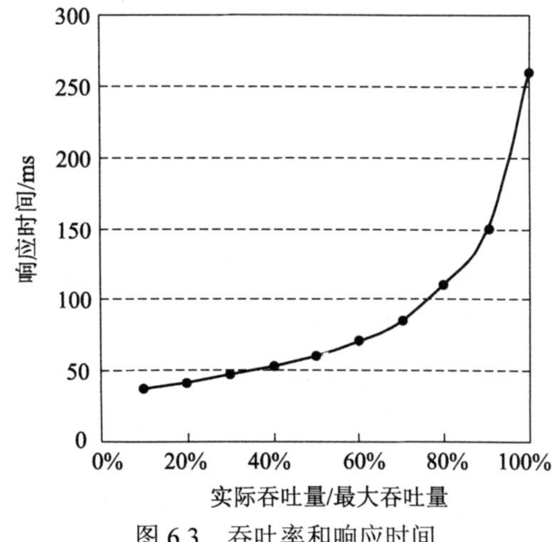

图 6.3 吞吐率和响应时间

从图 6.3 中可以看出，在曲线右侧，增加一点吞吐率就会造成较大的响应时间增量；而在曲线左侧，减少一点响应时间将导致较大的吞吐率的下降。可见，获得较大吞吐率和较小响应时间是相互矛盾的，如何进行折中是计算机体系结构要研究的问题。

在实际应用中，I/O 系统的响应时间是计算机系统响应时间的重要组成部分。图 6.4 显示了两种人机交互系统中任务处理时间的研究结果：一种是键盘输入系统，另一种是图形输入系统。图中纵坐标括号内的时间代表 I/O 系统的响应时间。

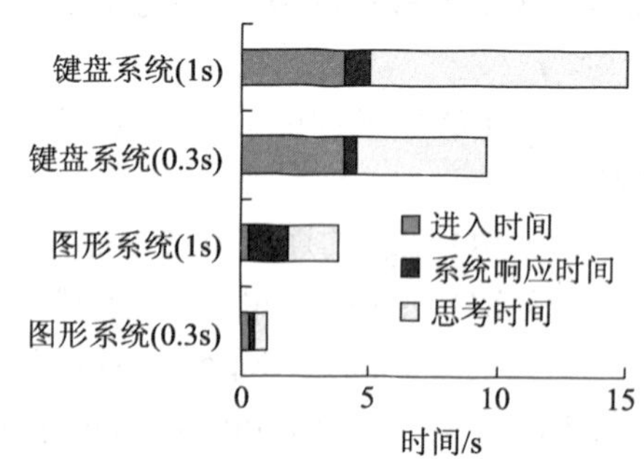

图 6.4 键盘输入系统和图形输入系统的任务处理时间

每个任务的处理时间通常由以下三部分组成：

（1）进入时间：用户输入命令的时间。在图 6.4 中，图形输入系统平均为 0.25s，而键盘输入系统平均为 4s。

（2）系统响应时间：用户输入命令后到计算机的响应结果被输出的时间间隔。

（3）思考时间：响应结果输出后到用户开始输入下一条命令的时间间隔。

研究表明，用户的工作效率与任务的处理时间成反比，因此可以用单位时间内处理的任务数量来衡量工作效率。图 6.4 表明将响应时间减少 0.7s，键盘输入系统的任务处理时间将减少 4.9s（占原时间的 34%），图形输入系统的任务处理时间将减少 2s（占原时间的 70%）。任务处理时间的减少并不仅仅是由于响应时间的减少。如果响应时间短，人的反应时间也会缩短。研究表明，当响应时间小于 1s 后，用户的工作效率就会提高，单位时间处理的任务数量会提高 3 倍以上。

减少响应时间有利于提高工作效率，但是由于 I/O 系统的响应时间不可能减得很小，即使其他硬件的速度提高很快，系统的响应时间仍然会远远超过 1s。造成这种结果的原因很多。例如，频繁的磁盘 I/O 操作使得应用的启动延迟时间较长。再如，单击网络链接的延迟时间通常比较长等。

6.3.2 Little 定律

在处理器的设计过程中，可以通过 CPU 性能公式来估算其性能。为达到一定的精确度，需要对 CPU 性能进行全面的模拟，但这是一项代价较高的工作。同样，在 I/O 系统的设计过程中，也可以首先通过分析方法估算性能，然后再进行模拟以获得更精确的性能数据。使用数学方法对 I/O 系统的性能进行估算时，由于 I/O 事件具有概率特性并且 I/O 资源通常是共享的，因此可以通过一些简单的定理来估算整个 I/O 系统的响应时间和吞吐率。排队论的一些定律在这方面非常适用。关于排队论，有许多相关的资料可以参考，这里只简单介绍一下，并利用这些排队知识来估算 I/O 系统的性能。

首先，可以使用黑箱（Black Box）来分析 I/O 系统，如图 6.5 所示。图中，CPU 向 I/O 系统发出的请求“到达”系统，该请求被服务完成后“离开”系统。

假定 I/O 系统具有几个独立的请求源，I/O 系统具有足够的服务能力使得系统达到平衡状态：系统的输入速率与输出速率相等，I/O 请求的服务速率与请求等待的时间无关。

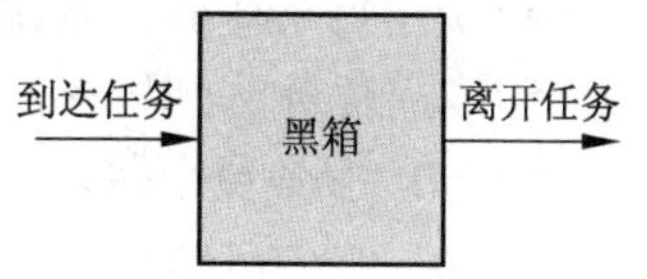

图 6.5　黑箱系统

对于该黑箱系统，可以采用 Little 定律来分析。Little 定律包含三个参数：系统中的平均任务数、任务的平均到达率以及任务的平均执行时间。Little 定律描述为

$$\text{系统中的平均任务数}=\text{到达率}\times\text{平均响应时间} \tag{6-3}$$

下面推导 Little 定律。假定对一个系统测量 T_{observe} 时间，统计在此期间完成的任务数 N_{tasks} 以及每个任务的实际响应时间，然后将这些响应时间求和得到 $T_{\text{accumulated}}$，则有

$$\text{平均任务数}=\frac{T_{\text{accumulated}}}{T_{\text{observe}}} \tag{6-4}$$

$$\text{平均响应时间}=\frac{T_{\text{accumulated}}}{N_{\text{tasks}}} \tag{6-5}$$

$$\text{任务到达率}=\frac{N_{\text{tasks}}}{T_{\text{observe}}} \tag{6-6}$$

将公式（6-4）分解得

$$\frac{T_{\text{accumulated}}}{T_{\text{observe}}}=\frac{T_{\text{accumulated}}}{N_{\text{tasks}}}\times\frac{N_{\text{tasks}}}{T_{\text{observe}}} \tag{6-7}$$

即系统中的平均任务数为平均响应时间与到达率的乘积，这就是 Little 定律。Little 定律适用于所有的稳定系统，只要黑箱系统内部并不创建新的任务或者消灭任务即可。

6.3.3　M/M/1 排队系统

如果打开如图 6.5 所示的黑箱，情况就如图 6.6 所示。任务在服务员处被服务，如果服务员正在对某个任务进行服务，新到达的任务需要在队列中等待。

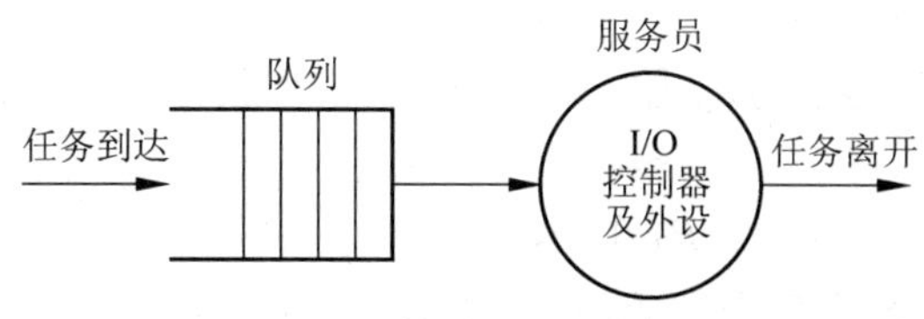

图 6.6　简单的排队系统

I/O 请求的到达间隔时间可以通过随机变量来模拟，这是由于操作系统通常在几个进程间进行切换，产生独立的 I/O 请求。通过给定磁盘的平均寻道时间和转速，也可以用随机变量来模拟 I/O 请求的服务时间。通常情况下，可以假定 I/O 请求的到达间隔时间和服务员的服务时间服从指数分布。关于指数分布的描述，可以参阅概率论的相关知识。

下面给出排队系统的一些术语的含义。

（1）S：任务在服务员处的平均服务时间。

（2）μ：任务的服务速率。显然，$\mu=1/S$。

（3）W：任务在队列中的平均排队延迟时间。

（4）R：每个任务在系统中的平均时间，或称为平均响应时间，故 $R = S + W$。

（5）λ：任务的到达率，即单位时间到达的任务数。

（6）m：服务员个数。

（7）ρ：服务员利用率，$\rho = \lambda/(m\mu)$。ρ 必须为介于 0 和 1 间的一个小数，否则表示任务的到达速率超过了服务员的服务速率，系统将处于不平衡状态，队列中的任务数会越来越多。ρ 也称为服务强度（Traffic Intensity）。

（8）n_s：正在服务的平均任务数，显然 $n_s \leqslant m$。

（9）n_q：队列的平均长度，即队列中任务的平均个数。

（10）n：系统中的平均任务数，显然 $n = n_s + n_q$。根据 Little 定律可知：系统中的平均任务数为到达率与任务的平均服务时间之积，即 $n = \lambda R$。

（11）排队规则：从队列中将任务交给服务员处理的方法称为排队规则。最简单、最常用的排队规则为先进先出（First In First Out，FIFO）规则。

排队论的结论可以对存在随机变量的系统进行较合理的分析。在实际系统中，事务的流程太复杂，往往不能精确分析和预测，此时排队论就可以给出一个相对准确的答案。这里只介绍 M/M/1 和 M/M/m 两种排队系统，其中第一个 M 表示请求到达间隔时间服从指数分布，第二个 M 表示请求服务时间服从指数分布，1 或 m 代表服务员的个数。有关排队系统的符号描述，请参考“Kendall 符号”的相关资料。

M/M/1 排队系统是使用最广的一种排队系统，M/M/1 排队系统的一般假设为：

（1）系统为一个平衡系统（服务强度 $\rho < 1$）。

（2）连续两个到达请求的间隔时间服从指数分布，其均值为平均到达时间。

（3）请求的个数不受限制。

（4）如果队列中有任务，服务员在服务完当前任务后立刻从队列中取出下一个任务进行服务。

（5）队列的长度不受限制，排队规则为 FIFO。

（6）系统只有一个服务员。

若 M/M/1 模型的到达率为 λ，服务率为 μ，故系统服务强度 $\rho=\lambda/\mu$。根据排队论的分析结果，相关结论如下：

（1）系统中没有任务的概率 $P_0=1-\rho$。

（2）系统中有 n 个任务的概率 $P_n=(1-\rho)\rho^n$，$n=0$，1，2，…。

（3）系统中的平均任务数 $E(n)=\rho/(1-\rho)$。

（4）队列中的平均任务数 $E(n_q)=\rho^2/(1-\rho)$。

（5）系统平均响应时间 $E(R)=(1/\mu)/(1-\rho)$。

（6）任务在队列中的平均等待时间 $E(W)=\rho\dfrac{1/\mu}{1-\rho}$。

例 6.2 某处理器每秒发出 40 次磁盘 I/O 请求，这些请求服从指数分布。

（1）假定磁盘完成这些请求的服务时间服从均值为 20ms 的指数分布。试计算磁盘的平均利用率、请求在队列中的平均等待时间以及磁盘请求的平均响应时间。

（2）假定磁盘完成这些请求的服务时间服从均值为 10ms 的指数分布，重新计算上述问题。

解：如果磁盘完成这些请求的服务时间服从均值为 20ms 的指数分布，则

磁盘 I/O 请求的到达率λ=40（个/秒）

磁盘完成 I/O 请求的服务率μ=1/0.02=50（个/秒）

则磁盘的平均利用率$\rho=\lambda/\mu$=40/50=0.8

由于该系统可以用 M/M/1 排队模型的结论，故有

$$平均等待时间=平均服务时间\times\frac{磁盘利用率}{1—磁盘利用率}=0.02\times\frac{0.8}{1-0.8}=0.08\text{（s）}$$

磁盘的平均响应时间=请求平均等待时间+请求平均服务时间=0.08+0.02=0.1（s）。即有 80%的响应时间花费在队列中等待。

如果磁盘完成这些请求的服务时间服从均值为 10ms 的指数分布，则

磁盘 I/O 请求的到达率λ=40（个/秒）

磁盘完成 I/O 请求的服务率μ=1/0.01=100（个/秒）

则磁盘的平均利用率$\rho=\lambda/\mu$=40/100=0.4

由于该系统可以用 M/M/1 排队模型的结论，故有

$$平均等待时间=平均服务时间\times\frac{磁盘利用率}{1—磁盘利用率}=0.02\times\frac{0.4}{1-0.4}=0.0067\text{（s）}$$

磁盘的平均响应时间=请求平均等待时间+请求平均服务时间

=0.0067+0.01 =0.0167（s）

即磁盘的服务速率提高 1 倍，而响应时间减少为原来的 1/6。

6.3.4 M/M/*m* 排队系统

若在 M/M/1 的基础上，将服务员的个数增加为 m 个，该排队系统则为 M/M/m 系统。若 M/M/m 模型的到达率为λ，服务率为μ，故系统服务强度$\rho=\lambda/(m\mu)$。根据排队论的分析结果，相关结论如下：

（1）系统中没有任务的概率 $P_0=\left[1+\frac{(m\rho)^m}{m!(1-\rho)}+\sum_{n=1}^{m-1}\frac{(m\rho)^n}{n!}\right]^{-1}$。

（2）系统中有 n 个任务的概率 $P_n=\begin{cases}P_0\frac{(m\rho)^n}{n!}, & n<m\\ P_0\frac{m^m\rho^n}{m!}, & n\geqslant m\end{cases}$。

（3）队列中有顾客的概率 P_e 就是系统中有 n（$n>m$）个任务的概率 P_n 之和：$P_e=\frac{(m\rho)^m}{m!(1-\rho)}P_0$。

（4）系统中平均任务数 $E(n)=m\rho+P_e\rho/(1-\rho)$。

（5）队列中平均任务数 $E(n_q)=P_e\rho/(1-\rho)$。

（6）系统平均响应时间 $E(R)=\dfrac{1}{\mu}\left(1+\dfrac{P_e}{m(1-\rho)}\right)$。

（7）任务在队列中的平均等待时间 $E(W)=P_e/[m\mu(1-\rho)]$。

例 6.3 在例 6.2（1）的基础上，给磁盘 I/O 系统增加一个磁盘，该磁盘是另一个磁盘的镜像，故读请求可以从任意一个磁盘上得到数据。假定对磁盘的 I/O 操作均为读操作，试计算磁盘的平均利用率、请求在队列中的平均等待时间以及磁盘请求的平均响应时间。

解：由于使用了两个磁盘，故该系统为 M/M/2 系统。此时，

磁盘 I/O 请求的到达率 λ=40（个/秒）

磁盘完成 I/O 请求的服务率 μ=1/0.02=50（个/秒）

则磁盘的平均利用率 $\rho=(\lambda/\mu)/2=0.4$

由于该系统可以用 M/M/*m* 排队模型的结论，故有

系统中没有任务的概率 $P_0=\left[1+\dfrac{(2\times\rho)^2}{2!\times(1-\rho)}+\sum_{n=1}^{1}\dfrac{(2\times\rho)^n}{n!}\right]^{-1}=[1+0.533+0.8]^{-1}\approx 0.395$

队列中有顾客的概率 $P_e=\dfrac{(2\times\rho)^2}{2!(1-\rho)}P_0=\dfrac{(2\times 0.4)^2}{2!(1-0.4)}\times 0.395=0.229$

任务在队列中的平均等待时间 $E(W)=P_e/[m\mu(1-\rho)]=0.229/[2\times50\times(1-0.4)]=0.0038$（s）

磁盘的平均响应时间 = 请求平均等待时间 + 请求平均服务时间

= 0.02+0.0038 = 0.0238（s）

从例 6.2 和例 6.3 可以看出，使用两个慢速磁盘，任务在队列中的平均等待时间是使用 1 个慢速硬盘情况下的 1/21，是使用 1 个快速硬盘情况下的 1/1.76。

6.3.5 I/O 基准测试程序

为了表明响应时间对用户工作效率的重要影响，除了建立模型进行分析外，还可以使用 I/O 基准测试程序来反映响应时间和吞吐率之间的平衡关系。

事务处理（Transaction Processing，TP）主要关心的是 I/O 速率（例如，每秒钟磁盘的访问次数）而不是数据传输率。事务处理通常涉及许多终端对大量共享信息的修改，因此事务处理在系统失效时应采取正确的策略来保证数据的一致性。典型事务处理系统包括航空订票系统以及银行系统等。为评价这些事务处理系统的性能，数十家公司在 1988 年创建了非营利性组织——事务处理委员会（Transaction Processing Council，TPC）。目前 TPC 的主要成员是各计算机软硬件厂家。TPC 的主要功能是制定基准测试程序的标准规范、性能和价格量度，并管理测试结果的发布。迄今为止，TPC 已经发布了 13 个事务处理基准测试程序，如表 6.1 所示。其中 TPC-A、TPC-B、TPC-D、TPC-R、TPC-W 和 TPC-App 已经废止。

表 6.1 TPC 发布的基准测试程序

TPC 基准测试程序	数据量/GB	性能指标	发布时间	废止时间
A：贷款信用	0.1～10	每秒事务数	1989.11	1995.06
B：批量贷款信用	0.1～10	每秒事务数	1990.08	1995.06
C：复杂查询在线事务处理	100～3000	每分钟新订购事务数	1992.07	
D：决策支持	100、300、1000	每小时查询次数	1995.04	1999.04
R：商业报告决策支持	1000	每小时查询次数	1999.08	2005.01
H：Ad hoc 决策支持	100、300、1000	每小时查询次数	1999.10	
W：事务性 Web 基准测试	50、500	每秒 Web 交互数量	2000.07	2005.04
App：应用服务与 Web 服务基准测试	2500	每秒服务交互数量	2005.06	已废止
E：企业信息服务	500	每秒完成的事务数	2007.03	
DS：新的决策支持	100~100 000	每小时查询次数	2012.01	
VMS：虚拟测量单系统		虚拟环境下各 TPC 的最小值	2012.06	
Pricing：定价		单位性能的美元数	2005.02	
Energy：能耗		单位性能的瓦特数	2009.11	

在这些标准中，TPC-C 已经成为全球权威的测评服务器性能的标准，目前已经发展到第 5 版。TPC-C 模拟一个批发商的货物管理环境。该批发公司有 N 个仓库，每个仓库供应 10 个地区，每个地区为 3000 名顾客服务。在每个仓库中有 10 个终端，每一个终端用于一个地区。在运行时，$10N$ 个终端操作员向公司的数据库发出 5 类请求。由于一个仓库中不可能存储公司所有的货物，有一些请求必须发往其他仓库。N 是一个可变参数，测试者可以通过改变 N 来获得最佳测试效果。TPC-C 使用三种参数对系统进行量度：性能，价格以及价格性能比。其中性能由 TPC-C 吞吐率衡量，它定义为每分钟内系统处理的事务个数，单位是 tpmC（tpm 是 transactions per minute 的简称；C 代表 TPC 中的基准测试程序 C）；价格是指系统的总价格，单位是美元；而价格性能比则定义为总价格除以性能，单位是美元/tpmC。

在高端商业应用领域中，服务器的实际性能通常可以采用 TPC-C 测试程序进行测试，用户可以参照测试结果进行服务器的选型。表 6.2 列出了截至 2014 年 7 月的 TPC-C 测试结果中前 10 名的服务器（http://www.tpc.org/tpcc/results/tpcc_results.asp?orderby=hardware）。

表 6.2 截至 2014 年 7 月 TPC-C 测试结果排名前 10 位的服务器

排名	厂　家	系　统	测试结果 / tpmC
1	Oracle	SPARC SuperCluster with T3-4 Servers	30 249 688
2	IBM	IBM Power 780 Server 9179-MHB	10 366 254
3	Oracle	SPARC T5-8 Server	8 552 523
4	Oracle	SPARC Enterprise T5440 Server Cluster	7 646 486
5	IBM	IBM Power 595 Server 9119-FHA	6 085 166
5	BULL	Bull Escala PL6460R	6 085 166
6	Oracle	Sun Server X2-8	5 055 888

续表

排名	厂　　家	系　　统	测试结果 / tpmC
7	Oracle	Sun Fire X4800 M2 Server	4 803 718
8	HP	HP Integrity Superdome	4 092 799
9	IBM	IBM System p5 595	4 033 378
10	IBM	IBM eServer p5 595	3 210 540

TPC 基准测试程序具有一些独特的性质，这些性质包括：

（1）在测试结果中给出了系统的价格因素，包括软硬件价格和维护开销等，这样可以通过性能价格比来综合评价系统。

（2）TPC 基准测试程序模拟的是实际系统，系统访问量和系统存储的数据量通常同时增加。

（3）测试结果需经过 TPC 审核后才可以发布。

（4）吞吐率性能指标受到响应时间的限制，例如 TPC-C 中 90%的新事务的响应时间必须小于 5s。

（5）TPC 基准测试程序通过独立的机构来维护。

除了 TPC 外，还有一些基准测试程序也可以用来测量 I/O 系统的性能。例如，1988 年成立的标准性能评估机构（Standard Performance Evaluation Corporation，SPEC）提供了一组针对计算机各子系统的基准测试程序（最有名的当然是关于 CPU 的基准测试程序），其中 SPECsfs2008 用来对文件服务器的吞吐率和响应时间进行评测；SPECmail2009 用来对邮件服务器的性能进行评估；SPECweb2009 用来评测 WWW 服务器可以同时提供访问的用户数量。感兴趣的读者可以访问 http://www.spec.org。

6.4 I/O 系统的可靠性、可用性和可信性

除了容量、速度和价格外，人们有时更关心存储外设的可靠性能。这是因为软件系统的崩溃可以通过重新启动或者重新安装操作系统与应用程序来实现，而用户的数据一旦丢失，损失就可能无法弥补。因此相比其他计算机组成部分而言，人们对 I/O 系统的可靠性能要求更高，即存储设备的指导思想应该是无条件地保护好用户的数据。

在分析可靠性能之前，首先介绍三个容易混淆的术语：故障（fault）、错误（error）以及失效（failure）。为提供正确的服务，系统中每个模块都必须完成指定的功能。如果系统实际提供的服务偏离了指定的功能，则发生失效。系统失效是由于模块中的缺陷——错误引起的，而导致错误的原因是各种故障。例如，在编程过程中不正确的设计称为故障，这些故障会引起软件的错误。如果这些错误产生的不正确数据影响到整个系统的正常工作，则称为失效。再如，如果一个α粒子击中 DRAM，此时也可以认为是一种故障。如果这种故障导致存储器内容的改变，则产生了错误。这种错误一直是潜在的错误（Latent Error），直到这个数据字被读取。如果这个错误的数据字影响到系统的服务，则产生系统失效，此时这个错误称为有效错误（Effective Error）。当然，DRAM 可以采用 ECC 校验来避免因为错误引起的失效。又如，人的操作失误也可以认为是一种故障。由此产生

的数据就是错误的数据。如果满足一定的条件，这些错误的数据就可以导致服务失效。

对于故障产生的原因，可以归纳为以下 4 种。

（1）硬件故障（Hardware Faults）：设备失效产生的故障。

（2）设计故障（Design Faults）：大部分由软件引起。

（3）操作故障（Operation Faults）：由于用户操作的失误引起的故障。

（4）环境故障（Environment Faults）：由于火灾、洪水、地震等环境因素引起的故障。

按照出现的周期可以将故障分为暂时性故障、间歇性故障以及永久性故障。暂时性故障只持续有限的时间，并且以后不会出现。间歇性故障的出现具有间歇性。永久性故障总会出现，并不会因为时间的流逝而消失。

故障产生的错误会引起系统失效，系统处于服务中断状态。经过维修后，系统可以回到正常工作状态。反映存储外设可靠性能的参数有可靠性（Reliability）、可用性（Availability）和可信性（Dependability）。

可靠性是指系统从初始状态开始一直提供服务的能力，通常用平均无故障时间（Mean Time To Failure，MTTF）来衡量。MTTF 的倒数就是系统的失效率。如果系统每个模块的正常工作时间服从指数分布，且各部件故障相互独立，则系统整体失效率是各部件失效率之和。系统中断服务的时间用平均维修时间（Mean Time To Repair，MTTR）来衡量。

可用性指的是系统正常工作时间在连续两次正常服务间隔时间中所占的比率：

$$\text{可用性} = \frac{\text{MTTF}}{\text{MTTF} + \text{MTTR}} \tag{6-8}$$

式中的 MTTF+MTTR 通常可以用平均失效间隔时间（Mean Time Between Failures，MTBF）来代替。

可信性指的是服务的质量，即在多大程度上可以认为提供的服务是正确的。与可靠性和可用性不同，可信性是不可以量度的。

例 6.4 假设磁盘子系统的组成部件和它们的 MTTF 如下：

（1）磁盘子系统由 10 个磁盘构成，每个磁盘的 MTTF 为 1 000 000h。

（2）1 个 SCSI 控制器，其 MTTF 为 500 000h。

（3）1 个不间断电源，其 MTTF 为 200 000h。

（4）1 个风扇，其 MTTF 为 200 000h。

（5）1 根 SCSI 连线，其 MTTF 为 1 000 000h。

假定每个部件的正常工作时间服从指数分布，即部件的工作时间与故障出现的概率无关，同时假定各部件的故障是相互独立的，试计算整个系统的 MTTF。

解：整个系统的失效率为

$$\text{系统失效率} = 10 \times \frac{1}{1\,000\,000} + \frac{1}{500\,000} + \frac{1}{200\,000} + \frac{1}{200\,000} + \frac{1}{1\,000\,000} = \frac{23}{1\,000\,000}$$

系统的 MTTF 为系统失效率的倒数，即

$$\text{MTTF} = \frac{1\,000\,000}{23} \approx 43\,500\ (\text{h})$$

大约为 5 年。

提高系统可靠性的方法包括有效构建方法（Valid Construction）以及纠错方法（Error Correction）。有效构建是指在构建系统的过程中消除故障隐患，这样建立起来的系统就不会出现故障。纠错方法是指在系统构建中设置容错部件，即使出现故障，也可以通过容错信息保证系统正常工作。

具体来说，可以把提高系统可靠性的方法分为：

（1）故障避免技术（Fault Avoidance）。通过合理构建系统来避免故障的出现。

（2）故障容忍技术（Fault Tolerance）。采取冗余措施，当发生故障时，通过冗余信息保证系统仍然能够提供正常的服务。

（3）错误消除技术（Error Removal）。通过验证，最大限度地减少潜在的错误。

（4）错误预报技术（Error Forecasting）。通过分析，预报错误的出现，以便提前采取应对措施。

要进一步提高存储系统的可靠性能，就必须考虑人为因素引起的故障。系统中的硬件故障可以通过减少系统中的芯片数量和连接线数量得到有效减少，而故障容忍技术（例如校验技术等）可以增加硬件系统的可信性。软件方面，已经有一些操作系统被认为是可靠的。因此，未来可信的存储系统要么是通过故障容忍技术来容忍人为故障的，要么是通过简化系统管理来避免人为故障的。

为保证系统在出现错误时不失效，通常需要将冗余信息存放在与错误部件不同的部件中。这种方法的典型应用就是磁盘阵列。

6.5 廉价磁盘冗余阵列

在计算机系统中，并行使用多个部件是一种可以有效提高系统整体性能的方法。磁盘阵列技术就是一个例子。

磁盘阵列（Disk Array，DA）通过使用多个磁盘代替一个大容量的磁盘来提高整体性能。这样做有两方面的考虑。一是如果将一个数据分布到磁盘阵列中的多个磁盘上（称为数据分块技术），那么对该数据的访问将导致对多个磁盘的同时访问，从而可以提高数据传输率；二是多个数据访问请求可能由多个磁盘并行完成，从而可以提高磁盘阵列的整体吞吐率。阵列中磁盘的数量越多，这种性能的提高就越多。

磁盘阵列的问题是，虽然可以提高吞吐率，但是对于单个磁盘而言，磁盘性能并没有得到改进。另外，由于使用了多个磁盘，会导致其可靠性下降。当每个磁盘具有相同的可靠性时，磁盘阵列发生故障的可能性比单个磁盘发生故障的可能性更高。如果使用了 N 个磁盘构成磁盘阵列，那么整个阵列的可靠性将降低为单个磁盘的 $1/N$。

通过在磁盘阵列中增加冗余信息盘来容错，可以达到提高磁盘阵列整体可靠性的目的。即当单个磁盘失效时，丢失的信息可以通过冗余盘中的信息重新构建。只有当失效磁盘正在修复或者更换时，又发生了其他磁盘的失效，磁盘阵列才不能正常工作。由于磁盘的平均无故障时间（MTTF）为几十年，而平均修复时间（MTTR）以小时计，故容错技术使得磁盘阵列的可靠性大大高于单个磁盘。这种磁盘阵列称为廉价磁盘冗余阵列（Redundant Array of Inexpensive Disks），有些资料里也将其称为独立磁盘冗余阵列

（Redundant Array of Independent Disks，RAID）。

RAID 的概念于 1988 年由美国加州大学 Berkeley 分校的 Patterson 教授等人首先提出。RAID 技术使用多个小容量磁盘代替一个大容量磁盘，能够有效改善磁盘的 I/O 性能，同时使磁盘容量的扩充变得十分简单。目前，RAID 技术已经逐步走向成熟，是解决计算机 I/O 瓶颈的有效方法之一。

在 RAID 中增加冗余信息有不同的方法，从而形成了不同的 RAID 级别。各级 RAID 的代价和性能各不相同，表 6.3 中给出了 8 个数据盘在不同的 RAID 级下需要的检测磁盘数以及正常工作条件下允许失效的最大数据盘数。

表 6.3　RAID 盘阵列分级

RAID 级		检测磁盘数	允许的最大失效盘数	优　点	缺　点	应 用 场 合
0	非冗余条带存放	0	0	高 I/O 性能；简单，易实现	无冗余信息，可靠性低	视频处理等需要高带宽的场合
1	镜像	8	1	无冗余信息计算开销；读写速度较快；可靠性高	价格昂贵	金融等需要高可用性的领域
2	位交叉海明编码	4	1	能实现及时纠错；数据传输率高	检测磁盘较多	无商业应用
3	位交叉奇偶校验	1	1	读写数据传输率高；检测磁盘少	阵列控制器设计复杂	视频编辑等需要高吞吐率的场合
4	块交叉奇偶校验	1	1	读数据传输率高；检测磁盘少	阵列控制器设计复杂；写数据传输率差	文件服务器
5	块交叉分布奇偶校验	1	1	读数据传输率高；写数据较快；检测磁盘少	阵列控制器设计复杂	应用广泛
6	双维奇偶校验	2	2	容错性能好	阵列控制器设计复杂；冗余信息计算复杂	文件服务器等需要高容错，低开销的场合

RAID 的这些级别不是简单地表示层次关系，而是具有以下共性的不同结构：

（1）RAID 由一组物理磁盘驱动器组成，操作系统视之为一个逻辑驱动器，即无论采用多少个物理磁盘，操作系统都会将所有的数据看做存储在一个逻辑磁盘上。

（2）RAID 能以条带（Strip）的形式在这组物理磁盘上分布数据。磁盘以条带划分，其大小称为条带宽度。条带宽度以一些物理的块、扇区或者字节等为单位，不同的实现中条带宽度可能不同。

（3）冗余信息存储在冗余磁盘空间中，在发生磁盘失效时可以恢复数据。

第（2）与第（3）个特性在不同的 RAID 级别中的表现不同，即在不同 RAID 中冗余数据的计算方法以及在磁盘阵列中的存放方式不同，而 RAID0 不支持第（3）个特性。

RAID 的一个关键问题是如何发现磁盘的失效。目前的磁盘技术提供了错误检测信息来解决这个问题。在磁盘扇区中除了保存数据信息外，还保存发现错误的检测信息，例如纠错码。在对扇区中的数据信息进行操作的同时会检测相关的错误检测信息，一旦发生磁盘失效或者数据丢失，磁盘的硬件电路都很容易发现这些问题。

设计 RAID 的另一个问题是如何减少平均修复时间（MTTR）。典型的做法是在系统中增加热备份盘（Hot Spares）。热备份盘在 RAID 正常工作时处于待机状态，不工作。一旦 RAID 中的某个磁盘发生失效，热备份盘将代替失效磁盘进行工作。失效磁盘中的数据将通过冗余磁盘上的冗余信息以及其他 RAID 盘上的信息在热备份盘中重新构建。如果这个过程是自动的，将有效减少 MTTR，此时等待失效磁盘的修复将不再是决定 MTTR 的主要因素。

与热备份盘相关的一种技术是热切换（Hot Swapping）技术。具有热切换功能的系统允许在不关机的情况下更换设备。这样，具有热备份盘和热切换技术的系统将不会失效，可以一直提供服务。失效磁盘中的数据将立即在热备份盘上重新构建，热备份盘变成工作盘，而被该热备份盘替换的失效盘在修复后将作为新的备份盘使用。

下面分别介绍各级 RAID 的结构特点。

6.5.1 RAID0

RAID0 采用数据分块技术，把数据分布在多个磁盘上，无冗余信息。一个由 4 个磁盘构成的 RAID0 系统如图 6.7 所示。

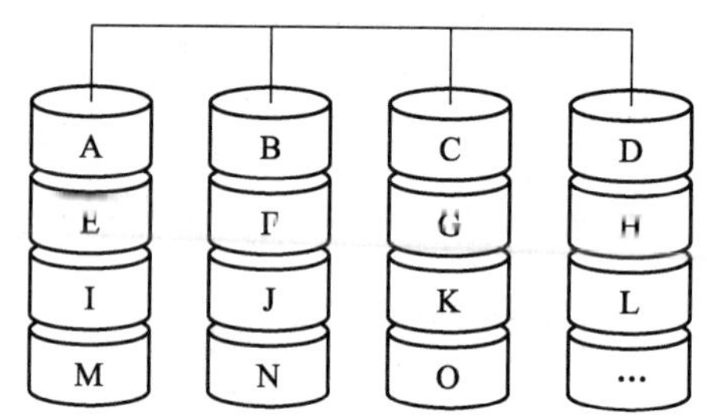

图 6.7 RAID0 中的数据分块

在 RAID0 中，数据条带以轮转方式映射到连续的磁盘阵列中。在一个有 N 个磁盘的阵列中，第 1 组的 N 个逻辑条带通过阵列管理部件依次存储在 N 个磁盘的第 1 个条带上，第 2 组的 N 个逻辑条带通过阵列管理部件依次存储在 N 个磁盘的第 2 个条带上……以此类推。由 4 个物理盘构成的 RAID0 中的数据映射如图 6.8 所示。

这种布局的优点是，如果单个 I/O 请求由多个逻辑相邻的条带组成，则该请求需要访问的多个条带可以并行处理。这样就可以减少 I/O 请求的处理时间，故 RAID0 适用于具有高速 I/O 请求或者需要高速数据传输的场合。

严格地说，RAID0 不是 RAID 家族的真正成员，因为它没有采用冗余技术来改善可靠性。因此一旦发生磁盘故障，数据将得不到恢复，并且 RAID0 的整体可靠性能要低于单个磁盘的可靠性能。但是，在构造存储系统时，往往需要使用数据分块技术。数据分块简化了磁盘管理，并且允许多个磁盘同时工作，从而提高了大量数据访问时的磁盘性能。数据分块的优点使得 RAID0 经常作为 RAID 的一个级别被广泛使用。另外，RAID0

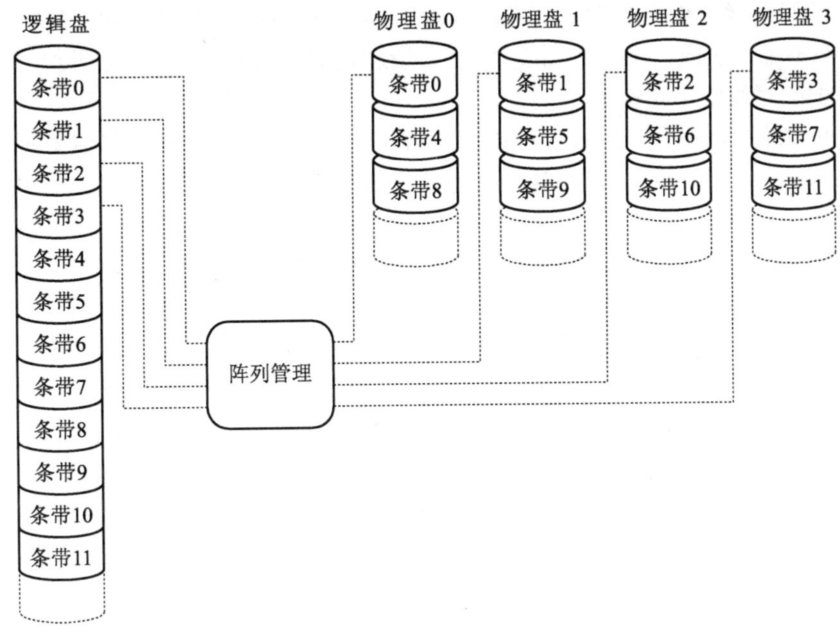

图 6.8 RAID0 中的数据映射

的设计和实现十分简单，是 RAID 中最简单的一种，因此适用于某些成本受限的应用场合。

6.5.2 RAID1

RAID1 采用最基本的磁盘容错技术——镜像盘（Mirroring Disk）技术来构成磁盘阵列，由 2 个数据盘和 2 个镜像盘构成的 RAID1 系统如图 6.9 所示。

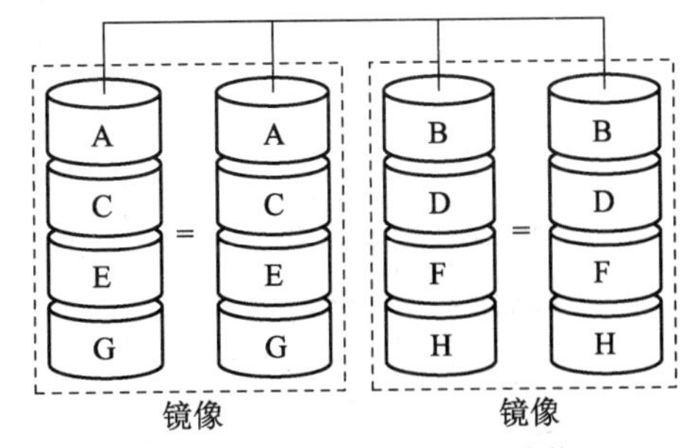

图 6.9 RAID1 中的数据镜像

RAID1 为每个磁盘数据提供冗余备份。每当数据写入一个磁盘时，同时也会将该数据写到另一个冗余盘（镜像盘）中，形成数据的冗余备份（数据镜像）。如果一个磁盘失效，系统可以到镜像盘中获得所需要的数据。因此，RAID1 中磁盘个数是镜像前磁盘个数的两倍。磁盘及其镜像盘可以同时独立工作。RAID1 具有以下优点：

（1）读操作较快。读请求可由包含请求数据的两个物理磁盘中较快的那个磁盘完成，只要该磁盘的寻道时间加旋转时间延迟较小。这样 RAID1 的读性能将由镜像盘中读性能最好的磁盘决定。在 I/O 处理中，如果是大批的读请求，RAID1 的性能能够达到 RAID0 性能的两倍。

（2）写操作较快。写请求需要更新镜像盘中的两个数据，但它们可以并行完成。这样RAID1的写性能将由镜像盘中写性能较差的那个磁盘决定。RAID1的写性能与RAID0的写性能差不多。然而，由于不需要计算奇偶校验信息，故相对以后各级别的RAID来说，RAID1的写速度是较快的。

（3）可靠性高。恢复一个损坏的磁盘内容很简单，当一个磁盘损坏时数据仍能够从镜像盘中读取。只要不是数据盘和镜像盘同时失效，RAID1就可以同时容忍多个磁盘的失效，故RAID1的可靠性很高。

镜像是RAID级别中最昂贵的解决方法，它要求物理磁盘空间是逻辑磁盘空间的两倍。因此，RAID1只适用于关键数据的存储，应用在高可靠性需求的领域中。

在构造RAID1时，镜像和分块技术可以同时使用。假设有8个磁盘，同时使用镜像和分块。一种方法是先按照RAID0的方法将数据分布到4个磁盘，再将这4个磁盘镜像到另一组RAID0的4个磁盘中，如图6.10所示。RAID级别中将其定义为RAID0+1或者RAID01。另一种方法是先按照RAID1的方法构造4对磁盘，然后再将数据分布在这4对RAID1磁盘中，如图6.11所示。RAID级别中将其定义为RAID1+0或者RAID10。

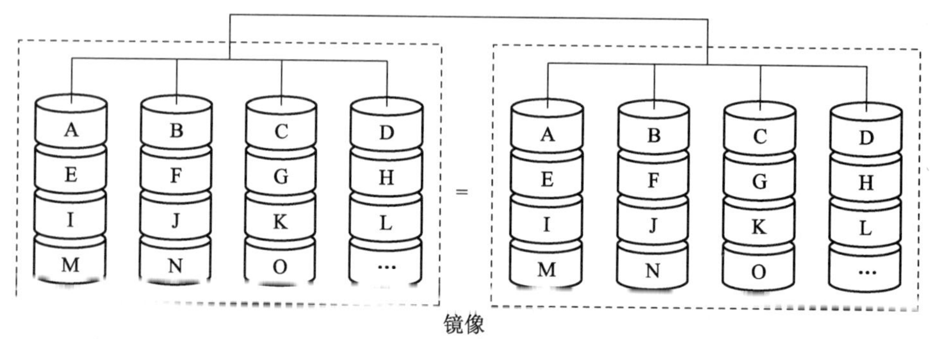

图6.10　RAID0+1先分块后镜像

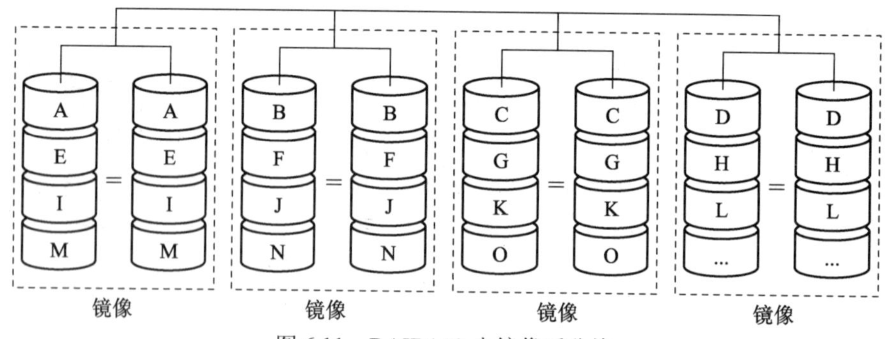

图6.11　RAID1+0先镜像后分块

RAID01和RAID10具有RAID0和RAID1的一些优点，可以获得较高的I/O速度和可靠性。它们的缺点是代价高，可扩展性不好。由于RAID01中的一个磁盘故障失效将导致整个RAID01变成RAID0，而RAID10中可以允许多个磁盘失效，因此RAID10的可靠性相对较高，应用相对较广。

6.5.3 RAID2

RAID2 为位交叉式海明（Hamming）编码阵列。位交叉方式是指数据按位存放在不同的磁盘中。RAID2 中的数据字按位存放在不同的数据盘中，通过数据字计算出来的海明校验码按位存放在多个校验（Ecc）磁盘上。假定存放的数据信息为 4 位，RAID2 将数据字的每一位分别记录在数据盘上，该数据字的 3 位海明校验码被记录在 Ecc 盘中，如图 6.12 所示。图中 *A*0～*A*3 表示的数据字共 4 位，其对应的校验码为 *A*x～*A*z 共 3 位。

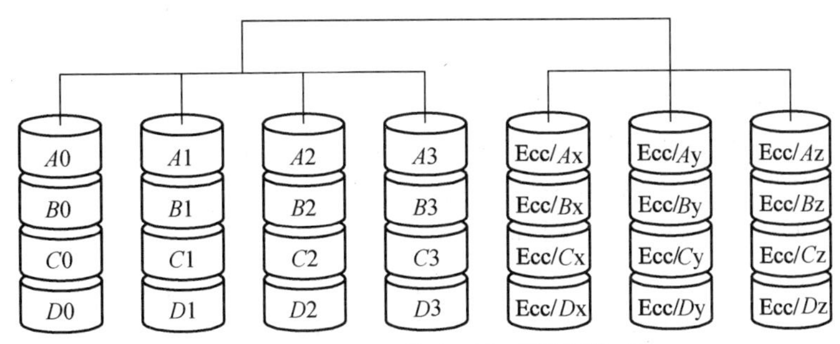

图 6.12　RAID2 位交叉海明编码阵列

RAID2 的优点是使用海明编码来进行及时的错误检测和纠正，可以实现高速数据传输。海明校验码可以检测磁盘的 2 位错误，并纠正 1 位数据错误。RAID2 中所有磁盘均参加每个 I/O 请求的执行。对于单个读操作，读出的数据及其海明校验码被传送到阵列管理器。如果出现 1 位错误，则阵列管理器可以立即识别并加以纠正，因此读取时间很短，可以达到很高的数据传输率。对于单个写操作，数据按位写入数据盘，校验信息按位写入校验盘。

RAID2 的缺点是需要多个磁盘来存放海明校验码信息，冗余磁盘的数量与数据磁盘数的对数成正比。图 6.12 和表 6.3 表明，4 个数据盘需要 3 个校验盘，而 8 个数据盘需要 4 个校验盘。因此 RAID2 的存储空间利用率不高，尤其是在数据字较短的情况下。另外，RAID2 可以达到的数据传输率受限于整个磁盘阵列中最慢的磁盘以及阵列管理器的校验速度。由于 RAID2 需要多个校验盘，目前并未广泛应用，还没有商业化的产品出现。

6.5.4 RAID3

RAID3 为位交叉奇偶校验盘阵列，是一种单盘容错并行传输阵列，如图 6.13 所示。图中 *A*0～*A*3 分别表示 4 位或者 4 个字节的数据，*A* 校验码为数据 *A*0～*A*3 的校验码。

与 RAID2 一样，RAID3 也采用位交叉方式存储数据。数据以位（或字节）交叉的方式存于各盘，但是 RAID3 只需要一个冗余盘记录校验码信息，而不像 RAID2 那样采用多个冗余盘来记录海明编码信息。假定 RAID3 具有 *N* 个数据盘，其冗余代价（冗余盘和数据盘之比）为 1/*N*，较 RAID2 得到降低。

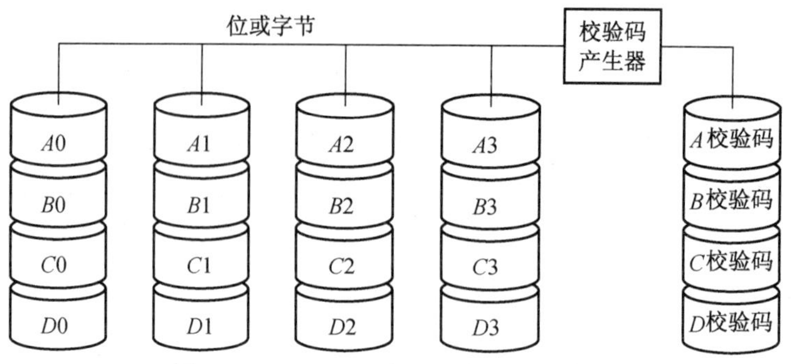

图 6.13 RAID3 位交叉奇偶校验盘阵列

RAID3 并不对数据进行备份，而是在冗余盘中存储足够的冗余信息，使得在数据盘故障时能够恢复数据。冗余盘一般记录奇偶校验信息，当一个磁盘出故障时，可以通过奇偶校验磁盘中的校验信息来恢复丢失的数据。

为简单起见，可以这样理解 RAID3 的结构：先将分布在各个数据盘上的数据位加起来，将和存放在冗余盘上。一旦某一个数据盘失效，只要将冗余盘上的和减去所有正确数据盘上的数据，得到的差就是失效数据盘上的数据。冗余盘中的奇偶校验和通常是模 2 和。这种方法的缺点是恢复时间与数据位数成正比，但由于磁盘失效的可能性很小，因此还是可以接受的。

对 RAID3 进行读操作时，数据按位读出后将其相应校验码与冗余盘上的校验码进行比较，若不同则表示数据盘（或校验盘）出现错误，此时可以通过校验信息纠正这个错误；写操作时，数据写入相应的数据盘，根据数据位计算得到的校验码被写入冗余盘。

假定 RAID3 有 4 个数据盘和 1 个冗余盘。数据盘上存放有数据 *D*0、*D*1、*D*2 和 *D*3，冗余盘上存放数据的校验和 *P*。如果需要将数据 *D*0 改写成 *D*0′，则需要首先将 *D*1、*D*2 和 *D*3 都读出，然后与 *D*0′一起求得新的校验码 *P*′，最后将 *D*0′和 *P*′写入对应磁盘。这种改写操作的过程如图 6.14 所示。

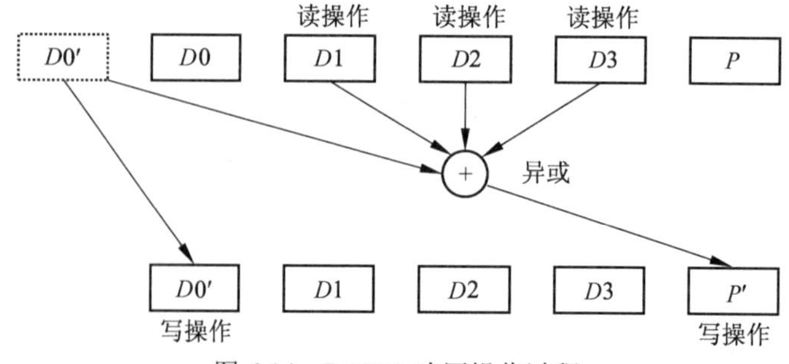

图 6.14 RAID3 改写操作过程

除了冗余代价较低外，RAID3 还可以获得非常高的数据传输率，每个 I/O 请求都将涉及所有的数据盘和冗余盘，对于大量数据的传送，性能改善特别明显。这使得 RAID3 在大数据量的场合（例如多媒体和科学计算方面）应用得比较广泛。RAID3 的缺点是一次只能处理一个 I/O 请求，并且阵列控制器的设计比较复杂。

6.5.5 RAID4

RAID4 为块交叉奇偶校验盘阵列。数据以块（块大小可变）交叉的方式存于各盘，冗余的奇偶校验信息存放在一个专用盘上，如图 6.15 所示。图中 *A*0～*A*3 分别表示 4 个块的数据，*A* 校验码为数据块 *A*0～*A*3 的检测信息。为降低访问开销，检测信息通常是数据信息的校验和。

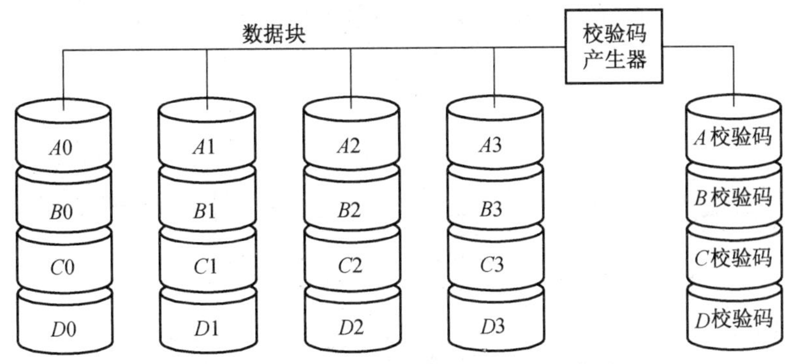

图 6.15 RAID4 专用奇偶校验独立存取盘阵列

RAID4 与 RAID3 具有相同的冗余代价，但是访问数据的方法不同。RAID4 的出发点是希望磁盘阵列可以并行处理多个 I/O 请求。由于磁盘扇区中存在错误检测信息，因此只要访问的数据块以扇区为单位，则每个磁盘都可以同时独立地进行读操作，从而可以增加单位时间内完成的读操作的数量。

在 RAID4 中，读一个数据块需要对一个数据盘和校验盘同时进行操作。对于 RAID4 的写操作来说，由于更新数据块时需要重新计算校验码，可能需要对所有磁盘进行访问，这不利于提高磁盘阵列的吞吐率。可以通过以下方法来解决该问题。假定 RAID4 有 4 个数据盘和 1 个校验盘。数据盘存放着数据块 *D*0、*D*1、*D*2 和 *D*3，冗余盘上存放着校验和 *P*。如果需要将数据块 *D*0 改写成 *D*0′，可以首先读出 *D*0 及旧的奇偶校验和 *P*，然后比较 *D*0 和 *D*0′找出改变位，再改变 *P* 的相应位形成新的奇偶校验和 *P*′，最后将 *D*0′和 *P*′写入对应磁盘。该写操作的过程如图 6.16 所示。可见，RAID4 的写过程需要 2 次磁

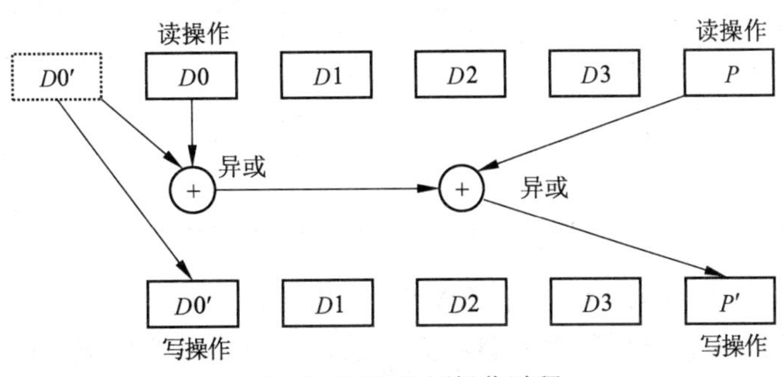

图 6.16 RAID4 写操作过程

盘读操作和 2 次磁盘写操作。

RAID4 的优点是具有较高的读出速度，冗余代价较低。RAID4 的缺点是阵列控制器复杂。另外，由于写操作必须对冗余盘中的校验信息进行修改，因此冗余盘就成为整个磁盘阵列的瓶颈。为解决这个问题，可以将冗余信息分布到各个数据盘中，这就是 RAID5。

6.5.6 RAID5

RAID5 为块交叉分布式奇偶校验盘阵列，又称为旋转奇偶校验独立存取阵列，即数据以块交叉的方式存于各盘，但无专用的冗余盘，奇偶校验信息被均匀地分布在所有磁盘上，如图 6.17 所示。图中 *A*0～*A*3 分别表示 4 个块的数据，0 校验码为数据块 *A*0～*D*0 的校验码。

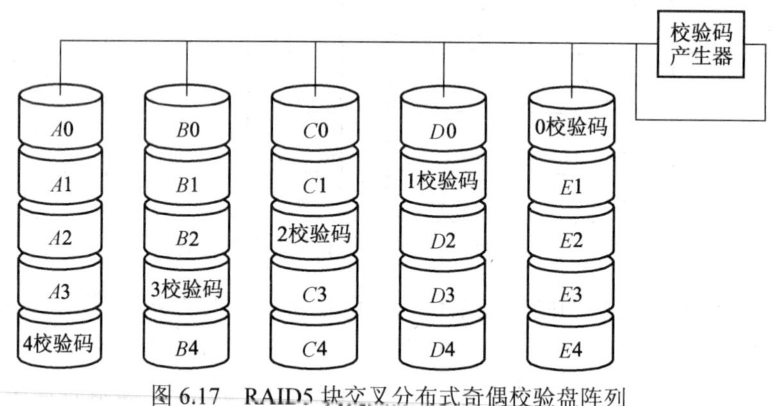

图 6.17 RAID5 块交叉分布式奇偶校验盘阵列

RAID4 和 RAID5 的信息分布对比如图 6.18 所示。

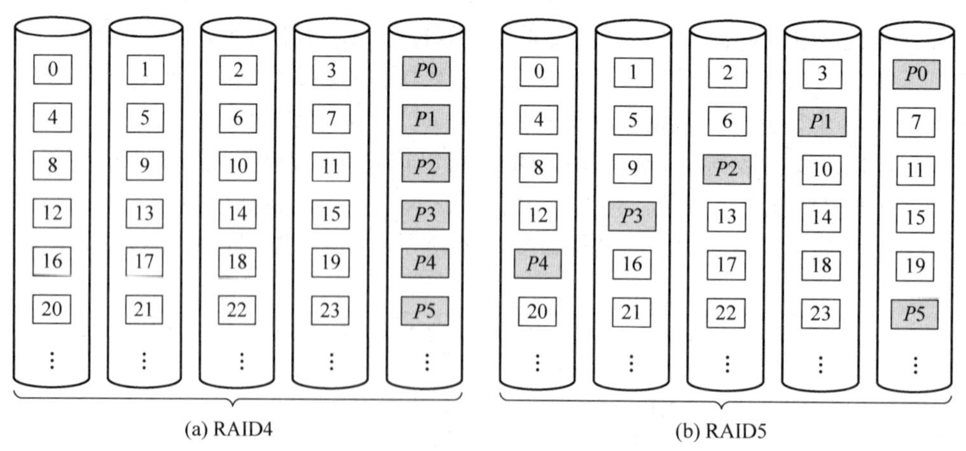

图 6.18 RAID4 和 RAID5 中的信息分布

RAID5 的冗余代价与 RAID3 和 RAID4 的相同。RAID5 通过将校验信息分布到多个磁盘中，这样就不会出现冗余磁盘成为写操作的瓶颈这个问题。由于 RAID5 每一行数据块的校验信息 *P* 不再限制在单一磁盘上，只要访问的块不位于同一个磁盘内，这种组织方法就可以支持多个写操作同时执行。例如，在如图 6.18(b)所示的 RAID5 中，写块 8 时必须同时访问校验块 *P*2，所以要占用第一个和第三个盘。写块 5 时必须访问校验块 *P*1，故要访问第二个和第四个磁盘。由于不存在磁盘冲突，因此这两次写操作可以并行执行。而在如图 6.18（a）所示的 RAID4 中，由于校验块 *P*1 和 *P*2 位于同一磁盘，冗余盘为访问瓶颈，因此写块 5 和写块 8 这两次写操作不能同时执行。RAID5 的数据改写过程与如图 6.16 所示的 RAID4 中的数据改写过程相同，每次写操作需要 2 次磁盘读和 2 次磁盘写操作。RAID5 的优点包括冗余代价较小，读操作数据传输速率高，写数据相对较快；缺点是阵列控制器设计十分复杂。与 RAID01 的构成方法一样，RAID5 也可以通过镜像扩展为 RAID50 以获得更好的容错性能。RAID50 的结构如图 6.19 所示。

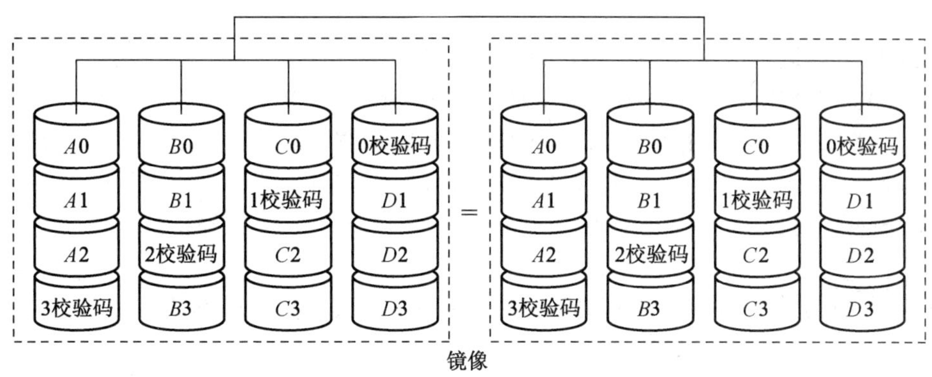

图 6.19 RAID50

6.5.7 RAID6

RAID6 为双维奇偶校验独立存取盘阵列，又称为 *P*+*Q* 双校验磁盘阵列，即数据以块（块大小可变）交叉的方式存于各盘，冗余的检错、纠错信息均匀地分布在所有磁盘上，如图 6.20 所示。

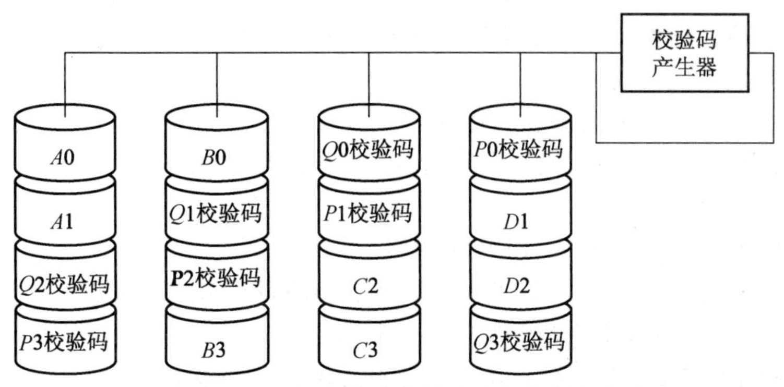

图 6.20 RAID6 双维奇偶校验独立存取盘阵列

RAID5 可以在一个磁盘出现故障的情况下，通过恢复数据而继续正常工作。RAID6 是 RAID5 的扩展，它在 RAID5 的基础上另外增加了一组校验码。由于每次读写数据都要访问一个数据盘和两个包含冗余信息的磁盘，因此 RAID6 的优点是可容忍双盘出错，这使得 RAID6 适用于重要数据的保存。但是 RAID6 的校验信息存储开销是 RAID5 的 2 倍。RAID6 的改写操作基本原理与如图 6.16 所示的过程类似，只不过首先需要读出旧数据及其相关的 2 个校验信息，经过计算后，写入新数据及其相关的 2 个校验信息，因此 RAID6 的写过程需要 6 次磁盘操作。与 RAID01 的构成方法一样，RAID6 也可以通过镜像扩展为 RAID60 以获得更好的容错性能。

6.5.8 RAID 的实现与发展

RAID 可以达到很高的吞吐率，同时又能从故障中恢复数据，所以具有很高的可用性。RAID0、RAID1、RAID10、RAID5 以及 RAID50 等 RAID 级别已经得到了较广泛的应用，RAID 在外存储系统中所起的作用将不断增强，目前世界上已有几十家主要的磁盘阵列厂商在生产和销售各种级别的 RAID 产品。其中，处于领导地位的主要有 HP、IBM 和 EMC 等公司。目前实现磁盘阵列的方式主要有三种，可根据具体应用对象进行选择。

（1）软件方式，即阵列管理软件由主机来执行。其优点是成本低，缺点是要过多地占用主机时间，并且带宽指标上不去。

（2）阵列卡方式，即把 RAID 管理软件固化在 I/O 控制卡上，从而可不占用主机时间，一般用于工作站和 PC。目前的主流产品包括 Adaptec、HighPoint 以及 HP 等公司的 RAID 卡。

（3）子系统方式，这是一种基于通用接口的开放式平台，可用于各种主机平台和网络系统。

RAID 提出后，发展迅速。现在的 RAID 产品具有一些业界“标准”的功能特性。例如：

① 在线优化调整，例如在线扩容、在线 RAID 级别转换以及在线条带宽度调整等。

② 可配置热备份盘，可对多个备份盘进行有效管理。

③ 磁盘热插拔及自动重构。

④ 在多个物理磁盘上创建多个 RAID 等。

目前，磁盘阵列技术研究的热点问题包括以下几个方面：

（1）新型阵列体系结构。

（2）RAID 结构与所记录文件特性的关系。

（3）在 RAID 冗余设计中，综合平衡性能、可靠性和开销的问题。

（4）超大型磁盘阵列在物理上如何构造和连接的问题。

（5）如何利用新型存储部件（例如固态盘 SSD）构建 RAID 等。

随着这些问题的解决，磁盘阵列的性能将会大幅度提高。与其他计算机外存一样，磁盘阵列也将向大容量、高传输率、高可靠性以及体积更小、重量更轻、功耗更小的方向发展。

6.6 I/O 设备与 CPU/存储器的连接——总线

计算机系统中，各子系统必须通过接口连接起来。例如，存储器和 CPU 之间需要通过接口进行通信，同样 I/O 设备和 CPU 间也需要通过接口进行数据传输。计算机子系统间互连接口使用得最多的就是总线（Bus）。

总线是各子系统之间共享的通信链路，它具有低成本和多样性两个优点。通过普通总线连接，只要定义统一的互连方法，就可以很容易地将各种子系统以及计算机设备连接起来。计算机系统之间也可以很方便地通过总线连接。由于设备间的总线连接线是共享的，所以总线的代价较低。

总线的主要缺点是它必须被独占使用，从而形成了设备信息交换的瓶颈，限制了系统总的 I/O 吞吐率。当系统中所有 I/O 操作都必须通过总线时，总线的带宽瓶颈问题就变得十分严重，有时甚至超过了存储器带宽瓶颈问题。因此，在需要进行大量通信的系统中，通常使用互连网络（Interconnection Network）和交叉开关（Crossbar）来代替总线。关于互连网络的相关内容将在第 7.4 节中介绍。

6.6.1 总线设计应考虑的因素

总线的任务就是进行信息交换，主要包括读和写操作。总线传输包括两个部分：收发地址以及收发数据。总线设计要考虑的因素有很多，因为总线上传送信息的速度受限于各种物理因素，如总线的长度、设备的数目以及信号的强度等。这些物理因素限制了总线性能的提高。另外，对 I/O 操作的低延迟以及高吞吐率的要求也会造成设计需求上的冲突。

与计算机中其他子系统的设计一样，总线的设计取决于需要达到的性能和实现代价。表 6.4 给出了设计总线时需要考虑的一些问题。

表 6.4 总线的主要可选特性

选 择	高 性 能	低 代 价
总线复用方式	独立的地址和数据总线	数据和地址总线分时复用
数据总线宽度	宽（例如：64 位）	窄（例如：8 位）
传输块大小	块越大总线开销越小	每次传送单字
总线主设备	多个（需要仲裁）	单个（无须仲裁）
分离事务总线	采用	不采用
定时方式	同步	异步

显然，采用独立的地址和数据线、更多的数据线位数以及多字数据传输块将提高总线的性能，但同时也带来了高成本。

总线主设备的数量也是需要考虑的问题之一。总线主设备是能够申请总线使用权的总线设备。当总线上连接多个总线主设备时，就需要由总线仲裁机制来确定由哪个总线主设备来控制使用总线。总线仲裁机制通常可以采用固定优先权机制或者随机选取机制等。对于总线来说，总线仲裁也是一种开销，而且主设备数量越多，仲裁开销就可能越大。

在具有多个总线主设备时，可以采用分离事务（Split Transaction）总线来提高总线的性能。这种技术又称为流水总线（Pipelined Bus）、悬挂总线（Pended Bus）或者包交换总线（Packet-switched Bus）等。其基本思想是将总线事务分成请求和应答两部分，由于总线设备具有一定的响应时间，请求和应答之间通常有较大的等待时间，这样总线就可以在某个总线事务的请求与应答之间的空闲时间内被其他总线事务使用，如图 6.21 所示。分离事务总线具有较高的带宽，但是它的数据传送延迟通常比不采用分离事务总线的要大。

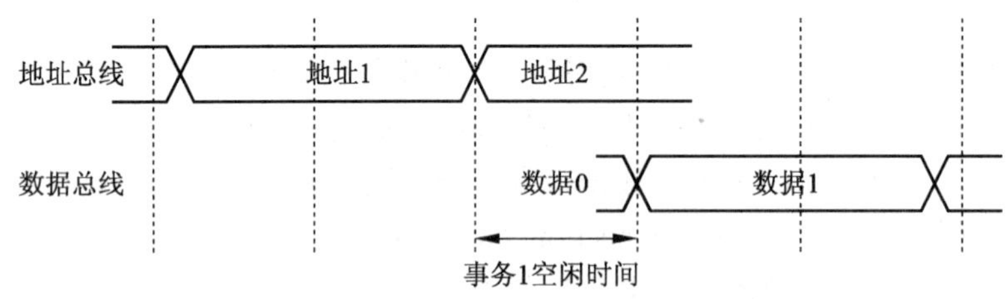

图 6.21　分离事务总线

按照是否有统一的参考时钟，总线还可以分为同步和异步总线。同步总线的控制线中包含供总线上所有设备使用的时钟。同步总线上的设备依据时钟来确定下一步动作的执行时机，所以这种总线速度比较快。另外，同步总线的实现代价较小，成本低。但同步总线主要有两个缺点，一是由于时钟通过长距离传输后相位会漂移，该问题对于高速同步总线来说尤其严重，因而同步总线通常比较短；二是总线上所有操作都必须以同样的时钟速率进行。由于总线上可能连接不同速度的设备，同步总线的工作频率必须以最慢的设备为基准。目前的 CPU-存储器总线通常是同步总线。

异步总线上没有统一的参考时钟。总线上的发送设备和接收设备采用握手协议。异步处理可以满足大量不同设备的连接，而且由于不需考虑时钟扭曲和同步的问题，所以传输距离可以比较长。因此，很多 I/O 总线都采用了异步总线。

同步总线的传输速度通常比异步总线的要快，因为它避免了传输时握手协议的额外开销。选择同步总线还是异步总线，主要应考虑实际传输距离和可连接的设备，即不但要考虑数据带宽，还要注意 I/O 系统的能力。一般来说，如果设备的类型较少且距离较近则宜采用同步总线，而如果设备的种类较多且距离较远则宜采用异步总线。

6.6.2　总线标准和实例

计算机系统中，I/O 设备的数目和性能差异很大。通过制定互连标准，可以使计算机和 I/O 设备相互独立地进行设计。只要计算机和 I/O 设备的设计都满足相应的接口标准，I/O 设备和计算机就可以任意连接。由于总线是使用最多的一种互连接口，所以总线标准的设计涉及面很广，地位十分重要。总线标准就是定义设备间如何通过总线进行连接的文档。广泛使用的 I/O 总线可能成为事实上的标准，例如 PDP-11 的 UniBus 和 IBM PC-AT 的 ISA 总线就是如此。有时，总线标准也来自于某些 I/O 设备的制造商，例如 Ethernet 就是由制造商合作形成的标准。如果这些标准被市场接受，它们将被 ANSI、ISO 或 IEEE 等标准化组织所采纳，并最终成为推荐标准。另外，行业协会也可以制定标准，例如 PCI 就是一种行业协会标准。

表 6.5 给出了几种并行 I/O 总线的一些典型特征。表 6.6 给出了几种串行 I/O 总线的一些典型特征。表 6.7 给出了几种服务器中的 CPU-存储器互连系统的结构特征。

表 6.5 几种并行 I/O 总线

参 数	IDE / Ultra ATA	SCSI	PCI	PCI-X
数据宽度/b	16	8 / 16	32 / 64	32 / 64
时钟频率/MHz	133	160（Ultra4）	33 / 66	66 / 100 / 133
总线主设备数量	1 个	多个	多个	多个
峰值带宽/（MB/s）	200	320	533	1066
同步方式	异步	异步	同步	同步

表 6.6 几种串行 I/O 总线

参 数	I^2C	1-wire	RS-232	SPI	SATA	PCI-E
数据宽度/b	1	1	2	1	2	2
时钟频率/MHz	0.4～10	异步	0.04 或异步	异步	3000	3000
总线主设备数量	多个	多个	多个	多个	点对点连接	点对点连接
峰值带宽/（Mb/s）	0.4～3.4	0.014	0.192	1	300	250
同步方式	异步	异步	异步	异步	同步	同步

表 6.7 几种 CPU-存储器互连系统

参 数	HP HyperPlane Crossbar	IBM SP	Sun Gigaplane-XB
数据宽度/b	64	128	128
时钟频率/MHz	120	111	83.3
总线的主设备数量	多个	多个	多个
每端口峰值带宽/（MB/s）	960	1700	1300
总峰值带宽/（MB/s）	7680	14 200	10 667
同步方式	同步	同步	同步

对比表 6.5 和表 6.6 可以发现串行总线和并行总线的结构特点和性能上的差距。由于并行总线上可以并行传输的数据传输线较多，所以理论上可以获得较大的峰值带宽，在时钟频率较低时确实如此。实际上，由于并行传送方式的总线需要使用同一时序传播信号、用同一时序接收信号，而过分提升时钟频率将难以让数据传送的时序与时钟合拍，布线长度稍有差异，数据就会以与时钟不同的时序送达。同时，提升时钟频率还容易引起信号线间的相互干扰。另外，更多的传输线无疑会增加实现成本。近年来，人们对互

连设备的 I/O 带宽提出了更高的要求，总线在价格上的优势不断下降。随着器部件价格的不断降低，点对点链路（Point-to-Point Link）和开关（Switch）开始逐渐流行。表 6.6 中 SATA 和 PCI-E 采用点对点连接，通信链路由通信双方独占使用，解决了并行传输时钟频率不能很高的问题。而在 I/O 操作比较频繁的服务器系统中，通常需要结合总线和其他互连技术来获得更高的 I/O 带宽，例如表 6.7 中所列服务器采用了总线和交叉开关相结合的技术。

6.6.3 设备的总线连接

通过总线进行连接是 CPU 和 I/O 设备的基本连接形式。I/O 总线的物理连接方式一般有两种选择，一种是将其连接到存储器总线上，另一种是将其直接连接到 Cache 上，前者较常见。本小节只讨论将 I/O 总线连接到存储器总线上这种方式。图 6.22 显示了一种典型的通过总线连接构成的系统，其中 I/O 总线通过总线适配器连接到 CPU-主存总线上。在一些低成本的系统中，I/O 总线往往就是存储器总线，此时总线上的 I/O 命令将影响 CPU 指令的执行，例如取指时的访存。

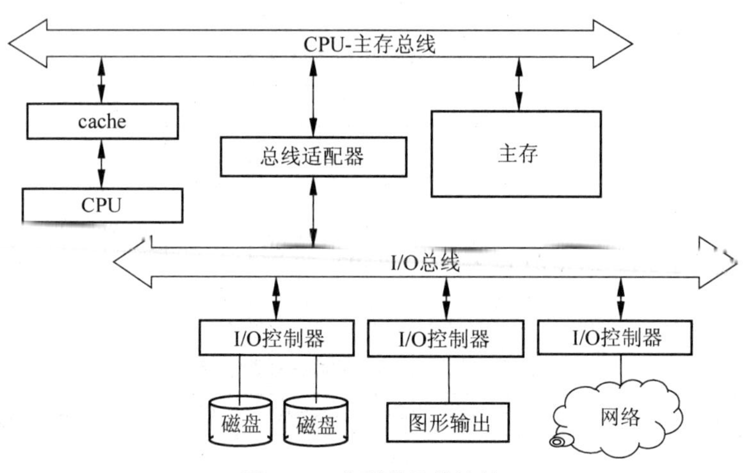

图 6.22 典型的总线连接

I/O 设备的编址方式主要有两种。最常用的方法是“存储器映射 I/O”或称为统一编址方式。在这种方法中，将一部分存储器地址空间分配给 I/O 设备，对这些地址进行读写操作将引起 I/O 设备的数据输入和输出。另外，也可以将一部分存储空间用作设备控制，读写这一部分地址空间，就是查询设备状态或者向设备发出控制命令。另一种 I/O 设备的编址方式是 I/O 设备单独编址。使用这种方法，需要在 CPU 中设置专用的 I/O 指令来访问 I/O 设备。例如，在 Intel 80x86 和 IBM 370 等计算机中都设置有专门的 I/O 指令。此时，CPU 需要发出标志信号来标志访问的地址是 I/O 设备的地址还是主存地址。

无论选择哪一种编址方法，每个 I/O 设备都提供状态寄存器和控制寄存器作为 CPU 和 I/O 间接口的组成部分。控制外部设备的输入输出方式包括程序查询、中断、DMA 以及通道方式等。

使用程序查询方式，CPU 需要不断查询外设状态位以确定 I/O 操作是否完成，从而可以开始下一个 I/O 操作。由于 CPU 比 I/O 设备快得多，所以该方式会浪费大量的 CPU 时间。中断方式只有在需要访问 I/O 设备时才中断 CPU。该方式允许 CPU 在等待 I/O 设备操作时执行其他进程，因而提高了 CPU 的利用率。但是由于每传输一个数据字就需要中断一次，并且中断处理本身也需要开销，因此 CPU 仍然需要花费许多时钟周期在 I/O 操作上。

由于 I/O 操作通常涉及成块数据的传输，所以可以采用 DMA 控制器，在没有 CPU 干预的情况下传输多个数据字。DMA 控制器通常作为一种总线主设备使用。DMA 传输开始前，CPU 只要设置需要传输数据的存储器始地址寄存器和需要传输字节的计数器即可。数据传输将在 DMA 控制器的控制下完成，传输过程中 CPU 可以执行其他程序。只有当 DMA 传输完成，DMA 控制器才向 CPU 发中断。这样就进一步减轻了 CPU 的负担。

为了进一步降低 CPU 处理 I/O 操作的负担，可以设置专门的处理机，接管所有的 I/O 操作，这就是通道。

6.7 通道

在大型计算机系统中，采用程序查询、中断和 DMA 这三种基本的 I/O 方式来管理外设，会引起以下两个问题：

（1）所有外设的 I/O 工作全部都要由 CPU 来承担，CPU 的 I/O 负担很重，不能专心于程序执行。虽然使用 DMA 方式可以减少对 CPU 的干扰，但初始化工作仍然需要 CPU 来完成。如果众多外设均采用 DMA 方式，仍然会降低 CPU 执行程序的效率。

（2）大型计算机系统中的外设台数虽然很多，但是一般并不同时工作。如果为每一台设备都配置一个接口，必然是一种浪费。特别是 DMA 接口，它的硬件实现代价很高。

为进一步减轻 CPU 的负担，可以采用比 DMA 功能更强的通道方式。在大型计算机系统中，外设的台数一般比较多，设备的种类、工作方式和工作速度的差别也比较大，通道技术可以把 CPU 从对外设的管理工作中解放出来。通道可以分担全部或大部分的 I/O 工作，这样就能充分发挥 CPU 的计算潜力。IBM 公司从 IBM 360 系列机开始，几乎在其研制的所有大型计算机系统中都采用了通道技术。

6.7.1 通道的功能

一般说来，通道的功能应该包括以下几个方面：

（1）接受来自 CPU 的 I/O 指令，并根据指令要求选择指定的外设与通道连接。

（2）执行 CPU 为通道组织的通道程序，从主存中取出通道指令，对通道指令进行译码，并根据需要向被选中的设备控制器发出各种操作命令。

（3）为主存和外设设置传输控制信息，具体包括：

① 给出外设的有关地址，即进行读写操作的数据所在的位置。例如，磁盘存储器的

柱面号、磁头号、扇区号等。

② 给出主存缓冲区的首地址，该缓冲区用来暂时存放从外设上输入的数据，或者暂时存放将要输出到外设中去的数据。

③ 控制外设与主存缓冲区之间交换数据的个数，对交换的数据个数进行计数，并判断数据传送工作是否结束。

（4）指定传送工作结束时要进行的操作。例如，将外设的中断请求及通道的中断请求送往 CPU 等。

（5）检查外设的工作状态是否正常。根据需要将设备的状态信息送往主存指定单元保存。

（6）在数据传输过程中完成必要的格式变换。例如，把字拆卸为字节，或者把字节装配成字等。

因此，通道除了能够执行一组通道指令外，还应该包括能够完成上述功能的硬件。通道的主要硬件包括寄存器部分和控制逻辑部分。寄存器部分包括数据缓冲寄存器、主存地址计数器、传输字节数计数器、通道命令字寄存器、通道状态字寄存器等。控制逻辑部分包括分时控制、地址分配、数据传送、数据装配和拆卸等控制逻辑。

采用通道方式组织的输入输出系统，多采用主机—通道—设备控制器—I/O 设备 4 级连接方式。通道对外设的控制通过 I/O 接口和设备控制器进行。对于各种不同的外设，设备控制器的结构和功能也各不相同。然而，通道与设备控制器之间一般采用标准的 I/O 接口来连接。指令通过标准接口送到设备控制器，设备控制器解释并执行这些通道命令，完成命令指定的操作，并且将各种外设产生的不同信号转换成标准接口和通道能够识别的信号。另外，设备控制器还能够记录外设的状态，并把状态信息送往通道和 CPU。

6.7.2 通道的工作过程

通道完成一次数据传输的过程主要分为以下三步：

（1）在用户程序中使用访管指令进入管理程序，由管理程序组织一个通道程序，并启动通道。

（2）通道执行 CPU 为它组织的通道程序，完成指定的数据 I/O 工作。

（3）通道程序结束后向 CPU 发中断请求。

CPU 执行用户程序和管理程序，通道执行通道程序的时间关系如图 6.23 所示。在用户程序中通过调用通道来完成一次数据输入输出的过程如图 6.24 所示。

I/O 指令大都属于管态指令，因此需要在用户程序中设置一条要求进行输入输出的广义指令来使用外设。广义指令由访管指令和一组参数组成，它的操作码实际上是对应此广义指令的管理程序入口。当目标程序执行到要求输入输出的访管指令后，产生自愿访管中断。CPU 响应此中断后，转向该管理程序入口，从目态进入管态。

管理程序根据广义指令提供的参数，如设备号、交换数据的长度和数据在主存中的起始地址等信息来编制由通道指令组成的通道程序。在管理程序中把通道程序的入口地址放入主存储器的通道地址单元。在管理程序的最后，用一条启动 I/O 设备的指令来启动通道工作。

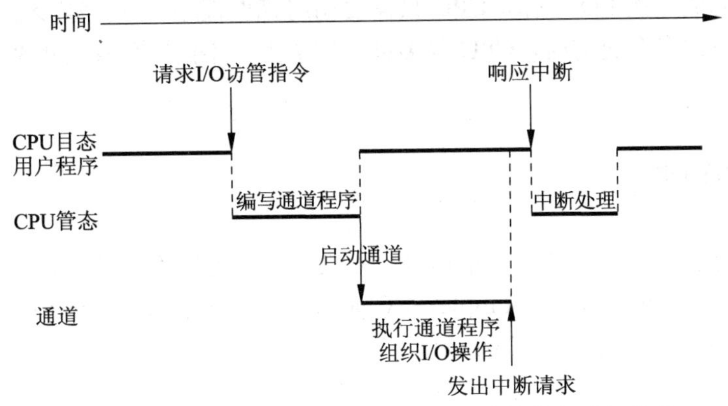

图 6.23 通道程序、管理程序和用户程序的执行时间关系

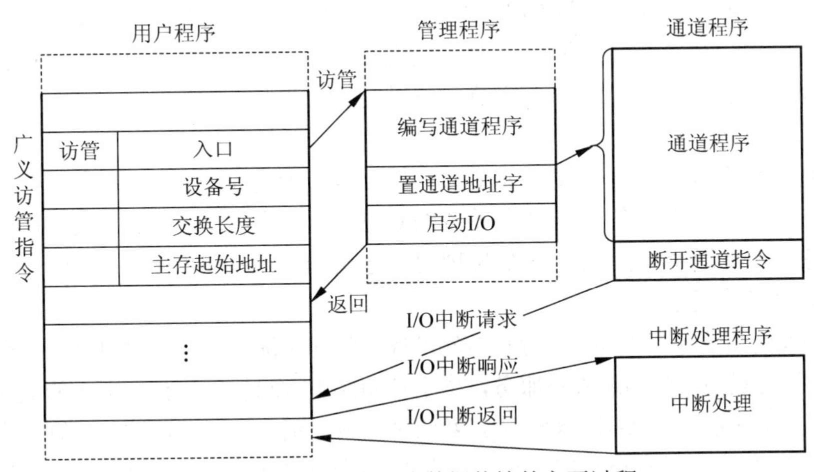

图 6.24 通道完成一次数据传输的主要过程

启动 I/O 设备指令是一条特权指令，其工作流程为：先选择指定的通道，如果该通道是空闲的，则根据通道程序取出第一条通道指令。然后根据通道指令选择设备控制器和设备，如果被选择的设备在线，则向它发启动命令。设备启动后，向通道发回应答信号。在上述过程中，如果任何一个过程不正确，表示启动 I/O 设备没有成功，将形成相应的条件码并结束启动过程。通道通过检测这些条件码，能够知道设备为什么没有启动成功。

设备启动后，通道将执行通道程序，完成指定的数据 I/O 工作。从图 6.23 中可以看出，执行通道程序与 CPU 执行用户程序是并行的。通道启动后，CPU 就可以退出操作系统的管理程序，返回到用户程序中继续执行原来的程序，而通道则开始控制设备之间的数据传送。当通道执行完最后一条通道指令“断开通道”时，通道的数据传输工作就全部结束。

当通道程序结束后向 CPU 发中断请求。CPU 响应这个中断请求后，第二次进入管态，调用管理程序对 I/O 中断请求进行处理。如果是正常结束，管理程序进行必要的登记等工作；如果是故障、错误等异常情况，则进行异常处理。然后，CPU 返回目态。

这样，每完成一次 I/O 工作，CPU 只需要调用管理程序 2 次，减少了对用户程序的打扰。当系统中有多个通道时，CPU 与多种不同类型、不同工作速度的外设可以充分并行工作。

6.7.3 通道的种类

同一通道可以连接多台外设。根据多台外设共享通道的不同情况，可将通道分为三种类型：字节多路通道（Byte Multiplexer Channel）、选择通道（Selector Channel）和数组多路通道（Block Multiplexer Channel）。

（1）字节多路通道。

字节多路通道是一种简单的共享通道，主要为多台低速或中速的外设服务。字节多路通道采用分时方式工作，它与 CPU 之间的高速数据通路分时为多台设备服务。当多台设备同时连接到一个字节多路通道上时，通道每连接一个外设，只传送一个字节，然后又与另一台设备连接，并传送一个字节……以此循环工作。

（2）选择通道。

选择通道是为多台高速外设（如磁盘存储器等）服务的。选择通道在一段时间内只能单独为一台高速外设服务，当这台设备的数据传送工作全部完成后，通道才能为另一台设备服务。选择通道实际上是逐个为物理上连接的几台高速外设服务的。

（3）数组多路通道。

高速外设的传输速率很高，但寻址等辅助操作时间可能较长。如果对这些外设使用选择通道，通道始终只为一台高速外设服务，由于辅助操作时间长，故存在很大的浪费，并没有能够充分发挥高速通道的数据传输潜力，数组多路通道正是为了解决这一问题而提出来的。

数组多路通道可以充分利用通道，尽量使多台高速设备重叠操作。当数组多路通道的每台外设均传输 k 个字节的数据块时，通道每连接一台高速设备就传送一个数据块，传送完成后又与另一台高速设备连接，再传送一个数据块……以此循环工作。这样，虽然数组多路通道在一段时间内只能为一台高速设备传送数据，但一台外设的数据传输与其他外设的辅助操作可以并行进行，从而提高了通道的工作效率。

6.8 I/O 与操作系统

由于能够使处理器性能充分发挥的软件是编译器，而充分发挥存储性能的软件是操作系统，所以在设计 I/O 系统时还要注意操作系统的因素。例如，早期的 UNIX 系统中使用的 I/O 控制器多为 16 位微处理器。16 位的寻址空间限制了每次 I/O 传输的最大块为 64KB。这样，如果使用早期的 UNIX 系统，无论 I/O 控制器的传输能力多强，也无法一次传输大于 64KB 的数据。

操作系统具有进程保护的功能，这种保护也包括 I/O 进程保护，此时操作系统的主要任务是维护数据的安全性。

6.8.1 DMA 和虚拟存储器

如果使用虚拟存储器，那么就存在 DMA 使用的是虚拟地址还是物理地址来传输数据的问题。使用物理地址进行 DMA 传输，存在以下两个问题：

（1）对于超过一页的数据缓冲区，由于缓冲区使用的页面在物理存储器中不一定连续，所以传输可能会发生问题。

（2）如果 DMA 正在存储器和缓冲器之间传输数据，操作系统从存储器中移出（或重新装载）一些页面后，DMA 会在存储器中错误的页面上传输数据。

解决该问题的一种方法是使操作系统在 I/O 的传输过程中确保 DMA 设备访问的页面都位于物理存储器中，这些页面称为锁定（Pinned）在主存中的页面。为确保数据传输安全，操作系统通常需要把用户数据备份至核心地址空间，再在核心地址空间与 I/O 设备间交换数据。显然，用这种备份的方法来确保安全的开销很大。有的 DMA 控制器可以支持对存储器中不连续地址的数据进行存取，这种 DMA 方式称为分散/聚合（Scatter/Gather）DMA。如果 DMA 控制器支持分散/聚合传输，操作系统就可以创建地址列表和确定传输缓冲大小以降低备份开销。

另一种方法是采用“虚拟 DMA”技术，它允许 DMA 设备直接使用虚拟地址，在 DMA 期间由硬件将虚拟地址映射到物理地址。这样，I/O 使用的缓冲区页面在虚拟存储器中是连续的，但物理页面可以分散在物理存储器中，并且虚拟地址提供了对 I/O 操作的保护。如果使用虚拟 DMA 的进程在内存中被移动，操作系统能够及时地修改相应的 DMA 地址表。图 6.25 中显示了用于 DMA 传输的地址转换寄存器。

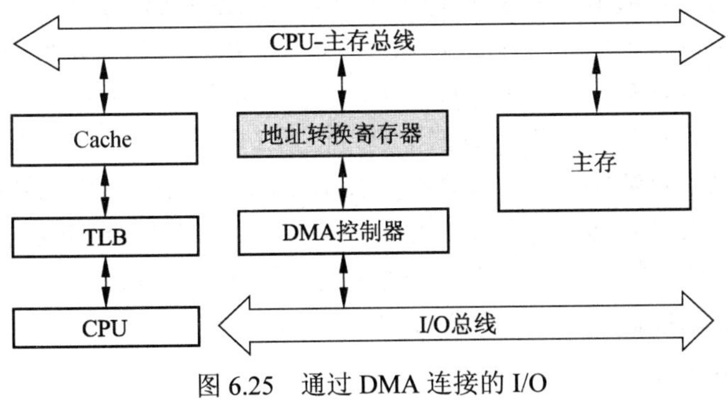

图 6.25 通过 DMA 连接的 I/O

6.8.2 I/O 和 Cache 的数据一致性

使用 Cache 增加了操作系统的负担。Cache 会使一个数据出现两个副本，一个在 Cache 中，一个在主存中；而在虚拟存储器系统中，同一个数据还可能出现三个副本：Cache、主存和磁盘上各有一个。这样就可能造成数据的不一致问题，即 CPU 或者 I/O 操作在修改数据后没有修改数据的其他副本。因此，使用 Cache 和虚拟存储器时，操作系统和硬件必须确保 CPU 读到的、I/O 输出的都是最新数据。

如第 6.6.3 小节所述，I/O 与计算机的连接方式有两种。如果 I/O 直接连接到 Cache 上，如图 6.26 所示，则不会产生数据不一致的问题。此时，所有 I/O 设备和 CPU 都能在 Cache 中看到最新的数据，而且存储器机制能保证数据的其他副本得到及时地更新。

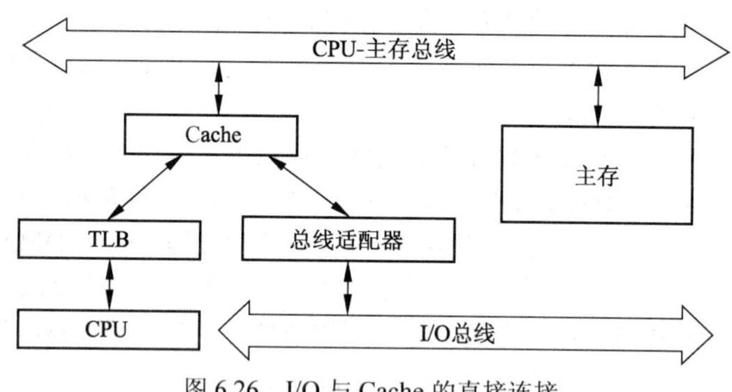

图 6.26　I/O 与 Cache 的直接连接

这种连接方法的缺点是损失了性能：I/O 要传给 Cache 的数据往往不是 CPU 当前需要访问的数据。也就是说，所有的 I/O 数据都必须经过 Cache，但是大部分不会立即被 CPU 使用。这样，作为 CPU 常用数据的缓冲，Cache 的作用被大大削弱了。另外，在这种连接方式下，CPU 和 I/O 要竞争访问 Cache，因此需要仲裁。

如果将 I/O 直接连到存储器上（如图 6.22 所示），由于 CPU 直接访问 Cache 中的数据，I/O 与存储器之间的数据交换就不会干扰 CPU。但此时会产生数据不一致问题，这种数据不一致包括两个方面的问题：

第一个问题是，如果系统中存在 Cache，而 I/O 连接到存储器上，此时存储器中可能不是 CPU 产生的最新数据，最新数据在 Cache 中。解决办法就是要确保 I/O 从存储器中取出来的是正确的数据。写直达 Cache 可以保证存储器和 Cache 中有相同的数据；写回 Cache 则需要操作系统帮助进行数据检查：根据 I/O 使用的存储器地址来查找 Cache 中是否有对应的块。如果数据块未被修改，表明 Cache 和存储器中的数据一致；如果数据块已经被修改，表明 Cache 中存放的是最新数据，这样就需要将数据块写回以保证存储器中的数据也是最新的。这个检查的动作可能需要花费很长时间，因为操作系统必须将 I/O 使用的存储器地址与 Cache 中的 tag 标志逐个进行比较。当然，这个地址检查过程也可以使用硬件来完成。

第二个问题是，I/O 与存储器交换数据之后，在 Cache 中被 CPU 使用的可能就是陈旧数据，而最新数据在存储器中。解决问题的办法在于确保 Cache 中的数据在 I/O 操作之后能够及时更新。为避免不一致问题的产生，操作系统需要保证 I/O 操作的数据块不在 Cache 中。同样，操作系统需要根据 I/O 操作使用的存储器地址和 Cache 的 tag 标志进行比较，作废 Cache 中陈旧的数据。这样 CPU 再次访问该数据块时就会引起 Cache 失效，从而从存储器中获取最新的数据。同样，比较动作可能需要花费很长的时间，这个过程也可以使用硬件来完成。

6.8.3 异步 I/O

由于外设通常具有机械动作时间，因此外设的速度较慢。I/O 访问的过程一般是：向 I/O 发出请求，然后操作系统切换到另一个进程工作，直到所请求的数据到达才切换回来。这种 I/O 操作的过程被称为同步 I/O，即进程处于等待状态直到所需数据从外设读出。

如果允许进程在发出 I/O 请求后继续执行，直到该进程需要使用所请求的数据，这种 I/O 方式就是异步 I/O 方式。异步 I/O 允许进程进一步发出 I/O 请求，这样多个 I/O 请求可以同时处理以最大限度地利用带宽。异步 I/O 的处理方法类似第 5 章中介绍的 Cache 多重失效。

6.8.4 文件信息的维护

为了使计算机可以方便地共享信息，使用户可以方便地维护信息，通常需要将存储功能与网络技术结合起来，例如块服务器（Block Server）和文件服务器（Filer）。

为方便管理，操作系统通常使用文件系统来管理磁盘数据块，文件系统可以提供磁盘文件的描述信息。例如 Microsoft 和 UNIX 系统都使用逻辑单元、逻辑卷和物理卷来描述磁盘数据块的子集。逻辑单元是从磁盘阵列引出的存储概念，通常由磁盘阵列中的部分磁盘构成。对服务器来说，逻辑单元仿佛就是一块虚拟“磁盘”。在 RAID 磁盘阵列中，逻辑单元可以设置成某种 RAID 级别，例如 RAID5。物理卷是文件系统访问逻辑单元时使用的设备文件。使用逻辑卷可以将物理卷分割为多块，或者可以将数据分块放在多个物理卷中。总之，逻辑单元是磁盘阵列的描述，操作系统把它看成一块虚拟盘；而操作系统使用物理卷和逻辑卷，将虚拟盘划分为更小的独立的文件系统。

那么文件信息到底在哪里进行维护呢？传统的方法是在服务器中维护。这样服务器可以通过磁盘块来访问存储设备以及维护元数据。由于大部分的文件系统使用文件 Cache，所以服务器需要维护文件访问中的一致性问题。对于磁盘来说，可能是直接接入的（即磁盘位于服务器机箱内部，然后连接到 I/O 总线上），也可以通过存储区域网（Storage Area Network，SAN）接入，但是需要由服务器将数据块传输到存储子系统中。

另一种方法是通过磁盘子系统来维护文件信息，服务器通过文件系统协议与存储器进行通信。UNIX 系统的 NFS（Network File System）和 Windows 系统的 CIFS（Common Internet File System）就是这样的例子。这些设备称为网络接入存储（Network Attached Storage，NAS）设备，这是因为 NAS 设备没有必要直接连接到服务器上。通常把只提供文件服务和文件存储的 NAS 设备称为文件服务器 Filer。Network Application 公司是首先生产文件服务器的公司。

目前，在计算服务器和磁盘阵列控制器间出现了新型网络存储产品，它们提供存储、高速缓冲、备份区等位置的快照（Snapshot），其目的是使存储系统更容易管理。

6.9 小结

按照 Amdahl 定律，不重视 I/O 将导致系统资源、特别是 CPU 资源的浪费，这一点已经引起计算机系统设计人员、特别是系统集成人员的注意。

外存储器由各种大容量存储设备构成，如磁盘存储器、光盘存储器等。大容量存储设备按照存取方式又可分成两大类，随机存取设备和顺序存取设备。磁盘存储器和光盘存储器都属于随机存取设备，它们采用地址指示被保存的数据，如磁盘的磁头号、磁道号、扇区号等。磁带存储器属于顺序存取设备，数据被保存在块中，查找数据必须逐块地读出。磁带存储存取花费时间多，但容量大，单位容量的成本很低，因此常作为备份存储设备，用以脱机保存数据。

磁盘和 CPU 性能间的差距使人们不断发明新的结构和设备来弥补，例如使用文件 Cache 改进延迟，使用 RAID 磁盘阵列改进吞吐率等。未来对于 I/O 系统的需求包括更好的算法、更好的结构和更大的 Cache 等。基于 Flash 的固态硬盘 SSD 具有无机械延迟、功耗低、抗震、噪音小等优点，能提供与 DRAM 几乎相同的带宽，容量也越来越大，目前得到长足发展。

随着磁盘、磁带的容量不断提高、每 GB 价格的不断降低，磁盘（阵列）和磁带（库）仍将继续长期占据着 I/O、特别是外存储产品的广大市场，其应用范围也将进一步拓展。

光盘存储产品具有极高的存储密度、有限的可写性、介质可换、可靠性高、抗损伤、抗灰尘能力强等优势，其巨大的存储容量和快速检索能力使其成为快速发展的 HDTV、多媒体技术和大型金融、商贸、通信等管理网络不可缺少的组成部分。

I/O 系统的性能可以采用建模分析和实际测量的方法来衡量。对 I/O 系统建立模型后，可以采用排队理论来估算 I/O 系统的性能。M/M/1 和 M/M/*m* 系统是应用较多的排队模型。设计出来的 I/O 系统还可以通过基准测试程序进行实际测量，TPC-C 是一个典型代表，它已经成为全球权威的测评服务器性能的标准。

除了容量、速度和价格外，人们有时更关心存储外设的可靠性能，存储设备的主导思想应该是无条件地保护好用户的数据。为保证磁盘系统在出现错误时不失效，通常需要将冗余信息存放在冗余磁盘中，这导致了 RAID 技术的出现。RAID 技术自从提出后发展迅速，目前已逐渐成熟。不同的 RAID 级别和 RAID 新技术提供了不同的数据传输性能和可靠性能，它是目前解决计算机 I/O 瓶颈的有效方法之一。

总线是子系统之间常用的通信链路，具有低成本和多样性的优点。通过定义统一的互连方法，各种新型设备可以很容易连接起来；通过多设备共享一组标准的线路，可以降低开销。在大型计算机系统中，外设的台数一般比较多，设备的种类、工作方式和工作速度的差别也比较大。为了把 CPU 从对外设的管理工作中解放出来，可以采用通道技术。

最后需要指出的是，计算机系统整体性能的发挥需要软硬件的配合，因此，设计 I/O 系统时还需要考虑到操作系统的因素。

习题 6

1．解释下列名词。

等位密度	磁盘 Cache	螺旋扫描磁带	可靠性
可用性	RAID	分离事务总线	通道
虚拟 DMA	异步 I/O		

2．假设一台计算机的 I/O 处理时间占 10%，当其 CPU 性能改进为原来的 100 倍，而 I/O 性能仅改进为原来的 2 倍时，系统总体性能会有什么样的变化？

3．假设磁盘空闲（这样没有排队延迟），其平均寻道时间是 9ms，传输速度为 4MB/s，转速为 7200r/min，控制器开销为 1ms，那么读写一个 512B 的扇区的平均时间是多少？

4．什么是光盘塔、光盘库和光盘阵列？试比较它们的异同。

5．什么是故障、错误和失效？它们之间的关系是什么？

6．RAID 有哪些分级？各有何特点？

7．同步总线和异步总线各有什么优缺点？

8．什么是通道？简述通道完成一次数据传输的主要过程。

9．什么是 Little 定律？其适用场合是什么？

10．某处理器每秒发出 50 次磁盘 I/O 请求，假定这些请求的间隔时间服从指数分布，磁盘完成这些请求的服务时间服从均值为 20ms 的指数分布。试计算磁盘空闲的概率，平均处于等待状态的 I/O 请求数量，I/O 请求的平均等待时间以及 I/O 请求的平均响应时间。

11．在有 Cache 的计算机系统中，进行 I/O 操作时，会产生哪些数据不一致问题？如何克服？

12．假设在一个计算机系统中：

（1）每页为 32KB。Cache 块大小为 128B。

（2）对应新页的地址不在 Cache 中，CPU 不访问新页中的任何数据。

（3）Cache 中 95%的被替换块将再次被读取，并引起一次 Cache 失效。

（4）Cache 使用写回方法，平均 60%的块被修改过。

（5）I/O 系统缓冲能够存储一个完整的 Cache 块。

（6）访问或失效在所有 Cache 块中均匀分布。

（7）在 CPU 和 I/O 之间，没有其他访问 Cache 的干扰。

（8）无 I/O 时，每 100 万个时钟周期内有 18 000 次 Cache 失效。

（9）Cache 失效开销是 40 个时钟周期。如果被替换的块被修改过，则再加上 30 个周期用于写回主存。

（10）计算机平均每 200 万个周期处理一页。

试分析 I/O 对于性能的影响有多大。

第 7 章　多 处 理 机

7.1　引言

20 世纪 90 年代以来设计者们找到了建立比单片微处理器性能更优越的服务器和巨型机的途径，正在开创体系结构的新纪元——以多处理器为主角。

长期以来，人们一直在说单处理机的发展正在走向尽头。然而，人们却看到，在近十年中，随着微处理器的发展，单机性能增长达到了自晶体管计算机出现以来的最高速度。另一方面，人们也确信并行计算机在未来将会发挥更大的作用。这个观点基于以下三个事实：第一，要获得超过单处理器的性能，最直接的方法就是把多个处理器连在一起；第二，自 1985 年以来，体系结构的改进使性能迅速提高，但是这种改进的速度能否持续下去还不清楚，因为通过复杂度和硅技术的提高而得到的性能提升正在减小；第三，并行计算机应用软件已有缓慢但稳定的发展。

本章将重点放在多处理机设计的主流上，即中小规模的机器（处理器的个数不超过 128）。这种机器无论在现存数量上还是在价值总值上，目前都占主导地位。对于大规模处理机（处理器的个数超过 128），本书只做简要介绍。

7.1.1　并行计算机体系结构的分类

按照 Flynn 分类法，根据计算机中指令和数据的并行状况可把计算机分成单指令流单数据流（SISD）、单指令流多数据流（SIMD）、多指令流单数据流（MISD）和多指令流多数据流（MIMD）4 类。许多早期的多处理机是 SIMD 机器，但近些年来，MIMD 显然已成为通用多处理机体系结构的选择，这是由下列两个因素引起的：

（1）MIMD 具有灵活性。通过适当的软硬件支持，MIMD 可以用作单用户机器，针对一个应用程序发挥其高性能；也可以用作多道程序机器，同时运行许多任务；还可以是这两种功能的某种组合。

（2）MIMD 可以充分利用商品化微处理器在性能价格比方面的优势。实际上，现有的多处理机几乎都采用与工作站和单处理机服务器相同的微处理器。

根据多处理机系统中处理器个数的多少，可把现有的 MIMD 机器分为两类。每一类代表了一种存储器的结构和互连策略。由于多处理机的规模大小这个概念的含义是随时间而变化的，所以用存储器结构来区分机器。第一类机器称为集中式共享存储器结构（Centralized Shared-Memory Architecture）。这类多处理机在目前至多有几十个处理器。由于处理器数目较小，可通过大容量的 Cache 和总线互连使各处理器共享一个单独的物理存储器。因为只有一个单独的主存，而且这个主存对于各处理器的关系是对称的，各处理器访问它的时间相同，所以这类机器有时被称为对称式共享存储器结构（Symmetric shared-memory MultiProcessor，SMP）机器或者 UMA（Uniform Memory Access）机器。这类对称式共享存储器结构是目前最流行的结构。图 7.1 为此类机器结构的示意图。

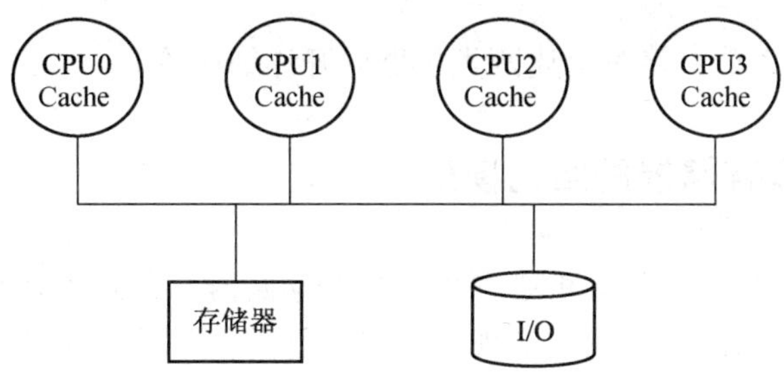

图 7.1　对称式共享存储器多处理机的基本结构

第二类机器具有分布的物理存储器。为支持较大数目的处理器，存储器必须分布到各个处理器上，而非采用集中式，否则存储器系统将不能满足处理器带宽的要求。系统中每个节点包含了处理器、存储器、I/O 以及互联网络接口。随着处理器性能的迅速提高和处理器对存储器带宽要求的不断增加，甚至在较小规模的多处理机系统中，采用分布式存储器结构也优于采用对称式共享存储器结构（这也是不按规模大小进行分类的一个原因）。当然，分布式存储器结构需要高带宽的互连。图 7.2 给出了此类机器的结构。

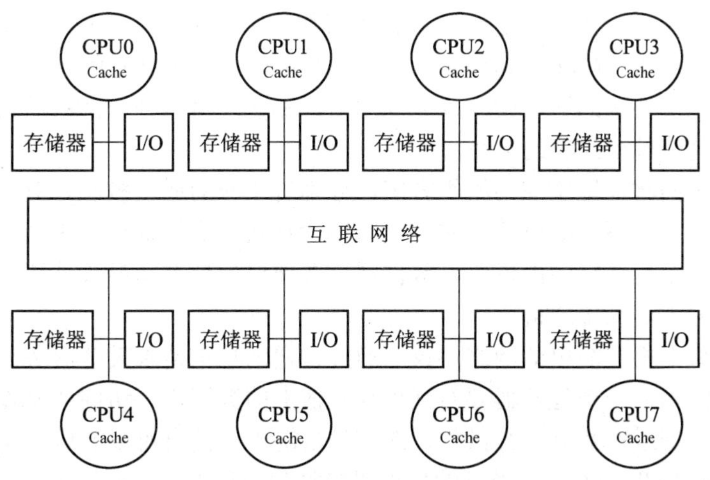

图 7.2　分布式存储器结构的机器基本结构

将存储器分布到各节点有两个好处：第一，如果大多数的访问是针对本节点的局部存储器，则可降低对存储器和互联网络的带宽要求；第二，对局部存储器的访问延迟低。分布式存储器体系结构最主要的缺点是处理器之间的通信较为复杂，且各处理器之间的访问延迟较大。

通常情况下，I/O 和存储器一样也分布于多处理机的各节点当中。每个节点内还可能包含较小数目（2～8）的处理器，这些处理器之间可采用另一种技术（例如通过总线）互连形成簇（Cluster），这样形成的节点叫做超节点。采用超节点对机器的基本运行原理没有影响。由于采用分布式存储器结构的机器之间的主要差别在于通信方法和分布式存储器的逻辑结构方面，所以在本章讨论中，将集中于每个节点只有一个处理器的机器。

在第7.2和第7.3节中将对上述两类机器展开详细讨论。

7.1.2 通信模型和存储器的结构模型

如上所述，大规模的多处理机必须采用多个存储器，它们在物理上分布于各个处理节点中。在各个处理器之间通信的实现上，目前有两种可供选择的方案。第一种方案是物理上分离的多个存储器可作为一个逻辑上共享的存储空间进行编址，这样一个处理器如果具有访问权，就可以访问任何一个其他的局部存储器，这类机器的结构称为分布式共享存储器（Distributed Shared-Memory，DSM）或可缩放共享存储器（Scalable Shared-Memory，SSM）体系结构。此处的“共享”指的是地址空间的共享，即两个处理器各自使用相同的物理地址，在系统中指向分布存储器中的同一个单元。与对称式存储器机器相反，DSM机器称为NUMA（Non-Uniform Memory Access）机器，这是因为其访问时间依赖于数据在存储器中的存放位置。

另一种方案是整个地址空间由多个独立的地址空间构成，它们在逻辑上也是独立的，远程的处理器不能对其直接寻址。在这种机器的不同处理器中，相同的物理地址指向不同存储器的不同单元，每一个处理器-存储器模块实际上是一个单独的计算机，因而这种机器也称为多计算机（Multicomputers）。它完全可以由多个独立的计算机通过局域网相连构成。如果应用要求的通信较少或无须通信，那么采用这种方案只需将机器连接成簇来支持应用，是一种很经济的途径。

对应于上述两种地址空间的组织方案，分别有相应的通信机制。对于共享地址空间的机器，可利用Load和Store指令中的地址隐含地进行数据通信，因而可称为共享存储器机器。对于多个地址空间的机器，数据通信要通过处理器间显式地传递消息完成，因而这种机器常称为消息传递机器。

消息传递机器根据简单的网络协议，通过传递消息来请求某些服务或传输数据，从而完成通信。例如，一个处理器要对远程存储器上的数据进行访问或操作，它就发送消息，请求传递数据或对数据进行操作，在这种情况下，消息可以看成一个远程进程调用（Remote Process Call，RPC）。当目的处理器接收到消息以后，执行相应的操作，或者代替远程处理器进行访问，并发送一个应答消息将结果返回。如果请求处理器发送一个请求后一直要等到应答结果才继续运行，则这种消息传递称为同步的。现有许多机器的软件系统已为发送和接收消息的各种操作提供了支持，包括传送复杂的参数和返回结果。程序员可以利用RPC功能完成消息传递。

如果数据发送方知道别的处理器需要数据，通信也可以从数据发送方而不是数据接收方的角度开始，数据可以不用先经请求就直接送往数据接收方。这种消息传递方法往往是异步进行的，使发送方可立即继续原来程序的运行。通常接收方所需的消息如果还未到达，则它需要等待。此外，如果接收方还未处理完前一个消息，发送方也会因要发送消息而等待。

对于通信机制的性能，可以通过下面三个关键的性能指标来衡量：

（1）通信带宽——理想状态下的通信带宽受限于处理器、存储器和互联网络的带宽。进行通信时，节点内与通信相关的资源被占用，这种占用限制了通信速度。

（2）通信延迟——理想状态下通信延迟应尽可能地小。通信延迟的构成为

$$\text{通信延迟} = \text{发送开销} + \text{跨越时间} + \text{传输延迟} + \text{接收开销}$$

跨越时间是指一个数字信号从发送方的线路端传送到接收方的线路端所经过的时间，而传输延迟是全部的消息量除以线路带宽。发送和接收的开销一般都很大，数量上取决于通信机制及其实现。通信延迟是很关键的指标，它对多处理机的性能和程序设计有很大的影响。通信机制的主要特点直接影响通信延迟和资源占用。例如，如果每次通信必须由操作系统处理，将会加大开销和通信资源的占用，进而引起带宽的降低和整个通信延迟的增加。

（3）通信延迟的隐藏——如何才能较好地将通信和计算或多次通信之间重叠起来，以实现通信延迟的隐藏，这是一个很复杂而且困难的问题。通信延迟隐藏是一种提高性能的有效途径，但它对操作系统和编程者来讲增加了额外的负担。通常的原则是：只要可能就隐藏延迟。

上面这些性能指标均受到通信机制和应用特点的影响。应用中的通信数据量是最主要的影响因素。通常情况下，一个好的通信机制无论对于通信数据量较小还是较大，通信模式是否规整，以及不同类型的应用都表现出灵活性和高效性。当然，考虑任何一种通信机制时，设计者都必须兼顾性能和开销两个方面。

每种通信机制各有优点，共享存储器通信主要有以下优点：

（1）与常用的对称式多处理机使用的通信机制兼容。

（2）当处理器通信方式复杂或程序执行动态变化时易于编程，同时在简化编译器设计方面也占有优势。

（3）当通信数据较小时，通信开销较低，带宽利用较好。

（4）通过硬件控制的 Cache 减少了远程通信的频度，减少了通信延迟以及对共享数据的访问冲突。

消息传递通信机制的主要优点包括：

（1）硬件较简单。

（2）通信是显式的，从而引起编程者和编译程序的注意，着重处理开销大的通信。

当然，可在支持上面任何一种通信机制的硬件模型上建立所需的通信模式平台。在共享存储器上支持消息传递相对简单，因为发送一条消息可通过将一部分地址空间的内容复制到另一部分地址空间来实现。相反，在消息传递的硬件上支持共享存储器就困难得多，所有对共享存储器的访问均要求操作系统提供地址转换和存储保护功能，即将存储器访问转换为消息的发送和接收。因而实现通信时软件的巨大开销严重地限制了可支持的应用程序范围。

最初的分布式存储器均采用消息传递机制，因为它较简单。但近些年来，特别是 20 世纪 90 年代后半期以来设计的机器几乎都采用共享存储器通信。至于一般超过 100 个处

理器的大规模并行处理机（Massively Parallel Processors，MPP），将会支持哪种通信机制尚不太清楚，共享式存储器、消息传递以及综合的方法都有可能。

尽管现在通过总线连接的对称式存储器机器在市场上仍占主导地位，但从长远来看，在技术上的趋势是朝着中等规模的分布式共享存储器机器方向发展的。

7.1.3 并行处理面临的挑战

并行处理面临着两个重要的挑战，它们均可通过 Amdahl 定律得以解释。第一个是程序中有限的并行性，第二个是相对较高的通信开销。有限的并行性使机器达到高的加速比十分困难，如例 7.1 所示。

例 7.1 如果想用 100 个处理器达到 80 的加速比，求原计算程序中串行部分所占的比例。

解： Amdahl 定律为

$$\text{系统加速比} = \frac{1}{\dfrac{\text{可加速部分比例}}{\text{理论加速比}} + (1 - \text{可加速部分比例})}$$

为了简单，假设程序只在两种模式下运行，即使用所有处理器的并行模式和只用一个处理器的串行模式。假设并行模式下的理论加速比即为处理器的个数，加速部分的比例即并行部分占的比例，代入上式，得

$$80 = \frac{1}{\dfrac{\text{并行比例}}{100} + (1 - \text{并行比例})}$$

得出并行比例 = 0.9975。

可以看出要用 100 个处理器达到 80 的加速比，串行计算的部分只能占 0.25%。当然，要使加速比与处理器个数的增长成线性关系，整个程序必须全部并行。实际的程序并非在完全并行或串行模式下运行，而是常常在使用低于全部处理器个数的状态下运行。

面临的第二个挑战主要是指多处理机中远程访问的较大延迟。在现有的机器中，处理器之间的数据通信需要 50～10 000 个时钟周期，这主要取决于通信机制、互联网络的种类和机器的规模。表 7.1 表明了几种不同的并行机中远程访问一个字的延迟。其中的访问时间对于共享存储器机器来说，是指远程 Load 的时间；对于消息传递机器来说，则是指一次发送并回答的时间。

表 7.1 远程访问一个字的延迟时间

机　　器	通信机制	互联网络	处理机最大数量	典型远程存储器访问时间/ns
Sun Starfire Servers	SMP	多总线	64	500
SGI Origin 3000	NUMA	胖超立方体	512	500
Cray T3E	NUMA	三维环网	2048	300

续表

机　　器	通信机制	互联网络	处理机最大数量	典型远程存储器访问时间/ns
HP V Series	SMP	8×8 交叉开关	32	1000
HP AlphaServer GS	SMP	开关总线	32	400

以上数据充分说明了通信延迟的重要影响。下面再来看一个简单的例子。

例 7.2　一台 32 个处理器的计算机，对远程存储器访问时间为 400ns。除了通信以外，假设计算中的访问均命中局部存储器。当发出一个远程请求时，本处理器挂起。处理器时钟为 1GHz，如果指令基本的 IPC 为 2（设所有访存均命中 Cache），求在没有远程访问的状态下与有 0.2%的指令需要远程访问的状态下，前者比后者快多少？

解：有 0.2%远程访问的机器的实际 CPI 为

$$\text{CPI} = \text{基本 CPI} + \text{远程访问率} \times \text{远程访问开销}$$
$$= 1/\text{基本 IPC} + 0.2\% \times \text{远程访问开销}$$

远程访问开销是

$$\text{远程访问时间/时钟时间} = 400\text{ns}/1\text{ns} = 400 \text{ 个时钟}$$

可得

$$\text{CPI} = 1/2 + 0.2\% \times 400 = 1.3$$

因此在没有远程访问的状态下的机器速度是有0.2%远程访问的机器速度的1.3/0.5 = 2.6倍。

实际中的性能分析会复杂得多，因为一些非通信的访存操作可能不命中局部存储器，而且远程访问开销也并非是一个常量。例如，因为多个远程访问引起的全局互联网络冲突会使延迟加大，从而使远程访问性能变得更差一些。

并行程序和远程通信延迟是使用多处理机面临的两个最大的挑战。应用中并行性不足的问题主要通过采用并行性更好的算法来解决。而远程访问延迟的降低主要靠体系结构支持和编程技术。例如，可通过用硬件 Cache 保存共享数据或数据重组等增加局部访问来减少远程访问，也可通过预取等技术来减少延迟。

本章在以下三节中进一步讨论有关减少远程通信延迟时间的技术：第 7.2 和第 7.3 节讨论怎样采用 Cache 共享数据以减少远程访问频率。第 7.5 节讨论同步问题，因为同步本身包含了处理器间的通信，是一个潜在的瓶颈。

在并行处理中，负载平衡、同步和存储器访问延迟等影响性能的因素常依赖于高层应用特点，如应用程序中数据的分配，并行算法的结构以及数据在空间和时间上的访问模式等。依据应用特点可把多机工作负载大致分成两类：单个程序在多处理机上的并行工作负载和多个程序在多处理机上的并行工作负载。

反映并行程序性能的一个重要的量度是计算与通信的比值。如果比值较高，就意味着应用程序中相对于每次数据通信要进行较多的计算。如前所述，通信在并行计算中的开销是很大的，因而较高的计算/通信比十分有益。在一个并行处理环境下，当要增加处理器的数目，或增大所求解问题的规模，或者两者同时都增大时，都要对计算/通信比率的变化加以分析。例如，在增加处理器数目的同时知道这个比值的变化，会对应用能获得的加速比有清楚的了解。同样，了解程序处理的数据集合大小的变化对这个比值的影响也是至关重要的。当处理器增多时，每个处理器计算量减小而通信量增大。当问题规模增大时，通信量的变化会更加复杂，这与算法的细节有关。

通常状况下，计算/通信比随着处理的数据规模的增大而增加，随着处理器数目的增加而降低。这告诉人们用更多的处理器来求解一个固定大小的问题会导致不利因素的增加，因为处理器之间通信量加大了。同时也告诉人们增加处理器时应该调整数据的规模，从而使通信的时间保持不变。

7.2 对称式共享存储器体系结构

在第 5 章已讨论过，多级 Cache 可以降低处理器对存储器带宽的要求。如果每个处理器对存储器带宽的要求都降低了，那么多个处理器就可以共享一个存储器。自 20 世纪 80 年代以来，随着微处理器逐渐成为主流，人们设计出了许多通过总线共享一个单独物理存储器的小规模多处理机。由于大容量 Cache 很大程度地降低了对总线带宽的要求，当处理器规模较小时，这种机器十分经济。以往的这种机器一般是将 CPU 和 Cache 做在一块板上，然后插入底板总线。在目前的这种机器中，每块板上的处理器数目高达 4 个，而目前已经在一个单独的芯片上做出多个处理器，构成一个多处理机。图 7.1 就是这种机器的一个简单的示意图。

这种体系结构支持对共享数据和私有数据的 Cache 缓存。私有数据供一个单独的处理器使用，而共享数据供多个处理器使用。共享数据主要是用来供处理器之间通过读写它们进行通信。私有数据缓冲在 Cache 中降低了平均访存时间和对存储器带宽的要求，使程序的行为类似于单机。共享数据可能会在多个 Cache 中被复制，这样做除了可降低访存时间和对存储器带宽的要求外，还可减少多个处理器同时读共享数据所产生的冲突。但共享数据进入 Cache 也产生了一个新的问题，即 Cache 的一致性问题。

7.2.1 多处理机 Cache 一致性

在第 6 章已讨论过 Cache 的引进对 I/O 操作产生了一致性问题，因为 Cache 中的内容可能与由 I/O 子系统输入输出形成的存储器对应部分的内容不同。这个问题在多处理机上仍旧存在。此外对共享数据，不同处理器的 Cache 都保存着对应存储器单元的内容，因而在操作中就可能产生数据的不一致。表 7.2 通过两个处理器 Cache 对应同一存储器单元产生出不同的值的例子说明了这个问题，这通常称为 Cache 一致性（Coherence）问题。

表 7.2 由两个处理器（A 和 B）读写引起的 Cache 一致性问题

时间	事件	CPU A Cache 内容	CPU B Cache 内容	X 单元存储器内容
0				1
1	CPU A 读 X	1		1
2	CPU B 读 X	1	1	1
3	CPU A 将 0 存入 X	0	1	0

假设初始条件下各个 Cache 无 X 值，X 单元值为 1，并且假设是写直达方式的 Cache，X 单元被 A 写完后，A 的 Cache 和存储器中均为新值，但 B Cache 中不是，如果 B 处理器读 Cache，它将得到 1。

首先给出一个简单定义：如果对某个数据项的任何读操作均可得到其最新写入的值，则认为这个存储系统是一致的。这个定义尽管很直观，但很模糊和简单，现实中的情况要复杂得多。这个简单的定义包括了存储系统行为的两个不同方面：第一个方面是指返回给读操作的是什么值（what），第二个方面是指什么时候才能将已写入的值返回给读操作（when）。

若一个存储器满足以下三点，则称该存储器是一致的：

（1）处理器 P 对 X 单元进行一次写之后又对 X 单元进行读，读和写之间没有其他处理器对 X 单元进行写，则读的返回值总是写进的值。

（2）一个处理器对 X 单元进行写之后，另一处理器对 X 单元进行读，读和写之间无其他写，则读 X 单元的返回值应为写进的值。

（3）对同一单元的写是顺序化的，即任意两个处理器对同一单元的两次写，从所有处理器看来顺序都应是相同的。例如，对同一地址先写 1，再写 2，任何处理器均不会先读到 2，然后又读到 1。

第（1）点属性保证了程序的顺序，即使在单机中也要求如此。第（2）点属性给出了存储器一致性的概念。如果一个处理器不断读取旧的数据，可以肯定地认为这个存储器是不一致的。

写操作的顺序化要求更严格。处理器 P1 对 X 单元进行一次写，接着处理器 P2 对 X 也进行一次写，如果不保证写操作顺序化，就可能出现这种情况：某个处理器先看到 P2 写的值后看到 P1 写的值。解决这个问题最简单的方法就是写操作顺序化，使同一地址所有写的顺序对任何处理器来说都是相同的。这种属性称为写顺序化（Write Serialization）。

尽管上面三点已充分地保证了一致性，什么时候才能获得写进去的值仍是一个重要的问题。通常不可能要求在一个处理器对 X 写后即刻就能在另外的处理器上读出这一值，因为这在实现上较为复杂。例如，一个处理器对 X 进行写后，很短时间内另一处理器对 X 进行读，不可能确保读到的数据就是写入的值，因为此时写入的值有可能在那一时刻还没离开进行写的处理器。为了简化讨论，在这里假设：直到所有的处理器均看到了写的结果，一次写操作才算完成；处理器的任何访存均不能影响写的顺序，这就允许处理器无序读，但必须以程序规定的顺序进行写。

7.2.2 实现一致性的基本方案

多处理机和 I/O 的一致性问题尽管本质上相似，但有着不同的特点，从而解决的方法也不同。在 I/O 中，多个数据备份是很少见的，也是应尽力避免的。与之不同，多处理机上的程序可能使几个 Cache 中保存相同的数据备份。在一致的多处理机中，Cache 提供了共享数据的迁移和复制（Migration and Replication）功能。共享数据的迁移是把远程的共享数据项备份放在本处理器局部的 Cache 中使用，从而降低了对远程共享数据的访问延迟。共享数据的复制是把多个处理器需要同时读取的共享数据项的备份放在各自的局部 Cache 中使用，复制不仅降低了访存的延迟，也减少了访问共享数据所产生的冲突。一般情况下，小规模多处理机不采用软件而是采用硬件技术实现 Cache 的一致性。

对多个处理器维护一致性的协议称为 Cache 一致性协议（Cache-coherent Protocol）。实现 Cache 一致性协议的关键是跟踪共享数据块的状态。目前有两类协议，它们采用了不同的共享数据状态跟踪技术：

（1）目录（Directory）——物理存储器中共享数据块的状态及相关信息均被保存在一个称为目录的地方，将在第 7.3 节中详细论述。

（2）监听（Snooping）——每个 Cache 除了包含物理存储器中块的数据备份之外，也保存着各个块的共享状态信息。Cache 通常连在共享存储器的总线上，各个 Cache 控制器通过监听总线来判断它们是否有总线上请求的数据块。本节中将着重讨论这种方法。

在使用多个处理器，每个 Cache 都与单个共享存储器相连组成的多处理机中，一般采用监听协议，因为这种协议可利用已有的物理连接（总线到存储器）来修改 Cache 中的状态信息。

可用两种方法来维持上面所讲的一致性要求。一种方法是在一个处理器写某个数据项之前保证它对该数据项有唯一的访问权，对应这种方法的协议称为写作废（Write Invalidate）协议，因为写入新的内容将产生共享数据备份的不一致，应该使别的备份失效。它是目前应用最普遍的协议。无论是在监听还是在目录的模式下，唯一的访问权保证了在进行写后不存在其他可读或可写的备份：别的所有备份全部作废了。通过一次写操作后另一处理器接着读的过程来看一下如何保持数据一致性：既然写要求唯一的访问权，那么其他处理器上的备份已无效，因此，当其他处理器再次进行读操作时，就会产生读失效，从而取出新的数据备份。要保证进行写的处理器具有唯一的访问权，必须禁止别的处理器和它同时写。如果两个处理器同时写数据，竞争胜者就将另一个处理器的备份作废，当胜者完成写后另一个处理器要进行写时，它必须先取一个新的数据备份，即已被更新的数据。因此，这种协议保证了顺序写。表 7.3 给出了一个在监听方案和写回 Cache（Write-back Cache）的条件下写作废协议模式的一个例子。

表 7.3 在写回 Cache 的条件下监听总线中写作废协议的实现

处理器行为	总线行为	CPU A Cache 内容	CPU B Cache 内容	主存 X 单元内容
				0
CPU A 读 X	Cache 失效	0		0
CPU B 读 X	Cache 失效	0	0	0
CPU A 将 X 单元写 1	作废 X 单元	1		0
CPU B 读 X	Cache 失效	1	1	1

另外一种协议是写更新协议（Write Update）。它是当一个处理器写某数据项时，通过广播使其他 Cache 中所有对应的该数据项备份进行更新。为减少协议所需的带宽，应知道 Cache 中该数据项是否为共享状态，也就是别的 Cache 中是否存在该数据项备份。如果不是共享的，则写时无须进行广播。表 7.4 表示的是一个写更新协议的操作过程。

近十年来，这两种协议均得到了发展，但在目前的应用中，写作废协议使用比较广泛。

表 7.4 在写回 Cache 的条件下监听总线中写更新协议的实现

处理器行为	总线行为	CPU A Cache 内容	CPU B Cache 内容	主存 *X* 单元内容
				0
CPU A 读 *X*	Cache 失效	0		0
CPU B 读 *X*	Cache 失效	0	0	0
CPU A 将 *X* 单元写 1	广播写 *X* 单元	1	1	1
CPU B 读 *X*		1	1	1

写更新和写作废协议性能上的差别来自三个方面：

（1）对同一数据的多个写而中间无读操作的情况，写更新协议需进行多次写广播操作，而在写作废协议下只需一次作废操作。

（2）对同一块中多个字进行写，写更新协议对每个字的写均要进行一次广播，而在写作废协议下仅在对本块第一次写时进行作废操作即可。写作废是针对 Cache 块进行操作的，而写更新则是针对字（或字节）进行操作的。

（3）从一个处理器写到另一个处理器读之间的延迟通常在写更新模式中较低，因为它写数据时马上更新了相应的其他 Cache 中的内容（假设读的处理器 Cache 中有此数据）。而在写作废协议中，需要读一个新的备份。

在基于总线的多处理机中，总线和存储器带宽是最紧缺的资源，因此写作废协议成为绝大多数系统设计的选择。当然，在设计小数目处理器（2～4）的多处理机时，各个处理器紧密相连，更新所要求的带宽还可以接受。尽管如此，考虑到存储器性能和相关带宽要求的增长，更新模式很少采用，因此在本章的剩余部分只关注写作废协议。

7.2.3 监听协议及其实现

小规模多处理机中实现写作废协议的关键是利用总线进行作废操作。当某个处理器进行写数据时，必须先获得总线的控制权，然后将要作废的数据块的地址放在总线上。其他处理器一直监听总线，它们检测该地址所对应的数据是否在它们的 Cache 中。若在，则作废相应的数据块。获取总线控制权的顺序性保证了写的顺序性，因为当两个处理器要同时写一个单元时，其中一个处理器必须先获得总线控制权，之后再使另一处理器上对应的备份作废，从而保证了写的严格顺序性。

当写 Cache 未命中时，除了将其他处理器上相应的 Cache 数据块作废外，还要从存储器取出该数据块。对于写直达（Write-through）Cache，因为所有写的数据同时被写回主存，则从主存中总可以取到最新的数据值。

对于写回 Cache，得到数据的最新值会困难一些，因为最新值可能在某个 Cache 中，也可能在主存中。在 Cache 失效时可使用相同的监听机制。每个处理器都监听放在总线上的地址，如果某个处理器发现它含有被请求数据块的一个已修改过的备份，它就将这个数据块送给发出读请求的处理器，并停止其对主存的访问请求。因为写回 Cache 所需的存储器带宽较低，尽管在实现的复杂度上有所增加，一般在多处理机实现上仍很受欢迎。以下将着重研究在写回 Cache 条件下的实现技术。

Cache 中块的标志位可用于实现监听过程。每个块的有效位（Valid）使作废机制的实现较为容易。由写作废或其他事件引起的失效处理很简单，只需将该位设置为无效即可。

为了分辨某个数据块是否共享，给每个 Cache 块加一个特殊的状态位来说明它是否为共享。拥有唯一的 Cache 块备份的处理器通常称为这个 Cache 块的拥有者（Owner），处理器的写操作使自己成为对应 Cache 块的拥有者。当对共享块进行写时，本 Cache 将写作废的请求放在总线上，Cache 块状态由共享（Shared）变为非共享（Unshared）或者专有（Exclusive）。如果以后另一处理器要求访问该块，则状态再转化为共享。

基于总线一致性协议的实现通常采用在每个节点内嵌入一个 Cache 状态控制器，该控制器根据来自处理器或总线的请求，改变所选择的数据块的状态。

在上述协议中假设操作具有原子性（Atomic），即操作进行过程中不能被打断，例如将写失效的检测、申请总线和接收响应作为一个单独的原子操作。但在实现中的情况会比这复杂得多。

因为每次总线任务均要检查 Cache 的地址位，这可能与 CPU 对 Cache 的访问冲突。可通过下列两种技术之一降低冲突：复制标志位或采用多级包含 Cache。

复制标志位可使 CPU 对 Cache 访问和监听并行进行。当然，Cache 失效时，处理器要对两套 Cache 标志位进行操作。类似地，如果监听到了一个相匹配的地址，也需对两套 Cache 的标志位进行操作。处理器与监听同时操作标志位发生冲突时，非抢先者将被挂起或被延迟。

多级包含 Cache 中 Cache 由多级构成，例如通常由二级构成，靠近 CPU 的第一级 Cache 是较远的第二级 Cache 的一个子集。许多设计中都采用多级 Cache 来减少处理器的带宽要求。在第一级 Cache 中的每个数据块均包含在第二级 Cache 中，因而监听可针对第二级 Cache 进行，而处理器的大多数访问针对第一级 Cache。如果监听命中第二级 Cache，它必须垄断对各级 Cache 的访问，更新状态并可能回写数据，这通常需要挂起处理器对 Cache 的访问。如果将第二级 Cache 中的标志位复制会更有效地减少 CPU 和监听之间的冲突。

在基于总线的采用写作废协议的多处理机中，有几个不同的方面共同决定了其性能，尤其是 Cache 的整体性能依赖于单处理器 Cache 的失效开销和通信开销两方面。其中通信开销包括由其引起的作废和相应的 Cache 失效的开销。处理器数目、Cache 大小以及 Cache 块大小的改变以不同的方式影响着这两个方面，这些方面结合起来产生对整体性能的影响。

7.3 分布式共享存储器体系结构

支持共享存储器的可缩放机器既可以支持也可以不支持 Cache 一致性。从硬件简单的角度出发，可以不支持 Cache 一致性，而着重于存储器系统的可缩放性上。已有几家公司生产了这种机器，Cray T3D/E 是一个很好的例子。在这类机器中，存储器分布于各节点中，所有的节点通过网络互联。访问可以是本地的，也可以是远程的，由节点内的控制器根据地址决定数据是驻留在本地存储器还是在远程存储器，如果是后者，则发送消息给远程存储器的控制器来访问数据。这些系统都有 Cache，为了解决一致性问题，规定共享数据不进入 Cache，仅私有数据才能保存在 Cache 中。当然也可以通过软件显式地来控制一致性。这种机制的优点是所需的硬件支持很少，因为远程访问存取量仅是一个字（或双字）而不是一个 Cache 块。

这种方法有几个主要的缺点：

（1）实现透明的软件 Cache 一致性的编译机制能力有限。基于编译的软件一致性目前还未实现，最基本的困难是基于软件的一致性算法不能足够准确地预测出实际共享数据块，对于可能共享的每个数据块均看做共享数据块，这就导致了多余的一致性开销。

（2）没有 Cache 一致性，机器就不能利用取出同一块中的多个字的开销接近于取一个字的开销这个优点，这是因为共享数据是以 Cache 块为单位进行管理的。当每次访问要从远程存储器取一个字时，不能有效利用共享数据的空间局部性。

（3）诸如预取等延迟隐藏技术对于多个字的存取更为有效，比如针对一个 Cache 块的预取。

对远程存储器访问的巨大延迟与对本地 Cache 访问的短延迟相比，突出地反映出了这些缺点。例如，Cray T3E 本地访问延迟为两个时钟周期，并且可被流水化，而一次远程访问则需约 400 个时钟周期（T3E-900，450MHz Alpha）。

将 Cache 一致性共享存储器模式拓展到大规模多处理机面临着新的挑战。尽管可以用缩放性更好的网络来取代总线，将存储器分布开来，从而使存储器的带宽具有缩放性，但是监听一致性协议机制本身的可缩放性较差。在监听协议中，每当 Cache 失效时，要与所有的 Cache 进行通信，包括对于可能共享的数据的写。没有一个集中的记录 Cache 状态的数据结构是基于监听机制的基本优点的，因为它的代价较低。而当系统的规模变大时，它又是致命的弱点。此外，监听的访问量与处理器个数的平方（N^2）成正比，即使总线的带宽随系统规模线性增长（N），而实际的性能还是下降到 $1/N$。

7.3.1 基于目录的 Cache 一致性

在支持 Cache 一致性的可缩放的共享存储器体系结构中，关键是寻找替代监听协议的一致性协议。一种可供选择的协议是目录协议，目录是用一种专用的存储器所记录的数据结构，它记录可以进入 Cache 的每个数据块的访问状态，该块在各个处理器的共享状态以及是否修改过等信息。目前目录协议的实现是对每个存储器块分配一个目录项，目录的信息量与存储器块的数量和处理器数量的乘积成比例。对于少于 100 个处理器的机器这不成问题，因为由目录操作引起的延迟开销可以忍受。而对于较大规模的机器，由于目录内容较多，就需要寻找更有效的目录结构。例如只保存少量的块（比如只保存 Cache 中的块而非全部的存储器块）的信息或者每个目录项保存较少的状态位等。

为防止目录成为瓶颈，目录一般与存储器一起分布在系统中，从而对于不同目录内容的访问可以在不同的节点进行，正如对不同的存储器的访问一样。分布式目录中将数据块的共享状况保存在一个固定的单元中，从而使一致性协议避免了广播操作。图 7.3

表示的是对每个节点增加目录表后的分布式存储器的系统结构。

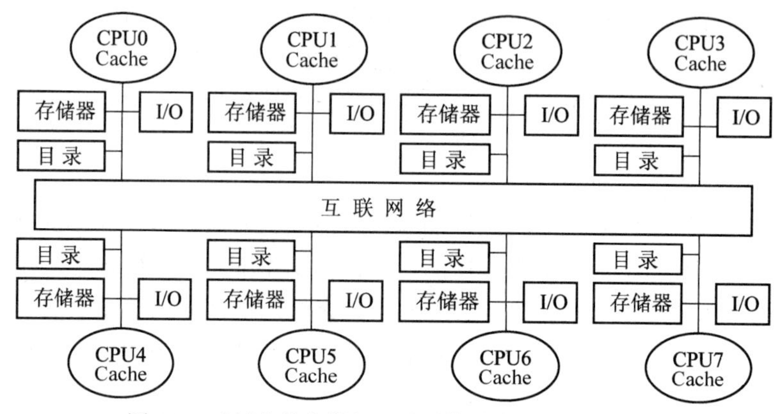

图 7.3　对每个节点增加目录后的分布式存储器结构

和监听协议一样，目录协议也必须完成两种主要的操作：处理读失效和处理对共享、干净（Clean）块的写（对一个共享块的写失效处理是这两种操作的简单结合）。为实现这两种操作，目录必须跟踪每个 Cache 块的状态。Cache 块状态有三种：

（1）共享（Shared）——在一个或多个处理器上具有这个块的备份，且主存中的值是最新值（所有 Cache 均相同）。

（2）未缓冲（UnCached）——所有处理器的 Cache 都没有此块的备份。

（3）专有（Exclusive）——仅有一个处理器上有此块的备份，且已对此块进行了写操作，而主存的备份仍是旧的。这个处理器称为此块的拥有者（Owner）。

除了要跟踪每个 Cache 块的状态之外，由于写作废操作的需要，还必须记录共享此块的处理器信息。最简单的方法是对每个主存块设置一个位向量，当此块被共享时，每个位指出与之对应的处理器是否有此块的备份。当此块为专有时，就可根据位向量来寻找此块的拥有者。

每个块的 Cache 状态转换与前面监听 Cache 的情况相同。仍旧采用在监听 Cache 中所做的简单假设：对共享数据进行写总会产生一次写失效；处理器封锁该数据直到写操作完毕。因为处理器间不是总线连接，又要避免广播，从而引出两个要考虑的问题：第一，不能用连接机制来仲裁，这是监听机制下总线的一项功能；第二，因为连接是面向消息的（总线是面向事务的），所有的消息必须有明确的响应返回。

宿主（Home）节点是指存放存储器块和对应地址目录项的节点。因为物理地址空间是静态分布的，对于某一给定的物理地址，含有其存储单元及目录项的节点是确定的。单元地址的高位指出节点号，而低位表示在节点存储器内的偏移量。发出请求的节点可能也是宿主节点，这时消息成为节点内处理的事务。

对数据请求响应时，要将宿主节点的值返回给请求节点。数据写回在两种情况下发生：Cache 中某个块替换时必须写回宿主存储器；响应宿主节点发出取数和取数/作废消息时也要写回。只要数据块由专有状态变成共享状态就要写回，因为任何修改过的块必须是唯一的，且任何共享块在宿主存储器中必定是有效的。

在本节中，为减少消息的类型和协议的复杂性，假设消息接收和处理的顺序与消息发送顺序相同。但实际情况并不一定如此，从而会产生其他的复杂性。

再来描述一下目录协议的基本点：在每个节点增加了目录存储器用于存放目录，存储器的每一块在目录中对应有一项，每一个目录项主要有“状态”和“位向量”两种成分。“状态”描述该目录所对应的存储块的当前情况；“位向量”共有 N 位，其每一位对应于一个处理器的局部 Cache，用于指出该 Cache 中有无该存储块的备份。当处理器对某一块进行写操作时，只要根据位向量通知具有相应备份的处理器进行作废操作。而这些处理器的数量 n 一般比系统的规模小得多（$n \ll N$），从而大大减少了访问量。由于访问量只与 n 有关，而与系统规模大小无关，这就支持了系统的可扩展性。

7.3.2 目录协议及其实现

基于目录的协议中 Cache 的基本状态与监听协议中的相同，一个 Cache 块状态转换的操作本质上与监听模式相同。在监听模式中，写失效操作要在总线上进行广播或传送，现在则由从宿主节点取数和目录控制器有选择地发出的写作废操作代替。与监听协议相同，当对 Cache 块进行写时，其必须是专有状态。任何一个共享状态的块在存储器中有其最新备份。

在基于目录的协议中，目录承担了一致性协议操作的主要功能。目录项也有类似的状态：共享、未缓冲和专有。发往一个目录的消息会产生两种不同类型的动作：更新目录状态和发送消息满足请求服务。除了每个块的状态外，目录项还用位向量记录拥有此块备份的处理器，表示出共享集合。对目录表的请求处理需更新共享集合。

目录项可能接收到三种不同的请求：读失效、写失效或数据写回。可以假设这些操作是原子的。为了进一步理解对目录项的操作，分析一下各个状态下所接收到的请求和相应的操作：

（1）当一个块处于未缓冲状态时，对此块发出的请求及处理操作为：

读失效——将存储器数据送往请求方处理器，且本处理器成为此块的唯一共享节点，本块的状态转换为共享。

写失效——将存储器数据送往请求方处理器，此块成为专有，表示仅存在此块的唯一有效备份，共享集合仅有该处理器，这标识出了拥有者。

（2）当一个块是共享状态时，存储器中的数据是其当前最新值，对此块发出的请求及处理操作为：

读失效——将存储器数据送往请求方处理器，并将其加入共享集合。

写失效——将数据送往请求方处理器，对共享集合中所有的处理器发送写作废消息，且将共享集合置为仅含有此处理器，本块的状态变为专有。

（3）当某块处于专有状态时，本块的最新值保存在共享集合指出的拥有者处理器中，从而有三种可能的目录请求：

读失效——将“取数据”的消息发往拥有者处理器，使该块的状态转变为共享，并将数据送回目录节点写入存储器，进而把该数据送回请求方处理器，将请求方处理器加入共享集合。此时共享集合中仍保留原拥有者处理器（因为它仍有一个可读的备份）。

写失效——本块将有一个新的拥有者。给旧的拥有者处理器发送消息，要求其将数据块送回目录节点，从而再送到请求方处理器，使之成为新的拥有者，并设置新拥有者的标志。此块的状态仍旧是专有。

数据写回——拥有者处理器的 Cache 要替换此块时必须将其写回，从而使存储器中有最新备份（宿主节点实际上成为拥有者），此块成为非共享，共享集合为空。

实际机器中采用的目录协议要做一些优化。比如对某个专有块发出读或写失效时，此块将先被送往宿主节点存入存储器，再将其送往原始请求节点，而实际中的机器很多都是将数据从拥有者节点直接送入请求节点（与写回宿主节点同时）。

基于目录的 Cache 一致性协议采取了“以空间换时间”的策略，减少了访问次数但增加了目录存储器，它的大小与系统规模 N 的平方成正比。为此，人们对基于目录的 Cache 一致性进行了多种改进，提出了有限映射（Limited-map）目录和链式（Chained）结构目录。有限映射目录假定同一数据在不同 Cache 中的备份数总小于一个常数 m（$m \ll N$），m 即为目录中位向量的长度，因而大大减小了目录存储器的规模。有限映射目录的缺点是：当同一数据的备份数大于 m 时，必须做特殊处理。链式结构目录不但目录存储器规模小，而且不存在有限映射目录关于 m 的限制，但一致性协议比较复杂。相对于有限映射目录和链式结构目录，前面介绍的基于目录的一致性协议称为全映射（Full-map）。

基于目录的 Cache 一致性协议是完全由硬件实现的。此外，还可以用软硬结合的办法实现，即将一个可编程协议处理器嵌入一致性控制器中，这样既减少了成本，又缩短了开发周期。因为可编程协议处理器可以根据实际应用需要很快开发出来，而一致性协议处理中的异常情况可完全交给软件执行。这种软硬结合实现 Cache 一致性的代价是损失了一部分效率。

到目前为止，讨论的一致性协议都进行了一些简化的假设，实际中的协议必须处理以下两个实际问题：操作的非原子性和有限的缓存。操作的非原子性产生实现的复杂性；有限的缓存可能导致死锁问题。设计者面临的一个问题是通过非原子的操作和有限的缓存设计出一种正确的且无死锁的协议，这些因素是所有并行机面临的基本问题。

7.4 互联网络

互联网络是将对称式系统或分布式系统中的节点连接起来所构成的网络，这些节点可能是处理器、存储模块或者其他设备，它们通过互联网络进行信息交换。在拓扑上，互联网络为输入和输出两组节点之间提供一组互连或映像（Mapping）。

本节介绍构造多处理机的互联网络。首先讨论互联网络的通信特性和拓扑结构，然后分析并行结构的可扩展性。性能较高的互联网络的特点是：数据传送速率高、延迟低、通信频带宽。

7.4.1 互联网络的性能参数

互联网络的拓扑可以采用静态或动态的结构。静态网络由点和点直接相连而成，这种连接方式在程序执行过程中不会改变。动态网络是用开关通道实现的，它可动态地改变结构，使其与用户程序中的通信要求匹配。静态网络常用来实现一个系统中子系统或计算节点之间的固定连接。动态网络常用于对称式共享存储器多处理系统中。

在分析各种网络的拓扑结构之前，首先给出几个常用于估算网络复杂性、通信效率和价格的参数的定义。一般说来，网络用图来表示。这种图由用有向边或无向边连接的有限个节点构成。其节点数称为网络规模（Network Size）。

节点度。与节点相连接的边的数目称为节点度（Node Degree）。这里的边表示链路或通道。链路或通道是指网络中连接两个节点并传送数字信号的通路。在单向通道的情况下，进入节点的通道数叫做入度（In Degree），而从节点出来的通道数则称为出度（Out Degree），节点度是这两者之和。节点度应尽可能地小并保持恒定。

网络直径。网络中任意两个节点间最短路径长度的最大值称为网络直径。网络直径应当尽可能地小。

等分宽度。在将某一网络切成相等两半的各种切法中，沿切口的最小通道边数称为通道等分宽度 b（Channel Bisection Width）。等分宽度是能很好地说明将网络等分的交界处最大通信带宽的一个参数。

另一个量化参数是节点间的线长（或通道长度）。它会影响信号的延迟、时钟扭斜和对功率的需要。

对于一个网络，如果从其中的任何一个节点看，拓扑结构都是一样的，则称此网络为对称网络。对称网络较易实现，编制程序也较容易。

路由（Routing）。在网络通信中对路径的选择与指定。互联网络中路由功能较强将有利于减少数据交换所需的时间，因而能显著地改善系统的性能。通常见到的处理单元之间的数据路由功能有移数、循环、置换（一对一）、广播（一对全体）、选播（多对多）、个人通信（一对多）、混洗、交换等。这些路由功能可在环型、网状、超立方体以及多级网络上实现。

为了反映不同互联网络的连接特性，每一种互联网络可用一组互连函数来定义。如果把互联网络的 N 个入端和 N 个出端各自用整数 0，1，…，N-1 代表，则互连函数表示互连的出端号和入端号的一一对应关系。令互连函数为 f，则它的作用是：对于所有的 $0 \leqslant j \leqslant N-1$，同时存在入端 j 连至出端 $f(j)$ 的对应关系。下面介绍几种数据路由功能。

1．循环

若把互连函数 $f(x)$ 表示为

$$(x_0, x_1, x_2, \cdots, x_j)$$

则代表对应关系为

$$f(x_0) = x_1,\ f(x_1) = x_2,\ \cdots,\ f(x_j) = x_0$$

$j + 1$ 称为该循环的周期。

2. 置换

置换指对象的重新排序。对于 n 个对象来说，有 $n!$ 种置换。n 个对象可照此重新排序，全部的置换形成一个与复合运算有关的置换集合。例如，置换 $\pi = (a, b, c)\ (d, e)$ 表示了置换映射：$f(a) = b$, $f(b) = c$, $f(c) = a$, $f(d) = e$ 和 $f(e) = d$。这里循环 (a, b, c) 周期为 3，循环 (d, e) 周期为 2。

可以用交叉开关来实现置换，也可以用一次或多次通过多级网络来实现某些置换，还可用移数或广播操作实现置换。

3. 均匀混洗

Harold Stone（1971）为并行处理应用提出的一种特殊转换功能，它所对应的映射如图 7.4（a）所示，图 7.4（b）为其逆过程。

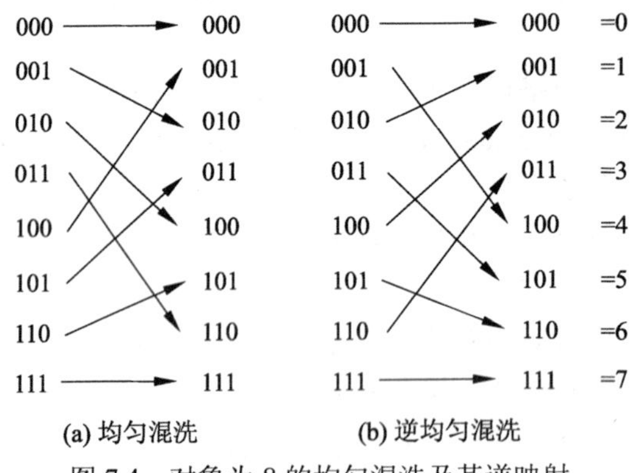

图 7.4　对象为 8 的均匀混洗及其逆映射

一般说来，为了对 $n = 2^k$ 个对象均匀混洗，可用 k 位二进制数 $x = (x_{k-1}, \cdots, x_1, x_0)$ 来表示定义域中的每个对象。均匀混洗将 x 映射到 $f(x)$，得到 $f(x) = (x_{k-2}, \cdots, x_1, x_0, x_{k-1})$。这是将 x 循环左移 1 位得到的。

4. 超立方体路由功能

图 7.5 表示的是一个三维二进制立方体网络。它有三种路由功能，可分别根据节点的二进制地址（$C_2\ C_1\ C_0$）中的某一位来确定。例如，可以根据最低位 C_0 寻址，即在最低位 C_0 不同的相邻节点之间交换数据，如图 7.5（b）所示。同样，分别根据中间位 C_1（图 7.5（c））和最高位 C_2（图 7.5（d））可得其他两种路由模式。一般情况下，一个 n 维超立方体共有 n 种路由功能，分别由 n 位地址中的每一位求反位值来确定。将 $x = (x_{n-1}, \cdots, x_k, \cdots, x_1, x_0)$ 映射到 $f(x)$，得到 $f(x) = (x_{n-1}, \cdots, \overline{x}_k, \cdots, x_1, x_0)$。

5. 广播和选播

广播是一种一对全体的映射，选播是一个子集到另一子集（多对多）的映射。消息传递型多处理机一般有广播信息机构，广播常常作为多处理机中的全局操作来处理。

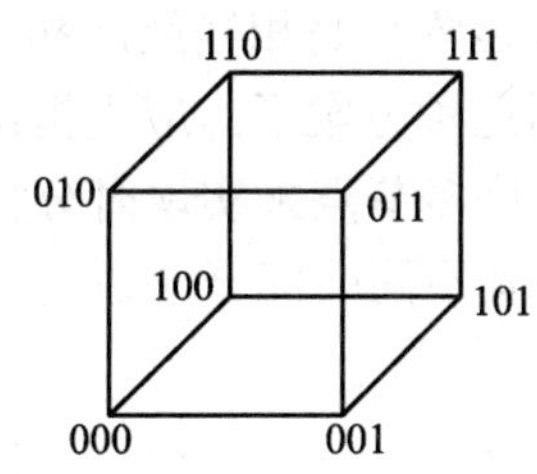

(a) 3–立方体(结点地址用二进制表示)

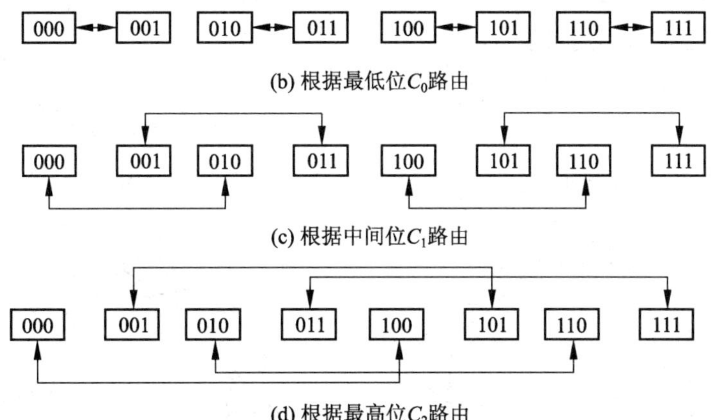

(b) 根据最低位C_0路由

(c) 根据中间位C_1路由

(d) 根据最高位C_2路由

图 7.5 由二进制 3-立方体确定的三种路由功能

通过上面的讨论，可概括出影响互联网络性能的因素为：

（1）功能特性——即网络如何支持路由、中断处理、同步、请求/消息组合和一致性。

（2）网络时延——即单位消息通过网络传送时最坏情况下的时间延迟。

（3）带宽——即通过网络的最大数据传输率，用 M 字节/秒表示。

（4）硬件复杂性——即诸如导线、开关、连接器、仲裁和接口逻辑等的造价。

（5）可扩展性——即在增加机器资源使性能可扩展的情况下，网络具备模块化可扩展的能力。

7.4.2 静态连接网络

静态网络使用直接链路，它一旦构成后就固定不变。这种网络比较适合于构造通信模式可预测或可用静态连接实现的计算机系统。下面介绍几种静态网络的拓扑结构、网络参数及其可扩展性。

1．线性阵列

这是一种一维的线性网络，其中 N 个节点用 $N-1$ 个链路连成一行（图 7.6（a））。内部节点度为 2，端节点度为 1。直径为 $N-1$，N 较大时，直径就比较长。等分宽度 $b=1$。线性阵列是连接最简单的拓扑结构。这种结构不对称，当 N 很大时，通信效率很低。

在 N 很小的情况下，实现线性阵列是相当经济和合理的。由于直径随 N 线性增大，因此当 N 比较大时，就不应使用这种方案了。应当指出，线性阵列与总线的区别是很大的，总线是通过切换与其连接的许多节点来实现时分特性的，而线性阵列则允许不同的源节点和目的节点对并行地使用其不同的部分（通道）。

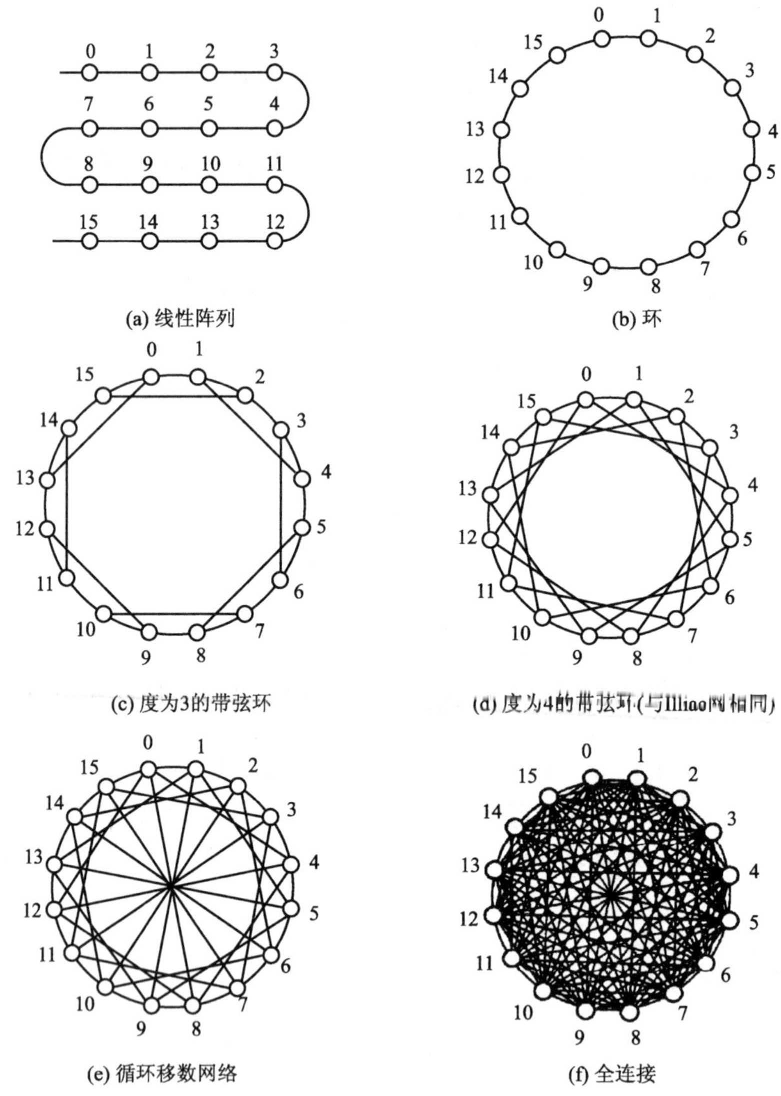

(a) 线性阵列　(b) 环

(c) 度为3的带弦环　(d) 度为4的带弦环(与Illiac网相同)

(e) 循环移数网络　(f) 全连接

图 7.6　几种线性网络

2．环和带弦环

环是用一条附加链路将线性阵列的两个端点连接起来而构成的（图 7.6（b））。环可以单向工作，也可以双向工作。它是对称的，节点度是常数 2。双向环的直径为 $N/2$，单向环的直径是 N。

如果将节点度由 2 提高至 3 或 4，即可得到如图 7.6（c）和图 7.6（d）所示的两种带弦环。增加的链路越多，节点度越高，网络直径就越小。16 个节点的环（图 7.6（b））与两个带弦环（图 7.6（c）和图 7.6（d））相比，网络直径分别由 8 减至 5 和 3。在极端情况下，如图 7.6（f）所示的全连接网络（Completely Connected Network）的节点度为 15，直径最短，为 1。

3．循环移数网络

如图 7.6（e）所示的是一个循环移数网络，其节点数 $N = 16$，它是通过在环上每个节点到所有与其距离为 2 的整数幂的节点之间都增加一条附加链而构成的。这就是说，如果$|j-i| = 2^r$，$r = 0, 1, 2, \cdots, n-1$，网络规模 $N = 2^n$，则节点 i 与节点 j 连接。这种循环移数网络的节点度为 $d = 2n-1$，直径 $D = n/2$。

显然，循环移数网络的连接特性与节点度较低的任何带弦环相比有了改进。对 $N = 16$ 的情况，循环移数网络的节点度为 7，直径为 2。它的复杂性比全连接网络（图 7.6（f））低得多。

4．树状和星型

一棵 5 层 31 个节点的二叉树如图 7.7（a）所示。一般说来，一棵 k 层完全平衡的二叉树有 $N = 2^{k-1}$ 个节点。最大节点度是 3，直径是 2（k–1）。由于节点度是常数，因此二叉树是一种可扩展的结构，但其直径较长。哥伦比亚大学于 1987 年研制成功的 DADO 多处理机即采用 10 层二叉树状式，有 1023 个节点。

星型是一种 2 层树，节点度较高，为 $d = N-1$（图 7.7（b））。直径较小，是常数 2。星型结构一般用于有集中监督节点的系统中。

5．胖树状

1985 年 Leiserson 提出将计算机科学中所用的一般树结构修改为胖树状（Fat Tree）。二叉胖树结构如图 7.7（c）所示，胖树的通道宽度从叶节点往根节点上行方向逐渐增宽，它更像真实的树，越靠近树根的枝叉越粗。

使用传统二叉树的主要问题之一就是通向根节点的瓶颈问题，这是因为根部的交通最忙。胖树的提出使该问题得到了缓解。

6．网格状和环网型

图 7.8（a）为一个 3×3 网格状网络。这是一种比较流行的结构，它已以各种变体形式在 CM-2 和 Intel Paragon 等机器中得到了实现。

一般说来，$N = n^k$ 个节点的 k 维网络的内部节点度为 $2k$，网络直径为 k（n–1）。必须指出，如图 7.8（a）所示的纯网络形不是对称的。边节点和角节点的节点度分别为 3 或 2。

如图 7.8（b）所示的环网型可看做直径更短的另一种网格。这种拓扑结构将环型和网格组合在一起，并能向高维扩展。环网型沿阵列每行和每列都有环型连接。一般说来，一个 $n \times n$ 二元环网的节点度为 4，直径为 $2 \times \lfloor n/2 \rfloor$。

环网是一种对称的拓扑结构，所有附加的回绕连接可使其直径比网格结构减少 1/2。

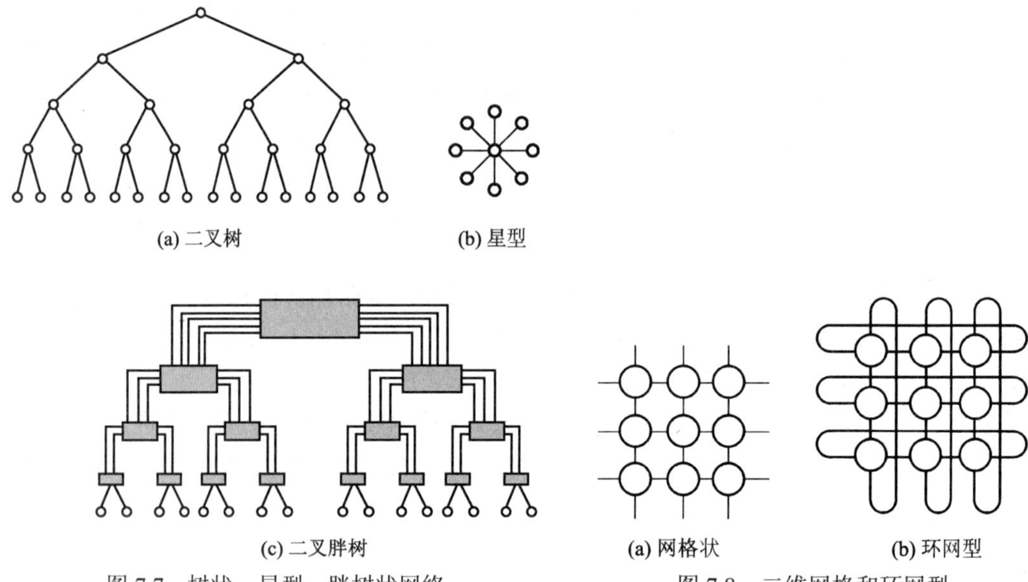

图 7.7　树状、星型、胖树状网络

图 7.8　二维网格和环网型

7．超立方体

这是一种二元 n-立方体结构，它已在 nCUBE 和 CM-2 等系统中得到了实现。一般说来，一个 n-立方体由 $N=2^n$ 个节点组成，它们分布在 n 维上，每维有两个节点。8 个节点的 3-立方体如图 7.9（a）所示。

4-立方体可通过将两个 3-立方体的相应节点互连组成，如图 7.9（b）所示。一个 n-立方体的节点度等于 n，也就是网络的直径。实际上，节点度随维数线性地增加，所以超立方体结构的扩展十分困难。

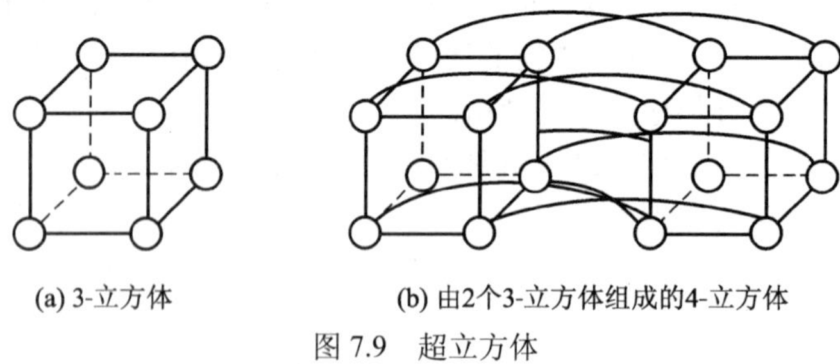

图 7.9　超立方体

8．k 元 n-立方体网络

环型、网络状、环网型、二元 n-立方体（超立方体）等网络都是 k 元 n-立方体网络系统的拓扑同构体。如图 7.10 所示就是一种 4 元 3-立方体网络。

参数 n 是立方体的维数，k 是基数或者说是沿每个方向的节点数。这两个数与网络中节点数 N 的关系为

$$N=k^n \quad (n=\log_k N)$$

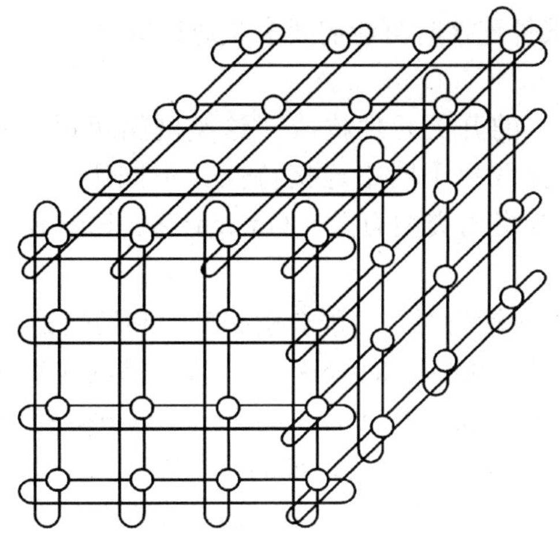

图 7.10 4 元 3-立方体网络

k 元 n-立方体的节点可用基数为 k 的 n 位地址 $A = a_0a_1a_2\cdots a_n$ 来表示，其中 a_i 代表第 i 维节点的位置。为简单起见，所有链路都认为是双向的。网络中每条线代表两个通信通道，每个方向一个。图 7.10 中各节点之间的连线都是双向链路。

按照惯例，一维 k 元 n-立方体称为环网，二维为网格，三维为立方体，而四维以上为超立方体。

低维网络在负载不均匀情况下运行较好，因为它们有较多的资源共享。在高维网络中，连线常分配给指定的维，各维之间不能共享。例如，在二元 n-立方体中，可能有的线已达到饱和，而物理上分配给其他维的相邻的连线却都还空闲。

网络直径的变化范围很大。但随着硬件路由技术的不断革新（如虫孔方式），路由已不是一个严重问题，因为任意两节点间的通信延迟在高度流水线操作下几乎是固定不变的。链路数会影响网络价格，等分宽度将影响网络的带宽。对称性会影响可扩展性和路由效率。

7.4.3 动态连接网络

为了达到多用或通用的目的，需要采用动态连接网络，它能根据程序要求实现所需的通信模式。它不用固定连接，而是沿着连接通路使用开关或仲裁器以提供动态连接特性。按照价格和性能增加的顺序，动态连接网络的排队次序为总线系统、多级互联网络（MIN）和交叉开关网络。

采用动态网络的多处理机的互连是在程序控制下实现的。定时、开关和控制是动态互联网络的三个主要操作特征。定时可以用同步方式，也可以用异步方式来进行。同步网络由一个全局时钟来控制，用它来同步网络的全部动作。异步网络利用握手机制来协调需要使用的同一网络内的各种设备。

根据级间连接方式，单级网络（Single-Stage Network）也称循环网络（Recirculating Network），因为数据项在到达最后目的地之前可能在单级网络中循环多次。单级网络的成本比较低，但在建立某种连接时可能需要多次通过网络。交叉开关和多端口存储器结构都属于单级网络。

多级网络由一级以上的开关元件构成。这类网络可以把任一输入与任一输出相连。级间连接模式的选择取决于网络连接特性。不同级的连接模式可能相同也可能不相同，这与所设计的网络的类型有关。Omega 网、Flip 网和 Baseline 网都是多级网络。

如果同时连接多个输入输出对，可能会引起开关和通信链路使用上的冲突，把这种多级网络称为阻塞网络（Blocking Network）。阻塞网络的实例有 Omega 网（Lawrie，1975）、Baseline 网（Wu 和 Feng，1980）、Banyan 网（Goke 和 Lipovski，1973）和 Delta 网（Patel，1979）。经过图形转换后，可以证明一些阻塞网络是等价的。实际上，大多数多级网络都是阻塞网络。在阻塞网络中，为了建立某些输入输出之间的连接，可能需要多次通过网络。

如果多级网络通过重新安排连接的方式可以建立所有可能的输入输出之间的连接，则称之为非阻塞网络（Non-blocking Network）。在这类网络中，任何输入输出对之间总可以建立连接通路。Benes 网络（Benes，1965）具有这种功能，但是它的级数比一般阻塞网络增加一倍才实现了非阻塞连接。如果增加级数或者限制连接模式，某些阻塞网络也可以成为非阻塞网络。

下面根据级数和阻塞或非阻塞来讨论几类主要的开关网络。首先介绍总线、交叉网络和多端口存储器结构，然后讨论多级网络。

1. 总线系统

总线系统实际上是一组导线和插座，用于进行与总线相连的处理器、存储模块和外围设备间的数据传输。总线只用于源（主设备）和目的（从设备）之间处理业务。在多个请求情况下，总线仲裁逻辑必须每次能将总线服务分配或重新分配给一个请求。

基于这一原因，数字总线已被称为多个功能模块间的争用总线（Contention Bus）或时分总线（Time-sharing Bus）。总线系统价格较低，带宽较窄。它有很多可用的工业和 IEEE 总线标准。

如图 7.11 所示的是一种总线连接的多处理机系统。系统总线在处理机、I/O 子系统、存储模块或辅助存储设备（磁盘、磁带机等）之间提供了一条公用通信通路。系统总线通常设置在印刷电路板底板上。其他的处理器板、存储器板或设备接口板都通过插座或电缆插入底板的。

主动设备或主设备（处理机或 I/O 子系统）产生访问存储器的请求，被动设备或从设备（存储器或外围设备）则响应请求。公用总线是在分时基础上工作的。总线研制中的重要问题有总线仲裁、中断处理、一致性协议和总线事务的处理等。

2. 交叉开关网络

在交叉开关网络中，每个输入端通过一个交叉点开关可以无阻塞地与一个空闲输出端相连。交叉开关网络是单级网络，它由交叉点上的一元开关构成。交叉网络主要用于

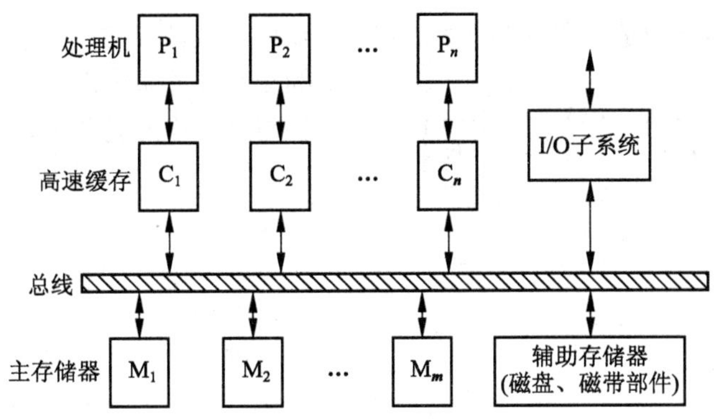

图 7.11　一种总线连接的多处理机系统

中小型系统。

从存储器读出的数据一旦可用，该数据就通过同一交叉开关回送给请求的处理器。通常，这类交叉开关网络需要使用 $n\times m$ 个交叉点开关。正方形交叉开关网络（$n=m$）可以无阻塞地实现 $n!$ 种置换。

交叉开关网络是单级无阻塞置换网络。交叉开关网络中每个交叉点是一个可以打开或关闭的开关，提供源（处理器）和目的（存储器）之间点对点的连接通路。对一个 $n\times n$ 的交叉开关网络来说，需要 n^2 套交叉点开关以及大量的连线。当 n 很大时，交叉开关网络所需要的硬件数量非常巨大。因此，到目前为止只有 $n\leqslant 16$ 的小型交叉开关网络用在商品化的机器中。

在交叉开关网络的每一行中可以同时接通多个交叉点开关，所以交叉点开关网络中 n 对处理器可以同时传送数据。

交叉开关网络的带宽和互联特性最好。如图 7.12 所示的是一种交叉开关网络。

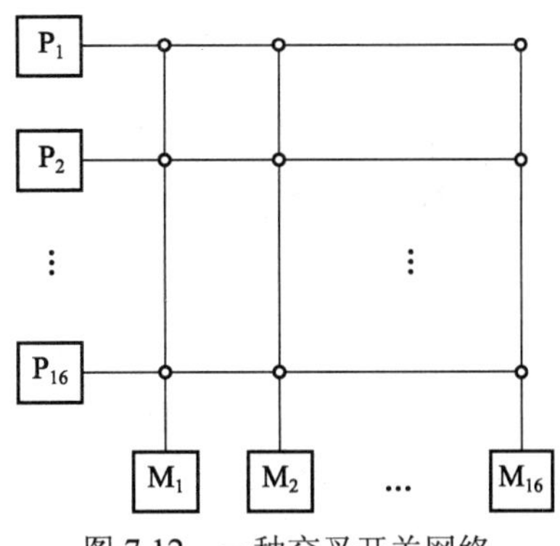

图 7.12　一种交叉开关网络

交叉开关网络每个周期可以实现 n 个数据传输，与每个总线周期只传一个数据相比，它的带宽最高。交叉开关网络对小型多处理机系统来说性能价格比较高。但单级交叉开关网络一旦构成后将很难扩充。

3．多端口存储器

由于大型系统使用交叉开关网络的成本无法承受，所以许多大型的多处理机系统都采用多端口存储器结构。其主要思想是将所有交叉点仲裁逻辑和跟每个存储器模块有关的开关功能移到存储器控制器中。

如图 7.13 所示为典型的多端口存储器结构。由于增加了访问端口和相应的逻辑线路，存储器模块的成本就变得较为昂贵。从图中可以看到，每个存储器模块的 n 个输入端口与 n 个开关相连，一次只能接收 n 台处理器中的一个请求。

多端口存储器结构是一个折中方案，它介于低成本低性能的总线系统和高成本高带宽的交叉开关系统之间。总线被所有处理器和与之相连的设备模块分时地共享。多端口存储器则负责分解各台处理器的请求冲突。

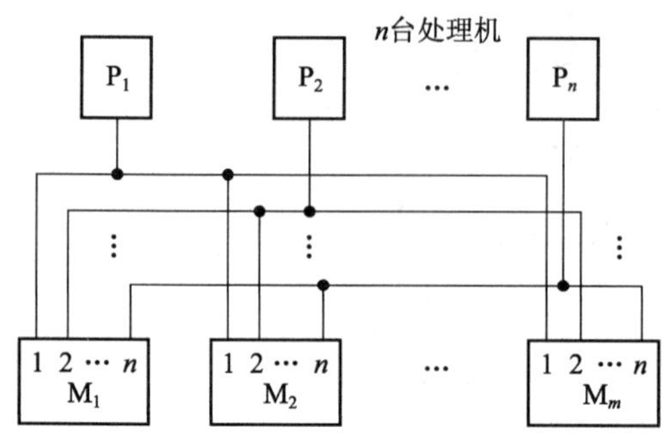

图 7.13 用于多处理机系统的多端口存储器结构

当 m 和 n 值很大时，这种多端口存储器结构将变得十分昂贵。典型的多处理机应用配置是 4 台处理机和 16 个存储器模块。多端口存储器结构的多处理机系统也不能扩展，因为端口数目一旦固定后，如果不重新设计存储控制器就无法再增加处理器了。还有一个缺点是当系统配置很大时，需要大量的互连电缆和连接器。

4. 多级网络

多级网络可用于构造大型多处理机系统。一种通用多级网络如图 7.14 所示，其中每一级都用了多个 $a \times b$ 开关，相邻级开关之间都有固定的级间连接。为了在输入和输出之间建立所需的连接，可用动态设置开关的状态来实现。

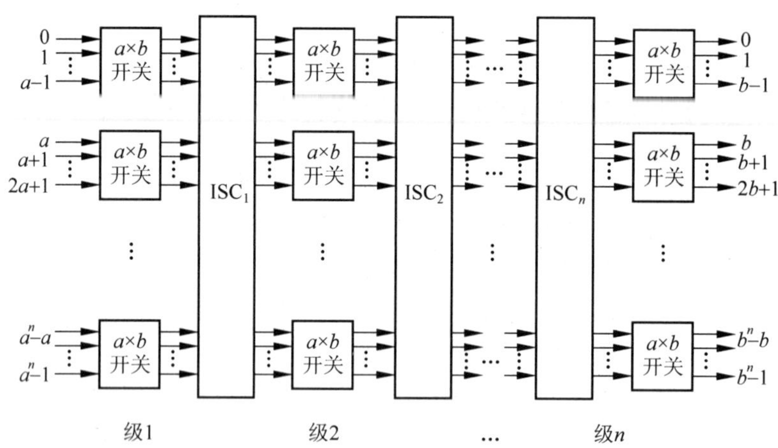

图 7.14 由 $a \times b$ 开关模块和级间构成的通用多级互联网络结构

各种多级网络的区别就在于所用开关模块和级间连接模式的不同。一个 $a \times b$ 开关模块有 a 个输入和 b 个输出。一个二元开关与 $a = b = 2$ 的 2×2 开关模块相对应。在理论上 a 与 b 不一定要相等，但实际上 a 和 b 经常选为 2 的整数次幂，即 $a = b = 2^k$，$k \geqslant 1$。最简单的开关模块是 2×2 开关。常用的级间连接模式包括混沌、交叉、立方体连接等。

在构成动态网络的总线、多级网络、交叉开关中，总线的造价最低，但其缺点是每台处理器可用的带宽较窄。总线所存在的另一个问题是容易产生故障。有些容错系统，如用于事务处理的 Tandem 多处理机等，常采用双总线以防止系统产生故障。

由于交叉开关的硬件复杂性以 n^2 上升，所以其造价最为昂贵。但是，交叉开关的带宽和路由性能最好。如果网络的规模较小，它是一种理想的选择。

多级网络则是两个极端之间的折中。它的主要优点在于采用模块结构，因而可扩展性较好。然而，其时延随网络的级数而上升。另外，由于增加了连线和开关复杂性，价格也是一种限制因素。

几种静态拓扑结构针对一些特定的应用，其可扩展性比较好。随着光技术和微电子技术的迅速发展，大规模多级网络和交叉开关网络在建立通用计算机的动态连接时也会变得更加经济合理。

7.4.4 片上网络

随着指令级并行的挖掘难度不断提升，处理器体系结构开始采用单芯片多处理器（Chip Multiprocessor，CMP）系统。CMP 系统在单块芯片上集成多个处理核以挖掘线程级并行和任务级并行。传统的总线和交叉开关等片上互连结构的可扩展性较差，它们只能满足较少数量的计算核的通信需求，不能满足具有更多核数的 CMP 系统的通信需求，为此，人们将“报文交换”的思想引入片上互连结构中，提出了“片上网络”的概念。

图 7.15 给出了一个典型的采用片上网络互联的单芯片多处理器系统的结构图。该系统共有 16 个处理核，这些处理核通过一个 4×4 的网格状网络互联，网络每个节点包含一个处理核和一个路由器。每个处理核包括计算部件、一级指令 Cache、一级数据 Cache、二级 Cache 存储体和二级 Cache 目录体，处理核通过网络接口将报文注入网络，或者从网络接收报文，路由器通过物理链路在网络节点间转发报文。

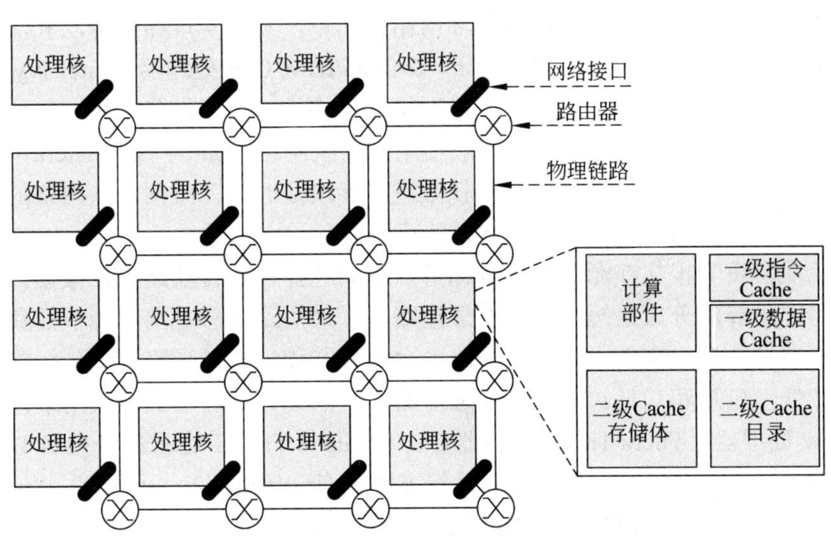

图 7.15 采用片上网络互联的单芯片多处理器系统

与总线和交叉开关等互联结构相比，片上网络具有更高的可扩展性和可重用性。当增加处理器核数时，只需要在片上网络中增加相应数量的路由器和网络接口，不需要重新设计整个网络，同时片上网络的开销与网络节点数目成线性关系，易于扩展。新增路由器与现有路由器的结构基本相同，可以复用现有路由器的设计。片上网络通过路由器将芯片长连线切分成多条短连线，易于控制通信延迟和功耗。由于片上网络采用分布式控制策略，它比采用集中式控制策略的总线支持更高的事务并发性。最后，由于片上网络路由器是相互独立的，它可以采用全局异步局部同步（Global Asynchronous Local Synchronous, GALS）的时钟策略，将网络划分成多个细粒度时钟域，独立控制每个时钟域的电压和频率，灵活管理功耗。

尽管片上网络与超级计算机和集群系统中的片外网络都使用了“报文交换”思想，但是片上网络与片外网络在很多方面存在巨大的差异，这些差异驱动片上网络成为一种全新的互联解决方案。首先，片上网络和片外网络的链路资源存在巨大的差异。现代集成电路的多层互连金属层为片上网络提供了丰富的连线资源，允许相邻路由器间的链路带宽达到数百位。与之相反，受限于芯片引脚数目，片外网络的链路带宽约为数十位。其次，片上网络与片外网络在延迟构成上存在较大差异，片上网络相邻路由器之间距离较短，一般可以在一个时钟周期内完成链路传输，但是片外网络相邻路由器之间距离较大，链路传输需要多个时钟周期。与片外网络相比，较小的片上网络链路延迟增加了路由器延迟对性能的影响。再次，片上网络主要采用并行总线，但是由于片外并行总线的串扰难以控制，片外网络大都采用串行总线。最后，片上网络与处理核竞争芯片有限的面积和功耗资源，与采用独立芯片实现的片外网络路由器相比，片上网络路由器面临着更为严格的面积和功耗限制。

片上网络设计主要包括拓扑结构、路由算法、流控机制和路由器微结构等方面。片上网络需要映射到芯片的二维平面上，因此，片上网络大都采用较简单的拓扑结构：环网、二维网格状网络和二维环型网络。环网结构简单，易于实现路由算法和流控机制，它当前被许多商用处理器采用，包括 Sony/Toshiba/IBM Cell 处理器、Intel Ivy Bridge 处理器和 Intel Knights Corner 处理器。二维网格状网络的可扩展性优于环网，同时方便映射到二维平面上，核数较多的处理器一般使用网格状网络，如 64 核的 Tilera Tile64 处理器和 80 核的 Intel Teraflops 处理器。当核数进一步增多时，二维网格状网络的中间区域容易拥塞，二维环型网络通过增加回绕链路可以消除这一问题。

路由算法负责为报文在源节点和目标节点之间选择一条传输路径，根据传输路径的长度可以将路由算法分成最短路由和非最短路由。最短路由总是沿着源节点和目标节点之间的最短路径传输报文的，而非最短路由允许报文使用非最短路径。最短路由的报文传输跳数较低，延迟和功耗一般优于非最短路由，因此，处理器大都采用最短路由，包括 MIT Raw 处理器、Tilera Tile64 处理器、U.T. Austin TRIPS 处理器和 Intel Teraflops 处理器。非最短路由在网络容错和简化设计等方面具有一定的优势，比如说，Intel Knights Corner 处理器允许使用非最短路由以降低全局流控的复杂性。

根据路由算法提供的传输路径条数可以将路由算法分成确定性路由和非确定性路由。确定性路由在源节点和目标节点之间只提供了一条传输路径，维序路由是一种典型的确定性路由算法。如图 7.16（a）所示，在二维网格型网络中，*XY* 维序路由总是先将报文沿着水平方向传输到目标节点的 *X* 维度位置，之后将报文沿着垂直方向传输到目标

节点的 Y 维度位置。非确定性路由在源节点和目标节点之间提供了多条传输路径，自适应路由是一种非确定性路由算法，它根据网络状态自适应地选择传输路径。如图 7.16（b）所示，当节点（3,1）和（3,2）之间出现拥塞时，自适应路由算法试图绕开这个拥塞。自适应路由的网络死锁避免比较复杂，相对而言，维序路由实现简单，同时不需要额外的资源来避免网络死锁。因此，当前大部分处理器都采用维序路由算法，包括 MIT Raw 处理器、Tilera Tile64 处理器、U.T. Austin TRIPS 处理器、Intel Teraflops 处理器和 Intel SCC 处理器。

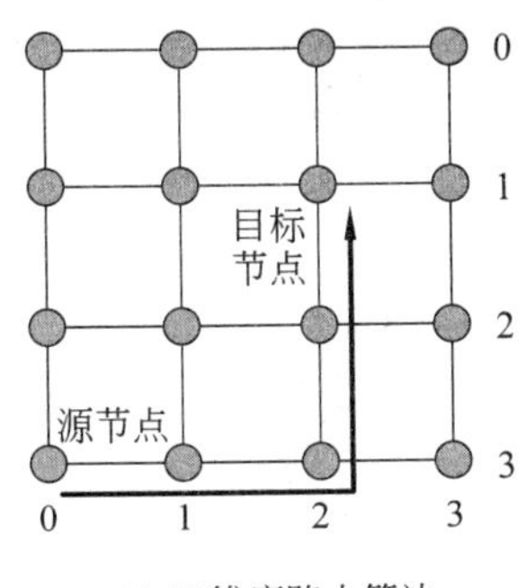

(a) *XY*维序路由算法

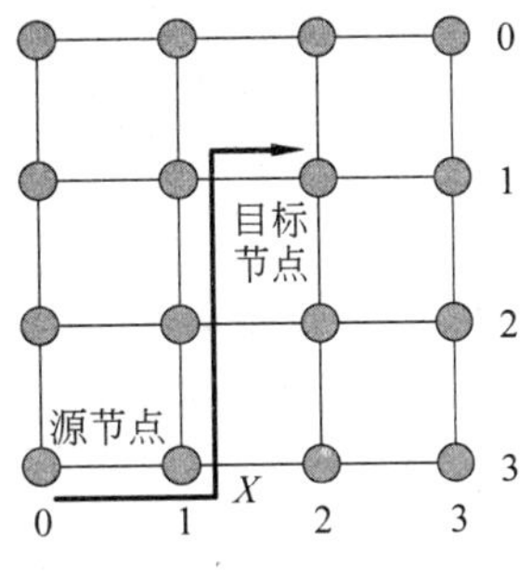

(b) 自适应路由算法

图 7.16　维序路由算法和自适应路由算法

流控机制负责分配链路和缓冲资源，根据分配粒度可以将其划分成消息级流控、报文级流控和切片级流控。电路交换是一种消息级流控机制，在消息传递前需要预定路径上的所有链路和缓冲资源，资源预定带来了较大延迟。此外，整条路径的资源只能被一个消息使用，资源利用率较低。报文级流控机制将消息划分成多个报文，资源分配以报文为粒度进行。与电路交换一次分配整条路径上的资源不同，报文级流控机制一次只分配一跳的资源。存储转发和虚切通是两种报文级流控机制。存储转发在接收到完整报文后才申请下一跳路由器上的资源，在传输路径的每一跳上都引入了串行延迟。为了减少串行延迟，虚切通只要接收了报文头就可以申请下一跳路由器的资源。如果下一跳缓冲能存储整个报文，则立即进行报文转发。切片级流控将报文分成多个切片，资源分配以切片为粒度进行。虫孔交换是一种切片级流控，只要下一跳缓冲能存储一个切片，就可以转发报文。虫孔交换对缓冲的需求低于报文级流控，许多处理器使用虫孔交换，包括 MIT Raw 处理器、Tilera Tile64 处理器、U.T. Austin TRIPS 处理器和 Intel Teraflops 处理器。虚切通的控制逻辑比虫孔交换简单，能够获得更高的频率，Intel SCC 处理器使用了虚切通流控。

下面讨论路由器微结构实现路由算法和流控机制。图 7.17 给出了一个典型的片上网络虚通道路由器的微结构，该路由器主要包括输入单元、路由计算模块、虚通道分配器、交叉开关分配器和交叉开关等模块。输入单元由多条虚通道（Virtual Channel，VC）组成，每条虚通道是一个先入先出缓冲队列。路由计算模块进行路由计算，虚通道分配器分配下一跳路由器的虚通道，交叉开关分配器分配交叉开关的输入输出端口。为获得较高频率，片上网络路由器一般采用流水线结构，报文需要依次经过以下流水线阶段：路由计算、虚通道分配、交叉开关分配和交叉开关传输。在不降低频率的前提下优化流水线阶段是片上网络设计的重点，超前路由在上一跳路由器上计算本跳路由器的输出端口，可以减少一个流水线阶段。猜测交叉开关分配并行执行虚通道分配和交叉开关分配，在猜测成功的情况下能减少一个流水线阶段。

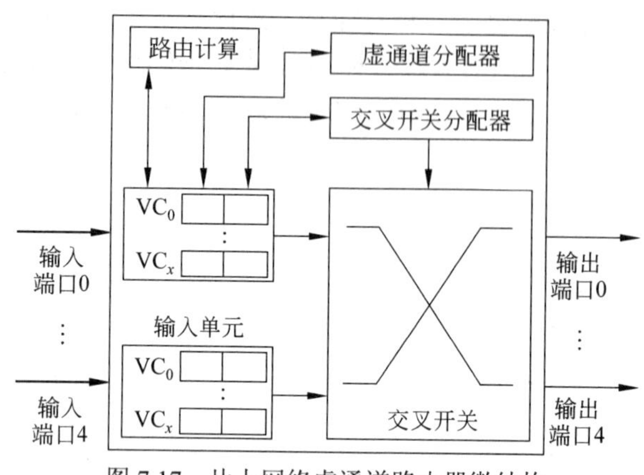

图 7.17　片上网络虚通道路由器微结构

7.5　同步

同步机制通常是基于硬件提供的有关同步指令，通过用户级软件例程来建立的。在大规模机器或进程竞争激烈的情况下，同步会成为性能的瓶颈，导致较大的延迟开销。

7.5.1　基本硬件原语

在多处理机中实现同步，所需的主要功能是一组能自动读出并修改存储单元的硬件原语。如果没有这种功能，建立基本的同步原语的代价将会非常大，并且这种代价随处理器个数的增加而增加。基本硬件原语有几种形式可供选择，它们能够自动读/修改单元。这些原语作为基本构件，被用来构造各种各样的用户级同步操作。通常情况下，不希望用户直接使用硬件原语，这些原语主要供系统程序员用来编制同步库函数。

用于构造同步操作的一个典型操作是原子交换（Atomic Exchange），它的功能是将一个存储单元的值和一个寄存器的值进行交换。为此要将一个存储单元定义为锁，该锁的值为 0 表示锁是开的，为 1 表示已上锁。当处理器要给该锁上锁时，是将对应于该锁的存储单元的值与存放在某个寄存器中的 1 进行交换。如果别的处理器早已锁住了该单元，则交换指令返回的值为 1，否则为 0。在后一种情况下，该锁的值会从 0 变成 1，这样，其他竞争的交换指令的返回值就不会是 0。

例如两个处理器同时进行交换操作，只有一个处理器会先执行成功而返回 0，而第二个处理器执行会返回 1。采用原子交换原语实现同步的关键是操作的原子性：交换是不可分的，两个并发的交换操作写的顺序性保证了两个处理器不可能同时获得同步变量锁。

还有一些别的原语可用来实现同步，它们均可读和更新存储单元值，并指示出这两个操作是否已执行成功。在许多机器上常有的一个操作是测试并置定（Test_and_set），即先测试一个值，如果符合条件则修改其值。例如可以定义一个操作来检测某个值是否为 0，如果为 0 则置 1，这和刚才的原子交换类似。另一个同步原语是读取并加 1（Fetch_and_increment），它返回存储单元的值并自动增加该值。

现在一些机器上用到的原子读-修改操作略有不同。在一次单独的访存内完成全部的操作会有一些困难，因为它需要在一条单独的不可中断的指令中完成一次存储器读和一次存储器写，在这一过程中不允许进行其他的访存操作，这带来了硬件实现上的复杂性。

一种可供选择的方法是使用指令对，从第二条指令的返回值可以判断该指令对的执行是否成功。这里两条指令执行等价于原子操作。等价于原子操作是指所有别的处理器进行操作可认为是在本指令对前或后进行的，从而本指令对看上去是原子执行的，在两条指令间无别的处理器改变锁单元的数据值。

指令对包括一条特殊的称为 LL（Load Linked 或 Load Locked）的取指令，以及一条称为 SC（Store Conditional）的特殊存指令。指令顺序执行：如果由 LL 指明的存储单元的内容在 SC 对其进行写之前已被其他指令改写过，则第二条指令 SC 执行失败；如果在两条指令间进行切换也会导致 SC 执行失败。SC 将返回一个值来指出该指令操作是否成功。LL 返回初始值，SC 如果执行成功返回 1，否则返回 0。下面代码序列实现对由 R1 指出的存储单元进行原子交换操作：

```
try:OR          R3,R4,R0        ;送交换值
    LL          R2,0(R1)        ;load linked
    SC          R3,0(R1)        ;store conditional
    BEQZ        R3,try          ;存失败转移
    MOV         R4,R2           ;将取的值送往 R4
```

最终 R4 和由 R1 指向的单元值进行原子交换，在 LL 和 SC 之间如有别的处理器插入并修改了存储单元的值，SC 将返回 0 并存入 R3 中，从而使指令序列再重新循环。

LL/SC 机制的一个优点是可用来构造别的同步原语。例如，原子的 fetch_and_increment：

```
try:LL          R2,0(R1)        ;load linked
    DADDUI      R2,R2,#1        ;增加
    SC          R2,0(R1)        ;store conditional
    BEQZ        R2,try          ;存失败转移
```

这些指令的实现必须跟踪地址。通常由 LL 指令指定一个寄存器，该寄存器存放着一个单元地址，这个寄存器常称为连接寄存器（Link Register），如果发生中断切换或与连接寄存器中值匹配的 Cache 块被作废（比如被别的 SC 指令访问），则连接寄存器清零，SC 指令检查它的存地址与连接寄存器内容是否匹配，如匹配则 SC 继续执行，否则执行失败。既然别的处理器对连接寄存器所指单元的写或任何异常指令都会导致 SC 失败，应该特别注意在两条指令间插入其他指令的选择。一般情况下，只有寄存器-寄存器指令才能安全地通过，否则极有可能产生死锁从而处理器永远不能完成 SC。此外，LL 和 SC

之间的指令数应尽量少，从而减少由无关事件或竞争的处理所导致的 SC 执行失败。

7.5.2 用一致性实现锁

有了原子操作，就可以采用多处理机的一致性机制来实现旋转锁（Spin Locks）。旋转锁是指处理器环绕一个锁不停地旋转而请求获得该锁。当锁的占用时间很少以及加锁过程延迟很低时可采用旋转锁。因为旋转锁要求处理器必须在循环中等待获得锁，因此在有些条件下不适合使用。

在无 Cache 一致性机制的条件下，可采用的最简单的实现方法是在存储器中保存锁变量，处理器可以不断地通过一个原子操作请求加锁，比如先交换，再测试返回值从而知道锁的状况。释放锁的时候，处理器可简单地将锁置为 0，下面是一个旋转锁的代码段，R1 中的地址对应为用来进行原子交换的锁：

```
        DADDUI      R2,R0, #1
lockit: EXCH        R2,0(R1)          ;原子交换
        BNEZ        R2,lockit         ;是否已加锁?
```

如果机器支持 Cache 一致性，就可以将锁缓冲进入 Cache，并通过一致性机制使锁值保持一致。这有两个好处：第一，可使“环绕”的进程（不停测试请求锁的循环）对本地 Cache 块进行操作，而不用每次请求锁时必须先进行一次全局的存储器访问；第二个好处是可利用锁访问的局部性，即处理器最近使用过的锁不久又会使用，这种状况下锁可驻留在那个处理器的 Cache 中，大大降低了请求的时间。

为获得第一条好处，需对上面简单的环绕过程进行一点改动，上面循环中每次交换均需一次写操作，如果有多个处理器都请求加锁，则大多数写会导致写失效。因而可改进旋转锁过程，使其环绕过程仅对本地 Cache 中锁的备份进行读，直到它返回 0 确认锁可用，然后再进行加锁交换操作，将 1 存入锁变量。获得锁的处理器执行自己的代码完毕后，将锁变量置 0 释放锁，从而竞争又开始进行。下面是这种旋转锁的代码（0 为开，1 为关）。

```
lockit: LD          R2,0(R1)          ;取锁值
        BNEZ        R2,lockit         ;锁不可用
        DADDUI      R2,R0,#1          ;存入锁值
        EXCH        R2,0(R1)          ;交换
        BNEZ        R2,lockit         ;如果锁不为 0 转移
```

让我们分析一下这种旋转锁是怎样使用 Cache 一致性机制的。表 7.5 给出了对于三个处理器竞争锁情况下的操作。一旦一个处理器使用锁完毕并存入 0 释放该锁时，所有别的 Cache 对应块均被作废，必须取新的值来更新它们锁的备份。其中一个处理器 Cache 会先获得未加锁值并执行交换操作，当别的 Cache 失效处理完后，它们会发现已被加锁，所以又必须不停地环绕测试。

这里假设是采用写作废机制，P0 开始占据锁（第 1 步）；P0 退出后释放锁（第 2 步）；

表 7.5 三个处理器竞争锁的操作

步骤	处理器 P0	处理器 P1	处理器 P2	锁状态	总线/目录操作
1	占有锁	环绕测试 lock = 0	环绕测试 lock = 0	Shared	无
2	将锁置为 0	（收到作废命令）	（收到作废命令）	Exclusive	P0 发锁变量作废消息
3		Cache 失效	Cache 失效	Shared	总线/目录处理 P2 Cache 失效，锁从 P0 写回
4		总线/目录忙则等待	lock = 0	Shared	P2 Cache 失效处理
5		lock = 0	执行交换，导致 Cache 失效	Shared	P1 Cache 失效处理
6		执行交换，导致 Cache 失效	交换完毕，返回 0 置 lock = 1	Exclusive	总线/目录处理 P2 Cache 失效，发作废消息
7		交换完毕，返回 1	进入关键处理段	Shared	总线/目录处理 P2 Cache 失效，写回
8		环绕测试 lock = 0			无

P1 和 P2 竞争锁（第 3～第 5 步）；P2 赢，进入关键处理段（第 6、第 7 步）；P1 失败后开始环绕等待（第 7、第 8 步）。在实际系统中，这些事件耗费的时间远大于 8 个时钟周期，因为总线请求及失效处理时间会长得多。

这个例子也说明了 LL/SC 原语的另一个状态：读写操作明显分开。LL 不产生总线数据传送，这使下面的代码与使用经过优化交换的代码具有相同的特点（R1 中保存锁的地址）：

```
lockit: LL          R2,0(R1)        ;load-linked
        BNEZ        R2,lockit       ;锁无效
        DADDUI      R2,R0,#1        ;加锁值
        SC          R2,0(R1)        ;存
        BEQZ        R2,lockit       ;如果存失败则转移
```

第一个分支形成环绕的循环体，第二个分支解决了两个同时请求锁的处理器竞争问题。尽管旋转锁机制简单并且具有强制性，但难以将它扩展到处理器数量很多的情况，因为竞争锁时会产生大量的通信问题。

7.5.3 同步性能问题

7.5.2 小节介绍的简单旋转锁不能很好地适应可缩放性。大规模机器中所有的处理器竞争同一个锁，目录或总线对所有处理器的请求服务是串行的，从而会产生大量的竞争问题。下面的例子可以看出情况有多么严重。

例 7.3 设总线上有 10 个处理器同时准备对同一变量加锁。假设每个总线事务处理（读失效或写失效）是 100 个时钟周期，忽略实际的 Cache 块锁的读写时间以及加锁的时间，求 10 个处理器请求加锁所需的总线事务数目。设时间为 0 时锁已释放并且所有处理器在旋转，求处理这 10 个请求时间为多长?假设总线在新的请求到达之前已服务完挂起的所有请求，并且处理器速度相同。

解：当 i 个处理器竞争锁的时候，它们完成下列操作序列，每一个操作产生一个总线事务：

访问该锁的 i 个 LL 指令操作；

试图锁住该锁的 i 个 SC 指令操作；

1 个释放锁的存操作指令。

因此对 n 个处理器，总线事务的总和为

$$\sum_{i=1}^{n}(2i+1) = n(n+1)+n = n^2+2n$$

对于 10 个处理器有 120 个总线事务，需要 12 000 个时钟周期。

本例中问题的根源是锁的竞争、存储器中锁访问的串行性以及总线访问的延迟，总线的公平性使得这些情况更为突出。因为总线的公平性，一个处理器释放锁后，其余的处理器都来竞争取锁。旋转锁的主要优点是对于总线或网络开销较低，同样的处理器反复使用锁时性能好。但这两点在上述例子中均没有得到体现，下面将讨论对旋转锁实现的改进。

并行循环程序中另一个常用的同步操作是栅栏（Barrier）同步。栅栏强制所有到达该栅栏的进程进行等待，直到全部的进程到达栅栏，然后释放全部的进程，从而形成同步。栅栏的典型实现是要用两个旋转锁：一个用来记录到达栅栏的进程数，另一个用来封锁进程直至最后一个进程到达栅栏。栅栏的实现中要不停地探测指定的变量，直到它满足规定的条件。下面的程序是一种典型的实现，其中 lock 和 unlock 提供基本的旋转锁，total 规定了要到达栅栏的进程总数。

```
Lock(counterlock);           /* 确保更新的原子性 */
if(count=0)release=0;        /* 第一个进程则重置 release */
                             /* 到达进程计数 */
unlock(counterlock);         /* 释放锁 */
if(count==total){            /* 进程全部到达 */
      count=0;               /* 重置计数器 */
      release=1;             /* 释放进程 */
 }
else {                       /* 还有进程未到达 */
      spin(release=1);       /* 等待别的进程到达 */
      }
```

对 counterlock 加锁保证增量操作的原子性，变量 count 记录着已到达栅栏的进程数，变量 release 用来封锁进程直到最后一个进程到达栅栏。函数 spin（release = 1）使进程等待直到全部的进程到达栅栏。

实际情况中，另外一个问题使栅栏的实现稍微复杂了一些：通常反复使用一个栅栏，栅栏释放的进程运行一段后又会再次返回该栅栏，这样有可能出现某个进程永远离不开栅栏的状况（它停在旋转操作上）。例如 OS 调度进程，可能一个进程速度较快，当它第二次到达栅栏时，第一次的进程还挂在栅栏中未能离开。这样所有的进程在这个栅栏的第二次使用中都处于无限等待状态，因为进程的数目总是达不到 total。一种解决方法是当进程离开栅栏时进行计数（和入口一样），在上次栅栏使用中的所有进程离开之前不允

许任何进程重用并初始化本栅栏。另一种解决办法是 sense_reversing 栅栏，每个进程均使用一个私有变量 local_sense，该变量初始化为 1。下面的程序给出了 sense_reversing 栅栏的代码，这种方法使用安全。但是正如下面的例子所示，其性能仍旧很差。

```
local_sense=!local_sense;            /* local-sense 取反 */
lock(counterlock);                   /* 确保更新的原子性 */
count++;                             /* 计算到达进程数 */
unlock(counterlock);                 /* 解锁 */
if(count==total){                    /* 进程全部到达 */
      count=0;                       /* 重置计数器 */
      release=local_sense;           /* 释放进程 */
}
else {                               /* 还有进程未到达 */
      spin(release=local_sense);     /* 等待信号 */
}
```

例 7.4 假设总线上 10 个处理器同时执行一个栅栏，设每个总线事务需 100 个时钟周期，忽略 Cache 块中锁的读、写实际花费的时间以及栅栏实现中非同步操作的时间，计算 10 个处理器全部到达栅栏，被释放及离开栅栏所需的总线事务数。设总线完全公平，整个过程需多长时间？

解： 表 7.6 给出一个处理器通过栅栏产生的事件序列，设第一个获得总线的进程还没有获得锁。

表 7.6 第 i 个处理器通过栅栏产生的事件序列

事件	数量	对应源代码	说明
LL	i	lock（counterlock）;	所有处理器抢锁
SC	i	lock（counterlock）;	所有处理器抢锁
LD	1	count=count+1;	一个成功
LL	i–1	lock（counterlock）;	不成功的处理器再次抢锁
SD	1	count=count+1;	获得专有访问产生的失效
SD	1	unlock（counterlock）;	获得锁产生的失效
LD	2	spin（release=local_sense）;	读释放：初次和最后写产生的失效

对第 i 个处理器，总线事务数为 $3i+4$，而最后一个到达栅栏的处理器需要的事务总数少一个。因此 n 个处理器所需的总线事务为

$$\left[\sum_{i=1}^{n}(3i+4)\right]-1=(3n^2+11n)/2-1$$

对于 10 个处理器，共需要 204 个总线事务，20 400 个时钟周期。这是例 7.3 的几乎两倍！

由前面这些例子可见，当多进程之间竞争激烈时，同步会成为瓶颈。当竞争不激烈且同步操作较少时，主要关心的是一个同步原语操作的延迟，即单个进程要花多长时间才完成一个同步操作。基本的旋转锁操作可在两个总线事务内完成：一个读锁，一个写锁。可以采用多种方法进行改进，使它在单个总线事务内完成操作。例如可简单地进行检测交换操作。如果锁已被占用，将会导致大量的总线事务，因为每一个想取得锁的进

程均需一个总线事务。实际上，旋转锁的延迟并不像前面例子中所示的那样糟糕，因为在实现中可以对 Cache 的写失效加以优化。

同步操作最严重的问题是进程的串行性。当出现竞争时，就会出现串行性问题。它极大地增加了同步操作的时间。比如，在无竞争的条件下，10 个处理器加解锁的同步操作仅需 20 个总线事务。总线的使用是这个问题的关键所在。在基于目录的 Cache 一致性机器中，串行性问题也同样严重，它的延迟时间更长，下面给出竞争程度高或处理器个数较多的情况下一些有效的解决办法。

7.5.4 大规模机器的同步

人们所希望的同步机制是在无竞争的条件下延迟较小，在竞争激烈时串行性小。下面将分析在竞争较大时怎样通过软件实现来提高锁和栅栏的性能，并探讨两种基本的硬件原语，用以在保持低延迟的条件尽可能减少串行度。

1. 软件实现

旋转锁实现的主要问题是当多个进程检测并竞争锁时引起的延迟。软件实现锁第一种技术是当加锁失败时就人为地推延这些进程的等待时间。这可通过当 SC 操作失败时就推迟进程再次请求加锁的时间来实现。一般是在失败时，延迟的时间指数增大。下面的程序给出了具有指数延迟（Exponential Back-off）的旋转锁代码。

```
        DADDUI   R3,R0, #1     ;R3=初始延迟值
lockit: LL       R2,0(R1)      ;load linked
        BNEZ     R2,lockit     ;无效
        DADDUI   R2,R2,#1      ;取到加锁值
        SC       R2,0(R1)      ;store conditional
        BNEZ     R2,gotit      ;存成功转移
        DSLL     R3,R3,#1      ;将延迟时间增至 2 倍(左移 1 位)
        PAUSE    R3            ;延迟 R3 中时间值
        J        lockit
gotit:  使用加锁保护的数据
```

当 SC 失败时，进程推延 *R3* 个时间单位。*R3* 的值是由具体机器而定的，它的开始值约为执行关键程序段并释放锁的时间。PAUSE *R3* 指令的功能是等待 *R3* 个时间单位。*R3* 的值在每次存失败后以 2 为因子增长，从而使进程所等待的时间是前一次的两倍。

软件实现锁的第二种技术是排队锁，也就是用数组将要进行同步的进程排队，按排序进行同步操作。稍后还将讨论用硬件来实现排队锁。

软件实现锁的第三种技术是组合树栅栏。在前面的栅栏机制实现中，所有的进程必须读取 release 标志而形成冲突。通过组合树（Combining Tree）可以减少冲突。组合树是多个请求在局部结合起来形成树的一种分级结构，局部组合的分枝数量大大小于总的分枝数量，因此组合树降低冲突的原因是将大冲突化解成为并行的多个小冲突。

组合树采用预定义的 n 叉树结构。用变量 k 表示扇入数目，实际中 $k = 4$ 效果较好。

当 *k* 个进程都到达树的某个节点时，则发信号进入树的上一层。当全部进程到达的信号汇集在根节点时，释放所有的进程。如同前面一样，采用 sense_reversing 技术来给出下面的基于组合树的栅栏代码。

```
struct node {                          /* 组合树中一个节点 */
    int counterlock;                   /* 本节点锁 */
    int count;                         /* 计数本节点 */
    int parent;                        /* 树中父节点=0..p-1,根节点父节点号=-1*/
};
struct node tree [0..p-1];             /* 树中各节点 */
int local_sense;                       /* 每个处理器的私有变量 */
int release;                           /* 全局释放标志 */
                                       /* 栅栏实现函数 */
barrier(int mynode){
  lock(tree[mynode].counterlock);      /* 保护计数器 */
  count++;                             /* 计数的累加 */
  unlock(tree[mynode].conterlock);     /* 解锁 */
  if(tree[mynode].count==k){           /* 本节点进程全部到达 */
    if(tree[mynode].parent)>=0{
     barrier(tree[mynode].parent);
  }else{
     release=local_sense;
    }
     tree[mynode].count=0;             /* 为下次重用初始化 */
 }else {
    spin(release=local_sense);         /* 等待 */
 };
};
/* 加入栅栏的进程执行代码 */
  local_sense= !local_sense;
  barrier(mynode);
```

树是根据 tree 数组中的节点预先静态建立的，树中每个节点组合 *k* 个进程，提供一个单独的计数器和锁，因而在每个节点有 *k* 个进程进行竞争。当第 *k* 个进程都到达树中对应节点时则进入父节点，然后递增父节点的计数器，当父节点计数到达 *k* 时，置 release 标志。每个节点的计数器在最后一个进程到达时被初始化。

以上讨论的是通过软件来实现的栅栏。一些大规模并行处理系统（如 T3D，CM-5）已引入了栅栏的硬件支持。

2．硬件原语支持

这里介绍两种硬件同步原语，第一种是排队锁，第二种针对栅栏和进行计数等某些用户级操作。这两种硬件同步原语产生的延迟基本上与前面所讨论的情况相同，但可以大大减少串行性。

首先来看硬件排队锁同步原语。上面给出的锁的实现中，最主要的问题是它带来了大量的无用的竞争。比如，当锁被释放时，尽管只有一个进程能成功地获得其状态值，但所有的进程都会产生读失效和写失效。可以排队记录等待的进程，当锁释放时送出一个已确定的等待进程，这种机制称为排队锁（Queuing Lock）。排队锁可用硬件实现，也可用记录等待进程的排队数组软件实现。硬件实现一般是在基于目录的机器上，通过硬件向量等方式来进行排队和同步控制。在基于总线的机器中要将锁从一个进程显式地传给另一个进程，软件实现会更好一些。

排队锁的工作过程如下：在第一次取锁变量失效时，失效被送入同步控制器。同步控制器可集成在存储控制器中（基于总线的系统）或目录控制器中。如果锁空闲，将其交给该处理器；如果锁忙，控制器产生一个节点请求记录（比如可以是向量中的某一位），并将锁忙的标志返回给处理器，然后该处理器进入旋转等待。当该锁被释放时，控制器从等待的进程排队中选出一个使用该锁。这可以通过更新所选进程 Cache 中的锁变量或者作废锁的备份来完成。

例 7.5 如果在排队锁的使用中，失效时进行锁更新，求 10 个处理器完成 lock 和 unlock 所需的时间和总线事务数。假设条件与前面例子相同。

解：对 n 个处理器，每个处理器都初始加锁产生 1 个总线事务，其中 1 个成功获得锁并在使用后释放锁，第 1 个处理器将有 $n+1$ 个总线事务。每一个后续的处理器需要 2 个总线事务：1 个获得锁，另 1 个释放锁。因此总线事务的总数为$(n+1)+2(n-1)=3n-1$。注意这里的总线事务总数随处理器数量成线性增长，而不是前面旋转锁那样成二次方增长。对 10 个处理器，共需要 29 个总线事务或 2900 个时钟周期。

排队锁功能实现中有一些要考虑的关键问题。首先，需要识别出对锁进行初次访问的进程，从而对其进行排队操作。第二，等待进程队列可通过多种机制实现，在基于目录的机器中，队列为共享集合，需用类似目录向量的硬件来实现排队锁的操作。最后，必须有硬件来回收锁，因为请求加锁的进程可能被切换时切出，并且有可能在同一处理器上不再被调度切入。

再来看第二种硬件原语。可引进一种原语来减少栅栏记数时所需的时间，从而减小串行形成的瓶颈，其性能可与排队锁相比。这种原语还可用来构造其他的同步操作。fetch_and_increment 就是这样一种原语，它可以原子地取值并增量，返回的值可以为增量后的值，也可以为取出的值。使用 fetch_and_increment 可以很好地改进栅栏的实现。

例 7.6 写出采用 fetch_and_increment 栅栏的代码。条件与前面的假设相同，并设一次 fetch_and_increment 操作也需 100 个时钟周期。计算 10 个处理器通过栅栏的时间，及所需的总线周期数。

解：下面的程序段给出栅栏的代码。对 n 个处理器，这种实现需要进行 n 次 fetch_and_increment 操作，访问 count 变量的 n 次 Cache 失效和释放时的 n 次 Cache 失效，这样总共需要 $3n$ 个总线事务。对 10 个处理器，总共需要 30 个总线事务或 3000 个时钟周期。这里如同排队锁那样，时间与处理器个数成线性增长。当然，实现组合树栅栏时也可采用 fetch_and_increment 来降低树中每个节点的串行竞争。

```
local_sense= !local_sense;              /* local_sense 变反 */
fetch_and_increment(count);             /* 原子性更新 */
if(count==total){                       /* 进程全部到达 */
```

```
    count=0;                                /* 初始化计数器 */
      release=local_sense;                  /* 释放进程 */
  }
  else  {                                   /* 还有进程未到达 */
    spin(releaze=local_sense);              /* 等待信号 */
  }
```

已经看到，由同步、存储延迟和负载不平衡将产生许多问题。由此可以理解要有效地利用大规模并行机器所面临的困难有多么大。

程序同步意味着对共享数据的访问被同步操作有序化。实际中希望大多数程序是同步的。这是因为如果访问不同步，就很难决定程序的行为。程序员可通过构造自己的同步机制来保证有序性，但这需要很大的技巧性，并可能在体系结构上得不到支持，从而不能保证它们在大规模并行的机器上高效运行。因此，几乎所有的程序员都选择使用同步库。这不但保证了正确性，而且保证了同步的优化。

7.6 同时多线程

多线程使多个线程以重叠的方式共享单个处理器的功能单元。为实现这种共享，处理器必须保存各个线程的独立状态。例如，需要复制每个线程独立的寄存器文件，独立的程序计数器（PC），以及独立的页表等。对于线程访问的存储器，可以通过支持多道程序技术的虚拟存储机制来实现共享。另外，硬件必须能够较快地完成线程间的切换。线程的切换应该比进程的切换要高效得多，进程的切换一般需要成百上千个处理器时钟周期。

目前有两种主要的多线程实现方法。第一种方法是细粒度（Fine-Grained）多线程技术，它在每条指令间都能进行线程的切换，从而导致多个线程的交替执行。通常以时间片循环的方法实现这样的交替执行，在循环的过程中需要跳过被阻塞的线程。要实现细粒度的多线程，CPU 必须在每个时钟周期都能进行线程的切换。由于一个线程阻塞后其他线程的指令还能够立即执行，所以细粒度多线程的主要优点是能够隐藏由任何或长或短的阻塞带来的吞吐率的损失。而其主要的缺点是减慢了每个独立线程的执行，这是因为即使没有任何阻塞，线程也会被其他线程的指令插入执行而导致延迟。

第二种方法是粗粒度（Coarse-Grained）多线程技术，它是基于细粒度多线程的优缺点而提出的。粗粒度多线程之间的切换只在发生代价较高、时间较长的阻塞出现时，例如二级 Cache 失效时才进行线程间的切换。这一改变大大减少了线程间切换的次数，并且不会减慢每个独立线程的执行，这是因为只有当线程发生高代价阻塞时才执行其他线程的指令。然而，粗粒度多线程也有较大的缺点：不能有效地减少吞吐率的损失，特别是对于较短的阻塞而言。这一缺点是由粗粒度多线程的流水线建立时间的开销造成的。由于实现粗粒度多线程的 CPU 只执行单个线程的指令，因此当发生阻塞时，流水线必须排空或暂停。阻塞后切换的新的线程在指令执行产生结果之前必须先填满整个流水线。由于有建立时间的开销，粗粒度多线程对于减少高代价阻塞时带来的损失较为有效，此时流水线的建立时间相对于阻塞时间可以忽略不计。

第7.6.1小节将讨论一种能够在超标量处理器上同时开发指令级并行和多线程并行的细粒度多线程技术。

7.6.1 将线程级并行转换为指令级并行

同时多线程技术（Simultaneous MultiThreading，SMT）是一种在多流出（Multi-Issue）、动态调度处理器上开发线程级并行和指令级并行的改进的多线程技术。提出同时多线程（SMT）技术的主要原因是现代多流出处理器通常含有多个并行的功能单元，而单个线程不能有效地利用这些功能单元。而且，通过寄存器重命名和动态调度机制，来自各个独立线程的多条指令可以同时流出，而不考虑它们之间的相互依赖关系；其相互依赖关系将通过动态调度机制得以解决。

图 7.18 概念性地描述了一个超标量处理器在以下几种配置时其性能的差别，这几种配置是：

（1）不支持多线程技术的超标量处理器。

（2）支持粗粒度多线程的超标量处理器。

（3）支持细粒度多线程的超标量处理器。

（4）支持同时多线程的超标量处理器。

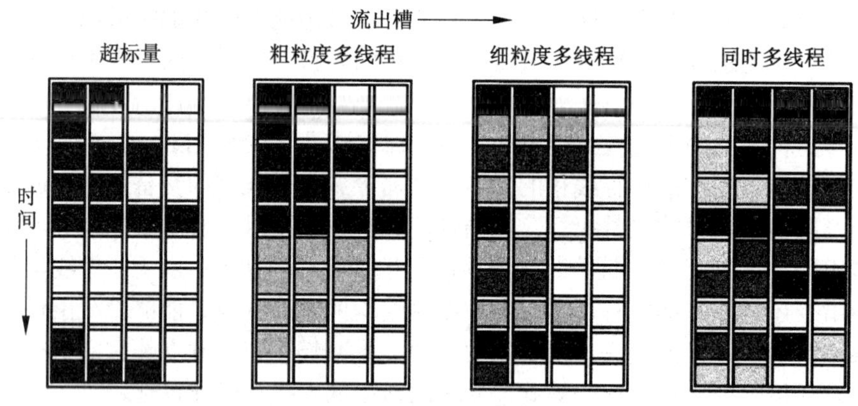

图 7.18 超标量处理器中的 4 种不同的流出槽使用方法

在不支持多线程的超标量处理器中，由于缺乏足够的指令级并行而限制了流出槽的利用率，曾在前面的章节中讨论过这个问题。而且一个严重阻塞，如指令 Cache 失效，将导致整个处理器处于空闲状态。

在粗粒度多线程超标量处理器中，通过线程的切换部分隐藏了长时间阻塞带来的开销。尽管这样减少了整个空闲周期，但是在每个时钟周期内，指令级并行的限制仍然导致空闲周期。而且在粗粒度多线程处理器中，由于只有当发生阻塞时才进行线程切换，新线程还需要流水线建立时间，所以会产生一些完全空闲的时钟周期。

在细粒度超标量处理器中，线程的交替执行消除了完全空闲的流出槽。由于在每个时钟周期内只流出一个线程的指令，指令级并行的限制仍然导致一个时钟周期内存在不少的空闲流出槽。

在同时多线程（SMT）超标量处理器中，通过在一个时钟周期内调度多个线程使用流出槽，从而同时实现线程级并行和指令级并行。理想情况下，流出槽的使用率只受限于多个线程对资源的需求和可用资源间的不平衡。实际中其他的一些因素，包括活跃线程的个数、缓冲大小的限制、从多个线程取出足够多指令的能力、线程间哪些指令可以同时流出等因素，仍将限制流出槽的利用率。

尽管图 7.18 极大地简化了处理器的实际操作情况，然而它仍然在一般意义上刻画出同时多线程（SMT）在提高性能方面相比之下存在的优势。

如上所述，同时多线程（SMT）开发的基础是使用动态调度技术的处理器已经具有了开发线程级并行所需的硬件设置。具体来说，动态调度超标量处理器有大量的虚拟寄存器组，可以用来保存每个独立线程的寄存器状态（假设每个线程都有一个独立的重命名表）。由于寄存器重命名机制提供了唯一的寄存器标识符，多个线程的指令可以在数据路径上混合执行，而不会导致各线程间源操作数和目的操作数的混乱。这表明多线程技术可以通过在一个乱序执行的处理器上为每个线程设置重命名表、保留各自的 PC 值、提供多个线程的指令结果提交的能力来实现。

7.6.2 同时多线程处理器的设计

因为动态调度超标量处理器一般都进行深度流水，如果采用粗粒度方式实现同时多线程不会获得多少性能上的提高，所以同时多线程只有在细粒度的实现方式下才有意义。必须考虑细粒度调度方式下对单个线程的性能的影响。因为总资源不变，并发多个同优先级的线程必然拉长单个线程的执行时间。这可以通过指定一个优先线程来减小这种影响，从而在整体性能提高的同时对单个指定的线程性能只产生较小的影响。虽然看起来优先线程的实现方式既没有牺牲吞吐率又没有损失单个线程的性能，但是当优先线程在流水线阻塞时处理器将损失一些吞吐率。

多个线程的混合执行将不可避免地影响单个线程的执行时间，类似的问题在取指阶段也存在。为提高单个线程的性能，应该为指定的优先线程尽可能多地向前取指（或许在分支指令的两条路径上都要向前取指），并且在分支预测失效和预取缓冲失效的情况下清空取指单元。但是这样限制了其他线程可用来调度的指令条数，从而减少了吞吐率。所有的多线程处理器都必须在这里寻求一种折中方案。

实际上，资源划分以及在单个线程性能和多个线程性能间进行平衡并不会太复杂，至少对于目前的超标量处理器是这样。现在实际中的处理器一般每个时钟周期流出 4～8 条指令，它只能支持较少的活跃线程，优先线程就更少。只要一有可能，处理器就运行指定的优先线程。从取指阶段开始就优先处理优先线程：只要优先线程的指令预取缓冲区未满，就为它优先取指。只有当优先线程的缓冲区填满以后才为其他线程预取指令。注意到当有两个优先线程时，意味着需要并发预取两个指令流，这给取指部件和指令

Cache 的设置都增添了复杂度。同样地，指令流出单元也要优先考虑指定的优先线程，只有当优先线程阻塞不能流出的时候才考虑其他线程。实际上要将现有的超标量处理器的能力翻倍，设置4～8个线程、2～4个优先线程就可以完全满足。

下面是设计同时多线程处理器时面临的其他主要问题：

（1）设置用来保存多个上下文所需的庞大的寄存器文件。

（2）必须保持每个时钟周期的低开销，特别是在关键步骤上，如指令流出和指令完成。前者有更多的候选指令需要考虑，后者要选择提交哪些指令的结果。

（3）需要保证由于并发执行多个线程带来的 Cache 冲突不会导致显著的性能下降。

通过研究这些问题还可以了解到：第一，在大多情况下多线程所导致的额外性能开销是很小的，简单的线程切换选择算法就足够；第二，目前的超标量处理器的效率是比较低的，还有很大的改进余地，同时多线程是获得吞吐率改进最有前途的方法之一。

由于同时多线程在多流出超标量处理器上开发线程级并行，所以最适合于应用到面向服务器市场的高端处理器上。另外，还可以限定多线程的并发数量，这样就可以最大限度地提高单个线程的性能。

7.6.3 同时多线程的性能

随着超标量处理器的应用越来越广泛和深入，采用同时多线程技术能够获得多大的性能提高，这一问题受到人们的关注。下面将研究在超标量处理器基础上采用同时多线程技术时对性能的提高情况。

图 7.19 表明了在超标量处理器上增添 8 个线程的同时多线程能力时获得的性能提高，单位是每拍的指令数。这里假设增添同时多线程不会导致时钟周期的开销恶化。测

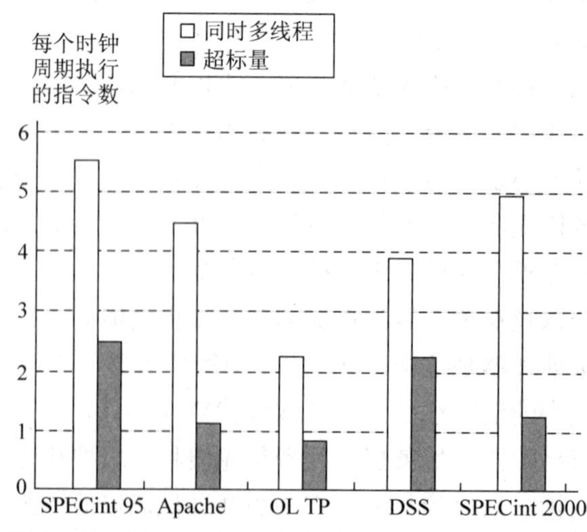

图 7.19 在超标量处理器上增添 8 个线程的同时多线程能力时获得的性能提高

试程序包括多道程序执行的 SPEC 子集，Web 服务程序 Apache，数据库 OLTP 和决策支持 DSS 的测试程序。

使用同时多线程所获得的吞吐率的提高很显著，达 1.7～4.2 倍，平均 3 倍。为更好地理解这些提高从何而来，图 7.20 划分出几个处理器内部单元的利用率和命中率。正如人们所料，同时多线程处理器在取指单元和功能单元的利用率大为提高。分支预测的精确度和指令 Cache 的命中率的比较同样令人惊讶：同时多线程处理器性能较好。同时多线程数据 Cache 的性能稍差，而二级 Cache 的性能稍好。这可能是由于二级 Cache 足够大，可以容纳多个线程的工作集。

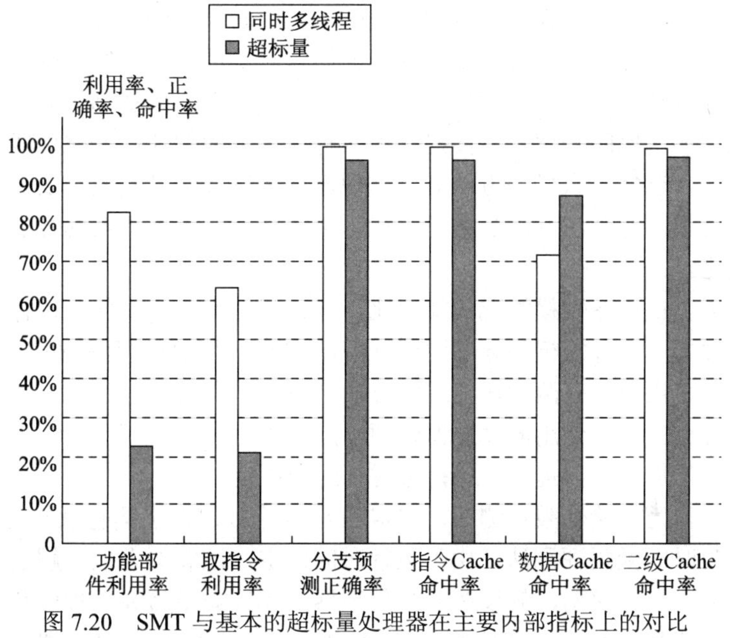

图 7.20　SMT 与基本的超标量处理器在主要内部指标上的对比

在解释这些性能的显著提高时，可以看出有两个特点。首先，超标量处理器本身功能十分强大，它具有很大的一级 Cache、二级 Cache 以及大量的功能单元。仅仅采用指令级并行，不可能利用全部的硬件性能，因此超标量处理器的设计者不可能不考虑使用诸如同时多线程这样的技术来开发线程级并行。其次，同时多线程的能力也很强大，可以支持 8 个线程，并为两个线程同步取指。将超标量和同时多线程结合起来，在指令级并行的基础上进一步开发线程级并行，可以获得显著的性能提高。

HP 公司在 Alpha 21464 处理器上支持了同时多线程。Intel 公司也在一种面向服务器市场的 Pentium 4 Xeon 处理器上支持了同时多线程，实现两个线程的并发。根据 Intel 的统计，有了同时多线程技术的支持，对于服务器应用来说可以获得 30%吞吐率的提高。这个性能提高不算太多，除了只支持两个线程的并发数量少之外，还因为在该处理器上指令流出槽被线程静态划分而不能被充分利用。模拟结果表明，共享所有单元（流出槽，功能单元，重命名寄存器等）是获得同时多线程最大性能的关键。

7.7　并行处理器的性能评测

如何评测并行处理的性能已经成为最有争议的问题之一。当然，最直接的答案是：量度一个给定的程序，测试程序从开始执行到完成所消耗的时间。测试这样的一段程序所花费的时间显然是很直接的。在一个并行处理器中，量度中央处理器（CPU）时间容易被误解。因为处理器在其他用户无法使用的情况下，有可能在部分时间处于空闲状态。

用户与设计者通常不仅对于拥有固定数量的处理器的多处理机的性能感兴趣，而且对于在处理器数目增加的情况下，多处理机性能如何变化和量度更感兴趣。在许多情况下，应用程序或者测试程序在问题规模变化时，会引起算法的并行性及通信量的变化。因此，当使用更多的处理器来解决更大规模的问题时，情况就会发生变化。当在一个问题的规模固定或者是问题的规模变化时，如果更多的处理器增加到计算系统中，有必要认真分析和测试加速比的变化，从而提供出两种情况下的加速比变化曲线。为了避免非正常的结果出现，选择什么样的方法对单处理器算法进行测试是很重要的。因为如果在这种情况下使用了并行算法程序去进行测试，可能会弱化单处理器的性能而过分夸大并行计算的加速比。

一旦决定去测试可变规模情况的加速比，那么问题就成为如何去进行变规模。假设已经在 p 个处理器上运行规模为 n 的测试程序，问题便是如何对运行在 $m \times p$ 个处理器上的测试程序进行变规模。有两种很直观的方法来解决这个问题：

（1）保持每个处理器使用的存储器资源恒定。

（2）在理想的加速比前提下，保持总运行时间恒定。

第一种方法称为存储受限评测法，规定在 $m \times p$ 个处理器上运行规模为 $m \times n$ 的问题。第二种方法称为时间受限评测法，由于运行时间恒定，这需要人们了解运行时间与问题规模之间的关系。举例说明，假设在 p 个处理器上运行规模为 n 的程序花费的运行时间与 n^2/p 成比例。那么，用时间约束评测法来分析，如果在 $m \times p$ 个处理器上的运行时间仍然为 n^2/p，那么这种情况下将要运行的问题规模为 square $(m) \times n$。

例 7.7　假设一个规模为 n 的程序运行时间与 n^3 成比例，同时假设在一个有 10 个处理器的多处理机上的实际运行时间为 1 小时。在时间受限评测法与存储受限评测法两种情况下，分别求出问题的规模以及在有 100 个处理器的处理机上的有效运行时间。

解：使用时间约束评测法，运行时间不变，仍然为 1 小时，所以问题规模为 $\sqrt[3]{10} \times n$，即大约为原大小的 2.15 倍。使用存储受限评测法，问题的规模为 $10n$，理想运行时间为 $10^3/10$ 即 100 小时。因为大多数用户不会接受在更多的处理器上运行相同的问题耗费时间却为原运行时间的 100 倍，这种情况是不切实际的。

除了变规模的评测方法之外，当问题规模增大可能对运行结果的质量产生影响时，如何对程序进行变规模也是需要考虑的问题。通常需要通过改变程序的参数来处理这样的影响。举个简单的例子，考虑只在进行求解微分方程时运行时间的效能。运行时间将会随着问题规模的增大而增加，比如，求解更大规模的微分方程时需要进行更多的迭代次数。因而当增大问题规模时所表现出来的总运行时间的增加，将会比在基本算法运行情况下所需要的时间的增加要快。

比如说，假设所需要的迭代次数随着问题规模的 log 成比例增长。那么对于一个运行时间是随着问题规模而线性增长的算法来说，运行时间的增长实际上是与 $n\log n$ 成比例的。如果对于一个运行在 10 个处理器上规模为 m 的问题进行变规模，纯粹算法上的变规模，就要在 100 个处理器上运行规模为 $10m$ 的问题。但是如果考虑了迭代次数的增长，那么意味着规模为 $k \times m$（其中 $k\log k = 10$）的问题在 100 个处理器上的运行时间不变。而这时问题的规模为 $5.72m$，而不是 $10m$。

7.8 多处理机实例

7.8.1 实例 1：T1 处理器

1．T1 处理器结构

T1 是 2005 年 Sun 公司推出的用于服务器处理器的多核多处理器。T1 的特色是它并没有把重点放在 ILP 上，而是把几乎全部的注意力放在了 TLP 上，它采用了多核和多线程来增大总的处理能力。

每个 T1 处理器包含 8 个核，每个核最多可以支持 4 个线程。每个核有一条 6 站单流出的流水线。T1 采用细粒度的多线程，每个时钟周期都可以切换到新的线程。在调度线程时可以跳过正在流水线延迟或因 Cache 失效而处于等待状态的线程。处理器仅在 4 个线程都空闲或阻塞时才会处于空闲状态。取数据指令和转移指令都产生一个 3 时钟周期延迟，这可以通过执行其他线程来进行延迟隐藏。由于浮点性能并不是 T1 关注的重点，所以 8 个核共享了一个浮点功能部件。

图 7.21 显示了 T1 处理器组织。每个核中都有自己的一级 Cache，8 个核通过纵横交叉开关连接 4 个二级 Cache，纵横交叉开关也提供了连接共享浮点单元的通路。T1 通过

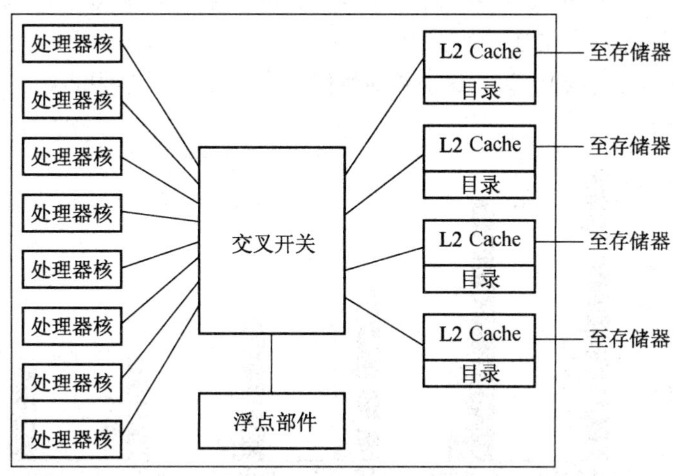

图 7.21　T1 处理器组织

目录协议实现数据 Cache 的数据一致性，每个目录项对应了一个二级 Cache 的数据块。T1 将目录存于二级 Cache 而非主存中，这样可以有效地减少目录的开销。因为一级数据 Cache 采用写直达方式，所以实现一致性只需要处理写作废的消息，所访问的数据最终都能从二级 Cache 中获得。

图 7.22 综合评价了 T1 处理器。

特　征	Sun T1
多处理器和多线程支持	每芯片 8 个核，每核 4 个线程。细粒度线程调度。 8 个核共享一个浮点运算部件。支持片内多处理器
流水线结构	简单的按序 6 段流水线，Load 和分支的延迟为三个时钟周期
一级 Cache	16KB 指令 Cache，8KB 数据 Cache。64B 块大小。 在无竞争的情况下，L1 不命中的开销是 23 个时钟周期
二级 Cache	4 个独立的二级 Cache，每个 750KB 且和存储体相连。64B 块大小 在无竞争的情况下，L2 不命中的开销是 110 个时钟周期
初始版本	90nm 工艺，最高时钟频率 1.2GHz，电源功率 79W，300M 个晶体管，圆片面积 $379mm^2$

图 7.22　综合评价 T1 处理器

2．T1 的性能

用三个面向服务器的基准测试程序来测量 T1 的性能：TPC-C、SPECJBB 和 SPECWeb99。SPECWeb99 基准测试程序运行在一个 4 核 T1 版本上，因为它不能扩展用到全部的 8 核 32 个线程。另外两个基准测试程序在 8 核 32 线程的 T1 版本上运行。

正如前面所述，多处理器的性能很大程度上取决于存储系统以及与应用程序的相互作用。对 T1 来说，二级 Cache 的容量和块的大小都是关键参数，图 7.23 描述的是二级 Cache 容量以 1.5MB、3MB、6MB 变化，块大小以 32B 和 64B 变化时失效率的相应变化。从这些数据可明显看出，3MB Cache 容量优于 1.5MB，6MB Cache 容量又优于 3MB。同时可以看到，采用 64B 的块比采用 32B 的块失效率要低，但还不那么突出。因此可以推测出，使用较大的块产生了更多的内存流量。这能否对性能产生明显影响还要取决于存储系统的特征。

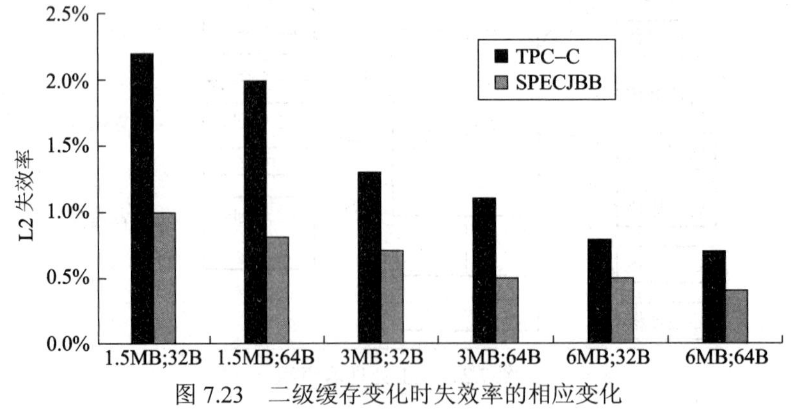

图 7.23　二级缓存变化时失效率的相应变化

多线程会引起访存冲突，那么 Cache 容量大小和块的大小是如何影响访存冲突呢？图 7.24 显示的是在与图 7.23 相同条件下的二级 Cache 的失效延迟情况。可以看到对于 3MB 或 6MB 的 Cache，较大的块会导致二级 Cache 较小的失效时间。现代的 DRAM 访问一个数据块所用的时间仅仅比访问单个字稍多一点时间，因此，对 32B 块的失效延迟仅比 64B 块少一点。

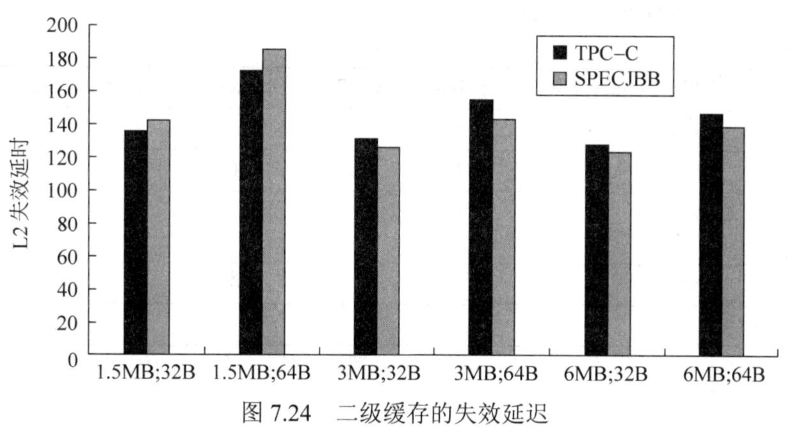

图 7.24 二级缓存的失效延迟

图 7.25 显示了 T1 的每个线程 CPI、每个核 CPI、8 个核的有效 CPI 以及 8 核有效 IPC（每个时钟周期内完成的有效指令数）。由于 T1 是一款细粒度每个核支持 4 个线程的多线程处理器，它足够的并行使每个线程的理想 CPI 应该是 4，即每个线程 4 个时钟周期完成一条指令。每个核理想的 CPI 是 1，而整个 T1 的理想 IPC 是 8。

基准测试程序	每线程 CPI	每核 CPI	8 个核有效 CPI	8 个核有效 IPC
TPC-C	7.2	1.8	0.225	4.4
SPECJBB	5.6	1.40	0.175	5.7
SPECWeb99	6.6	1.65	0.206	4.8

图 7.25 T1 的 CPI 和 IPC

从上面的数据可以推出，T1 对于三个基准测试程序的吞吐率只有理想的 56%～71%，看起来可能会感觉它效率并不高，但是与超标量处理器相比已经是很好了。例如 Itanium 2 处理器（比 T1 更多的晶体管、更高的功率、可比的硅面积）要达到每时钟周期 4.5～5.7 条指令的速率，需要有难以置信的指令吞吐率，因为这比一般认可的 CPI 已经增大了一倍。显然，对于面向整型计算的多线程服务器应用程序来说，多核处理器比单核多流出超标量处理器要好得多。

3．多核处理器的性能对比

2010 年以来，多核成为所有新处理器的主旋律。各种实现方式变化很大，它们对大型多核芯片多处理器的支持也同样有很多不同。 图 7.26 总结了这些多核芯片的特征。除了 ILP 与 TLP 的不同之外，还有一些根本的设计差异，包括：

（1）它们对浮点运算支持和性能上的差异。Power 把重点放在浮点运算的性能上，而 Opteron 和 Xenon 也有大量的浮点运算资源。

（2）它们在多处理器扩展能力上不同，这对存储器系统的设计和外部接口的使用有很大影响。Power 的扩展能力最好，Xenon 和 Opteron 也提供了一定的多处理器扩展支持。

（3）所用的实现技术不同，难以比较它们的晶片大小和功耗。

（4）对存储器系统及其带宽的要求不同。

特征	AMD Opteron 8439	IBM Power 7	Intel Xenon 7560	Sun T2
晶体管数	9.04 亿	12 亿	23 亿	5 亿
功率/W	137	140	130	95
每个芯片的最大核数	6	8	8	8
多线程	No	SMT	SMT	细粒度
每个核的线程数	1	4	2	8
每个时钟周期流出的指令数	一个线程流出 3 条	一个线程流出 6 条	一个线程流出 4 条	两个线程流出 2 条
时钟频率/GHz	2.8	4.1	2.7	1.6
最外层缓存	L3、6MB、共享	L3、32MB（采用嵌入 DRAM）、共享或由各个核专用	L3、24MB、共享	L2、4MB、共享
包含	无、尽管 L2 是 L1 的超集	有、L3 超集	有、L3 超集	有
多核一致性协议	MOESI	扩展 MESI，具有行为和局域性提示（13-状态协议）	MESIF	MOESI
多核一致性实现	监听	设在 L3 的目录	设在 L3 的目录	设在 L2 的目录
对扩展一致性的支持	利用 HyperTransport 可以将最多 8 个处理器连接为一个环，采用目录式或监听式协议。系统为 NUMA	使用 SMP 链接可以将最多 32 个处理器芯片连接起来。采用动态分布式目录结构。8 核芯片之外的存储器访问是对称的	通过 Quickpath 互连可以连接最多 8 个处理器。以外部逻辑支持目录	通过每个处理器的 4 个一致性链接实现，可用于进行监听。最多两个芯片直接相连，最多 4 个使用外部 ASIC 连接

图 7.26　4 种最近为服务器设计的高端多核处理器（2010 年发布）的特征汇总

7.8.2　实例 2：Origin 2000

本节中将介绍多处理机实例 SGI Origin 2000。它是较早出现的分布式共享存储器体系结构的大规模并行多处理机系统，采用超节点（每个节点两个处理器）的模块结构，可以扩展到 2048 个处理器而保持系统较好的性能价格比，因此具有良好的可缩放性。

Origin 系统采用超标量 MIPS R10000 处理器，运行基于 UNIX 的 64 位 IRIX 操作系统。

Origin 是基于 NUMA 体系结构的。图 7.27 为 Origin 系统，该系统由节点、I/O 子系统、路由器和互联网络构成。每个节点可安装 1 个或 2 个 MIPS R10000 微处理器（内含第一级高速缓存，即 L1 Cache）、第二级高速缓存（L2 Cache）、主存储器、目录存储器及 Hub 等，Hub 用于连接微处理器、存储器、I/O 和路由器等。节点的 Hub 内含 4 个接口和交叉开关。Origin 的路由器有 6 个端口，用于连接节点或其他路由器。

Origin 系统在节点内部实现的是 SMP 结构，在节点之间实现的是大规模并行处理结构。

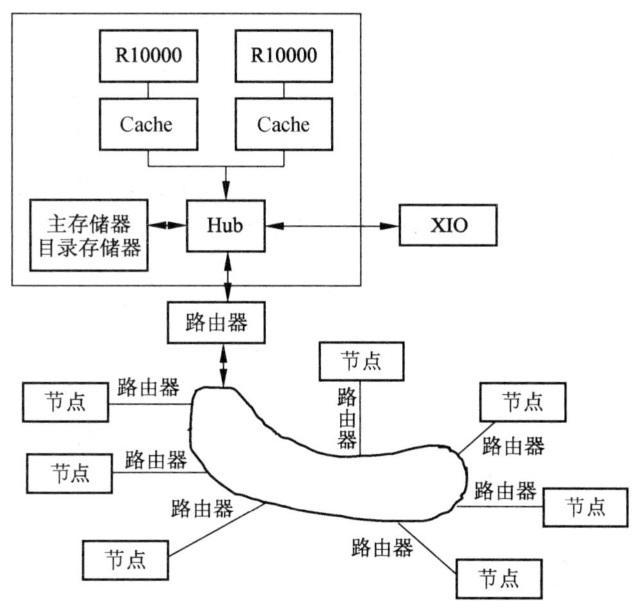

图 7.27　Origin 系统结构

Origin 系统的存储器层次结构可分为寄存器、L1　Cache、L2　Cache 和主存储器，其中寄存器和 L1 Cache 在 R10000 微处理器中。Origin 的主存储器地址是统一编址的，每个处理器通过互联网络可访问系统中任一存储单元。

Origin 在节点内部采用基于监听的协议，全局节点之间采用基于目录的协议。在 Origin 的节点内，有一个存储器和一个目录存储器。每个存储器块对应一个目录项，每个目录项包含其对应存储器块的状态信息和系统中各 Cache 共享存储情况的位向量，根据位向量可以知道本存储器块在哪些 Cache 中有备份。当执行写存储器操作时，根据目录项的位向量可将有关节点中的 Cache 数据作废，从而实现了 Cache 的一致性。

7.9　小结

多处理机的应用发展较为缓慢的主要原因是受限于软件以及使用效率，这也是多处理机体系结构设计追求的主要目标。本章中讨论了多处理机的有关问题，其中涉及一致性、互联网络、同步、远程访问、通信延迟和并行程序设计等。在未来，多处理机将会得到更快的发展。这是因为应用领域及其并行性研究进展较快；多处理机的性能价格比越来越好；多处理机对多道程序负载的高效性。目前已经在处理器芯片中包括了 Cache 一致性逻辑，这有力地支持了小规模多处理机的实现。单芯片包含多个 CPU 的微处理器也已经大量投入应用。

摆在多处理机面前的问题是：要建立多大规模的多处理机？当处理器数量较大（>128）时，从硬件到软件带来的问题都将会十分严重。

多处理机的研究问题很多，除在本章中所讨论的之外，将正在研究的重要问题列举 5 个如下：

（1）多处理机性能的评测方法。并行处理中最为争论的问题之一就是如何评测并行机的性能。当然，直接的答案是运行测试程序，检测其响应时间。

（2）降低通信开销和延迟隐藏。在多处理机中，准确估算通信开销、如何使通信开销增长放慢、如何使访问时延在容许的范围内增长仍都是有待解决的研究课题。此外，Cache、多流水线和超流水线的使用使失效延迟加长，这意味着延迟隐藏有很大的研究余地和难度。

（3）分布式虚拟共享存储器（Distributed Virtual Memory，DVM）。它用操作系统来获得分布存储器具有一致性的共享地址空间。这种机制主要的不同点在于保持一致性的单位是页，并且用软件来实现一致性算法。

（4）并行软件的开发。包括编译程序、操作系统和应用软件。如何充分利用计算机系统结构提供的各种支持来提高并行性，在研究上还有很大的难度和深度。

（5）降低能耗，实现高效能。

习题 7

1．解释下列名词。

集中式共享多处理机　分布式共享多处理机　通信延迟　计算/通信比
互联网络　静态网络　片上网络　动态网络
网络直径　节点度　等分带宽　路由
旋转锁　栅栏同步　同步原语　同时多线程
存储受限评测法　时间受限评测法

2．设有一个在三种方式下运行的应用：使用所有的处理器、使用一半的处理器和单处理器的串行。设有 0.02%的时间为串行，总共有 100 个处理器。如果加速比目标是 80，求在使用一半的处理器的方式下所允许的最大时间比例。

3．什么是多处理机的一致性？给出解决一致性的监听协议和目录协议的工作原理，并画出它们各自的状态变迁图。

4．画出 2 元 6 立方体的拓扑结构图。

5．画出用 4×4 交叉开关组成一个三级的 16×16 交叉开关网络，其设备量比单级 16×16 的交叉开关节省多少设备？举例说明在输入和输出之间存在着较多的冗余路径。

6．在一个基于总线的集中共享多处理机系统中，Cache 相关性监听协议有三个状态：无效、共享和专有。给出在写直达（Write-Throug）Cache 条件下相关性监听协议的工作原理及状态变迁图。它与在写回（Write-Back）Cache 条件下有什么主要区别？

7．在一个基于总线的集中共享多处理机系统中，Cache 相关性监听协议有 4 个状态：无效、共享、专有和干净专有（只读）。给出相关性的监听协议的工作原理及状态变迁图。

8．在标准的栅栏同步中，设单个处理器的通过时间（包括更新计数和释放锁）为 C，求 N 个处理器一起进行一次同步所需要的时间。

9．在采用 k 元胖树的栅栏同步中，设单个处理器的通过时间（包括更新计数和释放锁）为 C，求 N 个处理器一起进行一次同步所需要的时间。

10．采用排队锁和 fetch_and_increment 重新实现栅栏同步，并将它们分别与采用旋转锁实现的栅栏同步进行性能比较。

11．带宽消耗和延迟可引起写作废和写更新模式在性能上的差别。设有 64 字节 Cache 块的一个存储系统，不考虑竞争的影响，

（1）写出两段并行代码来说明写作废和写更新模式带宽的不同。

（2）写出一段并行代码来说明相比写作废模式，写更新模式在延迟上的优越。通过例子说明在包含竞争时，写更新模式的延迟情况更差。设基于总线机器中存储器和监听事务需要 50 个时钟。

第 8 章　集群计算机

目前流行的高性能并行计算机系统结构通常可以分成 5 类：并行向量处理机（PVP）、对称多处理机（SMP）、大规模并行处理机（MPP）、分布共享存储（DSM）多处理机和集群（Cluster）。其中，起源于 20 世纪 90 年代中期的集群结构凭借低廉的价格、极强的灵活性和可扩展性（scalability），成为近年来发展势头最为强劲的系统结构。表 8.1 列出了 1997 年 6 月至 2009 年 11 月共 26 期全球高性能计算机 500 强（Top500）排名中 Cluster 系统的数量，从中可以清楚地看出它的发展趋势。尽管 1997 年 6 月才有第一台集群结构的计算机进入 Top500 排名，但进入该排名的集群计算机系统的数量逐年稳步增加。2003 年 11 月，这一数字已达到 208 台，集群首次成为 Top500 排名中比例最高的结构，截至 2014 年 11 月，已经连续 23 期位居榜首。由国防科学技术大学计算机学院研制的我国首台千万亿次超级计算机"天河 1 号"，以及自 2013 年 6 月至 2014 年 11 月连续四次排名 Top500 榜首的"天河 2 号"，也采用了集群结构。毫不夸张地说，集群已成为当今构建高性能计算机系统最常用的结构。

表 8.1　Top500 中集群计算机的数量和比例

时间	1997.06	1997.11	1998.06	1998.11	1999.06	1999.11	2000.06	2000.11
数量	1	1	1	2	6	7	11	28
比例	0.2%	0.2%	0.2%	0.4%	1.2%	1.4%	2.2%	5.6%
时间	2001.06	2001.11	2002.06	2002.11	2003.06	2003.11	2004.06	2004.11
数量	32	43	81	93	149	208	289	294
比例	6.4%	8.6%	16.2%	18.6%	29.8%	41.6%	57.8%	58.8%
时间	2005.06	2005.11	2006.06	2006.11	2007.06	2007.11	2008.06	2008.11
数量	304	361	364	361	374	406	399	409
比例	60.8%	72.2%	72.8%	72.2%	74.8%	81.2%	79.8%	81.8%
时间	2009.06	2009.11						
数量	410	417						
比例	82%	83.4%						

8.1　集群的基本概念和结构

8.1.1　集群的基本结构

集群是一种价格低廉、易于构建、可扩展性极强的并行计算机系统。它由多台同构或异构的独立计算机通过高性能网络或局域网互联在一起，协同完成特定的并行计算任务。从用户的角度来看，集群就是一个单一、集中的计算资源。图 8.1 给出了一个简单 PC 集群的逻辑结构，4 台 PC 通过交换机（Switch）连接在一起。其中 NIC 表示网络接口，PCI 表示 I/O 总线。这是一种无共享的结构，大多数集群都采用这种结构。

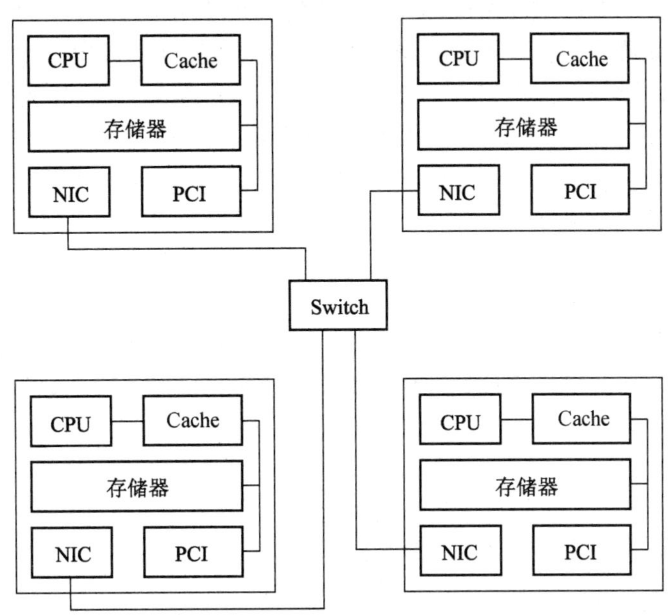

图 8.1　一个包含 4 个节点的简单 PC 集群

如果将图中的交换机换为共享磁盘，则可以得到共享磁盘的集群系统结构。这类结构是大多数商业集群所需的，可以在节点失效的情况下实现恢复。共享磁盘能存储检查点文件或关键系统镜像，从而提高集群的可用性。如果没有共享磁盘，就无法在集群中实现检查点机制、回滚恢复等容错机制。

构成集群的每台计算机都被称为节点。每个节点都是一个完整的系统，拥有本地磁盘和操作系统，可以作为一个单独的计算资源供用户使用。除了 PC 外，集群的节点还可以是工作站，甚至是规模较大的对称多处理机。按照功能，集群系统中的节点一般可分为两类：计算节点和服务器节点。计算节点主要大量用于大规模搜索或并行浮点计算，其结构可以是同构的，比如 Cray XT5 Jaguar 使用了 6 核的 AMD Opteron 处理器，也可以是异构的，比如天河-2 的每个节点有 2 个 Intel Xeon CPU 和 3 块 Intel Xeon Phi。服务节点则完成 I/O、文件访问和系统监控等功能。

集群的各个节点一般通过商品化网络连接在一起，如以太网、Myrinet、InfiniBand、Quadrics 等，这 4 种技术能够实现任意的网络拓扑结构，包括胖树、环状网络等。InfiniBand 的连接速度最快，但是费用也最高，以太网则是最经济有效的选择，而 Myrinet 和 Quadrics 的性能介于两者之间。部分商用集群也采用专用网络连接，如 SP Switch、NUMAAlink、Crossbar、Cray Interconnect 等。网络接口与节点的 I/O 总线以松耦合的方式相连，如图 8.1 中的 NIC 与 PCI 所示。

8.1.2 集群的软件模型

软件也是集群系统的重要组成部分。由于集群系统结构松散、节点独立性强、网络连接复杂，造成集群系统管理不便、难以使用。为了解决这一问题，国际上流行的方式是在各节点的操作系统之上再建立一层操作系统来管理整个集群，这就是集群操作系统。

除了提供硬件管理、资源共享以及网络通信等功能外，集群操作系统还必须完成的另外一项重要功能就是实现单一系统映像（Single System Image，SSI），这是集群的一个重要特征。正是通过它才使得集群在使用、控制、管理和维护上更像一个工作站。SSI 包含 4 重含义。首先是“单一系统”，尽管系统中有多个处理器，用户仍然把整个集群视为一个单一的计算系统来使用。用户可以选择“使用 5 个处理器执行任务”，这不同于分布式系统。其次是“单一控制”，逻辑上，最终用户或系统用户使用的服务都来自集群中唯一一个位置，例如用户将批处理作业提交到一个作业队列，而系统管理员通过一个唯一的控制点配置集群的所有软、硬件组件。第三是“对称性”，用户可以从任一个节点上获得集群服务，也就是说，对于所有节点和所有用户，除了那些对特定访问权限做了保护的服务与功能外，所有集群服务与功能都是对称的。最后则是“位置透明”，用户不必了解真正执行服务的物理设备的具体位置。

一个简单集群系统中的 SSI 至少应该提供以下三种服务：

（1）单一登录（Single Sign On）。即用户可以通过集群中的任何一个节点登录，而且在整个作业执行过程中只需登录一次，不必因作业被分派到其他节点上执行而重新登录。

（2）单一文件系统（Single File System）。在集群系统中，有一些对整个集群所有节点而言都相同的软件，它们没有必要在每一个节点上重复安装，另外执行并行作业时要求每个节点都可以访问到可执行文件，即这些软件和可执行文件在整个集群系统中应该只有一个备份。

（3）单一作业管理系统（Single Job Management System）。用户可以透明地从任一节点提交作业，作业可以以批处理、交互或并行的方式被调度执行。PBS、LSF、Condor 和 JOSS 都是目前比较具有代表性的作业管理系统。

此外，并行编程模型以及相关的并行编程环境也是集群系统中不可缺少的软件。目前比较流行的并行编程工具包括 MPI、PVM、OpenMP、HPF 等。MPI（Message Passing Interface）是目前最重要的一个基于消息传递的并行编程工具，它具有可移植性好、功能强大、效率高等许多优点，而且有许多不同的免费、高效、实用的实现版本，几乎所有的并行计算机厂商都提供对它的支持，使它成为并行编程的事实标准。PVM（Parallel Virtual Machine）也是一种常用的基于消息传递的并行编程环境，它把工作站网络构建成一个虚拟的并行机系统，为并行应用提供了运行平台。HPF（High Performance Fortran）是一个支持数据并行的并行语言标准。OpenMP（Open Multi-Processing）是一个共享存储并行系统上的应用编程接口，它规范了一系列的编译制导、运行库例程和环境变量，并为 C/C++和 FORTRAN 等高级语言提供了应用编程接口，已经应用于 UNIX、Windows

等多种平台上。

图 8.2 列出了集群系统的软件框架。集群操作系统、SSI 以及其他一些集群正常工作所必需的软件一同构成了集群中间件。在它之上是并行编程环境，用户可以通过并行编程环境完成并行应用程序的开发。当然，串行应用也可以通过集群中间件被调度到某个节点上执行。

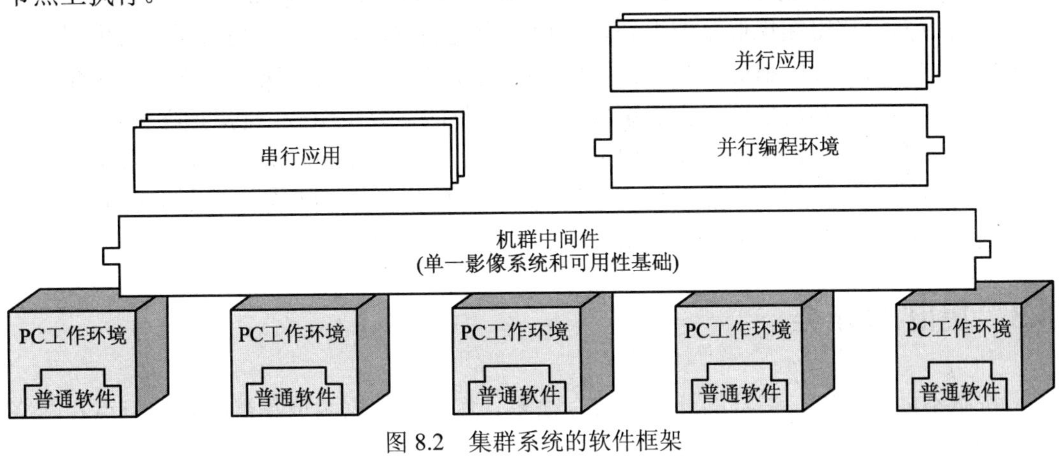

图 8.2 集群系统的软件框架

8.2 集群的特点

与 MPP、PVP、SMP 等传统并行计算机系统相比，集群系统具有许多优点：

（1）系统开发周期短。由于集群系统大多采用商品化的 PC、工作站作为节点，并通过商用网络连接在一起，系统开发的重点在于通信子系统和并行编程环境上，这大大节省了研制时间。

（2）可靠性高。集群中的每个节点都是独立的 PC 或工作站，某个节点的失效并不会影响其他节点的正常工作，而且它的任务还可以传递给其他节点完成，从而有效地避免了由于单节点失效引起的系统可靠性降低问题。

（3）可扩展性强。集群的计算能力随着节点数量的增加而增大。这一方面得益于集群结构的灵活性，由于节点间以松耦合方式连接，集群的节点数量可以增加到成百上千。另外，集群系统的硬件容易扩充和替换，可以灵活配置。

（4）性能价格比高。由于生产批量小，传统并行计算机系统的价格均比较昂贵，往往要几百万到上千万美元。而集群的节点和网络都是商品化的计算机产品，能够大批量生产，成本相对较低，因而集群系统的性能价格比更好。与相同性能的传统并行计算机系统相比，集群的价格要低 1～2 个数量级。

（5）用户编程方便。集群系统中，程序的并行化只是在原有的 C、C++或 FORTRAN 串行程序中插入相应的通信原语，对原有串行程序的改动有限。用户仍然使用熟悉的编程环境，无须使用新的环境。

当然，集群的迅猛发展还得益于微处理器技术、网络技术和并行程序设计技术的进步。首先，微处理器技术的进步使得微处理器的性能不断提高，而价格却在不断下降，这使得集群节点的处理性能进一步提高。其次，与传统超级计算机相比，集群系统更容易融合到已有的网络系统中，而且随着网络技术的进步和高性能通信协议的引入，集群节点间的通信带宽进一步提高，通信延迟进一步缩短，逐步缓解了由于节点松散耦合引起的集群系统通信瓶颈问题。最后，随着 PVM、MPI、HPF、OpenMP 等并行编程模型的应用与成熟，使得在集群系统上开发并行应用更加方便，无论是编写新的应用程序还是改写已有的串行程序都更加容易。而传统超级计算机却一直缺乏一个统一的标准。

但是集群也有不足之处。由于集群由多台完整的计算机组成，它的维护相当于要同时去管理多个计算机系统，因此维护工作量较大，维护费用也较高。SMP 则相对较好，因为管理员只要维护一个计算机系统即可。正因为如此，现在很多集群采用 SMP 作为节点，这样可以减少节点数量，达到减少维护工作量和开支的目的。

8.3 集群的分类

按照不同的标准，集群的分类方法有很多。例如，根据组成集群的各个节点和网络是否相同，集群可以分为同构与异构两类；根据节点是 PC 还是工作站，集群可以进一步分为 PC 集群与工作站集群。不过最常用的分类方法还是以集群系统的使用目的为依据，将其分为高可用性集群、负载均衡集群以及高性能计算集群三类。

（1）高可用性集群。这类集群的主要目的是在系统中某些节点出现故障的情况下，仍能继续对外提供服务。它采用冗余机制，当系统中某个节点由于软、硬件故障而失效时，该节点上的任务将在最短的时间内被迁移到集群内另一个具有相同功能与结构的节点上继续执行。这样，对于用户而言，系统可以一直为其提供服务。这类集群适用于 Web 服务器、医学监测仪、银行 POS 系统等要求持续提供服务的应用。

（2）负载均衡集群。这类集群的主要目的是提供与节点个数成正比的负载能力，这就要求集群能够根据系统中各个节点的负载情况实时地进行任务分配。为此，它专门设置了一个重要的监控节点，负责监控其余每个工作节点的负载和状态，并根据监控结果将任务分派到不同的节点上。这种集群很适合大规模网络应用（如 Web 服务器或 FTP 服务器）、大工作量的串行或批处理作业（如数据分析）。

负载均衡集群往往也具有一定的高可用性特点，但二者的工作原理不同，因而适用于不同类型的服务。通常，负载均衡集群适用于提供静态数据的服务，如 HTTP 服务；而高可用性集群既适用于提供静态数据的服务，又适用于提供动态数据的服务，如数据库等。之所以高可用性集群能适用于提供动态数据的服务，是由于它的节点共享同一存储介质。也就是说，在高可用性集群内，每种服务的用户数据只有一份，存放在专门的存储节点上，在任一时刻只有一个节点能读写这份数据。

（3）高性能计算集群。此类集群的主要目的是降低高性能计算的成本。它通过高速的商用互联网络，将数十个乃至上千台 PC 或工作站连接在一起，可以提供接近甚至超过传统并行计算机系统的计算能力，但其价格却仅是具有相同计算能力的传统并行计算机系统的几十分之一。这样，通过利用若干台 PC 就可以完成通常只有超级计算机才能完成的计算任务。这类集群适用于计算量巨大的并行应用，如石油矿藏定位、气象变化模拟、基因序列分析等。当然，为了稳定地提供高性能计算服务，它也必须满足一定的可用性要求。

还有一种比较常用的分类方法是按照构建方式将集群分为专用集群和企业集群两类。

（1）专用集群是为代替传统的大中型机或巨型机而设计的，装置比较紧凑，一般装在比较小的机架内，放在机房中使用，因此它的吞吐率较高，响应时间也较短。专用集群的节点往往是同构的，一般采用集中控制，由一个（或一组）管理员统一管理，而且用户一般需要通过一台终端机来访问它，这样做的好处是其内部对外界完全屏蔽。

（2）企业集群则正好相反，它是为了充分利用各个节点的空闲资源而设计的，因此其各个节点分散安放，并不需要安装在同一个房间，甚至不需要安排在同一幢楼中。各节点一般通过标准的 LAN 或 WAN 互连，通信开销较大、延迟较长。企业集群的各个节点一般是异构的，并由不同的个人拥有，这样集群管理者只能对各个节点进行有限的管理，节点拥有者可以随意地进行关机、重新配置或者升级，而且对一个节点而言，它的拥有者的任务应该具有最高优先级，高于企业的其他用户。

显然，企业集群的内部通信是对外暴露的，存在一定的安全隐患，需要在通信子系统中采用专门的措施来避免。

8.4 典型集群系统简介

8.4.1 Berkeley NOW

NOW 由美国加州大学 Berkeley 分校开发，是一个颇有影响的计划，采用了很多先进的技术，涉及许多集群系统的共同问题，包括体系结构、Web 服务器的软件支持、单系统镜像、I/O 与文件系统、高效通信和高可用性。它具有很多优点，如采用商用千兆以太网和主动消息通信协议支持有效的通信，通过用户级整合集群软件 GLUNIX（Global Layer Linux）提供单一系统映像、资源管理和可用性，开发了一种新的无服务器网络文件系统 xFS，以支持可扩展性和单一文件层次的高可用性。

（1）主动消息。它是实现低开销通信的一种异步通信机制，其基本思想是在消息头部控制信息中携带一个用户级子例程（称作消息处理程序）的地址。当消息头到达目的节点时，调用消息处理程序通过网络获取剩下的数据，并把它们集成到正在进行的计算中。主动消息相当高效和灵活，以至于各种系统都逐渐以它作为基本的通信机制。

（2）GLUNIX。它是运行在工作站标准 UNIX 上的一个软件层，属于自包含软件。其主要的想法是集群操作系统应由底层和高层组成，其中底层是执行在核模式下的节点商用操作系统，高层是能提供集群所需的一些功能的用户级操作系统。特别地，这一软件层能够提供集群内节点的单一系统映像，使得所有的处理器、存储器、网络容量和磁盘带宽均可以被分配给串行和并行应用，并且它能够以被保护的用户级操作系统库的形式实现。

（3）无服务器文件系统 xFS。它是一个无服务器的分布式文件系统，它将文件服务的功能分布到集群的所有节点上，以提供低延迟高带宽的文件系统服务功能。它主要采用廉价冗余磁盘阵列、协同文件缓存和分布式管理等技术。

8.4.2 Beowulf

1994 年，NASA 的一个科研项目迫切需要一种工作站，要求它既具有 1GFlops 的计算处理能力和 10GB 的存储容量，价格又不能过高。为了达到这一目标，工作在 CESDIS 的 Thomas Sterling 与 Don Becker 两个人构建了一个具有 16 个节点的集群，其硬件使用了 Intel 的 DX4 处理器以及 10Mb/s 的以太网，软件则主要基于当时刚刚诞生的 Linux 系统以及其他一些 GNU 软件。这样既满足了计算能力和存储容量的要求，又降低了成本，他们将这个系统命名为 Beowulf。这种基于 COTS（Commodity Off The Shelf）思想的技术也迅速由 NASA 传播到其他科研机构，因此这类集群被称为 Beowulf 集群（Beowulf Class Cluster Computers）。

Beowulf 集群定义了这样一种系统：使用普通的硬件加上 Linux 操作系统，再加上 GNU 开发环境以及 PVM/MPI 共享库所构建的集群。它一方面集中了那些相对较小的机器的计算能力，能够以很高的性能价格比提供与大型机相当的性能，另一方面也保证了软件环境的稳定性。

Beowulf 并不是一套具体的软件包或是一种新的网络拓扑结构，它只是一种思想，即在达到既定目标的前提下，把注意力集中在获取更高的性能价格比上。虽然目前为了获取更高的性能，有些 Beowulf 集群系统也使用了一些专用或商用的软件以及特殊的网络互联系统，但其基本宗旨还是不变的。

8.4.3 LAMP

随着硬件技术的不断进步，SMP 机器的成本不断下降。由于 SMP 机器提供了良好的节点内部通信能力，所以使用低成本、小配置（2～8 个处理器）的 SMP 构建集群系统逐渐成为主流，这种结构的系统统称为 CLUMPs（CLUster of MultiProcessors）。由于 SMP 节点内部与 SMP 节点间通信能力往往不一致，CLUMPs 一般使用专门的通信协议和通信算法。

LAMP（Local Area MultiProcessor）是由 NEC 实验室构建的基于 Pentium Pro PC 的 SMP 集群。LAMP 共有 16 个节点，每个节点包含两个 Pentium Pro 200MHz 的 CPU 以及 256MB 内存，操作系统使用了支持 SMP 的 Linux 2.0.34 内核版本，提供 MPICH 1.1.0 并行程序开发环境。同一个 SMP 节点内的两个 CPU 之间采用基于共享存储器的消息传递机制进行通信，而节点间通信则通过 Myrinet 完成。

从一定角度看，LAMP 同样采用了 Beowulf 的思想，但它是基于 SMP 机器来构建的，这反映了当前集群系统发展的一个重要趋势。

8.4.4 IBM SP2

IBM SP2 是集群中的代表性产品，它既可用于科学计算，也可供商业应用。1997 年人机大战中战胜世界国际象棋冠军卡斯帕罗夫的“深蓝”，就是一台采用 30 个 RS/6000 工作站（带有专门设计的 480 片国际象棋芯片）的 IBM SP2 集群。

SP2 集群是异步的 MIMD，具有分布式存储器系统结构，如图 8.3 所示。它的每个节点都是一台 RS/6000 工作站，带有自己的存储器（M）和本地磁盘（D）。节点中采用的处理器（P）是一种 6 发射的超标量处理机，每个时钟周期可以执行 6 条指令（包括 2 条读数或写数指令，2 条浮点乘或加指令，1 条变址增量指令和 1 条条件转移指令）。每个节点配有一套完整的 AIX 操作系统（IBM 的 UNIX），节点间的互联网络接口是松耦合的，通过节点本身的 I/O 微通道（MCC）接到网络上，而不是通过本身的存储器总线，微通道是 IBM 公司的标准 I/O 总线，用于把外部设备连接到 RS/6000 工作站和 IBM PC 上。这个系统采用标准的工作站部件，仅在标准技术不能满足性能要求时才使用专用软件和硬件。节点的硬件和软件都能根据不同用户的应用和环境的需要分别进行配置。由于 SP2 采用集群系统结构，因此它的开发周期比较短。

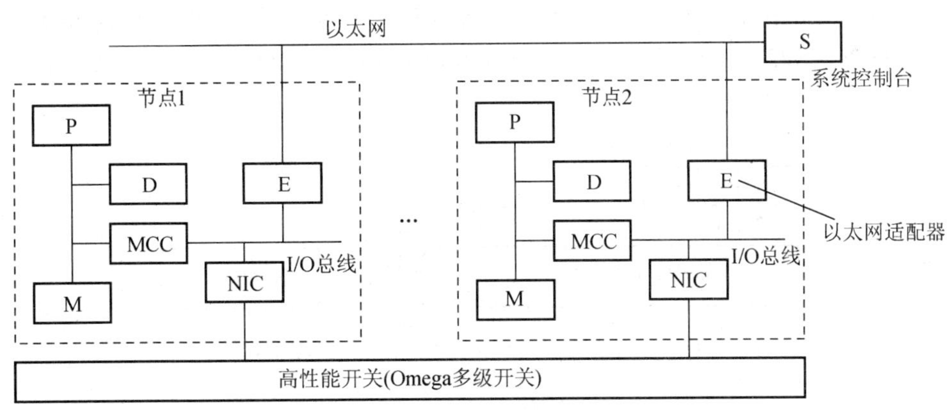

图 8.3 SP2 系统结构

SP2 的节点数可以为 2～512 个不等，除了每个节点采用 RS/6000 工作站外，整个 SP2 系统还需要配置另外一台 RS/6000 工作站作为系统控制台（如图 8.3 中的 S 所示）。节点间可以通过两个网络进行互连，一个是标准以太网，另一个是专门设计的高性能开关 HPS（High Performance Switch），这是一个 Omega 多级开关网络。一般以太网用于对通信速度要求不高的程序开发工作，而开发好的程序在正式运行时使用 HPS。以太网还起到备份的作用，当 HPS 出现故障时可以通过以太网使系统维持正常工作状态。此外，以太网还可以供系统的监视、引导、加载、测试和其他系统管理软件使用。

SP2 的节点可分为三类：宽节点、细节点和细 2 节点，它们都有 1 个指令 Cache，1 个数据 Cache，1 个分支指令和转移控制部件，2 个整数部件和 2 个浮点部件，但它们在存储器容量、数据宽度和 I/O 总线插槽数上有所不同。例如，在存储器容量方面，宽节点可达 64～2048MB，其他两种是 64～512MB；细节点和细 2 节点可以有二级 Cache，宽节点则没有；存储器总线的宽度方面，宽节点是 256 位，细 2 节点是 128 位，细节点则是 64 位。这样做是为了使系统的配置更灵活。在 SP2 的每个节点中，存储器和 Cache 的容量都比较大，处理器性能也较高，这使得 SP2 的处理能力能够达到相当高的水平。

SP2 的节点通过网络接口开关（NIC）接到 HPS，IBM 将其称作开关适配器。开关适配器中有一个 8MB 的 DRAM 用来存放各种不同协议所需的大量报文，并用一台 i860 微处理器进行控制。节点通过以太网适配器 E 接到以太网上。在 SP2 系统中，除 HPS 外，有的还采用光纤分布式数据接口（FDDI）环连接各节点。这是一个很好的隔离冗余设计的例子。所有节点由两个网络连接：以太网与 HPS。每个节点使用两个独立网卡分别连接到这些网络上，使用两种通信协议：标准 IP 和用户空间协议；每种协议均可运行在另一种网络上。如果任一网络或协议失效，另一网络或协议可接替。

SP2 的 I/O 子系统的总体结构如图 8.4 所示。SP2 的 I/O 系统基本上是围绕着 HPS 建立的，并可以用一个 LAN 网关同 SP2 系统外的其他计算机连接。SP2 的节点可以有 4 种配置，分别是宿主节点、I/O 节点、网关节点和计算节点。宿主节点（如图 8.4 中的 H 所示）用来处理各种用户注册会话和进行交互处理，I/O 节点（如图 8.4 中的 I/O 所示）主要用来实现 I/O 功能，例如作为全局文件服务器，网关节点（如图 8.4 中的 G 所示）用于联网功能，而计算节点（如图 8.4 中的 C 所示）则专供计算使用。这 4 种节点也可以有一定的重叠，例如一个宿主节点也可以作为计算节点，一个 I/O 节点也可以作为网关节点。此外，SP2 系统还可以有一台到几台外部服务器，例如可以附加文件服务器、网络路由器、可视系统等。

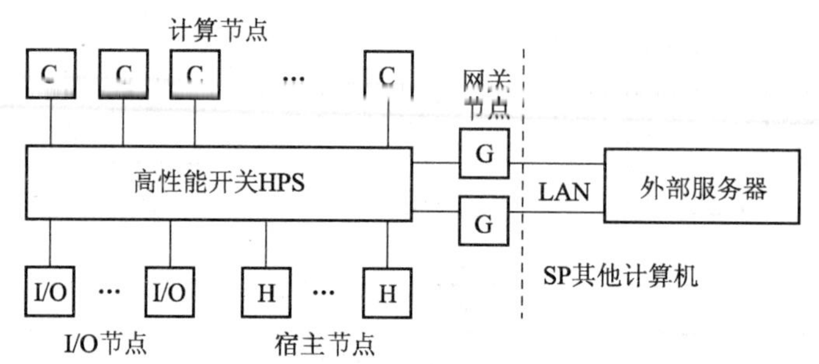

图 8.4　SP2 I/O 子系统总体结构

SP2 系统软件的核心是 AIX 操作系统。SP2 系统中，在 RS/6000 工作站原有环境下开发的大部分软件都能被重用，包括一千多种串行的应用程序、数据库管理系统（DB2）、联机事务处理监控程序（CICS/6000）、系统管理和作业管理软件、FORTRAN/C++编译程序，数学和工程程序库（ESSL）、标准的 AIX 操作系统等。SP2 系统只是添加了一些可扩展并行系统所必需的新软件，或对少量现成软件进行一些修改，使之适应可扩展并行系统。

SP2 中设置了一个专门的系统控制台用以管理整个系统。通过该系统控制台，系统管理人员可以从单一地点对整个系统进行管理。此外，在 SP2 硬件中，每个节点、开关和机架上都集成了一个监视板，这种监视板能对环境进行检测，并对硬件部件进行控制。管理人员可以用这套设施来启动和切断电源，进行监控，把单个节点和开关部件置成初始状态。

8.5 小结

由于具有价格低廉、灵活性强、可靠性高等优点，集群已经成为当前构建高性能计算机系统时最主要的选择，在近三期的 Top500 排名中，集群系统的数量一直维持在 400 台以上，远远超过 MPP 和 Constellations 结构。

本章首先给出了集群系统的基本概念，然后从硬件组合和软件组成的角度讨论了集群系统的基本结构。接下来分析了集群系统的优缺点并根据使用目的将集群系统分为高可用性集群、负载均衡集群以及高性能计算集群三类。集群优点包括系统开发周期短、可靠性高、可扩放性强、性能价格比高，但维护一个庞大的集群系统所需的工作量和费用也很高。最后，通过介绍几个典型的集群系统实例对前面介绍的各项内容进行了归纳和总结。

习题 8

1．解释下列名词。

集群	单一系统映像	高可用集群
负载均衡集群	高性能计算集群	Beowulf 集群

2．集群系统有哪些优点？

3．简述 IBM SP2 集群在体系结构上的特点。

参 考 文 献

[1] John L Hennessy，David A Patterson. Computer Architecture: A Quantitative Approach (4rd Edition). Califormia: Morgan Kaufmann，2007.

[2] John L Hennessy，David A Patterson. Computer Architecture: A Quantitative Approach (5rd Edition). Califormia: Morgan Kaufmann，2012.

[3] William Stallings. Computer Organization and Architecture: Designing for Performance (Seventh Edition). New Jersey: Pearson Education，Inc.，2006.

[4] David Culler，et al. Parallel Computer Archtecture：A Hardware/Software Approach. Califormia: Morgan Kaufmann，1998.

[5] Kai Hwang. Advanced Computer Architecture. New York：McGraw-Hilf，1993.

[6] 张晨曦，王志英，张春元，等．计算机系统结构．北京：高等教育出版社，2008.

[7] 张晨曦，王志英，沈立，等．计算机系统结构教程（第 2 版）．北京：清华大学出版社，2014.

[8] 郑纬民，汤志忠．计算机系统结构（第 2 版）．北京：清华大学出版社，2002.

[9] 李学干．计算机系统的体系结构．北京：清华大学出版社，2006.

[10] 白中英，杨旭东．计算机体系结构（网络版）．北京：科学出版社，2002.

[11] 尹朝庆．计算机系统结构教程．北京：清华大学出版社，2005.